普通高等教育“十一五”国家级规划教材
新工科建设·计算机类系列教材
国家级精品课程教学成果

单片机原理与应用设计

（C51编程+Proteus仿真）

（第3版）

张毅刚　主　编
潘大为　邓立宝　副主编

電子工業出版社
Publishing House of Electronics Industry
北京·BEIJING

内 容 简 介

本书是普通高等教育“十一五”国家级规划教材和国家级精品课程教学成果。本书详细介绍美国 Atmel 公司的 AT89S51 单片机的内部硬件资源及工作原理，采用 C51 语言编程，并以虚拟仿真平台 Proteus 作为设计与开发工具，同时还简要介绍了 Keil μVision 的使用方法。本书从应用角度出发，重点介绍单片机应用的各种技术实现，如信息的显示与输入、中断、定时/计数、串行通信、模数与数模转换、系统的并行/串行扩展、应用系统设计等，并且给出较多虚拟仿真设计实例。扫描前言中的二维码可获取实验和课程设计题目。本书提供电子课件和习题参考答案，登录华信教育资源网（www.hxedu.com.cn）注册后即可免费下载。

本书可作为各类工科高等学校和职业技术学院电气工程、电子电气信息技术、智能仪器仪表、机电一体化、计算机、自动化等专业单片机原理与应用课程的教材，也可供从事单片机应用设计的工程技术人员参考。

图书在版编目（CIP）数据

单片机原理与应用设计：C51 编程+Proteus 仿真/张毅刚主编. —3 版. —北京：电子工业出版社，2020.1
高等学校规划教材
ISBN 978-7-121-37407-4

Ⅰ. ①单…　Ⅱ. ①张…　Ⅲ. ①单片微型计算机－高等学校－教材　Ⅳ. ①TP368.1

中国版本图书馆 CIP 数据核字（2019）第 204867 号

责任编辑：冉　哲
印　　刷：三河市华成印务有限公司
装　　订：三河市华成印务有限公司
出版发行：电子工业出版社
　　　　　北京市海淀区万寿路 173 信箱　邮编　100036
开　　本：787×1 092　1/16　印张：21.75　字数：584.6 千字
版　　次：2008 年 4 月第 1 版
　　　　　2020 年 1 月第 3 版
印　　次：2021 年 6 月第 8 次印刷
定　　价：59.80 元

凡所购买电子工业出版社图书有缺损问题，请向购买书店调换。若书店售缺，请与本社发行部联系，联系及邮购电话：（010）88254888，88258888。

质量投诉请发邮件至 zlts@phei.com.cn，盗版侵权举报请发邮件至 dbqq@phei.com.cn。

本书咨询方式：ran@phei.com.cn。

前　言

本书是普通高等教育“十一五”国家级规划教材的第 3 版，同时也是哈尔滨工业大学“单片机原理”国家级精品课程教学成果。自 2008 年本书第 1 版出版以来，已印刷多次，被全国几十所院校选为“单片机原理”课程的教材。

由于 Intel 8051 内核单片机获得的巨大成功，使其成为国内外公认的 8 位单片机的标准体系结构，被许多厂家作为基核，推出了各种高集成化的兼容机型，且在世界范围得到了广泛应用。由于 8051 单片机结构简单、清晰、易学，是目前单片机初学者最容易掌握的机型，因此以 8051 内核技术为主导的单片机仍是目前我国多所高校讲授的机型。

美国 Atmel 公司的 AT89S51 单片机是目前各种 8051 内核单片机中最具代表性的机型，本书基于 **AT89S51** 单片机，详细介绍其工作原理及应用设计。

本书采用 C51 语言编程，并融入了先进的虚拟仿真工具 Proteus，给出较多的经过验证的 Proteus 仿真案例。本次修订，反映了由作者负责的“单片机原理”国家级精品课程的教学模式与教学方法改革的部分成果及对课程体系结构的改进也体现在本教材的修订之中。

本书在编写时重点考虑了如下问题：

（1）将虚拟仿真工具 Proteus 应用在单片机课程教学中，使课程的教学模式及传统的设计开发模式发生了革命性的变化，Proteus 平台为学习者提供了一个功能强大的、流动的单片机系统设计虚拟实验室。

（2）传统教学模式存在的弊病是，学生听完课堂讲授，往往得不到软、硬件设计的训练，使得教学与实际设计脱节。本书采用 Proteus 与 Keil μVision 作为工具，将软、硬件设计与案例设计有机地结合为一体，使学生真正从概念出发，设计出一个能够虚拟运行的应用系统，真正得到软、硬件设计与调试的完整训练，从而达到课程教学的最终目的。把 Proteus 融入课程教学各环节中，是课程教学深入改革的必然趋势。

（3）本书的编程语言采用 C51。为提高读者的编程调试能力，本书对 C51 的开发调试工具 Keil μVision 及 Proteus 的使用从实际使用角度进行了介绍，使读者尽快掌握这两种软件平台的使用方法。

本书共分为12章，涵盖了单片机应用技术的基本内容。

第1章介绍有关单片机的基本概念，以及目前流行的各类单片机与嵌入式处理器。

第2章介绍AT89S51单片机的内部基本硬件结构及硬件资源。

第3章介绍C51语言编程基础及Keil μVision开发平台的使用。

第4章介绍Proteus虚拟仿真平台的基本功能与使用方法。

第5章介绍单片机系统的显示及开关与键盘检测的实现，为后续各章的案例仿真、观察系统运行的结果、设定运行条件打下基础。

第6章至第8章分别介绍单片机的内部硬件资源，即中断系统、定时/计数器、串行口的工作原理及应用案例。

第9章为单片机系统的并行扩展介绍。

第10章对目前流行的单片机系统串行扩展技术，如I^2C总线、单总线、SPI总线，进行了详细介绍，并给出应用案例。

第11章介绍模数转换与数模转换的设计。

第12章介绍单片机应用系统的设计，并给出应用案例，供读者参考借鉴。

此外，**扫描二维码可获取：紧密结合课程内容的实验和课程设计题目**，用于实验教学和课程设计环节；头文件LCD1602.h和DS1302.h的清单。

全书参考学时为 40~60 学时，教师可根据实际情况，对讲授内容进行取舍或补充。

本书由哈尔滨工业大学张毅刚教授担任主编，负责完成全书整体架构、目录确定及全书的统稿工作，此外还完成了第 1、2、3、5 章的编写。潘大为完成了第 4、6、7、9、12 章的编写，邓立宝完成了第 8、10、11 章及附录 A（见二维码）的编写。

本书**提供教学大纲、PPT 课件和习题参考答案等教学资源，任课教师可登录华信教育资源网（www.hxedu.com.cn）免费注册下载**。

在本书出版之际，特别感谢广州风标电子有限公司总经理匡载华先生为本书的编写出版给予的大力支持和帮助，感谢广州风标电子有限公司提供的有关技术资料、网络版 Proteus 仿真实验平台及配套的 F 型模块化实验装置。

由于作者学识有限，书中错误及疏漏之处敬请读者批评指正。

主编邮箱：zyg@hit.edu.cn。

主　编

于哈尔滨工业大学

实验和课程设计题目

头文件清单

目　录

第1章　单片机概述

导读：Intel公司的8位单片机8051的体系结构已成为国内外公认的标准。它被许多厂家作为基核，推出了多种兼容机型，在世界范围内得到广泛应用。其中，美国Atmel公司的AT89S51（或AT89S52）单片机是最具代表性的机型，也是单片机初学者首选的入门机型。本章介绍单片机的基础知识、发展历史、发展趋势及应用领域，同时也对嵌入式处理器家族中其他成员，如DSP、嵌入式微处理器等进行概括性介绍，以使读者对其有初步了解，为后续学习DSP、嵌入式微处理器等打下基础。

单片机自20世纪70年代问世以来，已广泛应用于工业自动控制系统、自动检测设备、智能仪器仪表、机电一体化设备、汽车电子系统、家用电器等各个方面。那么，什么是单片机呢？

1.1　单片机简介

单片机就是在一个半导体硅片上，集成了中央处理单元（CPU）、存储器（RAM和ROM）、并行口、串行口、定时/计数器、中断系统、系统时钟电路及系统总线，用于测控领域的单片微型计算机，简称单片机。

由于单片机在使用时，通常处于测控系统的核心地位并嵌入其中，所以国际上通常把单片机称为嵌入式微控制器（Embedded MicroController Unit，EMCU）或微控制器（MicroController Unit，MCU）。而在我国，大部分工程技术人员则习惯使用“单片机”这一名称。

单片机的问世，是计算机技术发展史上的一个重要里程碑，它标志着计算机正式形成了通用计算机和嵌入式计算机两大分支。单片机芯片体积小、成本低，可广泛嵌入工业控制单元、机器人、智能仪器仪表、武器系统、家用电器、办公自动化设备、金融电子系统、汽车电子系统、玩具、个人信息终端及通信产品中。

单片机按照其用途可分为通用型和专用型两大类。

通用型单片机就是其内部可开发的资源（如存储器、I/O口等各种外围部件等）全部提供给用户。用户可根据实际需要，设计一个以通用型单片机芯片为核心的系统，再配以外围接口电路及其他外部设备（简称外设），并编写相应的程序来控制其功能，以满足各种不同测控系统的功能需求。通常所说的和本书所介绍的单片机均是指通用型单片机。

专用型单片机是专门针对某些产品的特定用途而制作的。例如，各种家用电器中的控制器等。单片机芯片制造商常与产品厂家合作，设计和生产“专用”的单片机芯片。因为在设计中，已经对“专用”单片机在系统结构最简化、成本最佳化和可靠性提高等方面都做了全面综合考虑，所以“专用”单片机具有十分明显的综合优势。但是，无论“专用”单片机在用途上有多么“专”，其基本结构和工作原理都是以通用型单片机为基础的。

1.2　单片机的发展历史

单片机根据其基本操作处理的二进制位数主要分为：8位单片机、16位单片机和32位单片机。

单片机的发展历史大致可分为 4 个阶段。

第一阶段：初级单片机阶段。因工艺限制，单片机采用双片形式，且功能简单。1974 年 12 月，仙童公司推出了 8 位 F8 单片机，实际上它只包括了 8 位 CPU、64B RAM 和两个并行口。

第二阶段：低性能单片机阶段。1976 年，Intel 公司推出的 MCS-48 单片机（8 位）极大地促进了单片机的变革和发展。1977 年，GI 公司推出了 PIC1650。但这一阶段的单片机仍然处于低性能阶段。

第三阶段：高性能单片机阶段。该阶段使应用跃上了一个新的台阶。这一阶段推出的单片机普遍带有串行口、多级中断系统、16 位定时/计数器，其内部 ROM、RAM 容量加大，且寻址范围可达 64KB，有的内部还带有 A/D 转换器。由于其性价比高，所以得到广泛应用。典型产品为 Intel 公司的 MCS-51 系列、Motorola 公司的 6801 单片机。此后，各公司生产的与 MCS-51 系列兼容的 8 位单片机得到了迅速发展，新机型不断涌现。

第四阶段：8 位单片机巩固发展及 16 位、32 位单片机推出阶段。20 世纪 90 年代是单片机制造业大发展的时期，这一时期的 Motorola、Intel、Microchip、Atmel、德州仪器（TI）、三菱、日立、飞利浦、LG 等公司相继开发了一大批性能优越的单片机，极大地推动了单片机的推广与应用。近年来，又有不少新型的高集成度的单片机涌现出来，出现了单片机产品百花齐放、丰富多彩的局面。目前，除 8 位单片机得到广泛应用之外，16 位、32 位单片机也得到广大用户的青睐。

1.3 单片机的特点

单片机是集成电路技术与微型计算机技术高速发展的产物。单片机体积小、价格低、应用方便、性能稳定可靠，因此单片机的发展普及给工业自动化等领域带来了一场重大革命和技术进步。单片机很容易嵌入系统之中，便于实现各种方式的检测或控制，这是一般微型计算机根本做不到的。单片机只要在其外部适当增加一些必要的外围扩展电路，就可以灵活地构成各种应用系统，如工业自动控制系统、自动检测监视系统、数据采集系统、智能仪器仪表等。

为什么单片机应用如此广泛？主要是因为单片机应用系统具有以下优点。

（1）简单方便，易于掌握和普及。单片机应用系统设计、组装、调试已经变成一件容易的事情，广大工程技术人员通过学习可很快掌握其应用系统的设计与调试技术。

（2）功能齐全，性能可靠，抗干扰能力强。

（3）发展迅速，前景广阔。在短短几十年的时间里，单片机就经历了 8 位机、16 位机、32 位机等发展阶段。尤其是形式多样、集成度高、功能日臻完善的单片机不断问世，更使得单片机在工业控制及自动化领域获得了长足发展和大量应用。近几年，单片机内部结构愈加完美，配套的内部外围部件越来越完善，一个芯片就是一个应用系统，为应用系统向更高层次和更大规模的发展奠定了坚实基础。

（4）嵌入容易，用途广泛。单片机的体积小、性价比高、灵活性强等特点，使之在嵌入式微控制系统中具有十分重要的地位。在单片机问世前，人们要想制作一套测控系统，往往需要采用大量的模拟电路、数字电路、分立元件来完成，系统体积庞大，且因为线路复杂，连接点太多，极易出现故障。单片机问世后，电路组成和控制方式都发生了很大变化。在单片机应用系统中，各种测控功能的实现绝大部分都已经由单片机的程序来完成，其他电子线路则由内部外围部件来替代。

1.4 单片机的应用领域

单片机具有软/硬件结合、体积小、易于嵌入各种应用系统中的优点。因此，以单片机为核心的嵌入式控制系统在下述各个领域得到了广泛应用。

（1）工业控制与检测。在工业领域，单片机的主要应用有：工业过程控制、智能控制、设备控制、数据采集和传输、测试、测量、监控等。在工业自动化领域，机电一体化技术将发挥愈来愈重要的作用，在这种集机械、微电子和计算机技术为一体的综合技术（如机器人技术）中，单片机发挥着非常重要的作用。

（2）仪器仪表。目前对仪器仪表的自动化和智能化要求越来越高。在智能仪器仪表中使用单片机，有助于提高仪器仪表的精度和准确度，简化结构，减小体积，便于携带和使用，加速仪器仪表向数字化、智能化、多功能化方向发展。

（3）消费类电子产品。单片机在家用电器中的应用已经非常普及，如洗衣机、电冰箱、微波炉、空调、电风扇、电视机、加湿机、消毒柜等。在这些设备中嵌入单片机后，使其功能与性能大大提高，并实现了智能化、最优化控制。

（4）通信。在调制解调器、手机、传真机、程控电话交换机、信息网络及各种通信设备中，单片机也已经得到广泛应用。

（5）武器装备。在现代化的武器装备中，如飞机、军舰、坦克、导弹、鱼雷制导、智能武器装备、航天飞机导航系统等，都有单片机的嵌入。

（6）各种终端及计算机外部设备。计算机网络终端设备（如银行终端）及计算机外部设备（如打印机、硬盘驱动器、绘图机、传真机、复印机等）中都使用了单片机作为控制器。

（7）汽车电子系统。单片机已经广泛地应用在各种汽车电子系统中，如汽车安全系统、汽车信息系统、智能自动驾驶系统、汽车卫星导航系统、汽车紧急请求服务系统、汽车防撞监控系统、汽车自动诊断系统以及汽车黑匣子等。

（8）分布式多机系统。在比较复杂的多节点测控系统中，常采用分布式多机系统。多机系统一般由若干功能各异的单片机组成，各自完成特定的任务，它们通过串行通信相互联系、协调工作。在这种系统中，单片机往往作为一个终端机，安装在系统的某些节点上，对现场信息进行实时的测量和控制。

综上所述，从工业控制、智能仪器仪表、消费类电子产品等方面，直到国防等尖端技术领域，单片机都发挥着十分重要的作用。

1.5 单片机的发展趋势

单片机将向大容量、高性能、外围部件内装化等方面发展。

1. CPU 的改进

（1）增加数据总线的宽度。例如，各种 16 位单片机和 32 位单片机，其数据处理能力要优于 8 位单片机。另外，8 位单片机内部采用 16 位数据总线，其数据处理能力也明显优于一般的 8 位单片机。

（2）采用双 CPU 结构，以提高数据处理能力。

2．存储器的发展

（1）内部程序存储器普遍采用 Flash 存储器。Flash 存储器能在+5V 下进行读/写操作，既有静态 RAM 的读/写操作简便的优点，又有在掉电时数据不会丢失的好处。单片机可不用扩展外部程序存储器，大大简化了系统的硬件结构。有的单片机内部程序存储器容量可达 128KB，甚至更多。

（2）加大内部数据存储器容量。例如，8 位单片机 PIC18F452 内部集成了 4KB RAM，可以满足动态数据存储的需要。

3．内部 I/O 的改进

（1）增加并行口的驱动能力，以减少外部驱动芯片。有的单片机可以直接输出大电流和高电压，以便直接驱动 LED 显示屏和 VFD 荧光显示器。

（2）有些单片机设置了一些特殊的串行 I/O 功能，为构成分布式、网络化系统提供了方便条件。

（3）引入数字交叉开关，改变了以往内部外围部件与外部 I/O 引脚的固定对应关系。交叉开关是一个大的数字开关网络，可通过编程设置交叉开关控制寄存器，对定时/计数器、串行口、中断系统、A/D 转换器等内部外围部件进行灵活配置，使之出现在端口的 I/O 引脚上，允许用户根据自己的特定应用，将内部外围部件资源分配给端口的 I/O 引脚。

4．低功耗

目前的单片机产品大多为 CMOS 芯片，功耗小。这些单片机普遍配置有等待状态、睡眠状态、关闭状态等工作方式。在这些状态下低电压工作的单片机，其消耗的电流仅在μA 或 nA 量级，适合于电池供电的便携式、手持式仪器仪表及其他消费类电子产品。

5．外围部件内装化

随着集成电路技术及工艺的不断发展，把所需的众多外围部件全部装入单片机内，即系统的单片化是目前单片机发展的趋势之一，一个芯片就是一个“测控”系统。

6．编程及仿真的简单化

目前，大多数单片机都支持在线编程，有两种实现方法：在系统编程（ISP）和在应用编程（IAP）。只需一根与 PC 机相连的 ISP 下载线（多为 USB 口或串行口），就可以把仿真调试通过的程序代码从 PC 机在线写入单片机的 Flash 存储器内，省去了编程器。某些机型还支持在应用编程（IAP），可在线升级或销毁单片机中的应用程序，省去了仿真器。

综上所述，单片机正在向多功能、高性能、高速度、低电压、低功耗、低价格、外围部件内装化，以及内部程序存储器、数据存储器容量不断增大的方向发展。

1.6 MCS-51 系列与 AT89S5x 系列单片机

20 世纪 80 年代以来，单片机的发展非常迅速，其中 Intel 公司的 MCS-51 系列单片机是一类设计成功、易于掌握并在世界范围得到广泛普及应用的机型。

1.6.1 MCS-51 系列单片机

MCS 是 Intel 公司生产的单片机的系列符号，MCS-51 系列单片机是 Intel 公司在 MCS-48 系列基础上于 20 世纪 80 年代初发展起来的，是最早进入我国，并在我国得到广泛应用的机型。

1. 基本型

典型产品：8031、8051、8751。

8031 内部包含一个 8 位 CPU，一个 128B RAM，21 个特殊功能寄存器（SFR），4 个 8 位并行口，一个全双工串行口，两个 16 位定时/计数器，5 个中断源，但内部无程序存储器，需外部扩展程序存储器。

8051 在 8031 的基础上，内部集成了 4KB ROM 作为程序存储器。所以 8051 是一个程序空间不超过 4KB 的小系统。ROM 内的程序是芯片厂商在制作芯片时代为用户烧制的。它主要用在程序已定且批量大的单片机产品中。

8751 用内部集成的 4KB EPROM 取代了 8051 的 4KB ROM，也是一个程序空间不超过 4KB 的小系统。用户可以将程序固化在 EPROM 中，其中内容可反复擦写修改。8031 外扩一个 4KB EPROM 就相当于一个 8751。

2. 增强型

Intel 公司的增强型系列产品，即 52 子系列，其典型产品有 8032、8052、8752。它们的内部 RAM 增至 256B；8052、8752 的内部程序存储器扩展到 8KB；16 位定时/计数器增至 3 个，中断源有 6 个。

表 1-1 列出了基本型和增强型 MCS-51 系列单片机的内部基本硬件资源。

表 1-1　MCS-51 系列单片机的内部基本硬件资源

	型号	内部程序存储器（KB）	内部数据存储器（B）	I/O 口线（位）	定时/计数器（个）	中断源（个）
基本型	8031	无	128	32	2	5
	8051	4（ROM）	128	32	2	5
	8751	4（EPROM）	128	32	2	5
增强型	8032	无	256	32	3	6
	8052	8（ROM）	256	32	3	6
	8752	8（EPROM）	256	32	3	6

1.6.2　AT89S5x 系列单片机

MCS-51 系列单片机的代表性产品是 8051，目前其他公司推出的兼容扩展型单片机都是在 8051 内核的基础上进行了功能的增减。20 世纪 80 年代中期以后，Intel 公司把精力集中在高档 CPU 芯片的研发上，逐渐淡出单片机的开发和生产。由于 MCS-51 系列单片机设计上的成功及较高的市场占有率，得到众多公司的青睐。Intel 公司以专利转让或技术交换的形式把 8051 的内核技术转让给了许多芯片生产厂家，如 Atmel、飞利浦、Cygnal、ANALOG、LG、ADI、Maxim、DEVICES、DALLAS 等公司。这些公司生产的兼容机型均采用 8051 的内核结构，其指令系统相同，采用 CMOS 工艺；有的公司还在 8051 内核的基础上又增加了一些内部外围部件，其集成度更高，功能和市场竞争力更强。人们常用 8051（或 80C51，C 表示采用 CMOS 工艺）来称呼所有这些具有 8051 内核，且使用 8051 指令系统的单片机，并习惯性地把这些兼容扩展型的各种衍生机型统称为 8051 单片机。

在众多的兼容扩展型衍生机型中，美国 Atmel 公司的 AT89 系列，尤其是该系列中的 AT89C5x/AT89S5x 系列单片机在全世界 8 位单片机市场中占有较大的份额。

Atmel 公司是美国 20 世纪 80 年代中期成立并发展起来的半导体公司。该公司于 1994 年用

E^2PROM 技术与 Intel 公司的 80C51 内核的使用权进行了交换。Atmel 公司的技术优势是其 Flash 存储器技术。将 Flash 存储器技术与 80C51 内核相结合，形成了内部带有 Flash 存储器的 AT89C5x/AT89S5x 系列单片机。该系列单片机与 MCS-51 系列单片机在原有功能、引脚及指令系统方面完全兼容，系列中的某些机型又增加了一些新的功能，如看门狗定时器（WDT）、ISP 及 SPI 串行口等，内部 Flash 存储器可直接使用编程器重复编程。此外，它还支持两种节电工作方式，非常适于电池供电或其他低功耗场合。

AT89S5x 系列是 Atmel 公司继 AT89C5x 系列之后推出的新机型，S 表示含有支持串行下载的 Flash 存储器，其代表性产品为 AT89S51 和 AT89S52。AT89C51 单片机已不再生产，可用 AT89S51 直接替代。与 AT89C5x 系列相比，AT89S5x 系列的时钟频率及运算速度有了较大的提高。例如，AT89C51 的工作频率上限为 24MHz，而 AT89S51 则为 33MHz。AT89S51 内部集成有双数据指针 DPTR、看门狗定时器，具有低功耗空闲模式和掉电模式，还增加了 5 个特殊功能寄存器。

AT89S51 与 AT89S52 单片机的差别体现在，AT89S51 内部有 4KB Flash 存储器和 128B RAM，以及 5 个中断源、两个定时/计数器。而 AT89S52 内部有 8KB Flash 存储器和 256B RAM，以及 6 个中断源、3 个定时/计数器（比 AT89S51 多出的一个定时/计数器，具有捕捉功能）。

尽管 AT89S5x 系列有多种机型，但是掌握好基本型 AT89S51 十分重要，因为它是各种 8051 单片机的基础，最具代表性。

本书中将会经常用到“8051”，它泛指世界各芯片厂商生产的具有 8051 内核的各种增强扩展型单片机，而“AT89S51”仅指 Atmel 公司的 AT89S51 单片机。

除 8 位单片机得到广泛应用外，一些厂家的 16 位单片机也得到了用户的青睐。例如，美国 TI 公司 16 位的 MSP430 系列、Microchip 公司的 PIC24xx 系列单片机等。这些单片机本身带有 A/D 转换器，增加了各种串行口及各种数字控制部件，一个芯片就构成了一个测控系统，使用非常方便。此外，各公司还推出了 32 位单片机。尽管如此，8 位单片机的应用仍然非常广泛与普及，这是因为，目前在大多数应用场合中，8 位单片机的性能完全可以满足大部分实际需求，而且 8 位单片机的性价比也较好。

1.7 各种衍生的 8051 单片机

除 AT89S5x 系列单片机外，各半导体器件厂家基于 8051 内核也推出了各种集成度高、功能强的增强扩展型单片机，并已得到广泛应用。

1.7.1 STC 系列单片机

STC 系列单片机是我国具有独立自主知识产权，功能与抗干扰性强的增强型 8051 单片机。STC 系列单片机有多个子系列、几百个品种，可满足不同应用的需要。其中，STC12C5410/STC12C2052 系列的主要性能及特点如下。

（1）高速。普通 8051 单片机的每个机器周期为 12 个时钟周期，而 STC 系列单片机的每个机器周期为一个时钟周期，指令执行速度大大提高，比普通的 8051 单片机快 8～12 倍。

（2）宽工作电压。范围为 3.8V～5.5V，2.4V～3.8V（STC12LE5410AD 系列）。

（3）12KB/10KB/8KB/6KB/4KB 内部 Flash 存储器，擦写次数可达 10 万次以上。

（4）512B 内部 RAM。

（5）支持 ISP/IAP，无须编程器/仿真器，可远程升级。

（6）8 通道 10 位 ADC，4 路 PWM 输出。

（7）4 通道捕捉/比较单元，也可再实现 4 个定时/计数器或 4 个外部中断（支持上升沿/下降沿中断）。

（8）两个硬件 16 位定时/计数器，兼容普通 8051 单片机定时/计数器。4 路可编程定时/计数器阵列（PCA）可再实现 4 个定时/计数器。

（9）硬件看门狗定时器（WDT）。

（10）高速 SPI 串行口。

（11）全双工异步串行口（UART），兼容普通 8051 单片机串行口。

（12）通用 I/O 口（27/23/15 个）中的每个 I/O 口驱动能力均可达到 20mA，但整个芯片最大不可超过 55mA。

（13）超强抗干扰能力与高可靠性。

- 高抗静电；
- 通过 2kV/4kV 快速脉冲干扰测试（EFT 测试）；
- 宽电压范围，不怕电源抖动；
- 宽温度范围−40℃～+85℃；
- I/O 口经过特殊处理；
- 内部电源供电系统、时钟电路、复位电路、看门狗电路均经过特殊处理。

（14）采取降低单片机时钟以减小对外部电磁辐射的措施。如果选每个机器周期为 6 个时钟周期，则外部时钟频率可降低一半。

（15）超低功耗设计。

- 掉电模式，典型功耗小于 0.1μA；
- 空闲模式，典型功耗为 2mA；
- 正常工作模式，典型功耗为 4mA～7mA；
- 掉电模式可由外部中断唤醒，适用于电池供电系统，如水表、气表、便携设备等。

STC 系列单片机可直接替换 Atmel、飞利浦、Winbond（华邦）等公司的 8051 单片机机型。

由此可见，STC 系列单片机是一类高性能、高可靠性且价格低廉的机型，尤其是其具有较高的抗干扰特性，用户应给予足够的重视。

1.7.2 C8051Fxxx 系列单片机

美国 Cygnal 公司的 C8051Fxxx 系列单片机，是一类集成度高，采用 8051 内核的 8 位单片机，代表性产品为 C8051F020。

C8051F020 内部采用流水线结构，大部分指令的完成时间为 1 或 2 个时钟周期，峰值处理能力为 25MIPS，与经典的 8051 单片机相比，其可靠性和速度有很大提高。

C8051F020 内部集成了一个 8 位 ADC、一个 12 位 ADC、一个双 12 位 DAC；一个 64KB 内部 Flash 存储器、一个 256B RAM、一个 128B SFR；8 个并行 I/O 口共 64 根 I/O 口线；5 个 16 位通用定时/计数器；5 个捕捉/比较模块的可编程定时/计数器阵列，一个 UART 串行口、一个 SMBus/I^2C 串行口、一个 SPI 串行口；另外还有两路电压比较器、电源监测器、内置温度传感器。

C8051Fxxx 系列单片机最突出的改进是引入了数字交叉开关（C8051F2xx 除外）。

1.7.3 ADμC812 系列单片机

ADμC812 系列单片机是美国 ADI 公司生产的高性能单片机，其内部包含高精度自校准的 8 通道 12 位 ADC，2 通道 12 位 DAC 及 8051 内核，指令系统与 MCS-51 系列单片机兼容。内部有 8KB Flash 存储器、640B 数据存储器、256B SRAM（可编程）。

ADμC812 系列单片机内部集成有看门狗定时器、电源监视器，支持 ADC DMA 模式，为多处理器接口和 I/O 口扩展提供了 32 根可编程的 I/O 口线，包含与 I^2C 兼容的串行口、SPI 串行口和标准的 UART 串行口。

ADμC812 系列单片机的 MCU 内核和 ADC 均设置有正常工作、空闲和掉电模式，通过软件可控制芯片从正常工作模式切换到空闲模式，也可切换到更为省电的掉电模式。在掉电模式下，ADμC812 消耗的总电流约为 5μA。

1.7.4 华邦 W77 系列、W78 系列单片机

华邦公司（Winbond）的 W77 系列、W78 系列单片机与 8051 单片机完全兼容。

华邦单片机对 8051 单片机的时序进行了改进：每个指令周期只需要 4 个时钟周期，速度提高了 3 倍，工作频率最高可达 40MHz。

W77 系列单片机为增强型，内部增加了看门狗定时器，以及两组 UART 串行口、两组 DPTR 数据指针（编写应用程序非常便利），且支持在线编程等，内部还集成了 USB 口，提供语音处理等功能，具有 6 组外部中断源。

华邦公司 W741 系列的 4 位单片机具有液晶驱动、在线烧录、高保密性、低工作电压（1.2V～1.8V）等优点。

1.8 PIC 系列单片机与 AVR 系列单片机

除 8051 单片机外，各种非 8051 系列的 8 位单片机也得到广泛的应用。PIC 系列与 AVR 系列单片机博采众长，又具独特技术，已占有较大的市场份额。

1.8.1 PIC 系列单片机

PIC 系列单片机是美国 Microchip 公司的产品，主要特性如下。

（1）PIC 系列单片机从低到高有几十个型号，可满足各种需要。例如，一个摩托车的点火器需要一个 I/O 口较少、数据存储器及程序存储器空间不大、可靠性较高的小型单片机，可以采用 PIC12C508 单片机。PIC12C508 单片机仅有 8 个引脚，有 512B ROM、25B RAM，一个 8 位定时/计数器、一根输入线、5 根 I/O 口线，价格非常便宜，非常适于摩托车点火器这样的场合。此时如果采用 40 引脚的单片机，就可能是“大马拉小车”。

目前，世界上最小的单片机为 Microchip 公司推出的 6 引脚单片机 PIC10F322。该单片机带有 4 个并行 I/O 口。其最大特色是外围部件增加了可配置逻辑单元（CLC）、数控振荡器（NCO）、互补波形发生器（CWG），另外还有三通道的 8 位 ADC，以及两个 10 位的 PWM、两个 8 位定时/计数器，带有 64B 静态 RAM、512 字的 Flash 存储器，支持高性能的 RISC（Reduced Instruction Set Computer，精简指令集计算机）结构的 CPU。

PIC 高档型单片机，如 PIC16C74（尚不是最高档次）有 40 个引脚，其内部有 4KB ROM、192B RAM、8 位 ADC，以及三个 8 位定时/计数器、两个 CCP 模块、三个串行口、一个并行口、11 个中断源、33 个 I/O 引脚。它可以和其他品牌的高档型号媲美。

（2）PIC 系列单片机采用 RISC 结构，指令执行效率大为提高。采用数据总线和指令总线分离的哈佛总线（Harvard）结构，使指令具有单字长特性，且允许指令代码的位数可多于 8 位，这与传统的采用 CISC（Complex Instuction Set Compuer，复杂指令集计算机）结构的 8 位单片机相比，可达到 2∶1 的代码压缩比，速度提高 4 倍。

（3）具有优越的开发环境。普通 8051 单片机的开发系统大都采用高档型号仿真低档型号的方式，其实时性不理想。PIC 系列单片机在每推出一款新型号单片机的同时，都会推出相应的仿真芯片。所有的开发系统均由专用的仿真芯片支持，实时性非常好。

（4）引脚通过限流电阻可接至 220V 交流电源，直接与继电器控制电路相连，无须光电耦合器隔离，给使用带来极大方便。

PIC 系列单片机的 8 位单片机型号繁多，分为低档型、中档型和高档型。

中档型单片机是 Microchip 公司重点发展的系列产品，品种最为丰富。尤其是 PIC18 系列单片机，其程序存储器最大可达 64KB，通用数据存储器为 3968B；有 8 位、16 位定时/计数器和比较器；8 级硬件堆栈，10 位 ADC，捕捉输入，PWM 输出；配置了 I^2C、SPI、UART 串行口，CAN、USB 口，模拟电压比较器及 LCD 驱动电路等；封装从 14 脚到 64 脚。该系列产品价格适中，性价比高，已广泛应用在各类高、中、低档的电子产品中。

高档型单片机 PIC17Cxx 在中档型单片机的基础上增加了硬件乘法器，指令周期可达 160ns。它是目前世界上 8 位单片机中性价比很高的机型，可用于中、高档电子产品的开发，如电机控制等。

此外，Microchip 公司还推出了高性能的 16 位 PIC24xx 系列单片机和 32 位 PIC33xx 系列单片机，受到用户欢迎，得到了广泛的应用。

1.8.2 AVR 系列单片机

AVR 系列单片机是 1997 年由 Atmel 公司研发的采用 RISC 结构的高速 8 位单片机，其特点如下。

（1）废除了机器周期，抛弃了 CISC 结构追求指令完备的做法。采用 RISC 结构，以字作为指令长度单位，将操作数与操作码安排在 1 字之中，指令长度固定，指令格式与种类相对较少，寻址方式也相对较少，绝大部分指令都为单周期指令。取指周期短，又可预取指令，实现流水作业，故可高速执行指令。当然这种“高速度”是需要高可靠性来保障的。

（2）采用新工艺的 AVR 系列单片机的 Flash 存储器擦写次数可达 10 000 次以上。内部较大容量的 RAM，不仅能满足一般场合的使用，同时可有效支持使用高级语言开发系统程序，并可像 8051 单片机那样很容易地扩展外部 RAM。

（3）丰富的内部外围部件。集成有定时/计数器、看门狗定时器、低电压检测电路（BOD），多个复位源（自动上下电复位、外部复位、看门狗定时器复位、BOD 复位）。另外，可设置启动后延时运行程序，增强了单片机系统的可靠性。内部有通用的 UART 串行口，面向字节的高速硬件串行口（与 I^2C 兼容）、SPI 串行口。此外，还有 ADC、PWM 等内部外围部件。

（4）I/O 口功能强、驱动能力大。工业级产品具有大电流（最大可达 40mA），可省去功率驱动器件，直接驱动晶闸管（SSR）或继电器。I/O 口的输入可设定为三态高阻抗输入或带上拉电阻输入，便于满足各种多功能 I/O 口应用的需要，具备 10mA～20mA 灌电流的能力。

（5）低功耗。具有省电功能（Power Down）及休眠功能（Idle）的低功耗工作模式。一般耗电为 1mA～2.5mA；对于典型功耗情况，看门狗定时器关闭时为 100nA，更适用于电池供电的设备。有的器件最低 1.8 V 即可工作。

（6）支持程序在线编程，只需一根 ISP 下载线，就可把程序写入 AVR 系列单片机中，无须使用编程器。Atmega 系列单片机还支持 IAP（可在线升级或销毁应用程序），省去了仿真器。

AVR 系列单片机产品齐全，有三个档次，可满足各种不同场合的要求。

- 低档 Tiny 系列单片机：主要有 Tiny11/12/13/15/26/28 等。
- 中档 AT90S 系列单片机：主要有 AT90S1200/2313/8515/8535 等。
- 高档 Atmega 系列单片机：主要有 ATmega8/16/32/64/128（存储容量为 8KB/16KB/32KB/64KB/128KB）、ATmega8515/8535 等。

1.9 其他嵌入式处理器简介

目前，以各类嵌入式处理器为核心的嵌入式系统的应用，已经成为当今电子信息技术应用的一大热点。

具有各种不同体系结构的嵌入式处理器是嵌入式系统的核心部件。除单片机外，还有数字信号处理器（DSP）及嵌入式微处理器。

1.9.1 DSP

DSP（数字信号处理器）是擅长高速实现各种数字信号处理运算（如数字滤波、FFT、频谱分析等）的嵌入式处理器。DSP 的硬件结构和指令经过了特殊设计，使其能够高速完成各种数字信号处理运算。

1981 年，美国 TI 公司研制了著名的 TMS320 系列的第一个低成本、高性能 DSP 芯片——TMS320C10，使 DSP 技术向前跨出了意义重大的一步。

20 世纪 90 年代，由于无线通信、网络通信、多媒体技术的普及和应用，以及高清晰度数字电视的研究，极大地刺激了 DSP 的推广与应用。由此，DSP 大量进入嵌入式领域。推动 DSP 快速发展的是嵌入式系统的智能化，例如，各种带有智能逻辑的消费类产品、生物信息识别终端、实时语音压解系统、数字图像处理等。这类智能化算法运算量一般较大，特别是向量运算、指针线性寻址等较多，而这些正是 DSP 的长处所在。但在一些实时性要求很高的场合，单片 DSP 的处理能力还是不能满足要求。因此，各大公司又研制出多总线、多流水线和并行处理的包含多个 DSP 的芯片，大大提高了系统的性能。

DSP 所具有的实现高速运算的硬件结构与指令系统及多总线结构，尤其是 DSP 处理的数字信号处理运算的复杂度和大的数据处理流量，这些都是单片机不能企及的。

DSP 厂商主要有 TI、ADI、Motorola、Zilog 等公司。其中，TI 公司的产品位居榜首，占全球 DSP 产品市场约 60%的份额。TI 公司的 DSP 代表性产品是 TMS320 系列，其中包括用于控制的 2000 系列，用于移动通信的 5000 系列，用于网络、多媒体及图像处理的 6000 系列等。

今天，随着全球信息化和 Internet 的普及，多媒体技术的广泛应用，尖端技术向民用领域的迅速转移，DSP 已大范围进入消费类电子产品。DSP 产品不断更新换代，性能指标不断提高，价格不断下降，已成为新兴科技领域——通信、多媒体系统、消费电子、医用电子等飞速发展的主要推动力。市场调查研究公司 Forward Concepts 发布的一份统计和预测报告显示，目前世界 DSP 产品市场每年正以 30%的幅度增长，是目前最有发展和应用前景的嵌入式处理器之一。

1.9.2 嵌入式微处理器

嵌入式微处理器（Embedded MicroProcessor Unit，EMPU）的基础是通用计算机中的 CPU。它虽然在功能上和标准微处理器基本一样，但其只保留和嵌入式应用有关的功能，大幅减小了系统的体积和功耗，同时在工作温度、抗电磁干扰、可靠性等方面都做了增强处理。

嵌入式微处理器的代表性产品为 ARM 系列，主要有 ARM7、ARM9、ARM9E、ARM10 和 SecurCore 共 5 个产品系列。

以 ARM7 为例，它的地址线为 32 根，所扩展的存储空间要比单片机大得多，可配置实时操作系统（RTOS）。它是嵌入式应用软件的基础和开发平台。

常用的实时操作系统为 Linux（数百 KB）和 VxWorks（数 MB）及μC-OS Ⅱ。由于嵌入式实时操作系统具有高灵活度，可很容易地对它进行定制或适当开发，即对它进行裁剪、移植和编写操作，从而设计出用户所需的程序，满足实际应用需要。

嵌入式微处理器可运行多任务实时操作系统，能够处理复杂的系统管理任务和处理工作。因此，其在移动计算平台、多媒体手机、工业控制和商业领域（如智能工控设备、ATM 机等）、电子商务平台、信息家电（机顶盒、数字电视）等方面，甚至在军事应用方面，具有巨大的吸引力。目前，以嵌入式微处理器为核心的嵌入式系统应用，已经成为继单片机、DSP 之后的电子信息技术应用的又一大热点。

这里要对“嵌入式系统”这个名称加以说明。从更广泛的意义上讲，凡是系统中嵌入了“嵌入式处理器”，如单片机、DSP、嵌入式微处理器，都称其为“嵌入式系统”。但是目前较为流行的是，把“嵌入”了嵌入式微处理器的系统称为“嵌入式系统”。目前“嵌入式系统”还没有一个严格和权威的定义，但人们通常所说的“嵌入式系统”多指后者。

思考题及习题 1

1. 除单片机这一名称之外，单片机还可称为________或________。
2. 单片机与普通微型计算机的不同之处在于其将________、________、和________三部分，通过内部________连接在一起，集成于一个芯片上。
3. 在家用电器中使用单片机应属于微型计算机的________。

   A）辅助设计应用　B）测量、控制应用　C）数值计算应用　D）数据处理应用
4. 微处理器、微型计算机、微处理机、CPU、单片机、嵌入式微处理器有何区别？
5. MCS-51 系列单片机的基本型芯片分别有哪几种？它们的差别是什么？
6. AT89S51 单片机相当于 MCS-51 系列单片机中哪一型号的产品？S 的含义是什么？
7. 什么是“嵌入式系统”？
8. 简述嵌入式处理器家族中的单片机、DSP、嵌入式微处理器的特点及应用领域。

第 2 章　AT89S51 单片机的内部硬件结构

导读：本章介绍 AT89S51 单片机的内部硬件结构。通过本章学习，读者应牢记 AT89S51 单片机的内部硬件结构，以及内部硬件资源，了解内部外围部件的功能，重点掌握 AT89S51 单片机的存储器结构、常见特殊功能寄存器的基本功能以及复位电路与时钟电路的设计，同时还要了解低功耗节电模式。本章的学习目的是为应用系统的硬件设计打下基础。

单片机应用的特点是编写程序来控制硬件电路，因此读者应首先熟知并掌握 AT89S51 单片机内部硬件的基本结构和特点。

2.1　AT89S51 单片机的硬件组成

AT89S51 单片机内部硬件结构如图 2-1 所示，它把那些作为控制应用所必需的基本外围部件都集成在一个集成电路芯片上。

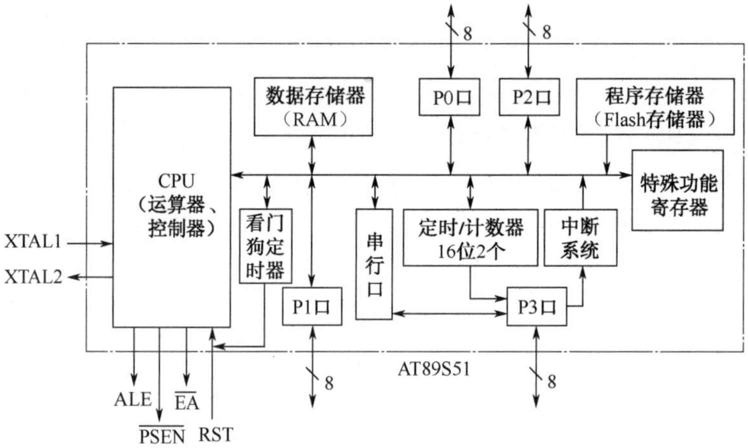

图 2-1　AT89S51 单片机内部硬件结构

如图 2-1 所示，AT89S51 内部各部件通过内部单一总线连接而成，其基本结构依旧是 CPU 加上外围部件的传统微型计算机结构模式，但 CPU 对各种外围部件的控制方式是，采用特殊功能寄存器（Special Function Register，SFR）进行集中控制。

下面对图 2-1 中的各部件进行简单介绍。

（1）CPU（微处理器）：8 位 CPU，包括运算器和控制器两大部分，此外还提供面向控制的位处理和位控功能。

（2）数据存储器（RAM）：内部为 128B（增强型的 52 子系列为 256B），外部最多还可外扩 64KB 的数据存储器。

（3）程序存储器（Flash 存储器）：用来存储程序。AT89S51 内部有 4KB 的 Flash 存储器（AT89S52 内部有 8KB 的 Flash 存储器；AT89S53/AT89S54/AT89S55 内部集成了 12KB/20KB/20KB 的 Flash 存储器）。如果内部程序存储器容量不够，外部最多可外扩至 64KB 程序存储器。

（4）中断系统：具有 5 个中断源，2 级中断优先权。

（5）定时/计数器：内部有两个 16 位的定时/计数器（增强型的 52 子系列有三个 16 位的定时/计数器），具有 4 种工作方式。

（6）串行口：一个全双工异步串行口（UART），具有 4 种工作方式。可进行串行通信，扩展并行 I/O 口，还可与多个单片机相连构成多机串行通信系统。

（7）8 位的并行口：P0、P1、P2 和 P3 口。

（8）特殊功能寄存器（SFR）：共有 26 个特殊功能寄存器，用于 CPU 对内部各外围部件进行管理、控制和监视。特殊功能寄存器实际上是内部各外围部件的控制寄存器和状态寄存器，这些特殊功能寄存器映射在内部 RAM 区的 80H～FFH 的地址区间内。

（9）看门狗定时器（WDT）：当单片机由于干扰而使程序陷入死循环或跑飞状态时，看门狗定时器可引起单片机复位，使程序恢复正常运行。

2.2 AT89S51 单片机的引脚功能

掌握 AT89S51 单片机，应首先熟悉并掌握各引脚的功能。AT89S51 与各种 8051 单片机的引脚是互相兼容的。目前，AT89S51 单片机多采用 40 个引脚的塑料双列直插封装（DIP）方式，如图 2-2 所示。此外，还有 44 个引脚的 PLCC 和 TQFP 封装方式的芯片。

40 个引脚按功能可分为如下三类。

（1）电源及时钟引脚：V_{CC}、V_{SS}，XTAL1、XTAL2。

（2）控制引脚：$\overline{PSEN}$、ALE/$\overline{PROG}$、$\overline{EA}$/V_{PP}、RST（即 RESET）。

（3）并行 I/O 口引脚：P0、P1、P2 与 P3，为 4 个 8 位并行 I/O 口的外部引脚。

下面结合图 2-2 介绍各引脚的功能。

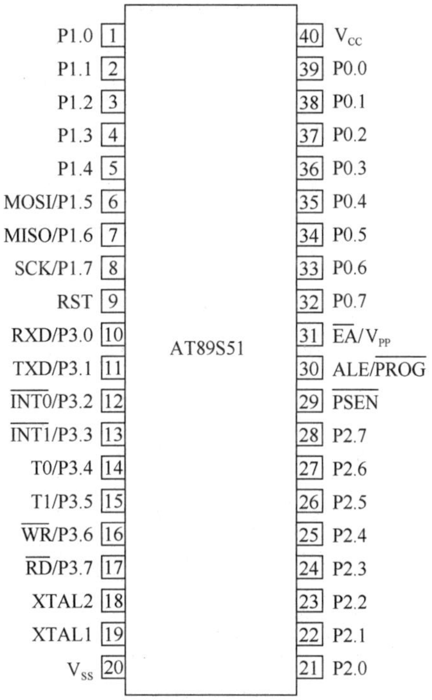

图 2-2　AT89S51 单片机双列直插封装方式的引脚

2.2.1 电源及时钟引脚

1. 电源引脚

（1）V_{CC}（第 40 引脚）：+5V 电源。

（2）V_{SS}（第 20 引脚）：数字地。

2. 时钟引脚

（1）XTAL1（第 19 引脚）：内部振荡器的反相放大器和外部时钟发生器的输入。使用 AT89S51 单片机内部振荡器时，该引脚外接石英晶体振荡器和微调电容。当采用外部时钟源时，该引脚接外部时钟振荡器。

（2）XTAL2（第 18 引脚）：内部振荡器的反相放大器的输出。当使用内部振荡器时，该引脚连接外部石英晶体振荡器和微调电容。当使用外部时钟源时，该引脚悬空。

2.2.2 控制引脚

控制引脚提供控制信号，有的引脚还具有复用功能。

（1）RST（RESET，第 9 引脚）

复位信号输入，高电平有效。在此引脚加上持续时间大于两个机器周期的高电平，就可使单片机复位。在单片机正常工作时，此引脚应为小于等于 0.5V 的低电平。

当看门狗定时器溢出输出时，该引脚将输出长达 96 个时钟周期的高电平。

（2）$\overline{EA}$ /V_{PP}（Enable Address/Voltage Pulse of Programming，第 31 引脚）

$\overline{EA}$ 为该引脚的**第一功能**：外部程序存储器访问允许控制端。

当$\overline{EA}$=1 时，在单片机内部的 PC 值不超出 0FFFH（即不超出内部 4KB Flash 存储器的地址范围）时，单片机读内部程序存储器（4KB）中的程序代码；但当 PC 值超出 0FFFH（即超出内部 4KB Flash 存储器的地址范围）时，将自动转向读取外部 60KB（1000H～FFFFH）程序存储器中的程序代码。

当$\overline{EA}$=0 时，只读取外部程序存储器中的内容，读取的地址范围为 0000H～FFFFH，内部的 4KB Flash 存储器不起作用。

V_{PP}为该引脚的**第二功能**：在对内部 Flash 存储器编程时，V_{PP}引脚接入编程电压。

（3）ALE/ $\overline{PROG}$（Address Latch Enable/PROGramming，第 30 引脚）

ALE 为该引脚的**第一功能**：为 CPU 访问外部程序存储器或外部数据存储器提供低 8 位地址锁存信号，将单片机 P0 口发出的低 8 位地址锁存在外部的地址锁存器中。

此外，单片机在正常运行时，ALE 引脚一直有正脉冲信号输出，此频率为时钟振荡器频率 f_{osc} 的 1/6。该正脉冲信号可作为外部定时或触发信号使用。但是要注意，每当 AT89S51 单片机访问外部 RAM 或 I/O 接口芯片时，会丢失一个 ALE 脉冲信号。所以 ALE 引脚的输出信号频率并不是准确的$f_{osc}/6$。

如果不需要 ALE 引脚输出脉冲信号，可将特殊功能寄存器 AUXR（地址为 8EH，将在本章后面介绍）的第 0 位（ALE 禁止位）置 1，来禁止 ALE 引脚，但在进行访问外部程序存储器或外部数据存储器操作时，ALE 仍然有效。也就是说，ALE 的禁止位不影响对单片机外部 RAM 的访问。

$\overline{PROG}$ 为该引脚的**第二功能**：在对内部 Flash 存储器编程时，此引脚用于编程脉冲输入。

（4）$\overline{PSEN}$（Program Strobe ENable，第 29 引脚）

内部或外部程序存储器的取指控制，低电平有效。

2.2.3 并行 I/O 口引脚

（1）P0 口（P0.7～P0.0 引脚）

P0 口是**漏极开路**的双向 I/O 口。当 AT89S51 单片机扩展外部 RAM 及 I/O 接口芯片时，P0 口作为地址总线（低 8 位）及数据总线的分时复用口。P0 口也可作为通用 I/O 口使用，但需加上拉电阻，这时为准双向口。P0 口可驱动 8 个 LS 型 TTL 负载。

（2）P1 口（P1.7～P1.0 引脚）

P1 口是准双向 I/O 口，具有内部上拉电阻，可驱动 4 个 LS 型 TTL 负载。P1 口是完全可提供给用户使用的准双向 I/O 口。MOSI/P1.5、MISO/P1.6 和 SCK/P1.7 可用于对内部 Flash 存储器的串行编程和校验，它们分别是串行数据输入、串行数据输出和移位脉冲引脚。

（3）P2 口（P2.7～P2.0 引脚）

P2 口是准双向 I/O 口，具有内部上拉电阻，可驱动 4 个 LS 型 TTL 负载。当 AT89S51 单片机扩展外部 RAM 及 I/O 接口芯片时，P2 口作为高 8 位地址总线使用，输出高 8 位地址。P2

口也可作为通用 I/O 口使用。

（4）P3 口（P3.7～P3.0 引脚）

P3 口是准双向 I/O 口，具有内部上拉电阻。P3 口可作为通用 I/O 口使用，可驱动 4 个 LS 型 TTL 负载。P3 口还可提供第二功能，其第二功能定义如表 2-1 所示，读者应熟记。

表 2-1　P3 口的第二功能定义

引　脚	第 二 功 能	说　明
P3.0	RXD	串行数据输入
P3.1	TXD	串行数据输出
P3.2	$\overline{\text{INT0}}$	外部中断 0 输入
P3.3	$\overline{\text{INT1}}$	外部中断 1 输入
P3.4	T0	定时/计数器 T0 外部计数输入
P3.5	T1	定时/计数器 T1 外部计数输入
P3.6	$\overline{\text{WR}}$	外部数据存储器的写选通控制
P3.7	$\overline{\text{RD}}$	外部数据存储器的读选通控制

综上所述，P0 口作为地址总线（低 8 位）及数据总线使用时，为双向口；作为通用 I/O 口使用时，需加上拉电阻，这时为准双向口。而 P1 口、P2 口、P3 口均为准双向口。

双向口 P0 与 P1、P2、P3 这三个准双向口相比，多了一个高阻输入的“悬浮”态。这是由于 P0 口作为数据总线使用时，多个数据源都挂在数据总线上，当 P0 口不需要与其他数据源打交道时，应与数据总线高阻“悬浮”隔离，而准双向 I/O 口则无高阻的“悬浮”状态。另外，准双向口作为通用 I/O 输入口使用时，一定要向该口先写入 1。以上准双向口与双向口的差别，读者在学习 2.5 节的 P0～P3 口的内部结构后，将会有更深入的理解。

至此，AT89S51 单片机的 40 个引脚已介绍完毕，读者应熟记每个引脚的功能，这对于掌握 AT89S51 单片机应用系统的硬件电路设计十分重要。

2.3　AT89S51 单片机的 CPU

AT89S51 单片机的 CPU 由运算器和控制器构成，具体见图 2-1。

2.3.1　运算器

运算器主要用来对操作数进行算术、逻辑和位运算。它主要包括算术逻辑运算单元（ALU）、累加器 A、位处理器、程序状态字寄存器（PSW）及两个暂存器等。

1．算术逻辑运算单元（ALU）

ALU 的功能强，不仅可对 8 位变量进行逻辑与、或、异或，以及循环、求补和清 0 等操作，还可以进行加、减、乘、除等基本算术运算。ALU 还具有位操作功能，可对位（bit）变量进行位处理，如置 1、清 0、求补、测试转移及逻辑与、或等操作。

2．累加器 A

累加器 A 是 CPU 中使用最频繁的一个 8 位寄存器。累加器 A 的作用如下。

① 它是 ALU 的输入数据源之一，同时又是 ALU 运算结果的存放单元。

② CPU 中的数据传送大多要经过累加器 A，故累加器 A 又相当于数据的中转站。为解决累加器结构所带来的“瓶颈堵塞”问题，AT89S51 单片机增加了一部分可以不经过累加器 A

的传送指令。

累加器 A 的进位位 Cy（位于程序状态字寄存器 PSW 中）是特殊的，因为它同时又是位处理器的位累加器。

3. 程序状态字寄存器（PSW）

AT89S51 单片机的程序状态字寄存器（Program Status Word，PSW）位于单片机内部的特殊功能寄存器区，字节地址为 D0H。PSW 的不同位包含了程序运行状态的不同信息，其中 4 位保存当前指令执行后的状态，以供程序查询和判断。PSW 的格式如图 2-3 所示。

	D7	D6	D5	D4	D3	D2	D1	D0	
PSW	Cy	Ac	F0	RS1	RS0	OV	—	P	D0H

图 2-3　PSW 的格式

PSW 中各位的功能说明如下。

① Cy（PSW.7）：进位标志位，也可写为 C。在执行算术运算和逻辑运算指令时，若有进位或借位，则 Cy = 1；否则，Cy=0。在位处理器中，它是位累加器。

② Ac（PSW.6）：辅助进位标志位。它用于在 BCD 码运算时进行十进位调整，即在运算时，当 D3 位向 D4 位产生进位或借位时，Ac=1；否则，Ac=0。

③ F0（PSW.5）：用户使用的标志位。可用指令来使它置 1 或清 0，也可用指令来测试该标志位，根据测试结果控制程序的流向。编程时，用户应当充分利用该标志位。

④ RS1、RS0（PSW.4、PSW.3）：4 组工作寄存器区选择控制位 1 和位 0：这两位用来选择内部 RAM 区中的 4 组工作寄存器区中的某一组为当前工作寄存器区。RS1、RS0 与所选的 4 组工作寄存器区的对应关系如表 2-2 所示。

表 2-2　RS1、RS0 与所选的 4 组工作寄存器区的对应关系

RS1	RS0	所选的 4 组工作寄存器区
0	0	0 区（片内 RAM 地址 00H～07H）
0	1	1 区（片内 RAM 地址 08H～0FH）
1	0	2 区（片内 RAM 地址 10H～17H）
1	1	3 区（片内 RAM 地址 18H～1FH）

⑤ OV（PSW.2）：溢出标志位。当执行算术指令时，用来指示运算结果是否产生溢出。如果结果产生溢出，OV=1；否则，OV=0。

⑥ PSW.1：保留位，未用。

⑦ P（PSW.0）：奇偶标志位。该标志位表示指令执行完时，累加器 A 中 1 的个数是奇数还是偶数。P=1，表示 A 中 1 的个数为奇数；P=0，表示 A 中 1 的个数为偶数。

该标志位对串行口通信中的数据传输有重要的意义。在串行通信中，常用奇偶检验的方法来检验数据串行传输的可靠性。

2.3.2　控制器

控制器的主要任务是识别指令，并根据指令的性质控制单片机各功能部件，从而保证单片机各部分能自动协调地工作。

控制器主要包括程序计数器、指令寄存器、指令译码器、定时及控制电路等。其功能是控制指令的读入、译码和执行，从而对单片机的各功能部件进行定时和逻辑控制。

程序计数器（PC）是控制器中最基本的寄存器，它是一个独立的 16 位计数器，用户不能直接使用指令对 PC 进行读/写。当单片机复位时，PC 值为 0000H，即 CPU 从程序存储器 0000H 单元取指令，开始执行。

PC 的基本工作过程是：CPU 读取指令时，PC 值作为欲读取指令的地址发送给程序存储器，然后程序存储器按此地址输出指令字节，同时 PC 值自动加 1，这也是为什么 PC 被称为程序计数器的原因。由于 PC 值实质上是作为程序寄存器的地址指针，所以也称其为**程序指针**。

PC 值的变化轨迹决定了程序的流程。由于 PC 是用户不可直接访问的，当顺序执行时，自动加 1；执行转移程序、子程序或中断子程序调用时，由执行的指令自动将 PC 值更改成所要转移的目的地址。

程序计数器的计数宽度决定了访问程序存储器的地址范围。AT89S51 单片机中 PC 的位数为 16 位，故可对 64KB（$=2^{16}$B）的程序存储器进行寻址。

2.4 AT89S51 单片机存储器的结构

AT89S51 单片机存储器结构采用哈佛结构，即程序存储器空间和数据存储器空间是各自独立的。

AT89S51 单片机的存储器空间可划分为如下 4 类。

1．程序存储器空间

单片机能够按照一定的次序工作，是由于程序存储器中存放了已调试正确的程序。程序存储器可以分为内部和外部两部分。

AT89S51 单片机的内部程序存储器为 4KB Flash 存储器，其编程和擦除完全为电气实现，且速度快。可使用编程器对其编程，也可在线编程。

当 AT89S51 单片机内部的 4KB Flash 存储器不够用时，用户可在外部扩展程序存储器，最多可扩展至 64KB 程序存储器。

2．数据存储器空间

数据存储器空间分为内部与外部两部分。

AT89S51 单片机内部有 128B 数据存储器（增强型的 52 子系列为 256B），用来存放可读/写的数据。

当 AT89S51 单片机内部数据存储器不够用时，可在外部扩展最多 64KB 数据存储器，究竟扩展多少数据存储器，由用户根据实际需要来定。

3．特殊功能寄存器

AT89S51 单片机内部共有 26 个特殊功能寄存器（SFR）。SFR 实际上是内部各外围部件的控制寄存器和状态寄存器，综合反映了整个单片机基本系统内部实际的工作状态及工作方式。

4．位地址空间

AT89S51 单片机内共有 211 个可寻址位，构成了位地址空间。它们位于内部 RAM 区（地址 20H～2FH，共 128 位）和特殊功能寄存器区（内部 RAM 区字节地址 80H～FFH，共 83 位）中。

2.4.1 程序存储器空间

程序存储器是只读存储器（ROM），用于存放程序和表格之类的固定常数。AT89S51 单片机的内部程序存储器为 4KB Flash 存储器，地址范围为 0000H～0FFFH。AT89S51 单片机有 16 位地址总线，可外扩的程序存储器空间最大为 64KB，地址范围为 0000H～FFFFH。在使用内部与外部扩展的程序存储器时应注意以下问题。

（1）整个程序存储器空间可分为内部和外部两部分，CPU 究竟是访问内部还是外部程序存储器，可由 $\overline{EA}$ 引脚上所接的电平来确定。

当 $\overline{EA}$=1，且 PC 值没有超出 0FFFH（为内部 4KB Flash 存储器的最大地址）时，CPU 只读取内部的 Flash 存储器中的程序代码；若 PC 值大于 0FFFH，则自动转向读取外部程序存储器（地址范围为 1000H～FFFFH）中的程序代码。

当 $\overline{EA}$=0 时，CPU 只读取外部程序存储器（地址范围为 0000H～FFFFH）中的程序代码，而不理会内部的 4KB Flash 存储器（地址范围为 0000H～0FFFH）。

（2）程序存储器的某些单元被固定用于各中断源的中断服务程序的入口地址。

表 2-3　5 个中断源的中断入口地址

中　断　源	入 口 地 址
外部中断 0（$\overline{INT0}$）	0003H
定时/计数器 T0	000BH
外部中断 1（$\overline{INT1}$）	0013H
定时/计数器 T1	001BH
串行口	0023H

64KB 程序存储器空间中有 5 个特殊单元分别对应于 5 个中断源的中断服务子程序的中断入口，如表 2-3 所示。

用汇编语言编程时，通常在这 5 个中断入口地址处各放一条跳转指令跳向对应的中断服务子程序，而不是直接存放中断服务子程序。这是因为，两个中断入口间隔仅有 8 个单元，这 8 个单元不够用于存放中断服务子程序。

AT89S51 单片机复位后，程序存储器地址指针 PC 值为 0000H，从程序存储器地址 0000H 处开始执行程序。由于“外部中断 0”的中断服务程序入口地址为 0003H，为使主程序不与“外部中断 0”的中断服务程序发生冲突，用汇编语言编程时，一般在 0000H 单元中存放一条跳转指令，转向主程序的入口地址。

上述问题，在使用 C51 语言编程时，完全由软件编译时自动处理，用户无须考虑。

2.4.2　数据存储器空间

数据存储器空间分为内部与外部两部分。

1. 内部数据存储器（内部 RAM）

AT89S51 单片机的内部 RAM 共有 128 个单元，字节地址范围为 00H～7FH。如图 2-4 所示为内部 RAM 的结构。

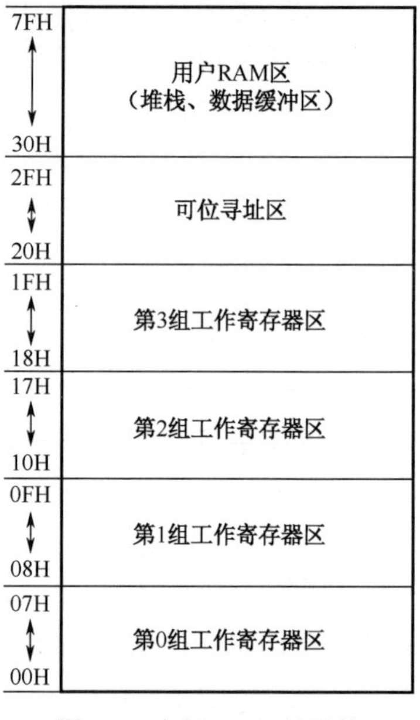

图 2-4　内部 RAM 的结构

地址为 00H～1FH 的 32 个单元是 4 组（通用）工作寄存器区，每个区包含 8B 的工作寄存器，编号为 R7～R0。用户可以通过指令改变特殊功能寄存器（PSW）中的 RS1、RS0 两位来切换选择当前的工作寄存器区，见表 2-2。

地址为 20H～2FH 的 16 个单元的 128 位（8 位×16）可按位寻址或按字节寻址。地址为 30H～7FH 的单元为用户 RAM 区，只能按字节寻址，用于存放数据以及堆栈。

2. 外部数据存储器（外部 RAM）

当内部 128B RAM 不够用时，需要外扩 RAM。AT89S51 单片机最多可外扩 64KB RAM。注意，虽然内部 RAM 与外部 RAM 的低 128B 地址是相同的，但是由于它们是两个不同的数据存储器空间，访问时使用不同的指令，所以不会发生数据冲突。

2.4.3　特殊功能寄存器

AT89S51 单片机中的特殊功能寄存器（SFR）的单元地址映射在内部 RAM 区的 80H～

FFH 区域中，SFR 共有 26 个，离散地分布在该区域中。表 2-4 中给出了 SFR 的名称及其分布。其中有些 SFR 还可进行位寻址，其位地址已在表 2-4 中列出。

表 2-4 SFR 的名称及其分布

序号	特殊功能寄存器符号	名　称	字节地址	位地址	复位值
1	P0	P0 口寄存器	80H	87H～80H	FFH
2	SP	堆栈指针	81H	—	07H
3	DP0L	数据指针 DPTR0 低字节	82H	—	00H
4	DP0H	数据指针 DPTR0 高字节	83H	—	00H
5	DP1L	数据指针 DPTR1 低字节	84H	—	00H
6	DP1H	数据指针 DPTR1 高字节	85H	—	00H
7	PCON	电源控制寄存器	87H	—	0×××0000B
8	TCON	定时/计数器控制寄存器	88H	8FH～88H	00H
9	TMOD	定时/计数器方式控制寄存器	89H	—	00H
10	TL0	定时/计数器 0（低字节）	8AH	—	00H
11	TL1	定时/计数器 1（低字节）	8BH	—	00H
12	TH0	定时/计数器 0（高字节）	8CH	—	00H
13	TH1	定时/计数器 1（高字节）	8DH	—	00H
14	AUXR	辅助寄存器	8EH	—	×××00××0B
15	P1	P1 口寄存器	90H	97H～90H	FFH
16	SCON	串行口控制寄存器	98H	9FH～98H	00H
17	SBUF	串行数据缓冲器	99H	—	××××××××B
18	P2	P2 口寄存器	A0H	A7H～A0H	FFH
19	AUXR1	辅助寄存器	A2H	—	×××× ×××0B
20	WDTRST	看门狗复位寄存器	A6H	—	×××× ××××B
21	IE	中断允许寄存器	A8H	AFH～A8H	0××0 0000B
22	P3	P3 口寄存器	B0H	B7H～B0H	FFH
23	IP	中断优先级寄存器	B8H	BFH～B8H	××00 0000B
24	PSW	程序状态字寄存器	D0H	D7H～D0H	00H
25	A（或 ACC）	累加器	E0H	E7H～E0H	00H
26	B	B 寄存器	F0H	F7H～F0H	00H

从表 2-4 中可以发现，凡是可以进行位寻址的 SFR，其字节地址的末位只能是 0H 或 8H。另外，若 CPU 读/写没有定义的单元，将得到一个不确定的随机数。

SFR 块中的累加器 A 和程序状态字寄存器（PSW）已在前面介绍过。下面简单介绍 SFR 块中的某些 SFR，余下的 SFR 与内部外围部件密切相关，将在后续介绍内部外围部件时进行说明。

1．堆栈指针（SP）

SP 的值指示出堆栈顶部在内部 RAM 块中的位置。它可指向内部 RAM（00H～7FH）的任何单元。AT89S51 单片机的堆栈结构属于向上生长型的堆栈（即每向堆栈压入 1 字节数据，SP 值自动增 1）。单片机复位后，SP 值为 07H，使得堆栈实际上是从 08H 单元开始的。考虑到 08H～1FH 单元分别属于 1～3 组的工作寄存器区，所以在程序设计中要使用这些工作寄存器区，最好在复位后、执行程序前，把 SP 值改置为 60H 或更大的值，以避免堆栈区与工作寄存器区发生冲突。

堆栈主要是为子程序调用和中断操作而设立的，具体功能有两个：保护断点和现场保护。

（1）保护断点。因为无论是子程序调用操作还是中断服务子程序调用操作，主程序都会被“打断”，但最终都要返回主程序继续执行程序。因此，应预先把主程序的断点在堆栈中保护起来，为程序的正确返回做准备。

（2）现场保护。在单片机执行子程序或中断服务子程序时，很可能要用到单片机中的一些寄存器单元，这就会破坏主程序执行时这些寄存器单元的原有内容。所以在执行子程序或中断服务程序之前，要把单片机中有关寄存器单元的内容保存起来，送入堆栈，这就是所谓的“现场保护”。

堆栈的操作有两种：一种是数据压入（PUSH）操作，另一种是数据弹出（POP）操作。当 1 字节数据压入堆栈时，SP 值先自动加 1，再把 1 字节数据压入堆栈；当 1 字节数据弹出堆栈后，SP 值自动减 1。

例如，(SP)=60H，CPU 执行一条子程序调用指令或响应中断后，PC 值（断点地址）进栈，PC 的低 8 位 PCL 值压入 61H 单元，PC 的高 8 位 PCH 值压入 62H。此时，(SP)=62H。

2. 寄存器 B

AT89S51 单片机在进行乘、除法操作时要使用寄存器 B。在不进行乘、除法操作的情况下，可把它当作一个普通寄存器来使用。

乘法运算时，两个乘数分别在累加器 A、寄存器 B 中，执行乘法指令后，乘积存放在 BA 寄存器对中。寄存器 B 中放乘积的高 8 位，累加器 A 中放乘积的低 8 位。

除法运算时，被除数取自累加器 A，除数取自寄存器 B，商存放在累加器 A 中，余数存放于寄存器 B 中。

3. AUXR 寄存器

AUXR 是辅助寄存器，其格式如图 2-5 所示。

	D7	D6	D5	D4	D3	D2	D1	D0	
AUXR	—	—	—	WDIDLE	DISRTO	—	—	DISALE	8EH

图 2-5　AUXR 寄存器的格式

① DISALE：ALE 的禁止/允许位。该位为 0，ALE 引脚有效，发出 ALE 脉冲信号；该位为 1，ALE 引脚仅在 CPU 访问外部 RAM 时有效，不访问外部 RAM 时，ALE 引脚不输出脉冲信号，可减少对外部电路的干扰。

② DISRTO：禁止/允许看门狗定时器（WDT）溢出时的复位输出。该位为 0，WDT 溢出时，允许向 RST 引脚输出一个高电平脉冲，使单片机复位；该位为 1，禁止 WDT 溢出时的复位输出。

③ WDIDLE：WDT 在空闲模式下的禁止/允许位。该位为 0，允许 WDT 在空闲模式下计数；该位为 1，禁止 WDT 在空闲模式下计数。

4. 数据指针（DPTR0 和 DPTR1）

DPTR0 和 DPTR1 为双数据指针寄存器，是为了便于访问数据存储器而设置的。DPTR0 为 8051 单片机原有的数据指针，DPTR1 为新增加的数据指针。

AUXR1 寄存器的 DPS 位（见图 2-6）用于选择这两个数据指针。当 DPS=0 时，选用 DPTR0；当 DPS=1 时，选用 DPTR1。AT89S51 复位时，默认选用 DPTR0。

DPTR0（或 DPTR1）是一个 16 位的 SFR，其高位字节寄存器用 DP0H（或 DP1H）表示，低位字节寄存器用 DP0L（或 DP1L）表示。DPTR0（或 DPTR1）既可以作为一个 16 位寄存器来用，也可以作为两个独立的 8 位寄存器 DP0H（或 DP1H）和 DP0L（或 DP1L）来用，见表 2-4。

5. AUXR1 寄存器

AUXR1 是辅助寄存器，格式如图 2-6 所示。

	D7	D6	D5	D4	D3	D2	D1	D0	
AUXR1	—	—	—	—	—	—	—	DPS	A2H

图 2-6 AUXR1 寄存器的格式

图 2-6 中，DPS 是数据指针寄存器选择位。DPS=0，选择数据指针寄存器 DPTR0；DPS=1，选择数据指针寄存器 DPTR1。

6. 看门狗定时器（WDT）

看门狗定时器（WDT）包含一个 14 位计数器和一个看门狗复位寄存器（WDTRST）。当 CPU 由于干扰，使程序陷入死循环或跑飞状态时，WDT 提供一种使程序恢复正常运行的有效手段。

有关 WDT 在抗干扰设计中的应用以及低功耗模式下运行的状态，将在 2.9 节中介绍。

2.4.4 位地址空间

AT89S51 单片机在内部 RAM 和 SFR 中共有 211 个可寻址位的位地址，位地址范围为 00H～FFH，其中 00H～7FH 这 128 位处于内部 RAM 字节地址 20H～2FH 单元中，见表 2-5。

其余的 83 个可寻址位分布在 SFR 中，见表 2-6。可被位寻址的寄存器有 11 个，共有位地址 88 个，其中 5 个未用，其余 83 个位地址离散地分布于内部 RAM 字节地址为 80H～FFH 的范围内，其最低位的位地址与其字节地址相同，并且其字节地址的末位都为 0H 或 8H。

表 2-5 内部 RAM 中的可寻址位及其位地址

字节地址	位地址							
	D7	D6	D5	D4	D3	D2	D1	D0
2FH	7FH	7EH	7DH	7CH	7BH	7AH	79H	78H
2EH	77H	76H	75H	74H	73H	72H	71H	70H
2DH	6FH	6EH	6DH	6CH	6BH	6AH	69H	68H
2CH	67H	66H	65H	64H	63H	62H	61H	60H
2BH	5FH	5EH	5DH	5CH	5BH	5AH	59H	58H
2AH	57H	56H	55H	54H	53H	52H	51H	50H
29H	4FH	4EH	4DH	4CH	4BH	4AH	49H	48H
28H	47H	46H	45H	44H	43H	42H	41H	40H
27H	3FH	3EH	3DH	3CH	3BH	3AH	39H	38H
26H	37H	36H	35H	34H	33H	32H	31H	30H
25H	2FH	2EH	2DH	2CH	2BH	2AH	29H	28H

续表

字节地址	位地址							
	D7	D6	D5	D4	D3	D2	D1	D0
24H	27H	26H	25H	24H	23H	22H	21H	20H
23H	1FH	1EH	1DH	1CH	1BH	1AH	19H	18H
22H	17H	16H	15H	14H	13H	12H	11H	10H
21H	0FH	0EH	0DH	0CH	0BH	0AH	09H	08H
20H	07H	06H	05H	04H	03H	02H	01H	00H

表 2-6　SFR 中的可寻址位及其位地址

特殊功能寄存器	位地址								字节地址
	D7	D6	D5	D4	D3	D2	D1	D0	
B	F7H	F6H	F5H	F4H	F3H	F2H	F1H	F0H	F0H
ACC	E7H	E6H	E5H	E4H	E3H	E2H	E1H	E0H	E0H
PSW	D7H	D6H	D5H	D4H	D3H	D2H	D1H	D0H	D0H
IP	—	—	—	BCH	BBH	BAH	B9H	B8H	B8H
P3	B7H	B6H	B5H	B4H	B3H	B2H	B1H	B0H	B0H
IE	AFH	—	—	ACH	ABH	AAH	A9H	A8H	A8H
P2	A7H	A6H	A5H	A4H	A3H	A2H	A1H	A0H	A0H
SCON	9FH	9EH	9DH	9CH	9BH	9AH	99H	98H	98H
P1	97H	96H	95H	94H	93H	92H	91H	90H	90H
TCON	8FH	8EH	8DH	8CH	8BH	8AH	89H	88H	88H
P0	87H	86H	85H	84H	83H	82H	81H	80H	80H

如图 2-7 所示为 AT89S51 单片机中各类存储器的结构图，从图中可清楚地看出各类存储器的位置。

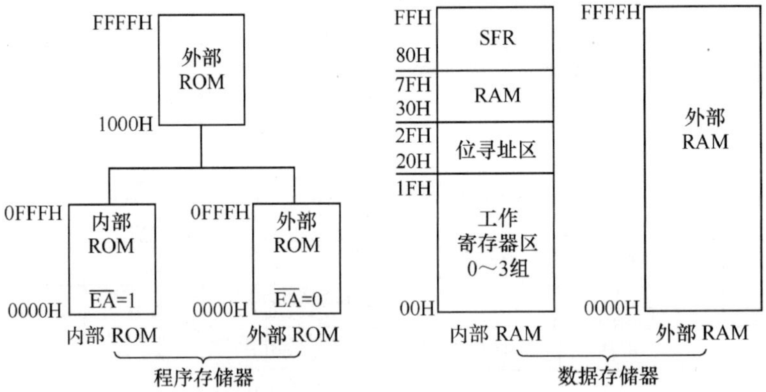

图 2-7　AT89S51 单片机中各类存储器的结构图

2.5　AT89S51 单片机的并行 I/O 口

AT89S51 单片机共有 4 个双向的 8 位并行 I/O 口，即 P0～P3 口。表 2-4 中的特殊功能寄存器 P0、P1、P2 和 P3 就是这 4 个端口的输出锁存器。这 4 个端口除按字节输入/输出外，还可按位寻址，以便实现位控功能。

2.5.1　P0 口

P0 口是一个双功能的 8 位并行 I/O 口，字节地址为 80H，位地址为 80H～87H。P0 口某一位的位电路结构如图 2-8 所示。

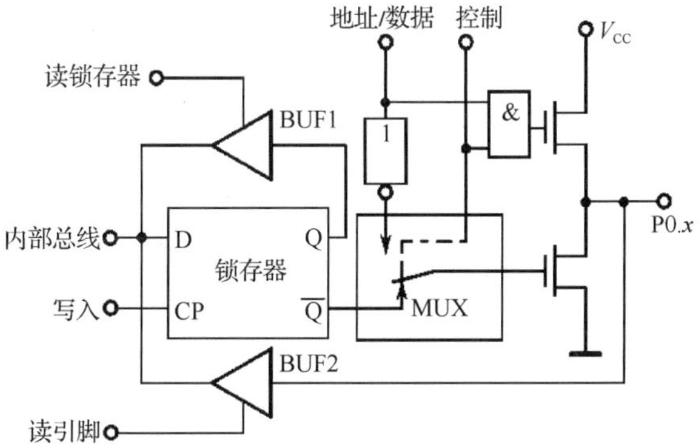

图 2-8　P0 口某一位的位电路结构

1. P0 口的工作原理

（1）P0 口用作单片机系统的地址/数据总线口

当 AT89S51 单片机外扩存储器或 I/O 接口芯片时，P0 口用作单片机系统复用的地址/数据总线口。此时，图 2-8 中的“控制”信号为 1，自动使转接开关 MUX 打向上面，接通反相器的输出，同时使“与门”处于开启状态。当输出的“地址/数据”信号为 1 时，“与门”输出为 1，上方的场效应管导通，下方的场效应管截止，P0.*x*（*x*=1,2,⋯,7）引脚输出为 1；当输出的“地址/数据”信号为 0 时，上方的场效应管截止，下方的场效应管导通，P0.*x* 引脚输出为 0。可见，P0.*x* 引脚的输出状态随着“地址/数据”信号的状态而变化。上方的场效应管起到内部上拉电阻的作用。

当 P0 口用作数据总线输入口时，仅从外部 RAM（或外部 I/O 接口芯片）读入数据信息，对应的“控制”信号为 0，MUX 打向下面，接通锁存器的 $\overline{Q}$ 端。P0 口用于地址/数据复用方式访问外部 RAM 时，CPU 自动向 P0 口写入 FFH，使下方的场效应管截止，由于“控制”信号为 0，上方的场效应管也截止，从而保证数据信息的高阻抗输入，从外部 RAM 或 I/O 接口芯片输入的数据信息直接由 P0.*x* 引脚通过三态缓冲器 BUF2 进入内部总线。

由以上分析知，P0 口是具有高电平、低电平和高阻抗输入三种状态的端口，因此，当 P0 口用作地址/数据总线口时，是一个真正的双向端口，简称双向口。

（2）P0 口用作通用 I/O 口

P0 口不作为地址/数据总线口使用时，也可用作通用的 I/O 口。此时，对应的“控制”信号为 0，MUX 接通锁存器的 $\overline{Q}$ 端，“与门”输出为 0，上方的场效应管截止，形成的 P0 口输出电路为漏极开路输出。

P0 口用作通用 I/O 输出口时，来自 CPU 的“写”脉冲加在锁存器的 CP 端，内部总线上的数据写入锁存器，并由引脚 P0.*x* 输出。当锁存器为 1 时，$\overline{Q}$ 端为 0，下方的场效应管截止，输出为漏极开路，此时，必须外接上拉电阻才能有高电平输出；当锁存器为 0 时，下方的场效应管导通，P0 口输出为低电平。

P0 口用作通用 I/O 输入口时，有两种读入方式：“读锁存器”和“读引脚”。当 CPU 发出“读锁存器”指令时，锁存器的状态由 Q 端经三态缓冲器 BUF1 进入内部总线；当 CPU 发出“读引脚”指令时，锁存器的输出状态为 1（即$\overline{Q}$端为 0），从而使下方的场效应管截止，引脚的状态经三态缓冲器 BUF2 进入内部总线。

2．P0 口的特点

当 P0 口用作地址/数据总线口时，是一个真正的双向口，用于与外部扩展的存储器或 I/O 接口芯片连接，输出低 8 位地址和输出/输入 8 位数据。

当 P0 口用作通用 I/O 口时，P0 口各引脚需要在外部接上拉电阻，此时端口不存在高阻抗的悬浮状态，因此是一个准双向口。

如果单片机外部扩展了 RAM 和 I/O 接口芯片，P0 口此时应用作复用的地址/数据总线口。如果没有外扩 RAM 和 I/O 接口芯片，则可用作通用 I/O 口。

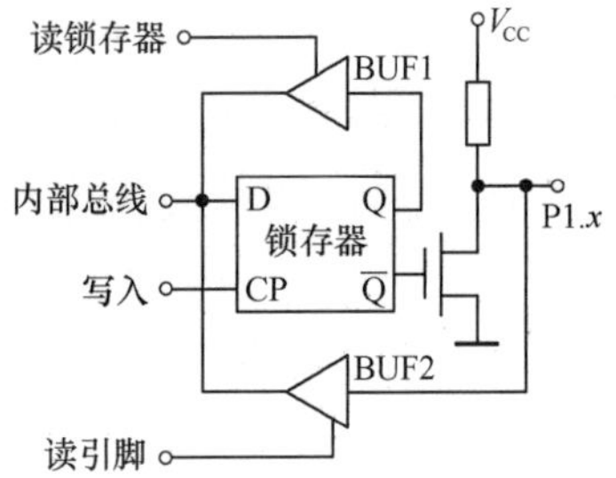

图 2-9　P1 口某一位的位电路结构

2.5.2　P1 口

P1 口为通用 I/O 口，字节地址为 90H，位地址为 90H～97H。P1 口某一位的位电路结构如图 2-9 所示。

1．P1 口的工作原理

P1 口只能用作通用 I/O 口。

当 P1 口用作通用 I/O 输出口时，若 CPU 输出 1，Q=1，$\overline{Q}$=0，场效应管截止，P1 口引脚的输出为 1；若 CPU 输出 0，Q=0，$\overline{Q}$=1，场效应管导通，P1 口引脚的输出为 0。

当 P1 口用作通用 I/O 输入口时，分为“读锁存器”和“读引脚”两种方式。“读锁存器”时，锁存器 Q 端的状态经 BUF1 进入内部总线；“读引脚”时，先向锁存器写 1，使场效应管截止，P1.*x* 引脚上的电平经 BUF2 进入内部总线。

2．P1 口的特点

由于 P1 口有内部上拉电阻，没有高阻抗悬浮状态，故为准双向口。当 P1 口用作通用 I/O 输出口时，不需要在外部接上拉电阻。

P1 口“读引脚”输入时，必须先向锁存器 P1 写入 1。

2.5.3　P2 口

P2 口是一个双功能口，字节地址为 A0H，位地址为 A0H～A7H。P2 口某一位的位电路结构如图 2-10 所示。

1．P2 口的工作原理

（1）P2 口用作地址总线口。在内部控制信号作用下，MUX 与“地址”线接通。当“地址”线为 0 时，场效应管导通，P2 口的引脚输出 0；当“地址”线为 1 时，场效应管截止，

P2 口引脚输出 1。

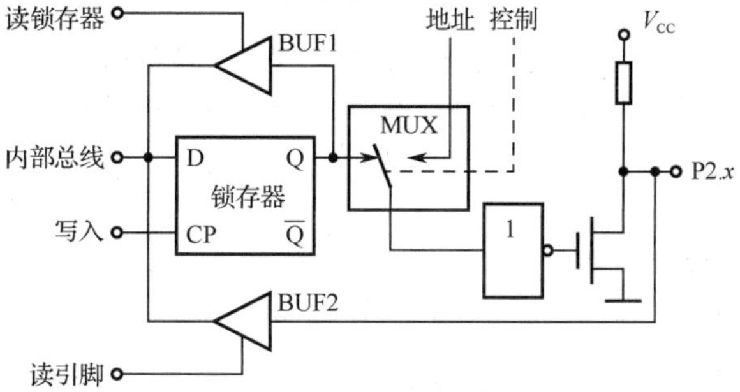

图 2-10　P2 口某一位的位电路结构

（2）P2 口用作通用 I/O 口。在内部控制信号作用下，MUX 与锁存器的 Q 端接通。

当 CPU 输出 1 时，Q=1，场效应管截止，P2.*x* 引脚输出 1；当 CPU 输出 0 时，Q=0，场效应管导通，P2.*x* 引脚输出 0。

输入时，分为“读锁存器”和“读引脚”两种方式。“读锁存器”时，Q 端信号经 BUF1 进入内部总线；“读引脚”时，先向锁存器写 1，使场效应管截止，P2.*x* 引脚上的电平经 BUF2 进入内部总线。

2．P2 口的特点

当 P2 口用作地址总线输出口时，可输出外部 RAM 的高 8 位地址，与 P0 口输出的低 8 位地址一起构成 16 位地址，共可寻址 64KB 的外部地址空间。当 P2 口用作高 8 位地址总线输出口时，输出锁存器的内容保持不变。

当 P2 口用作通用 I/O 口时，为准双向口，其功能与 P1 口一样。

P2 口大多用作高 8 位地址总线口，这时就不能再作为通用 I/O 口使用了。如果不作为地址总线口使用，可用作通用 I/O 口。

2.5.4　P3 口

由于 AT89S51 单片机的**引脚个数有限**，因此在 P3 口电路中增加了引脚的第二功能（第二功能定义见表 2-1）。P3 口的每位都可以分别定义为第二输入功能或第二输出功能。P3 口的字节地址为 B0H，位地址为 B0H～B7H。P3 口某一位的位电路结构如图 2-11 所示。

1．P3 口的工作原理

（1）P3 口用作第二输入/输出功能。当选择第二输出功能时，该位的锁存器需要置 1，使“与非门”为开启状态。当第二输出功能端为 1 时，场效应管截止，P3.*x* 引脚输出为 1；当第二输出功能端为 0 时，场效应管导通，P3.*x* 引脚输出为 0。

当选择第二输入功能时，该位的锁存器和第二输出功能端均应置 1，保证场效应管截止，P3.*x* 引脚的信息由 BUF3 的输出获得。

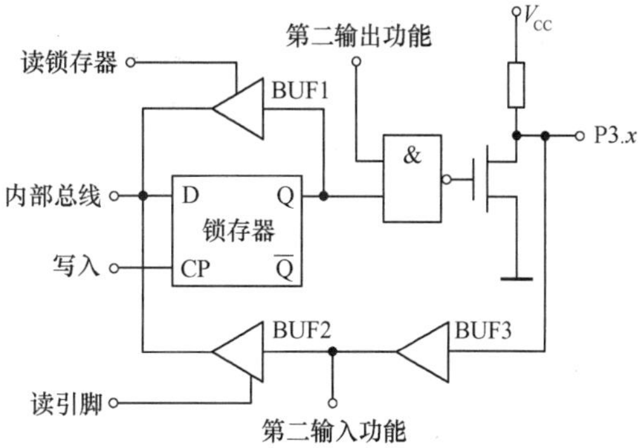

图 2-11　P3 口某一位的位电路结构

（2）P3 口用作第一功能——通用 I/O 口。

当 P3 口用作通用 I/O 输出口时，第二输出功能端应保持高电平，“与非门”为开启状态。

当 CPU 输出 1 时，Q=1，场效应管截止，P3.x 引脚输出为 1；当 CPU 输出 0 时，Q=0，场效应管导通，P3.x 引脚输出为 0。

当 P3 口用作通用 I/O 输入口时，P3.x 位的输出锁存器和第二输出功能端均应置 1，场效应管截止，P3.x 引脚信息通过 BUF3 和 BUF2 进入内部总线，完成“读引脚”操作。

当 P3 口用作通用 I/O 输入口时，也可执行“读锁存器”操作，此时 Q 端信息经过 BUF1 进入内部总线。

2．P3 口的特点

P3 口内部有上拉电阻，不存在高阻抗悬浮状态，故为准双向口。

P3 口每个引脚均有第一功能与第二功能，究竟使用哪个功能，完全由单片机执行的指令来自动切换，用户不需要进行任何设置。

引脚输入部分有两个缓冲器，第二功能的输入信号取自 BUF3 的输出端，第一功能的输入信号取自 BUF2 的输出端。

2.6 时钟电路与时序

时钟电路用于产生 AT89S51 单片机工作时所必需的控制信号，其内部电路在时钟信号的控制下，严格地按时序执行指令来工作。

在执行指令时，CPU 首先到程序存储器中取出需要执行的指令操作码，然后进行译码，并由时序电路产生一系列控制信号完成指令所规定的操作。CPU 发出的时序信号有两类：一类用于对内部各个功能部件的控制，无须用户了解；另一类用于对外部 RAM 或 I/O 接口芯片的控制，这部分时序对于分析、设计硬件接口电路至关重要，这也是单片机应用系统设计者普遍关心和重视的问题。

2.6.1 时钟电路设计

AT89S51 单片机各外围部件的运行都以时钟控制信号为基准，有条不紊、一拍一拍地工作。因此，时钟频率直接影响单片机的速度，时钟电路的质量也直接影响单片机系统的稳定性。常用的时钟电路有两种方式，一种是内部时钟方式，另一种是外部时钟方式。AT89S51 单片机的最高时钟频率为 33MHz。

1．内部时钟方式

AT89S51 单片机内部有一个用于构成振荡器的高增益反相放大器，它的输入端为引脚 XTAL1，输出端为引脚 XTAL2。这两个引脚外部跨接石英晶体振荡器和微调电容，构成一个稳定的自激振荡器。如图 2-12 所示为 AT89S51 单片机内部时钟方式的电路。

电路中的电容 C_1 和 C_2 的典型值通常选择为 30pF。通常选择频率为 6MHz、12MHz（可得到准确的定时）或 11.0592MHz（可得到准确的串行通信波特率）的石英晶体振荡器（晶振）。

2．外部时钟方式

外部时钟方式使用现成的外部振荡器产生时钟脉冲信号，常用于多片 AT89S51 单片机同时工作，以便于多片 AT89S51 单片机之间的同步。

外部时钟源直接接到 XTAL1 引脚，XTAL2 引脚悬空，其电路如图 2-13 所示。

3．时钟信号的输出

当使用内部振荡器时，XTAL1、XTAL2 引脚还能为应用系统中的其他芯片提供时钟，但需增加驱动能力。其引出的方式有两种，如图 2-14 所示。

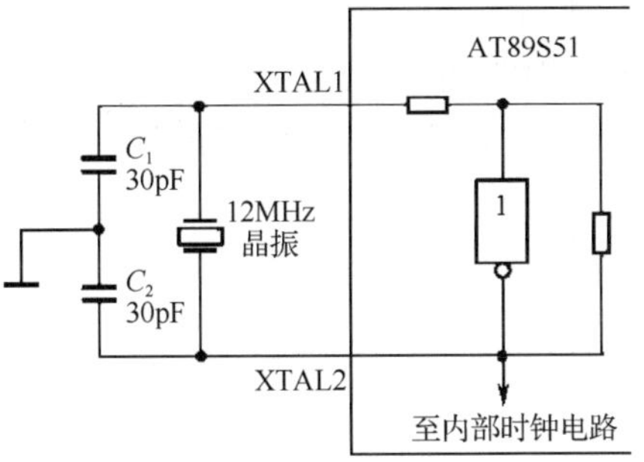

图 2-12　AT89S51 单片机内部时钟方式的电路

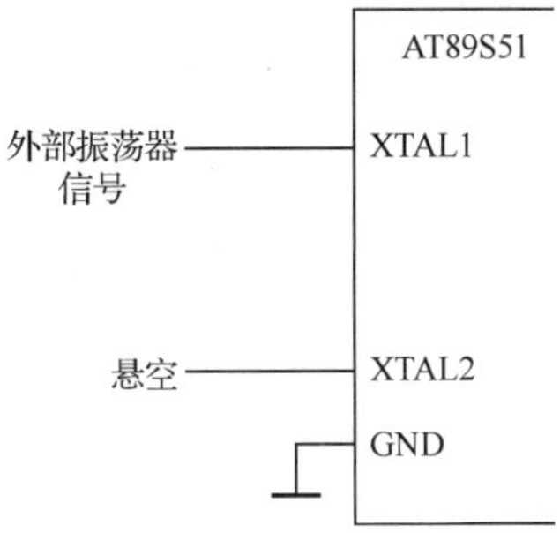

图 2-13　AT89S51 单片机外部时钟方式的电路

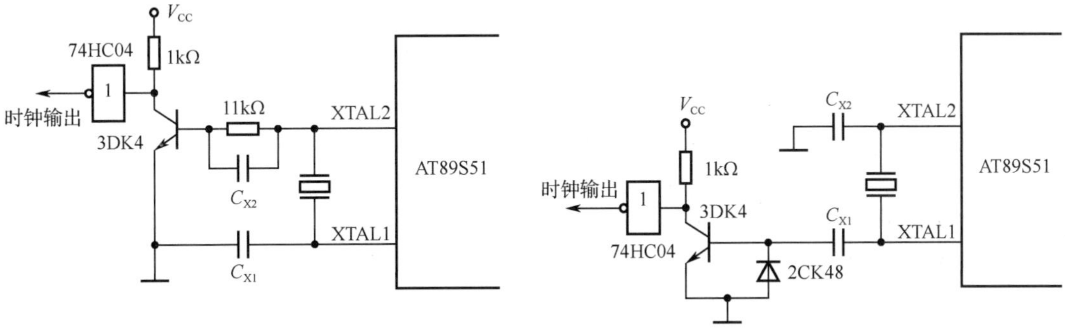

（a）　　　　　　　　　　（b）

图 2-14　时钟信号的两种引出方式

2.6.2　机器周期、指令周期与指令时序

单片机是在 CPU 控制器的时序控制电路的控制下执行指令的，各种时序均与时钟周期有关。

1．时钟周期

时钟周期是单片机时钟控制信号的基本时间单位。若时钟晶体的振荡频率为 f_{osc}，则时钟周期 $T_{osc}=1/f_{osc}$。例如，f_{osc}=6MHz，T_{osc}=166.7ns。

2．机器周期

CPU 完成一个基本操作所需要的时间称为机器周期。单片机常把执行一条指令的过程分为几个机器周期。每个机器周期完成一个基本操作，如取指令、读数据或写数据等。AT89S51 单片机的每 12 个时钟周期为一个机器周期，即 $T_{cy}=12/f_{osc}$。例如，f_{osc}=6MHz，T_{cy}=2μs；f_{osc}=12MHz，T_{cy}=1μs。

一个机器周期包括 12 个时钟周期，分为 6 个状态 S1～S6。每个状态又分为两拍：P1 和 P2。因此，一个机器周期中的 12 个时钟周期表示为 S1P1, S1P2, S2P1, S2P2, …, S6P2，如图 2-15 所示。

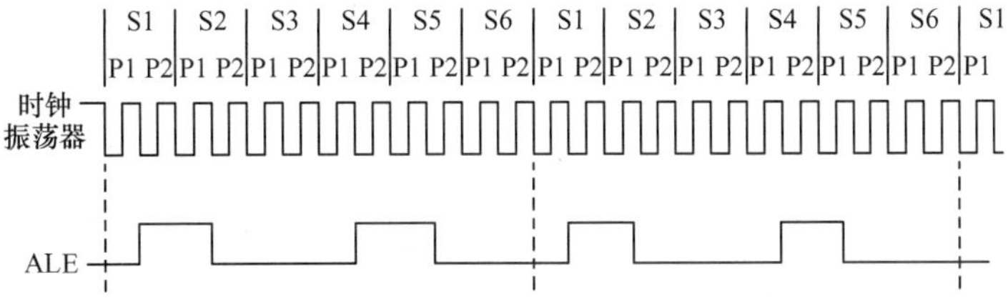

图 2-15　AT89S51 单片机的机器周期

3．指令周期

指令周期是执行一条指令所需的时间。AT89S51 单片机中的指令按字节数来分，可分为单字节、双字节与三字节指令，因此执行一条指令的时间也不同。对于简单的单字节指令，取出指令立即执行，只需一个机器周期。而有些复杂的指令，如转移、乘、除指令，则需两个或多个机器周期。

从指令的执行时间看，单字节和双字节指令一般为单机器周期和双机器周期，三字节指令都是双机器周期，只有乘、除指令占用 4 个机器周期。

2.7 复位操作和复位电路

复位是单片机的初始化操作，只需给 AT89S51 单片机的复位引脚 RST 加上大于两个机器周期（即 24 个时钟周期）的高电平就可使 AT89S51 单片机复位。

2.7.1 复位操作

当 AT89S51 单片机复位时，PC 值初始化为 0000H，使单片机从程序存储器的 0000H 单元开始执行。除系统的正常初始化之外，当程序执行出错（如程序跑飞）或操作错误使系统处于“死循环”或“跑飞”状态时，也需按复位键使 RST 变为高电平，使单片机摆脱“死循环”或“跑飞”状态而重新启动程序。

除 PC 之外，复位操作还对其他一些寄存器有影响，这些寄存器复位时的状态见表 2-7。由表 2-7 可以看出，复位时，SP=07H，而 4 个 I/O 口 P0～P3 的引脚均为高电平。在某些控制应用中，要注意 P0～P3 引脚的高电平对接在这些引脚上的外部电路的影响。例如，若 P1 口某个引脚外接一个继电器绕组，当复位时，该引脚为高电平，继电器绕组中有电流通过，就会吸合继电器开关，使开关接通，这可能会引起意想不到的后果。

表 2-7　复位时内部各寄存器的状态

寄 存 器	复 位 状 态	寄 存 器	复 位 状 态
PC	0000H	TMOD	00H
ACC	00H	TCON	00H
PSW	00H	TH0	00H
B	00H	TL0	00H
SP	07H	TH1	00H
DPTR	0000H	TL1	00H
P0～P3	FFH	SCON	00H
IP	×××0 0000B	SBUF	××××××××B
IE	0××0 0000B	PCON	0××× 0000B
DP0H	00H	AUXR	××××0××0B
DP0L	00H	AUXR1	×××××××0B
DP1H	00H	WDTRST	××××××××B
DP1L	00H		

2.7.2 复位电路设计

AT89S51 单片机的复位是由外部复位电路实现的。AT89S51 典型的复位电路如图 2-16 所示。

上电时的自动复位是通过 V_{CC}（+5V）电源给电容 C 充电加给 RST 引脚一个短暂的高电平信号实现的。此信号随着 V_{CC} 对电容 C 的充电过程而逐渐回落，即 RST 引脚上高电平的持续时间取决于电容 C 的充电时间。因此为保证系统能可靠地复位，RST 引脚上的高电平必须大于复位所要求的高电平的时间。

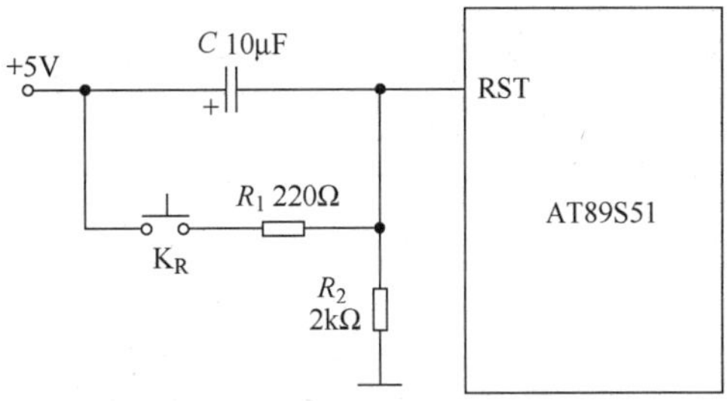

图 2-16　AT89S51 典型的复位电路

除上电复位外，有时还需要人工按键复位。按键复位通过 RST 引脚经两个电阻对电源 V_{CC} 接通分压产生的高电平来实现。当时钟频率选用 6MHz 时，C 的典型取值为 10μF，两个电阻 R_1 和 R_2 的典型值分别为 220Ω和 2kΩ。

一般来说，单片机的复位速度比外围 I/O 接口电路快一些。因此在实际应用设计中，为保证系统可靠复位，在单片机初始化程序段中应安排一定的复位延迟时间，以保证单片机与外围 I/O 接口电路都能可靠地复位。

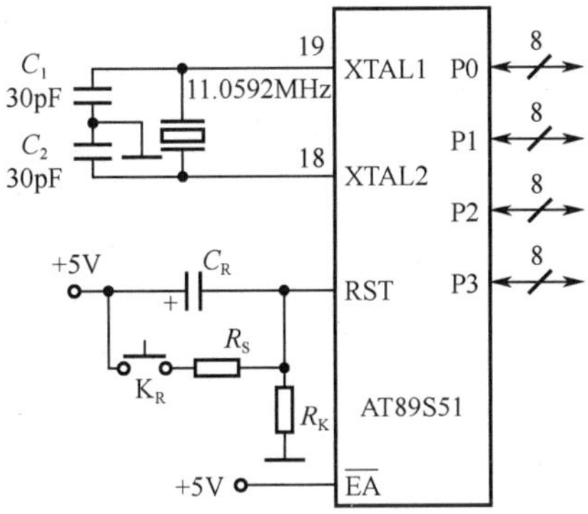

图 2-17　单片机最小应用系统

2.8　AT89S51 单片机的最小应用系统

AT89S51 单片机内部有 4KB 的 Flash 存储器，128B RAM，4 个 I/O 口，再加上外接时钟电路和复位电路，即构成了一个单片机最小应用系统，如图 2-17 所示。

该最小应用系统只能作为小型的数字量的测控单元。

2.9　看门狗定时器的使用

单片机应用系统受到干扰可能会引起程序“跑飞”或“死循环”，造成系统失控。如果操作人员在场，可按人工复位按键，强制系统复位。但操作人员不可能一直监视着系统，即使监视着系统，也往往是在出现不良后果之后才进行人工复位。是否可以不用人来监视，使系统摆脱失控状态，重新运行正常程序呢？这时可采用“看门狗”技术。

“看门狗”技术就是使用一个定时/计数器来不断计数，监视程序的运行。当看门狗定时器（WDT）启动运行后，为防止其不必要溢出而引起的非正常复位，在程序正常运行过程中，应定期将 WDT 清 0，以保证 WDT 不溢出。

AT89S51 单片机内部的“看门狗”部件，包含一个 14 位 WDT 和看门狗复位寄存器（表 2-4 中的特殊功能寄存器 WDTRST，地址 A6H）。开启 WDT 后，会自动对系统时钟 12 分频后的信号计数，即每 16384（2^{14}）个机器周期溢出一次，并产生一个高电平复位信号，使单片机复位。采用 12MHz 的系统时钟时，每 16384μs 产生一个复位信号。

当由于干扰，使单片机程序“跑飞”或陷入“死循环”时，单片机就不能正常运行程序来定时地把 WDT 清 0。WDT 计满溢出时，将在单片机的 RST 引脚上输出一个正脉冲（宽度为 98 个时钟周期），使单片机复位，在系统的复位入口 0000H 处重新开始运行主程序，从而使程序摆脱“跑飞”或“死循环”状态，让单片机回到正常的工作状态。

WDT 的启动和清 0 方法是一样的。在实际应用中，用户只要向 WDTRST（地址为 A6H）先写入 1EH，接着写入 E1H，WDT 便启动计数。为防止 WDT 启动后产生不必要的溢出，在程序运行的过程中，应在 16384μs（时钟为 12MHz）内将 WDT 不断地复位清 0，即向 WDTRST 写入数据 1EH 和 E1H。

在 C51 语言编程中，若使用“看门狗”功能，由于在头文件 reg51.h 中，并没有声明 WDTRST 寄存器，所以必须事先声明它，例如：

```
sfr   WDTRST=0xa6
```

声明后可以用下面的命令启动或复位 WDT。

```
WDTRST=0x1e;
WDTRST=0xe1;
```

下面通过一个例子来说明 WDT 的用法。

【例 2-1】 WDT 的应用举例。

```
#include<reg51.h>
sfr   WDTRST=0xa6
main()
{
    ...
    WDTRST=0x1e;                    //启动 WDT
    WDTRST=0xe1;
    while(1)                        //无限循环
    {
        WDTRST=0x1e;                //清 0 并启动 WDT
        WDTRST=0xe1;
        ...                         //执行时间必须小于 16384μs（系统时钟为 12MHz 时）
    }
}
```

上述程序是无限循环的，通过 WDT 帮助程序在运行过程中摆脱“跑飞”或“死循环”状态。因为只要程序一跑出 while()循环，不执行 WDTRST 的两条复位命令，由于 WDT 得不到及时复位，就会溢出使单片机复位，并使程序从 main()处开始重新执行。所以使用 WDT 时要注意，一定要在 WDT 启动后的 16384μs（系统时钟 12MHz）之内将 WDT 及时清 0，以防其溢出导致单片机复位。

2.10 低功耗节电模式

AT89S51 单片机有两种低功耗节电模式：空闲模式（Idle Mode）和掉电模式（Power Down Mode），其目的是尽可能降低系统的功耗。在掉电模式下，V_{CC} 可由后备电源供电。图 2-18 所示为两种节电模式的内部控制电路。

AT89S51 单片机的两种节电模式的选择可通过指令对特殊功能寄存器（PCON）的 IDL 和 PD 位的设置来实现。PCON 的格式如图 2-19 所示，字节地址为 87H。

PCON 中各位的定义如下：

① SMOD：串行通信的波特率选择位（该位的功能见第 8 章的介绍）。

② 一：保留位，未定义。

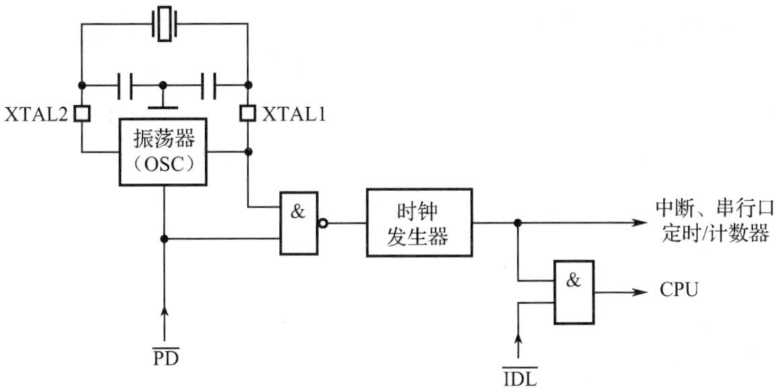

图 2-18　低功耗节电模式的内部控制电路

	D7	D6	D5	D4	D3	D2	D1	D0	
PCON	SMOD	—	—	—	GF1	GF0	PD	IDL	87H

图 2-19　PCON 的格式

③ GF1、GF0：通用标志位，由用户使用。

④ PD：掉电模式控制位，若 PD=1，则进入掉电模式。

⑤ IDL：空闲模式控制位，若 IDL=1，则进入空闲模式。

2.10.1　空闲模式

1．空闲模式的进入

如果用指令把 PCON 中的 IDL 位置 1，由图 2-18 可见，则把通往 CPU 的时钟信号关断，单片机便进入空闲模式，虽然振荡器仍然运行，但是 CPU 进入空闲状态。此时，内部所有外围部件（中断系统、串行口和定时/计数器）仍继续工作，SP、PC、PSW、A、P0～P3 口等所有其他寄存器，以及内部 RAM 和 SFR 中的内容均保持进入空闲模式前的状态。

2．空闲模式的退出

系统进入空闲模式后有两种方法可退出，一种是响应中断方式，另一种是硬件复位方式。

在空闲模式下，当任何一个允许的中断请求被响应时，IDL 位被内部硬件自动清 0，从而退出空闲模式。当运行完中断服务程序返回时，将从设置空闲模式指令的下一条指令（断点处）开始继续运行程序。

另一种方式退出空闲模式的是硬件复位。当使用硬件复位方式退出空闲模式时，在复位逻辑电路发挥控制作用前，有长达两个机器周期的时间，单片机要从断点处（IDL 位置 1 指令的下一条指令处）继续运行程序。在这期间，内部硬件阻止 CPU 对内部 RAM 的访问，但不阻止对外部端口（或外部 RAM）的访问。为避免在硬件复位退出空闲模式时出现对端口（或外部 RAM）不希望的写入，系统在进入空闲模式时，紧随 IDL 位置 1 指令后面的不应是写端口（或外部 RAM）的指令。

2.10.2　掉电模式

1．掉电模式的进入

用指令把 PCON 的 PD 位置 1，便进入掉电模式。由图 2-18 可见，在掉电模式下，进入振荡器的信号被封锁，振荡器停止工作。由于没有了时钟信号，内部的所有部件均停止工作，但内部 RAM 和 SFR 中的原来内容都被保留，有关端口的输出状态值都保存在对应的特殊功能寄存器中。

2. 掉电模式的退出

掉电模式的退出有两种方法：硬件复位和外部中断。硬件复位时要重新初始化 SFR，但不改变内部 RAM 的内容。只有当 V_{CC} 恢复到正常工作水平时，只要硬件复位信号维持 10ms，便可使单片机退出掉电模式。

思考题及习题 2

1．在 AT89S51 单片机中，若采用 6MHz 晶振，则一个机器周期为________。

2．AT89S51 单片机的机器周期等于________个时钟周期。

3．在内部 RAM 中，位地址为 40H、88H 的位，该位所在的字节地址分别为__________和__________。

4．内部字节地址为 2AH 单元的最低位的位地址是_________，内部字节地址为 88H 单元的最低位的位地址为_________。

5．若累加器 A 中的内容为 63H，则 P 奇偶标志位的值为_________。

6．AT89S51 单片机复位后，R4 所对应的存储单元的地址为__________，因为上电时 PSW=_________，这时当前的工作寄存器区是_________组工作寄存器区。

7．在内部 RAM 中，可作为工作寄存器区的单元地址为_______ H～_______ H。

8．通过堆栈操作实现子程序调用时，首先要把_________的内容入栈，以进行断点保护。调用子程序返回指令时，再进行出栈保护，把保护的断点送回到__________，先弹出的是原来_________中的内容。

9．AT89S51 单片机程序存储器的寻址范围是由程序计数器 PC 的位数所决定的，因为 AT89S51 单片机的 PC 是 16 位的，因此其寻址的范围为_________ KB。

10．下列说法正确的是________。

A）使用 AT89S51 单片机且引脚 $\overline{EA}$=1 时，仍可外扩 64KB 的程序存储器

B）区分外部程序存储器和外部数据存储器的最可靠的方法是看其位于地址范围的低端还是高端

C）在 AT89S51 单片机中，为使准双向的 I/O 口工作于输入方式，必须事先预置为 1

D）PC 可以看成程序存储器的地址指针

11．下列说法正确的是________。

A）AT89S51 单片机中特殊功能寄存器（SFR）占用内部 RAM 的部分地址

B）内部 RAM 的位寻址区，只能供位寻址使用，而不能进行字节寻址

C）AT89S51 单片机共有 26 个特殊功能寄存器，它们的位都是可用软件设置的，因此是可以进行位寻址的

D）SP 称为堆栈指针，堆栈是单片机内部的一个特殊区域，与 RAM 无关

12．在程序执行中，PC 的值是________。

A）当前正在执行指令的前一条指令的地址

B）当前正在执行指令的地址

C）当前正在执行指令的下一条指令的首地址

D）控制器中指令寄存器的地址

13．判断下列说法正确的是________。

A）PC 是一个不可寻址的特殊功能寄存器

B）单片机的主频越高，其运算速度越快

C）在 AT89S51 单片机中，一个机器周期等于 1μs

D）特殊功能寄存器 SP 内存放的是栈顶首地址单元的内容

14．判断下列说法正确的是________。

A）AT89S51 单片机进入空闲模式，CPU 停止工作，内部外围部件（如中断系统、串行口和定时/计数器）仍将继续工作

B）AT89S51 单片机不论是进入空闲模式还是掉电模式后，内部 RAM 和 SFR 中的内容均保持原来的状态

C）AT89S51 单片机进入掉电模式，CPU 和内部外围部件（如中断系统、串行口和定时/计数器）均停止工作

D）AT89S51 单片机掉电模式可采用响应中断方式来退出

15．AT89S51 单片机内部都集成了哪些外围部件？

16．说明 AT89S51 单片机的 $\overline{EA}$ 引脚接高电平或低电平的区别。

17．64KB 程序存储器空间有 5 个单元地址对应 AT89S51 单片机 5 个中断源的中断入口地址，请写出这些单元的入口地址及对应的中断源。

18．当 AT89S51 单片机出现“运行出错”或“程序陷入死循环”问题时，如何摆脱困境？

第 3 章　C51 语言编程基础与 Keil μVision

导读：本章介绍有关 C51 语言编程的基础知识，首先对 C51 语言与 8051 汇编语言、C51 语言与标准 C 语言进行了比较，然后对 C51 语言的数据类型与存储类型，基本运算，分支与循环结构，数组、指针、函数等进行了介绍，并从实用角度介绍了 8051 单片机的集成软件开发环境 Keil μVision3，为 C51 程序设计与开发打下基础。

随着单片机应用系统的日趋复杂，对程序的可读性、升级与维护、模块化的要求越来越高，编程人员需要在短时间内编写出执行效率高且可靠的程序代码，同时，也要方便多个编程人员进行协同开发。

C51 语言是目前 8051 单片机开发中普遍使用的程序设计语言。它能直接对 8051 单片机硬件进行操作，既有高级语言又有汇编语言的特点，因此在单片机程序设计中，得到了非常广泛的使用。

3.1　C51 语言概述

C51 语言在标准 C 语言的基础上针对 8051 单片机的硬件特点进行了扩展，并向 8051 单片机上移植。经过多年努力，该语言已成为公认的高效、简洁的 8051 单片机实用高级编程语言。与 8051 汇编语言相比，其在功能、结构性、可读性、可维护性上均有明显优势，且易学易用。

3.1.1　C51 语言与 8051 汇编语言的比较

与 8051 汇编语言相比，C51 语言具有如下优点。

（1）可读性好。用 C51 语言开发的程序比汇编语言的可读性好，编程效率高，便于修改、维护和升级。

（2）模块化开发与资源共享。用 C51 语言开发的程序模块可以不经修改，直接被其他项目所用，使开发者能够很好地利用已有的大量标准 C 程序资源与丰富的库函数，减少重复劳动，同时也有利于多个程序设计者协同开发。

（3）可移植性好。为某种型号单片机开发的 C 程序，只需对与硬件相关的头文件和编译链接的参数进行适当修改，就可方便地移植到其他型号的单片机上。例如，为 8051 单片机编写的程序通过改写头文件和少量的程序行，就可方便地移植到 PIC 单片机上。

（4）生成的代码效率较高。当前较好的 C51 语言编译系统编译出来的代码效率只比直接使用汇编语言的低 20%左右，如果使用优化编译选项，最高可达到 90%左右。

3.1.2　C51 语言与标准 C 语言的比较

C51 语言与标准 C 语言有许多相同之处，但也有其自身的一些特点。不同的嵌入式 C 语言编译系统之所以与标准 C 语言有所不同，主要在于它们所针对的硬件系统不同。对于 8051 单片机，目前广泛使用的是 C51 语言。

C51 语言的基本语法与标准 C 语言相同，在标准 C 语言的基础上进行了适合 8051 内核单片机硬件的扩展。深入理解 C51 语言对标准 C 语言的扩展部分及它们的不同之处，是掌握 C51 语言的关键。

C51 语言与标准 C 语言的一些差别如下。

（1）库函数不同。标准 C 语言中不适用于嵌入式控制器系统的库函数，被排除在 C51 语言之外，如字符屏幕和图形函数。而有些库函数必须针对 8051 单片机的硬件特点来进行相应的开发，例如，库函数 printf 和 scanf，在标准 C 语言中，这两个函数通常用于屏幕打印和接收字符，而在 C51 语言中，主要用于串行口数据的收/发。

（2）数据类型有一定区别。在 C51 语言中增加了几种 8051 单片机特有的数据类型，在标准 C 语言的基础上又扩展了 4 种类型。例如，8051 单片机包含位操作空间和丰富的位操作指令，因此 C51 语言增加了位操作类型。

（3）C51 语言的变量存储模式与标准 C 语言中不一样。标准 C 语言最初是为通用计算机设计的，在通用计算机中只有一个程序和数据统一寻址的内存空间，而 C51 语言中变量的存储模式与 8051 单片机的各种存储区紧密相关。

（4）存储类型不同。8051 单片机存储区空间可分为内部数据存储区、外部数据存储区和程序存储区。C51 语言提供 data、idata 和 bdata 三种不同的存储类型来访问内部数据存储区，对应 DATA、IDATA 和 BDATA 三个存储区；还提供 xdata 和 pdata 两种不同的存储类型来访问外部数据存储区，对应 XDATA 和 PDATA 两个存储区。程序存储区只能读不能写，可能在 8051 单片机内部或在外部。C51 语言提供 code 存储类型来访问程序存储区。

（5）标准 C 语言中没有处理单片机中断的定义，而 C51 语言中有专门的中断函数。

（6）头文件不同。C51 语言与标准 C 语言头文件的差异是，C51 语言头文件必须把 8051 单片机内部的外围部件（如定时/计数器、中断系统、串行口等）相应的特殊功能寄存器写入头文件内。

（7）程序结构有差异。由于 8051 单片机的硬件资源有限，其编译系统不允许太多的程序嵌套。

但是，从数据运算操作、程序控制语句及函数的使用方面来说，C51 语言与标准 C 语言几乎没有什么明显的差别。如果程序设计者具备标准 C 语言的编程基础，只要注意 C51 语言与标准 C 语言的不同之处，并熟悉 8051 单片机的硬件结构，就能很快掌握 C51 语言编程。

3.2 C51 程序设计基础

本节在标准 C 语言的基础上，讲述 C51 语言的数据类型与存储类型、基本运算与流程控制语句等，为 C51 程序开发打下基础。

3.2.1 C51 语言的数据类型与存储类型

1. 数据类型

数据是单片机操作的对象，是具有一定格式的数字或数值，数据的不同格式称为数据类型。

这里以 Keil C51 语言（简称为 C51 语言）为例，其支持的基本数据类型如表 3-1 所示。针对 8051 单片机的硬件特点，C51 语言在标准 C 语言的基础上，**扩展了 4 种数据类型**（见

表 3-1 中最后 4 行）。注意，扩展的 4 种数据类型，不能使用指针来对它们进行存取。

表 3-1　C51 语言支持的数据类型

数据类型	位　数	字节数	值　域
signed char	8	1	−128～+127，有符号字符变量
unsigned char	8	1	0～255，无符号字符变量
signed int	16	2	−32 768～+32 767，有符号整型数
unsigned int	16	2	0～65 535，无符号整型数
signed long	32	4	−2 147 483 648～+2 147 483 647，有符号长整型数
unsigned long	32	4	0～+4 294 967 295，无符号长整型数
float	32	4	±1.175494E−38～±3.402823E+38
double	32	4	±1.175494E−38～±3.402823E+38
*	8～24	1～3	对象指针
bit	1		0 或 1
sfr	8	1	0～255
sfr16	16	2	0～65 535
sbit	1		可进行位寻址的特殊功能寄存器的某位的绝对地址

2．C51 语言扩展的数据类型

下面对 C51 语言扩展的 4 种数据类型进行说明。

（1）位变量 bit。bit 的值可以是 1（true）或 0（false）。

（2）特殊功能寄存器 sfr。8051 单片机的特殊功能寄存器分布在内部数据存储区的地址单元 80H～FFH 中。sfr 数据类型占用一个内存单元。利用它可以访问单片机内部的所有特殊功能寄存器。例如，“sfr P1=0x90”语句定义了 P1 口在内部的寄存器中，在程序后续的语句中可以用“P1=0xff”语句，使 P1 口的所有引脚输出为高电平，来操作特殊功能寄存器。

（3）特殊功能寄存器 sfr16。sfr16 数据类型占用两个内存单元。它用于操作占 2B 的特殊功能寄存器。例如，“sfr16 DPTR=0x82”语句定义了内部 16 位数据指针寄存器（DPTR），其低 8 位字节地址为 82H，高 8 位字节地址为 83H。这样，在程序的后续语句中就可对 DPTR 进行操作了。

（4）特殊功能位 sbit。sbit 是指 AT89S51 内部特殊功能寄存器的可寻址位。例如：

```
sfr   PSW=0xd0;                 //定义 PSW 寄存器地址为 0xd0
sbit  OV=PSW^2;                 //定义 OV 位为 PSW.2
```

其中，符号“^”前面是特殊功能寄存器的名字，“^”后面的数字表示特殊功能寄存器的可寻址位在寄存器中的位置，取值必须是 0～7。

注意，不要把 bit 与 sbit 相混淆。bit 用来定义普通的位变量，它的值只能是二进制数 0 或 1。而 sbit 定义的是特殊功能寄存器的可寻址位，它的值是可位寻址的特殊功能寄存器某位的绝对地址，例如，PSW 寄存器 OV 位的绝对地址 0xd2。

上面的例子还涉及如下两种 C51 注释语句的写法。

（1）//…，两个斜杠后面跟着的为注释语句。本写法只能注释一行，当换行时，必须在新行上重新写两个斜杠。

（2）/*…*/，一个斜杠与星号结合使用。本写法可注释任一行，即斜杠星号（/*）与星号斜杠（*/）之间的所有文字都作为注释。当注释有多行时，只需在注释的开始处加斜杠星号，在注释的结尾处，加上星号斜杠即可。

加注释的目的是为了方便读懂程序。所有注释都不参与程序编译，编译器在编译过程中会自动删去注释。

3. 存储类型

在讨论 C51 语言的数据类型时，必须同时提及它的存储类型，以及它与 8051 单片机存储区结构的关系。因为 C51 语言定义的任何数据类型必须以一定的方式定位在 8051 单片机的某个存储区中，否则没有任何实际意义。

8051 单片机有内部、外部数据存储区，还有程序存储区。

内部数据存储区是可读/写的，8051 单片机的衍生系列最多可有 256 字节空间的内部数据存储区（例如 AT89S52 单片机），其中低 128 字节空间为可直接寻址，高 128 字节空间（地址为 80H～FFH）只能间接寻址。另外，从地址 20H 开始的 16 字节空间可位寻址。C51 语言为访问内部数据存储区提供了三种不同的存储类型：data、idata 和 bdata，对应 DATA、IDATA 和 BDATA 三个存储区。

访问外部数据存储区的速度比访问内部数据存储区的速度慢，因为需要通过数据指针加载地址来间接寻址访问。C51 语言为访问外部数据存储区提供了两种不同的存储类型：xdata 和 pdata，对应 XDATA 和 PDATA 两个存储区。

程序存储区只能读不能写。程序存储区可能在 8051 单片机内部或外部，或者内部和外部都有，由 8051 单片机的硬件决定。C51 语言提供 code 存储类型来访问程序存储区。

上述 C51 语言存储类型与 8051 单片机实际存储区空间的对应关系见表 3-2。

表 3-2　C51 语言存储类型与 8051 单片机实际存储区空间的对应关系

存储区	存储类型	与实际存储区空间的对应关系
DATA	data	内部 RAM 直接寻址区，位于内部 RAM 的低 128 字节空间
BDATA	bdata	内部 RAM 位寻址区，位于 20H～2FH 单元
IDATA	idata	内部 RAM 的 256 字节空间，必须间接寻址的存储区
XDATA	xdata	外部 64KB 的 RAM 空间，使用@DPTR 间接寻址
PDATA	pdata	外部 RAM 的 256 字节空间，使用@Ri 间接寻址
CODE	code	程序存储区，使用 DPTR 寻址

下面对表 3-2 中的各种存储区给出说明。

（1）DATA 区。DATA 区的寻址是最快的，应把经常使用的变量放在 DATA 区中，但是其存储区空间有限。它除包含程序变量外，还包含堆栈和寄存器组。DATA 区声明中的存储类型标识符为 data，通常指内部 RAM 的低 128 字节空间，可直接寻址。

声明举例如下：

```
unsigned char data system_status=0;
unsigned int data unit_id[8];
char data inp_string[20];
```

标准变量和用户自声明变量都可存储在 DATA 区中，只要不超出 DATA 区的范围即可。由于 C51 语言使用默认的寄存器组来传递参数，这样 DATA 区至少失去了 8 字节空间。另外，当内部堆栈溢出时，程序会莫名其妙地复位。这是因为 8051 单片机没有报错机制，堆栈的溢出只能以这种方式表示，因此要留有较大的堆栈空间来防止堆栈溢出。

（2）BDATA 区。是 DATA 区中的位寻址区，在该区中声明变量就可进行位寻址。BDATA 区声明中的存储类型标识符为 bdata，指内部 RAM 可位寻址的 16 字节存储区（地址为 20H～

2FH）中的 128 位。

声明位变量和使用位变量的例子如下：

```
unsigned char bdata status_byte;
unsigned int bdata status_word;
sbit stat_flag=status_byte^4;
if(status_word^15)
{ … }
stat_flag=1;
```

C51 编译器不允许在 BDATA 区中声明 float 和 double 型变量。

（3）IDATA 区。IDATA 区使用寄存器作为指针来进行间接寻址，常用来存放使用比较频繁的变量。与外部存储区寻址相比，它的指令执行周期和代码长度相对较短。IDATA 区声明中的存储类型标识符为 idata，指内部 RAM 的 256 字节空间，只能间接寻址，速度比直接寻址慢。

声明举例如下：

```
unsigned char idata system_status=0;
unsigned int idata unit_id[8];
char idata inp_string[16];
float idata out_value;
```

（4）PDATA 区和 XDATA 区。它们位于外部存储区中，PDATA 区和 XDATA 区声明中的存储类型标识符分别为 pdata 和 xdata。PDATA 区只有 256 字节空间，仅指定 256 字节的外部数据存储区。但 XDATA 区最大可达 64KB，对应的存储类型标识符 xdata 可以指定外部数据存储区 64KB 内的任何地址。

对 PDATA 区寻址要比对 XDATA 区寻址快，因为此时只需装入 8 位地址，而对 XDATA 区寻址要装入 16 位地址，所以要尽量把外部数据存储在 PDATA 区中。

声明举例如下：

```
unsigned char xdata system_status=0;
unsigned int pdata unit_id[8];
char xdata inp_string[16];
float pdata out_value;
```

由于外部数据存储区与外部 I/O 口是统一编址的，所以外部数据存储区地址段中除包含数据存储区地址外，还包含外部 I/O 口地址。对外部数据存储区及外部 I/O 口的寻址将在本章的绝对地址寻址中详细介绍。

（5）CODE 区。CODE 区为程序存储区，其声明中的存储类型标识符为 code，其中存储的数据是不可改变的。在 C51 编译器中，可以用 code 标识符来访问程序存储区。

声明举例如下：

```
unsigned char code a[ ]={0x00,0x01,0x02,0x03,0x04,0x05,0x06,0x07,0x08};
```

表 3-3　C51 语言存储类型及其长度和值域

存储类型	长度/b	长度/B	值域
data	8	1	0～255
idata	8	1	0～255
bdata	1		0 或 1
pdata	8	1	0～255
xdata	16	2	0～65535
code	16	2	0～65535

前面介绍了 C51 语言的存储类型，其长度和值域见表 3-3。

单片机访问内部 RAM 比访问外部 RAM 快一些，所以应尽量把频繁使用的变量置于内部 RAM 中，即定义为 data、bdata 或 idata 型；而将容量较大的或使用不太频繁的变量置于外部 RAM 中，即定义为 pdata 或 xdata 型。常量只能定义为 code 型。

变量存储类型定义举例：

```
char data a1;                    //字符变量 a1 被定义为 data 型，分配在内部 RAM 低 128 字节空间中
float idata x,y;                 //浮点变量 x 和 y 被定义为 idata 型，定位在内部 RAM 中，只能用间接
                                 //寻址方式寻址
bit bdata p;                     //位变量 p 被定义为 bdata 型，定位在内部 RAM 的位寻址区中
unsigned int pdata var1;         //无符号整型变量 var1 被定义为 pdata 型，定位在外部 RAM 中相当于
                                 //使用@Ri 间接寻址
unsigned char xdata a[2] [4];    //无符号字符型二维数组变量 a[2][4]被定义为 xdata 型定位在外部 RAM
                                 //中，占据 2×4=8 字节空间，相当于使用@DPTR 间接寻址
```

4. 数据存储模式

如果在变量定义时略去存储类型标识符，编译器会自动使用默认存储类型。默认的存储类型进一步由 Small、Compact 和 Large 存储模式指令限制。

例如，若声明 char var1，则在使用 Small 存储模式下，var1 被定位在 DATA 区中；在 Compact 模式下，var1 被定位在 IDATA 区中；在 Large 模式下，var1 被定位在 XDATA 区中。

下面对存储模式进行进一步说明。

（1）Small 模式。在该模式下，所有变量都默认位于 8051 单片机内部数据存储区中，这与使用 data 指定存储类型的方式一样。在此模式下，变量访问的效率高，但是所有数据对象和堆栈必须使用内部 RAM。

（2）Compact 模式。在该模式下，所有变量都默认位于外部数据存储区的 1 页（256B）中，这与使用 pdata 指定存储类型的方式一样。该存储类型适用于变量大小不超过 256B 的情况，此限制是由寻址方式决定的，相当于使用数据指针@Ri 进行寻址。与 Small 模式相比，该存储模式的效率比较低，对变量访问的速度也慢一些，但比 Large 模式快。

（3）Large 模式。在该模式下，所有变量都默认位于外部数据存储区中，相当于使用数据指针@DPTR 进行寻址。通过数据指针访问外部数据存储区的效率较低，特别是当变量大小为 2B 或更大时，该模式要比 Small 模式和 Compact 模式产生更多的代码。

在固定的存储区地址上进行变量的传递，是 C51 语言的标准特征之一。在 Small 模式下，参数传递是在内部数据存储区中完成的。Large 和 Compact 模式允许参数在外部数据存储区中传递。C51 语言也支持混合模式。例如，在 Large 模式下，生成的程序可以将一些函数放在 Small 模式下，从而加快执行速度。

3.2.2 C51 语言的特殊功能寄存器及位变量定义

下面介绍 C51 语言如何对 8051 单片机的特殊功能寄存器和位变量进行定义并访问。

1. 特殊功能寄存器的 C51 语言定义

C51 语言允许使用关键字 sfr、sbit 或直接引用编译器提供的头文件来对特殊功能寄存器（SFR）进行访问。8051 单片机的特殊功能寄存器分布在内部 RAM 的高 128 字节空间，因此对其的访问只能采用直接寻址方式。

（1）使用关键字 sfr 定义。为了直接访问 SFR，C51 语言提供了一种定义方法，即引入关键字 sfr，语法格式如下：

```
sfr 特殊功能寄存器名字=特殊功能寄存器地址;
```

例如：

```
sfr   IE=0xA8;            //中断允许寄存器地址 A8H
sfr   TCON=0x88;          //定时/计数器控制寄存器地址 88H
sfr   SCON=0x98;          //串行口控制寄存器地址 98H
```

在 8051 单片机中，如果要访问 16 位 SFR，可使用关键字 sfr16。16 位 SFR 的低字节地址必须作为“sfr16”的定义地址，例如：

```
sfr16   DPTR=0x82         //数据指针 DPTR 的低 8 位地址为 82H，高 8 位地址为 83H
```

（2）通过头文件访问 SFR。各种衍生型的 8051 单片机的 SFR 的数量与类型有时是不相同的，对 SFR 的访问可通过头文件来进行。

为了用户处理方便，C51 语言把 8051 单片机（或 8052 单片机）常用的 SFR 和其中的可寻址位进行了定义，放在一个 reg51.h（或 reg52.h）头文件中。当用户要使用时，只需在使用之前用以下预处理命令：

```
#include<reg51.h>
```

把头文件 reg51.h 包含到程序中，就可以使用特殊功能寄存器名称和其中的可寻址位名称了。用户可在 Keil 环境下打开该头文件查看其内容，也可通过文本编辑器对头文件进行增减。

注意，在程序中加入头文件有两种书写方法，分别为：

```
#include<reg51.h>     和     #include"reg51.h"
```

包含头文件时不需要在后面加分号。

当使用< >包含头文件时，编译器先进入软件安装目录中开始搜索该头文件，也就是 Keil/C51/INC 这个目录中，如果该目录中没有引用的头文件，编译器将会报错。

当使用" "包含头文件时，编译器先进入当前工程所在目录中开始搜索该头文件，如果当前工程所在目录中没有该头文件，编译器将继续回到软件安装目录中搜索该头文件，若找不到该头文件，编译器将报错。

reg51.h 在软件安装目录中保存，所以一般写成 #include<reg51.h>。

头文件引用举例如下：

```
#include<reg51.h>              //包含 8051 单片机的头文件
void   main(void)
{
      TL0=0xf0;                //给 T0 低字节 TL0 设置时间常数，已在 reg51.h 中定义
      TH0=0x3f;                //给 T0 高字节 TH0 设置时间常数，已在 reg51.h 中定义
      TR0=1;                   //启动 T0
      …
}
```

（3）SFR 中的位定义。要访问 SFR 中的可寻址位，需要使用关键字来定义可寻址位，共有如下三种方法。

① sbit 位名=特殊功能寄存器^位置;

例如：

```
sfr    PSW=0xd0;             //定义 PSW 寄存器的字节地址 0xd0
sbit   Cy= PSW^7;            //定义 Cy 位为 PSW.7，地址为 0xd0
sbit   OV= PSW^2;            //定义 OV 位为 PSW.2，地址为 0xd2
```

② sbit 位名=字节地址^位置;

例如：

```
sbit   Cy= 0xd0^7;           // Cy 位地址为 0xd7
sbit   OV= 0xd0^2;           // OV 位地址为 0xd2
```

③ sbit　位名=位地址;

这种方法将位的绝对地址赋给变量，位地址必须在 0x80～0xff 之间。

例如：

```
sbit  Cy= 0xd7;                    // Cy 位地址为 0xd7
sbit  OV= 0xd2;                    // OV 位地址为 0xd2
```

【例 3-1】　AT89S51 单片机内部 P1 口的各可寻址位的定义如下。

```
sfr   P1=0x90;
sbit  P1_7= P1^7;
sbit  P1_6= P1^6;
sbit  P1_5= P1^5;
sbit  P1_4= P1^4;
sbit  P1_3= P1^3;
sbit  P1_2= P1^2;
sbit  P1_1= P1^1;
sbit  P1_0= P1^0;
```

2．位变量的 C51 语言定义

（1）位变量的 C51 语言定义。由于 8051 单片机能够进行位操作，因此 C51 语言扩展了 bit 数据类型用来定义位变量，这是 C51 语言与标准 C 语言的不同之处。

C51 语言采用关键字 bit 来定义位变量，一般格式为：

```
bit  bit_name;
```

例如：

```
bit  ov_flag;                      //将 ov_flag 定义为位变量
bit  lock_pointer;                 //将 lock_pointer 定义为位变量
```

（2）C51 语言的函数可包含类型为 bit 的参数，也可将其作为返回值。例如：

```
bit  func(bit b0, bit b1);         //位变量 b0 与 b1 作为函数 func 的参数
{
     …
     return(b1);                   //位变量 b1 作为 return 函数的返回值
}
```

（3）位变量定义的限制。位变量不能用来定义指针和数组。例如：

```
bit  *ptr;                         //错误，不能用位变量来定义指针
bit  array[ ];                     //错误，不能用位变量来定义数组 array[ ]
```

在定义位变量时，允许定义存储类型，位变量都被放入一个位段中，此段总是位于 8051 单片机的内部 RAM 中，因此其存储类型限制为 data 或 idata 型。如果将位变量定义成其他类型，都会导致编译时出错。

3.2.3　C51 语言的绝对地址访问

为了对 8051 单片机的内部 RAM、外部 RAM 及 I/O 空间进行访问，C51 语言提供了两种常用的访问绝对地址的方法。

1．绝对宏

C51 编译器提供一组宏定义来对 CODE、DATA、PDATA 和 XDATA 区进行绝对寻址。在程序中，用“#include<absacc.h>”语句来对 absacc.h 中声明的宏进行绝对地址访问，包括 CBYTE、CWORD、DBYTE、DWORD、XBYTE、XWORD、PBYTE、PWORD，具体使用方法参考 absacc.h 头文件。其中：

- CBYTE 以字节形式对 CODE 区进行寻址；
- XBYTE 以字节形式对 XDATA 区进行寻址；
- CWORD 以字形式对 CODE 区进行寻址；
- XWORD 以字形式对 XDATA 区进行寻址；
- DBYTE 以字节形式对 DATA 区进行寻址；
- PBYTE 以字节形式对 PDATA 区进行寻址；
- DWORD 以字形式对 DATA 区进行寻址；
- PWORD 以字形式对 PDATA 区进行寻址。

例如：

```
#include<absacc.h>
#define PORTA   XBYTE[0xffc0]        //将 PORTA 定义为外部 I/O 口，地址为 0xffc0，长度 8 位
#define NRAM    DBYTE[0x50]          //将 NRAM 定义为内部 RAM，地址为 0x50，长度 8 位
```

【例 3-2】 访问内部 RAM、外部 RAM 及 I/O 空间绝对地址的定义示例程序如下：

```
#include<absacc.h>
#define   PORTA   XBYTE[0xffc0]      //将 PORTA 定义为外部 I/O 口，地址为 0xffc0
#define   NRAM    DBYTE[0x40]        //将 NRAM 定义为内部 RAM，地址为 0x40
main()
{
    PORTA=0x3d;                      //将数据 3DH 写入地址为 0xffc0 的外部 I/O 口 PORTA 中
    NRAM=0x01;                       //将数据 01H 写入内部 RAM 的 0x40 单元中
}
```

2. _at_关键字

使用关键字_at_可对指定的存储区空间的绝对地址进行访问，格式如下：

```
[存储类型] 数据类型 变量名 _at_ 地址常数
```

其中，存储类型为 C51 语言能识别的数据类型；数据类型为 C51 语言支持的数据类型；地址常数用于指定变量的绝对地址，必须位于有效的存储区空间之内；使用_at_定义的变量必须为全局变量。

【例 3-3】 使用关键字_at_实现绝对地址的访问，示例程序如下：

```
void   main(void)
{
    data unsigned char y1 _at_ 0x50;        //在 DATA 区中定义字节变量 y1，地址为 50H
    xdata unsigned int y2 _at_ 0x4000;      //在 XDATA 区中定义字变量 y2，地址为 4000H
    y1=0xff;
    y2=0x1234;
    …
    while(1);
}
```

【例 3-4】 将外部 RAM 2000H 开始的连续 20 字节单元清 0，程序如下：

```
xdata unsigned char buffer[20] _at_ 0x2000;
void main(void)
{
    unsigned char i;
    for(i=0; i<20; i++)
```

```
        {
            buffer[i]=0
        }
    }
```

把内部 RAM 40H 单元开始的 8 个单元内容清 0，程序如下：

```
    data unsigned char buffer[8] _at_ 0x40;
    void   main(void)
    {
        unsigned char j ;
        for(j=0;j<8;j++)
        {
            buffer[j]=0
        }
    }
```

3.2.4 C51 语言的基本运算

C51 语言的基本运算与标准 C 语言类似，主要包括算术运算、逻辑运算、关系运算、位运算和赋值运算等。

1. 算术运算符

算术运算的算术运算符及其说明见表 3-4。

表 3-4　算术运算符及其说明

符 号	说　明	举例（设 x=10, y=3）
+	加法运算	z=x+y;　//z=13
−	减法运算	z=x−y;　//z=7
*	乘法运算	z=x*y;　//z=30
/	除法运算	z=x/y;　//z=3
%	取余数运算	z=x%y;　//z=1
++	自增 1	
−−	自减 1	

C51 语言中表示“加 1”和“减 1”时可采用自增和自减运算符，自增和自减运算符分别使变量自动加 1 或减 1。自增和自减运算符放在变量前和变量后是不同的，见表 3-5。

表 3-5　自增和自减运算符及其说明

运 算 符	说　明	举例（设 x 初值为 4）
x++	先用 x 的值，再让 x 加 1	y=x++;　// y 为 4，x 为 5
++x	先让 x 加 1，再用 x 的值	y=++x;　// y 为 5，x 为 5
x−−	先用 x 的值，再让 x 减 1	y=x−−;　// y 为 4，x 为 3
−−x	先让 x 减 1，再用 x 的值	y=−−x;　// y 为 3，x 为 3

2. 逻辑运算符

逻辑运算的结果只有“真”和“假”两种，1 表示“真”，0 表示“假”。表 3-6 列出了逻辑运算符及其说明。

表 3-6　逻辑运算符及其说明

运　算　符	说　　明	举例（设 a=2,b=3）
&&	逻辑与	a&&b;　　//返回值为 1
‖	逻辑或	a ‖ b;　　//返回值为 1
!	逻辑非（求反）	! a;　　//返回值为 0

例如，条件“10>20”为假，“2<6”为真，则逻辑与运算(10>20)&&(2<6)=0&&1=0。

3．关系运算符

关系运算符就是判断两个数之间的关系。关系运算符及其说明见表 3-7。

表 3-7　关系运算符及其说明

符　　号	说　　明	举例（设 a=2,b=3）
>	大于	a> b;　//返回值为 0
<	小于	a< b;　//返回值为 1
>=	大于等于	a>=b;　//返回值为 0
<=	小于等于	a<=b;　//返回值为 1
==	等于	a==b;　//返回值为 0
!=	不等于	a!=b;　//返回值为 1

4．位运算

位运算符及其说明见表 3-8。

表 3-8　位运算符及其说明

符　　号	说　　明	举　　例
&	按位逻辑与	0x19&0x4d=0x09
｜	按位逻辑或	0x19｜0x4d =0x5d
^	按位异或	0x19^0x4d =0x54
~	按位取反	x=0x0f，则~x=0xf0
<<	按位左移（高位丢弃，低位补 0）	y=0x3a，若 y<<2，则 y=0xe8
>>	按位右移（高位补 0，低位丢弃）	w=0x0f，若 w>>2，则 w=0x03

在实际的控制应用中，人们常常想要改变 I/O 口的某一位的值，而不影响其他位。如果 I/O 口是可位寻址的，这个问题就很简单。但有时外扩的 I/O 口只能进行字节操作，因此要想在这种场合下实现单独的位控，就要采用位操作。

【例 3-5】　编写程序，将扩展的某 I/O 口 PORTA（只能字节操作）的 PORTA.5 清 0，PORTA.1 置 1，程序如下：

```
#define <absacc.h>                   //定义外部 I/O 口 PORTA 要用到头文件 absacc.h
#define   PORTA   XBYTE[0xffc0]      //PORTA 定义外部 I/O 口
                                     //其地址为外部 RAM 的 0xffc0
void main()
{
      ...
      PORTA=( PORTA&0xdf) | 0x02;  //先用运算符“&”将 PORTA.5 清 0
                                   //再用“| 0x02”运算将 PORTA.1 置 1
      ...
}
```

5．指针和取地址运算符

指针是 C51 语言中一个十分重要的概念，将在本章后面详细介绍。C51 语言的指针变量，用于存储某个变量的地址，通常用“*”和“&”运算符来提取变量的内容和变量的地址，见表 3-9。

表 3-9 “*”和“&”运算符及其说明

符　号	说　明
*	提取变量的内容
&	提取变量的地址

提取变量的内容和变量的地址的一般形式分别为：

```
目标变量=*指针变量        //将指针变量所指的存储单元内容赋值给目标变量
指针变量=&目标变量        //将目标变量的地址赋值给指针变量
```

例如：

```
a=&b;        //取变量 b 的地址送至变量 a 中
c=*b;        //把以指针变量 b 为地址的单元内容送至变量 c 中
```

指针变量中只能存放地址（即指针型数据），不能将非指针类型的数据赋值给指针变量。

例如：

```
int i ;        //定义整型变量 i
int *b;        //定义指向整数的指针变量 b
b=&i;          //将变量 i 的地址赋给指针变量 b
b=i;           //错误，指针变量 b 只能存放变量指针（变量的地址），不能存放变量 i 的值
```

3.2.5　C51 语言的分支与循环程序结构

用 C51 语言编写的程序按结构可分为三类，即顺序、分支和循环结构。

顺序结构就是程序自上而下，从 main()开始一直到程序运行结束，程序只有一条路可走，无其他路径可选择。顺序结构比较简单和便于理解，这里仅介绍分支结构和循环结构。

1．分支控制语句

实现分支控制的语句有：if 语句和 switch 语句。

（1）if 语句用来判定所给定的条件是否满足，根据判定结果决定执行两种操作之一。

if 语句的基本形式如下：

```
if (表达式)  {语句}
```

当圆括号中的表达式成立时，执行花括号内的语句，否则程序将跳过花括号中的语句部分，转而直接执行其下面的其他语句。

C51 语言提供三种形式的 if 语句。

形式 1：

```
if (表达式)  {语句}
```

例如：

```
if (x>y)  {max=x; min=y;}        //如果 x>y，则 x 赋给 max，y 赋给 min
                                 //否则，不执行花括号中的赋值运算
```

形式 2：

```
if (表达式)  {语句 1;}  else {语句 2;}
```

例如：

```
if (x>y)
{max=x; }
else {min=y;}                    //该形式相当于双分支选择结构
```

形式 3：

```
if (表达式 1) {语句 1;}
else  if (表达式 2) {语句 2;}
else  if (表达式 3) {语句 3;}
…
else  {语句 n;}
```

例如：

```
if (x>100) {y=1;}
else  if (x>50) {y=2;}
else  if (x>30) {y=3;}
else  if (x>20) {y=4;}
else  {y=5;}                              //该形式相当于串行多分支选择结构
```

如果在 if 语句中又含一条或多条 if 语句，则称为 if 语句的嵌套。应当注意 if 与 else 的对应关系，else 总是与它前面最近的一条 if 语句配对。

（2）switch 语句。if 语句只有两个分支可供选择，而 switch 语句则是多分支选择语句。其一般形式如下：

```
switch  (表达式 1)
{
    case  常量表达式 1:{语句 1;}break;
    case  常量表达式 2:{语句 2;}break;
    …
    case  常量表达式 n:{语句 n;}break;
    default:{语句 n+1;}
}
```

上述 switch 语句的说明如下：

① 每个 case 的常量表达式必须是互不相同的，否则将出现混乱。

② 各个 case 和 default 出现的次序，不影响程序的结果。

③ 当 switch 圆括号内表达式的值与某 case 后面的常量表达式的值相同时，执行它后面的语句，遇到 break 语句则退出 switch 语句。若所有 case 的常量表达式的值都与 switch 语句表达式的值不匹配，就执行 default 后面的语句。

④ 如果在 case 语句中遗忘了 break 语句，则程序在执行了本行语句之后，不会按规定退出 switch 语句，而是将执行后续的 case 语句。在执行一个 case 分支后，使流程跳出 switch 结构，即中止 switch 语句的执行，可以用 break 语句实现。switch 语句的最后一个分支可不加 break 语句，结束后直接退出 switch 结构。

【例 3-6】 在单片机程序设计中，常用 switch 语句判别键盘上哪个按键被按下，并根据该键的键值跳向各自的分支处理程序。

```
input:  keynum=keyscan()
switch(keynum)
{
    case 1:    key1(); break;        //如果被按下键的键值为 1，则执行函数 key1()
    case 2:    key2(); break;        //如果被按下键的键值为 2，则执行函数 key2()
    case 3:    key3(); break;        //如果被按下键的键值为 3，则执行函数 key3()
    case 4:    key4(); break;        //如果被按下键的键值为 4，则执行函数 key4()
    …
```

```
        default:goto input
    }
```

例子中的 keyscan 为键盘扫描函数，如果有键按下，该函数就会得到被按下按键的键值，并将键值赋予变量 keynum。如果键值为 2，则执行键值处理函数 key2 后返回；如果键值为 4，则执行 key4 函数后返回。执行完一个键值处理函数后，将跳出 switch 语句，从而达到根据按下的不同按键来进行不同处理的目的。

2．循环控制语句

许多实用程序都包含循环结构，熟练掌握和运用循环结构是 C51 程序设计的基本要求。

实现循环结构的语句有以下三种：while、do-while 和 for 语句。

（1）while 语句。while 语句的形式为：

```
while(表达式)          //表达式是 while 循环能否继续的条件，若表达式为真，则重复执行循环体
                       //否则，结束循环
{
    循环体;
}
```

while 语句的特点在于，循环条件的测试放在循环体之前，要想执行重复操作，必须先对循环条件进行测试，如果循环条件不成立，则不执行循环体内的操作。

例如：

```
while((P1&0x80)==0)
{…}
```

while 中的表示式对 AT89S51 单片机的 P1 口 P1.7 进行测试，如果 P1.7 为低电平（0），则由于循环体中无实际操作语句，故继续测试下去（等待），一旦 P1.7 的电平变高（1），则循环结束。

（2）do-while 语句。do-while 语句的形式为：

```
do
{
    循环体;
}
while(表达式);
```

do-while 语句先执行内嵌的循环体，再计算表达式，如果表达式的值为非 0，则继续执行循环体，直到表达式的值为 0 时结束循环。

do-while 语句与 while 语句十分相似，它们的重要区别是：while 语句的控制条件出现在循环体之前，只有当 while 后面表达式的值非 0 时，才执行循环体；而在 do-while 语句中，总是先执行一次循环体，然后再求表达式的值，因此无论表达式的值是 0 还是非 0，循环体至少被执行一次。

与 while 语句一样，在 do-while 循环体中，要有能使 while 后面表达式的值变为 0 的操作，否则，循环会无限制地进行下去。根据经验，do-while 语句用得并不多，大多数的循环用 while 语句来实现会更直观。

【例 3-7】 实型数组 sample 中存有 10 个采样值，编写程序段，要求返回其平均值（平均值滤波）。程序如下：

```
float avg(float *sample)
{
    float sum=0;
```

```
        char n=0;
        do
        {
            sum+=sample[n];
            n++;
        } while(n<10);
        return(sum/10);
    }
```

（3）for 语句。在三种循环语句中，经常使用的是 for 语句。它不仅可用于循环次数已知的情况，也可用于循环次数不确定而只给出循环条件的情况，完全可以替代 while 语句。

for 语句的一般形式为：

```
    for(表达式 1;表达式 2;表达式 3)
    {
        循环体;
    }
```

for 后的圆括号内通常含有三个表达式，各表达式之间用“;”号隔开。这三个表达式可以是任意形式的表达式，通常用于 for 循环的控制。紧跟在 for(…)之后的循环体，在语法上要求是一条语句；若在循环体内需要多条语句，应该用花括号括起来组成复合语句。

for 循环的执行过程如下：

① 计算“表达式 1”的值，“表达式 1”称为“初值设定表达式”。

② 计算“表达式 2”的值，“表达式 2”称为“终值条件表达式”，若满足条件（即表达式 2 的值为真），则转③；若不满足条件，则转⑤。

③ 执行 1 次循环体。

④ 计算“表达式 3”的值，“表达式 3”称为“更新表达式”，转②。

⑤ 结束循环，执行 for 循环之后的语句。

下面对 for 语句的几个特例进行说明。

① for 语句的三个表达式全部为空。

例如：

```
    for (;;)
    {
        循环体;
    }
```

在圆括号内只有两个分号，无表达式，这意味着没有设初值，无循环条件，循环变量为增值，它的作用相当于 while(1)，这将导致一个无限循环。在编程中，需要无限循环时，可采用这种形式的 for 循环语句。

② for 语句的三个表达式中，省略“表达式 1”。

例如：

```
    for (;i<=100;i++)   sum=sum+i;   //不对 i 设初值
```

③ for 语句的三个表达式中，省略“表达式 2”。

例如：

```
    for (i=1;;i++)   sum=sum+i;     //不判断循环条件，认为表达式始终为真，循环将无休止地进行下去
```

④ for 语句的三个表达式中，省略“表达式 1”“表达式 3”。

例如：

```
for (;i<=100;)
{
        sum=sum+i;
        i++;
}
```

⑤ 没有循环体的 for 语句。

例如：

```
int a=1000;
for (t=0;t<a;t++)
{;}                                          //本例的一个典型应用就是软件延时
```

在程序设计中，常需要进行延时，可用循环结构来实现，即循环执行指令，消磨一段指定的时间。8051 单片机指令的执行时间是靠一定数量的时钟周期来计时的，如果使用 12MHz 晶振，则 12 个时钟周期花费的时间为 1μs。

【例 3-8】 编写一个延时 1ms 的程序。

```
void delayms( unsigned char int j)
{
        unsigned char i;
        while (j- -)
        {
                for (i=0;i<125;i++)
                {;}
        }
}
```

如果把上述程序段编译成汇编语言代码进行分析，for 内部一次循环大约延时 8μs，但不是特别精确。不同的编译器会产生不同的延时，因此 i 的上限值 125 应根据实际情况进行补偿调整。

【例 3-9】 求累加和 1+2+3+…+100。

用 for 语句编写的程序如下：

```
#include <reg51.h>
#include <stdio.h>
main()
{
        int   nvar1, nsum;
        nvar1=0;
        for (nsum=1;nsum<=100;nsum++)
        nvar1+=ncount;                            //累加求和
        while(1);
}
```

【例 3-10】 无限循环结构的实现。

编写无限循环程序，可使用以下三种形式。

① 使用 while(1)：

```
while(1)
{
        代码段;
}
```

② 使用 for(;;)形式：

```
for(;;)
{
      代码段;
}
```

③ 使用 do-while(1)形式：

```
do
{
      代码段;
} while(1);
```

3．break 语句、continue 语句和 goto 语句

在循环体执行过程中，如果要在满足循环条件的情况下跳出代码段，可使用 break 语句或 continue 语句；如果要从任意地方跳转到程序的某个地方，可以使用 goto 语句。

① break 语句。在循环结构中，可使用 break 语句跳出本层循环体，从而马上结束循环。

【例 3-11】 执行如下程序段。

```
void   main(void )                                        //主函数 main()
{
      int i, sum;
      sum=0;
      for(i=1;i<=10;i++)
      {
            sum=sum+i;
            if(sum>5) break;
            printf("sum=%d\n", sum);              //通过串行口向屏幕输出 sum 值
      }
}
```

本例中，如果没有 break 语句，程序将进行 10 次循环；当 i=3 时，sum 的值为 6，此时，if 语句的表达式“sum>5”的值为 1，于是执行 break 语句，跳出 for 循环，从而提前结束循环。因此在一个循环结构中，既可通过循环语句中的表达式来控制循环是否结束，还可直接通过 break 语句强行退出循环。

② continue 语句。continue 语句的作用及用法与 break 语句类似，区别在于：当前循环遇到 break 语句，直接结束循环；若遇上 continue 语句，则停止当前这一次循环，然后直接尝试下一次循环。可见，continue 语句并不结束整个循环，而仅仅是中断当前这一次循环，然后跳到循环条件处，继续下一次的循环。当然，如果跳到循环条件处，发现条件已不成立，那么循环也会结束。

【例 3-12】 输出整数 1～100 的累加值，但要求跳过所有个位为 3 的数。

为完成题目要求，在循环体中加一个判断，如果该数个位为 3，就跳过该数不加。如何判断 1～100 中哪些数的个位为 3 呢？用求余数的运算符“%”，将一个 2 位以内的正整数，除以 10 后，余数是 3，就说明这个数的个位为 3。例如，对于数 73，除以 10 后，余数是 3。根据以上分析，参考程序如下：

```
void   main(void )
{
      int i, sum=0;
      sum=0;
```

```
        for(i=1;i<=100;i++)
        {
            if(i%10==3)
            continue;
            sum=sum+i;
        }
            printf("sum=%d\n", sum);     //在计算机屏幕显示 sum 值
}
```

③ goto 语句是无条件转移语句，当执行该语句时，将程序指针跳转到 goto 给出的下一条语句。基本格式如下：

```
goto    标号
```

【例 3-13】 计算整数 1～100 的累加值，存放到 sum 中。

```
void  main(void )
{
    unsigned char i
    int sum;
    sumadd:
    sum=sum+i;
    i++;
    if(i<101)
    {
        goto sumadd;
    }
}
```

goto 语句在 C51 语言中经常用于无条件跳转到某条必须执行的语句，或用于在死循环程序中退出循环。为方便阅读，也为了避免跳转时引发错误，在程序设计中要慎重使用 goto 语句。

3.2.6 C51 语言的数组

在 C51 程序设计中，数组的使用较为广泛。

1．数组简介

数组是同类数据的一个有序集合，用数组名来标识。整型变量的有序集合称为整型数组，字符型变量的有序集合称为字符型数组。数组中的数据称为数组元素。

数组中各元素的顺序用下标表示，下标为 n 的元素可表示为：数组名[n]。改变[ ]中的下标就可以访问数组中的所有元素。

数组有一维、二维、三维和多维之分。C51 语言中常用的有一维数组、二维数组和字符数组。

（1）一维数组

由具有一个下标的数组元素组成的数组称为一维数组。定义一维数组的形式如下：

```
数据类型  数组名[元素个数];
```

其中，数组名是一个标识符，元素个数是一个常量表达式，不能是含有变量的表达式。

例如：

```
int array1[8];                    //定义名为 array1 的数组，包含 8 个整型元素
```

在定义数组时，可对数组进行整体初始化，若定义后对数组赋值，则只能对每个元素分别赋值。例如：

```
int a[3]={2,4,6};                 //给全部元素赋值，a[0]=2，a[1]=4，a[2]=6
int b[4]={5,4,3,2};               //给全部元素赋值，b[0]=5，b[1]=4，b[2]=3，b[3]=2
```

（2）二维数组或多维数组

由具有两个或两个以上下标的数组元素组成的数组称为二维数组或多维数组。定义二维数组的形式如下：

```
数据类型  数组名[行数] [列数];
```

其中，数组名是一个标识符，行数和列数都是常量表达式。例如：

```
float   array2 [4] [3];           //定义 array2 数组，有 4 行 3 列共 12 个浮点型元素
```

二维数组可以在定义时进行整体初始化，也可在定义后给单个数组元素赋值。例如：

```
int a[3] [4]={1,2,3,4},{5,6,7,8},{9,10,11,12};        //a 数组全部初始化
int b[3] [4]={1,3,5,7},{2,4,6,8},{ };                 // b 数组部分初始化，未初始化的元素为 0
```

（3）字符数组

若一个数组中的元素是字符型的，则该数组就是一个字符数组。例如：

```
char   a[10]= {'B', 'E', 'I', ' ', 'J', 'I','N','G','\0'};        //字符串数组
```

该语句定义了一个字符型数组 a[ ]，有 10 个数组元素，并且将 9 个字符（其中包括一个字符串结束标志 '\0' ）分别赋给了 a[0]～a[8]，剩余的 a[9]被系统自动赋予空格字符。

C51 语言还允许用字符串直接给字符数组置初值，例如：

```
char a[10]= {"BEI JING"};
```

用西文**双撇号**括起来的一串字符称为字符串常量。C51 编译器会自动地在字符串末尾加上结束符'\0'。

用西文单撇号括起来的字符为字符的 ASCII 码值，而不是字符串。例如，'a'表示字符 a 的 ASCII 码值 61H，而"a"表示一个字符串，由两个字符 a 和\0 组成。

一个字符串可用一维数组来装入，但数组中的元素的个数一定要比字符多一个，以便 C51 编译器自动在其后面加入结束符'\0'。

2．数组的应用

在 C51 程序中，数组的查表功能非常有用，如数学运算，建议采用查表法而不是公式计算。例如，传感器的非线性转换需要进行补偿，使用查表法就要有效得多。再如，在 LED 显示程序中根据要显示的数值，找到对应的显示段码送 LED 显示器显示。需要用到的表可以事先计算好数据后装入程序存储区中。

【例 3-14】 使用查表法，计算数 0～9 的平方。

```
#define uchar unsigned char
uchar code square[ ]={ 0,1,4,9,16,25,36,49,64,81};   //0～9 的平方表，存储在程序存储区中
uchar function(uchar number)
{
    return square[number]                            //返回平方值
};
main()
{
    result=function(7);                  //函数 function 的实际参数为 7，其平方值 49 存入 result 中
}
```

在程序的开始处，“uchar code square[ ]={0,1,4,9,16,25,36,49,64,81};”语句定义了一个无符号字符型数组 square，并对其进行了初始化，将数 0～9 的平方值赋予了数组 square，存储类

型标识符 code 指定编译器将平方表定位在程序存储区中。

主函数调用函数 function，假设得到的实际参数为 7；从 square 数组中查表获得其平方值为 49。执行“result= function(7)”语句后，result 的结果为相应的平方值 49。

3．数组与存储空间

在程序中设定一个数组后，C51 编译器会在系统的存储空间开辟一个区域，用于存放数组内容。数组就包含在这个由连续存储单元组成模块的存储区内。对字符数组而言，将占据存储区中一连串的字节位置。对整型（int）数组而言，将在存储区中占据一连串连续的字节对的位置。对长整型（long）数组或浮点型（float）数组，一个数组元素将占有 4 字节的存储空间。

当创建一维数组时，C51 编译器会根据数组的类型在内存中开辟一块大小等于数组长度乘以数据类型长度（即该类型占有的字节数）的区域。

对于二维数组 a[*m*][*n*]而言，其存储顺序是按行存储，先存第 0 行元素的第 0 列、第 1 列、第 2 列，直至第 $n-1$ 列；然后返回存第 1 行元素的第 0 列、第 1 列、第 2 列，直至第 $n-1$ 列；……；如此顺序存储，直到第 $m-1$ 行的第 $n-1$ 列结束。

当数组（特别是多维数组）中大多数元素没有被有效利用时，就会浪费大量的存储空间。对于 8051 单片机，其存储资源极为有限，因此在进行 C51 程序设计时，要根据需要仔细地选择数组的大小。

3.2.7 C51 语言的指针

C51 语言支持两种不同类型的指针：通用指针和存储器指针。

1．通用指针

C51 语言提供一个 3 字节的通用指针，通用指针的声明和使用与标准 C 语言完全一样。

通用指针的形式如下：

```
数据类型 *指针变量;
```

例如：

```
uchar *pz;
```

其中，pz 是通用指针，用 3 字节来存储指针，第一字节表示存储类型，第二、三字节分别是指针所指向数据地址的高字节和低字节。这种定义很方便，但速度较慢，在所指向的目标存储区空间不明确时被普遍使用。

2．存储器指针

在定义存储器指针时需指明存储类型，并且指针总是指向特定的存储区空间（内部数据 RAM、外部数据 RAM 或程序 ROM）。例如：

```
char xdata *str;            // str 指向 XDATA 区中的 char 型数据
int xdata *pd;              // pd 指向 XDATA 区中的 int 型整数
```

由于定义中已经指明了存储类型，因此相对于通用指针而言，其指针的首字节可省略。对于 data、bdata、idata 和 pdata 型，指针仅需要 1 字节，因为它们的寻址空间都在 256B 以内，而 code 和 xdata 型则需要 2 字节的指针，因为它们的寻址空间最大为 64KB。

使用存储器指针的好处是节省存储区空间，编译器不用为选择存储区和决定正确的存储区操作指令来产生代码，使代码更加简短，但必须保证指针不指向所声明的存储区以外的地方，否则会产生错误。通用指针产生的代码执行速度比指定存储器指针的要慢，因为存储区在指令执行前是未知的，编译器不能优化存储区访问，必须产生可以访问任何存储区的通用代码。

由上所述，使用存储器指针比使用通用指针效率高，存储器指针所占空间更小，速度更快。在存储区空间明确时，建议使用存储器指针；如果存储区空间不明确，则使用通用指针。

3.3 C51 语言的函数

函数是一个完成一定相关功能的执行代码段。在高级语言中，函数与另外两个名词“子程序”和“过程”用来描述同样的事情，在 C51 语言中使用的是“函数”。

C51 程序中函数的数目是不受限制的，但是一个 C51 程序必须至少有一个主函数，即 main。主函数是唯一的，整个程序必须从主函数开始执行。

C51 语言还可以建立和使用库函数，可由用户根据需求调用。

3.3.1 函数的分类

从结构上分，C51 程序中的函数可分为主函数 main 和普通函数两种。而普通函数从编程者的角度又可以划分为两种：标准库函数和用户编写的自定义函数。

1. 标准库函数

标准库函数由 C51 编译器提供。在程序设计时，应充分利用这些功能强大、资源丰富的标准库函数资源，以提高编程效率。

用户可以直接调用 C51 库函数而不需要为该函数写任何代码，只需要包含具有该函数说明的头文件即可。例如，调用输出函数 printf 前，要求程序中应包含以下语句：

```
# include <stdio.h>
```

2. 用户自定义函数

用户自定义函数是用户根据需要所编写的函数。从函数定义的形式上来分，可分为：无参函数、有参函数和空函数。

（1）无参函数

这种函数在被调用时，既无参数输入，也不返回结果给调用函数，是为完成某种操作而编写的函数。

无参函数的定义形式为：

```
返回值数据类型  函数名()
{
    函数体;
}
```

无参函数一般不带返回值，因此函数的返回值数据类型可以省略。

例如，函数 main()，该函数为无参函数，返回值数据类型可以省略，默认值是 int 型。

（2）有参函数

调用这种函数时，必须提供实际的输入参数。有参函数的定义形式为：

```
返回值数据类型  函数名（形式参数列表）
形式参数说明
{
    函数体;
}
```

【例 3-15】 定义一个函数，用于求两个数中的大数。

```
int a,b
int max(a, b)
{
      if(a>b)return(a);
      else   return(b);
}
```

在上面的程序段中，a 和 b 为形式参数。return 为返回语句。

（3）空函数

空函数的函数体内无语句。调用空函数时，什么工作也不做，不起任何作用。定义空函数的目的并不是为了执行某种操作，而是为了以后程序功能的扩充。例如，先将一些基本模块的功能函数定义成空函数，占好位置，并写好注释，以后再用一个编写好的函数代替它。这样整个程序结构清晰，可读性好，为以后扩充新功能提供方便。

空函数的定义形式为：

```
返回值数据类型   函数名()
{    }
```

例如：

```
float min()
{    }                                   //空函数，占好位置
```

3.3.2 函数的调用

在一个函数中需要用到某个函数的功能时，就调用该函数。调用者称为主调函数，被调用者称为被调函数。

1．函数调用的一般形式

函数调用的一般形式为：

```
函数名  {实际参数列表};
```

若被调函数是有参函数，则主调函数必须把被调函数所需的参数传递给被调函数。传递给被调函数的数据称为实际参数（简称实参），实参必须与形参（形式参数）的数据在数量、类型和顺序上都保持一致。实参可以是常量、变量和表达式。实参对形参的数据传递是单向的，即只能将实参传递给形参。

2．函数调用的方式

主调函数对被调函数的调用有以下三种方式。

（1）函数调用语句把被调用函数的函数名作为主调函数的一条语句，例如：

```
print_message();
```

此时，并不要求函数返回结果数值，只要求函数完成某种操作。

（2）函数结果作为表达式的一个运算对象，例如：

```
result=2*gcd(a,b);
```

被调函数以一个运算对象出现在表达式中。这要求被调函数带有 return 语句，以便返回一个明确的数值参加表达式的运算。例中，被调函数 gcd 为表达式的一部分，它的返回值乘 2 再赋给变量 result。

（3）函数参数即被调函数作为另一个函数的实参，例如：

```
m=max(a,gcd(u,v));
```

其中，gcd(u,v)是一次函数调用，它的值作为另一个函数的 max 的实参之一。

3. 对调用函数的说明

在一个函数调用另一个函数时，必须具备以下条件：

（1）被调函数必须是已经存在的函数（库函数或用户自定义函数）。

（2）如果程序中使用了库函数，或使用了不在同一个文件中的用户自定义函数，则应该在程序的开头处使用# include 包含语句，将所有的函数信息包含到程序中。

例如，“# include<stdio.h>”语句，将标准的输入、输出头文件 stdio.h（在函数库中）包含到程序中。在程序编译时，系统会自动将函数库中的有关函数调入程序中，编译出完整的程序代码。

（3）如果程序中使用了用户自定义函数，且该函数与调用它的函数在同一个文件中，则应根据主调函数与被调函数在文件中的位置，决定是否对被调函数进行说明。

① 如果被调函数在主调函数之后，一般应在主调函数中，在被调函数调用之前，对被调函数的返回值数据类型进行说明。

② 如果被调函数出现在主调函数之前，不用对被调函数进行说明。

③ 如果在所有函数定义之前，在文件的开头处，在函数的外部已经说明了函数的数据类型，则在主调函数中不必对所调用的函数再作返回值数据类型说明。

3.3.3 中断服务函数

由于标准 C 语言没有处理单片机中断的定义，为了能进行 8051 单片机的中断处理，C51 编译器对函数的定义进行了扩展，增加了一个扩展关键字 interrupt。使用 interrupt 可以将一个函数定义成中断服务函数。由于 C51 编译器在编译时，对声明为中断服务程序的函数自动添加相应的现场保护、阻断其他中断、返回时自动恢复现场等处理的程序段，因而在编写中断服务函数时可不必考虑这些问题，这为用户编写中断服务程序提供了极大方便。

定义中断服务函数的一般形式为：

```
函数类型  函数名（形式参数表）interrupt n  using n
```

关键字 interrupt 后的 n 是中断号。对于 8051 单片机，n 的取值为 0～4。

关键字 using 后面的 n 是所选择的寄存器组，using 是一个选项，可省略。如果没有使用 using 关键字指明寄存器组，则中断服务函数中所有工作寄存器的内容将被保存到堆栈中。

有关中断服务函数的具体使用注意事项，将在第 6 章中详细介绍。

3.3.4 变量及存储方式

1. 变量

（1）局部变量。局部变量是某个函数中存在的变量，它只在该函数内部有效。

（2）全局变量。在整个程序中都存在的变量称为全局变量。全局变量的有效区间是从定义点开始到程序结束，其中的所有函数都可直接访问该变量。如果函数定义前需要访问该变量，则需要使用 extern 关键词对该变量进行说明，如果全局变量声明文件之外的程序需要访问该变量，也需要使用 extern 关键词进行说明。

由于全局变量一直存在，占用了大量的内存单元，且加大了程序的耦合性，不利于程序的移植或复用。

全局变量也可用 static 关键词定义，该变量只能在变量定义的程序内使用，不能被其他程序引用，这种全局变量也称为静态全局变量。如果一个其他文件的非静态全局变量需要被另一个程序引用，则需要在该程序调用前使用 extern 关键词对该变量进行声明。

2．变量的存储方式

单片机的存储区间可以分为程序存储区、静态存储区和动态存储区三部分。数据存放在静态存储区或动态存储区中。其中全局变量存放在静态存储区中，在程序开始执行时，给全局变量分配存储空间；局部变量存放在动态存储区中，在进入拥有该变量的函数时，给这些变量分配存储空间。

3.3.5 宏定义与文件包含

在 C51 程序设计中会经常用到宏定义、文件包含与条件编译。

1．宏定义

宏定义语句属于 C51 语言的预处理指令，使用宏可使变量书写简化，增加程序的可读性、可维护性和可移植性。宏定义分为简单的宏定义和带参数的宏定义。简单的宏定义形式如下：

```
#define  宏替换名  宏替换体
```

#define 是宏定义指令关键词，宏替换名一般用大写字母表示，而宏替换体可以是数值常数、算术表达式、字符和字符串等。宏定义可以出现在程序的任何地方，例如：

```
#define uchar unsigned char
```

在编译时可由 C51 编译器把“unsigned char”用“uchar”来代替。

例如，在某程序的开头处，给出了三个宏定义：

```
#define uchar unsigned char          //宏定义无符号字符型变量，方便书写
#define uint unsigned int            //宏定义无符号整型变量，方便书写
#define gain 4                       //宏定义增益的宏替换体 4
...
```

由上述三个宏定义可见，宏定义不仅可以方便无符号字符型变量和无符号整型变量的书写（前两个宏定义），而且当增益可能变化时，只需修改增益 gain 的宏替换体 4 即可（第三个宏定义），而不必在程序的每处都进行修改，这大大增加了程序的可读性和可维护性。

2．文件包含

文件包含是指一个程序文件将另一个指定程序文件的内容包含进去。文件包含的一般形式如下：

```
# include <文件名>
```

或

```
# include "文件名"
```

上述两种形式的差别是：采用<文件名>形式时，在头文件所在的目录中查找指定文件。采用"文件名"形式时，在当前目录中查找指定文件。例如：

```
# include<reg51.h>      //将 8051 单片机的特殊功能寄存器包含文件包含到程序中
# include<stdio.h>      //将标准的输入、输出头文件 stdio.h（在函数库中）包含到程序中
# include"stdio.h"      //将函数库中的专用数学库函数包含到程序中
```

当程序需要调用 C51 编译器提供的各种库函数时，必须在文件的开头使用# include 语句将相应函数的说明文件包含进来。

3.3.6 库函数

C51 语言提供丰富的可直接调用的库函数，使程序代码简单、结构清晰、易于调试和维护。下面介绍几类重要的库函数。

（1）特殊功能寄存器包含文件 reg51.h 或 reg52.h。reg51.h 中包含所有 8051 单片机的 sfr

及其位定义，reg52.h 中包含所有 8052 单片机的 sfr 及其位定义。一般系统都包含 reg51.h 或 reg52.h。

（2）绝对地址包含文件 absacc.h。该文件定义了几个宏，以确定各类存储区空间的绝对地址。

（3）输入/输出流函数位于 stadio.h 文件中。流函数默认 8051 单片机的串行口用于数据的输入/输出。如果要修改为用户定义的 I/O 口读/写数据，如改为 LCD 显示，可以修改 lib 目录中的 getkey.c 及 putchar.c 源文件，然后在库中替换它们即可。

（4）动态内存分配函数位于 stdlib.h 文件中。

（5）能够方便地对缓冲区进行处理的字符串处理函数位于 string.h 文件中，其中包含复制、移动、比较等函数。

3.4 使用 Keil μVision 开发 C51 程序

Keil μVision 是一款用于 C51 程序开发的集成环境，由德国 Keil Software 公司（现已被 ARM 公司收购）推出，为 C51 语言编程与调试提供全新的开发环境，是 8051 单片机开发编程所必须掌握的软件工具。

Keil μVision 支持众多的 8051 架构的芯片，同时集编辑、编译、仿真等功能于一体，具有强大的软件调试功能。Keil μVision 增加了很多与 8051 单片机硬件相关的编译特性，使应用程序的开发更加方便快捷，而且其生成的程序代码运行速度快，所需存储区空间小，完全可以和汇编语言相媲美，是目前最优秀的单片机应用开发中工具之一。

Keil μVision 集成了文件编辑处理、编译链接、工程（Project）管理、窗口、工具引用和仿真软件模拟器及 Monitor51 硬件目标调试器等多种功能，所有这些功能均可在 Keil μVision3 中极为简便地进行操作。

下面介绍如何使用 Keil μVision3 进行 C51 源程序的设计、调试与开发。

3.4.1 Keil μVision 的基本操作

1. 安装与启动

同大多数软件一样，Keil μVision3 的安装根据提示进行即可。Keil μVision3 安装完毕，可在桌面上看到其快捷图标。双击该快捷图标，即可启动该软件，之后就会出现如图 3-1 所示的 Keil μVision3 界面，图中标出了其中各窗口的名称。

2. 创建工程

编写一个新的应用程序前，首先要建立工程（Project）。Keil μVision3 用工程管理的方法把一个程序设计中所需要用到的、互相关联的程序链接在同一个工程中。这样，打开一个工程时，所需要的关联程序也都跟着进入调试窗口，可以方便地对工程中各个程序进行编辑、调试和存储。用户也可能会开发多个工程，每个工程会用到相同或不同的程序文件和库文件。采用工程管理的方法，很容易区分不同工程中所用到的程序文件和库文件。因此，在使用 Keil μVision3 对程序进行编辑、调试与编译之前，需要首先创建一个新的工程，具体操作步骤如下。

（1）选择菜单命令“Project”→“New Project”，如图 3-2 所示。

（2）弹出“Create New Project”对话框，如图 3-3 所示。在“文件名”框中输入一个工程名称，保存后的文件扩展名为“.uv2”，即工程文件的扩展名，以后直接单击此文件就可打开先前建立的工程；在“保存在”下拉列表中选择保存工程的文件夹。

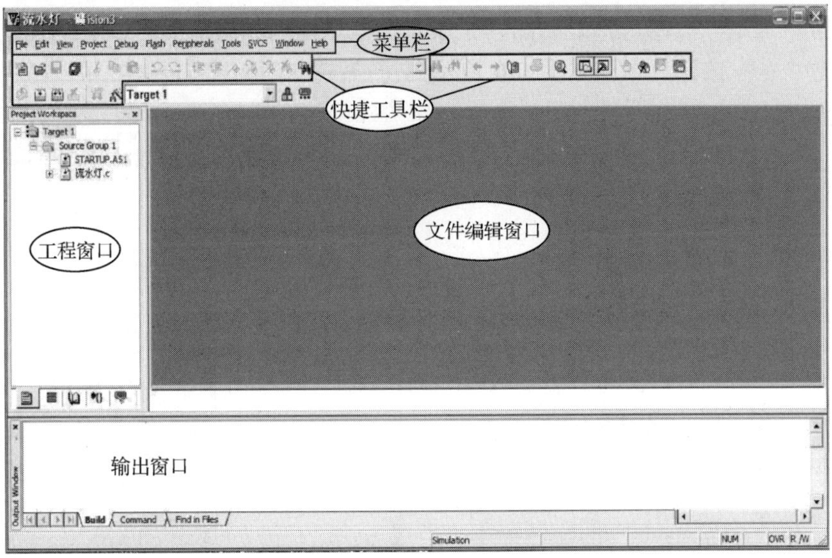

图 3-1　Keil μVision3 界面

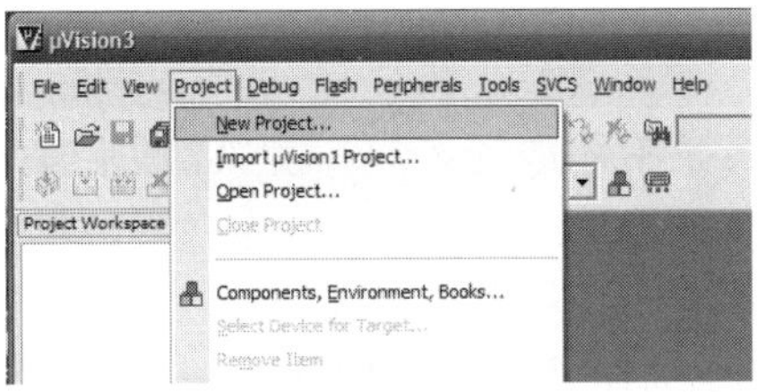

图 3-2　新建工程

图 3-3　“Create New Project”对话框

（3）单击“保存”按钮，弹出如图 3-4 所示的“Select Device for Target 'Target 1'”对话框，按照提示选择所使用的单片机。例如，选择 Atmel 目录下的 AT89C51（本书使用 Proteus 7.5 版，其元件库中没有 AT89S51，因此这里选择 AT89C51 来代替 AT85S51，二者仿真效果相同）。

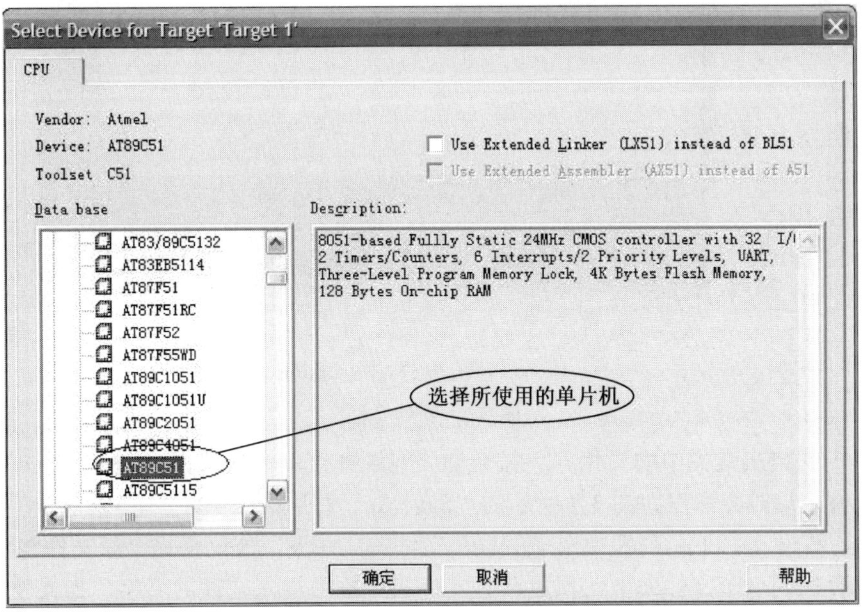

图 3-4　“Select Device for Target”对话框

（4）单击“确定”按钮，弹出如图 3-5 所示的提示框。如果需要复制启动代码到新建的工程中，则单击“是”按钮，出现如图 3-6 所示的窗口；如果单击“否”按钮，则图 3-6 中的启动代码项“SARTUP. A51”不会出现。这时，新工程创建完毕。

图 3-5　提示框

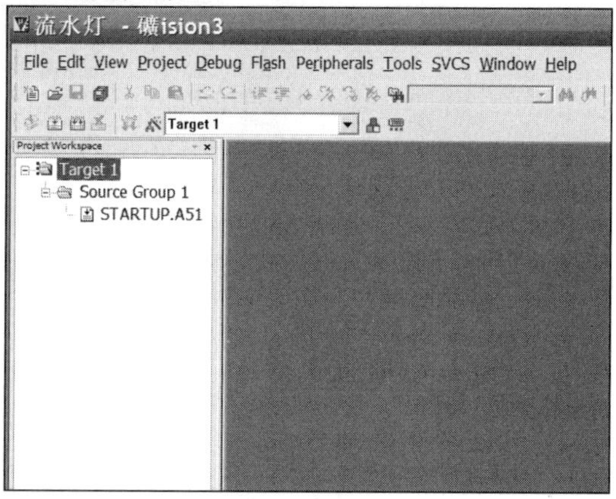

图 3-6　新工程

3.4.2　添加用户源程序文件

新的工程文件创建完成后，需要将用户源程序文件添加到这个工程中。通常有两种方式：一种是新建文件，另一种是添加已创建的文件。

1. 新建文件

（1）单击快捷工具栏中的“新建”按钮（或选择菜单命令“File”→“New”），出现如图 3-7 所示的空白的文件编辑窗口，可在此处输入编写的源程序代码。

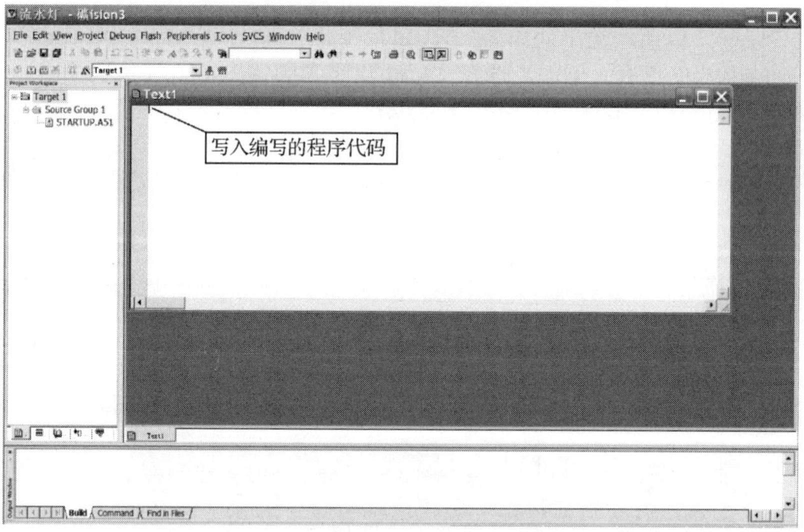

图 3-7　新建文件

（2）单击快捷工具栏中的“保存”按钮（或选择菜单命令“File”→“Save”），保存用户源程序文件，这时会弹出如图 3-8 所示的“Save As”对话框。

（3）在“保存在”下拉列表中选择保存新文件的文件夹，建议将这个新文件与刚才建立的工程文件保存在同一个文件夹下。然后在“文件名”框中输入文件的名字，如果使用 C51 语言编程，则文件扩展名为“.c”，这里文件名为“流水灯.c”；如果用汇编语言编程，则文件扩展名为“.asm”。完成上述步骤后单击“保存”按钮，新文件创建完成。

需要将这个新文件添加到刚才创建的工程中，方法与下面的“添加已创建的文件”相同。

2．添加已创建的文件

（1）在图 3-1 界面左侧的工程窗口中，右击“Source Group 1”项，在快捷菜单中选择“Add Files to Group 'Source Group 1'”命令，如图 3-9 所示。

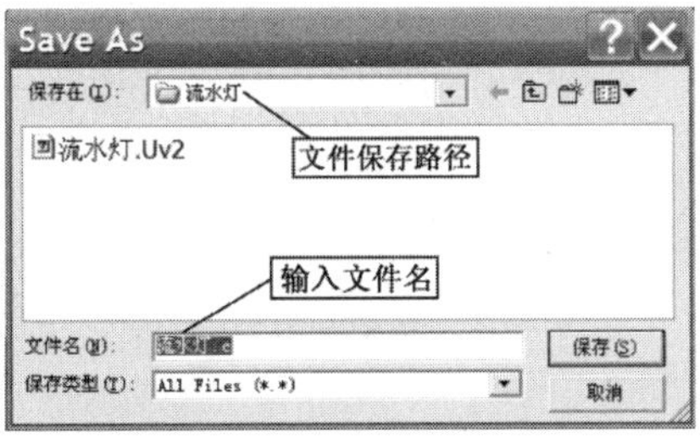

图 3-8　“Save As”对话框

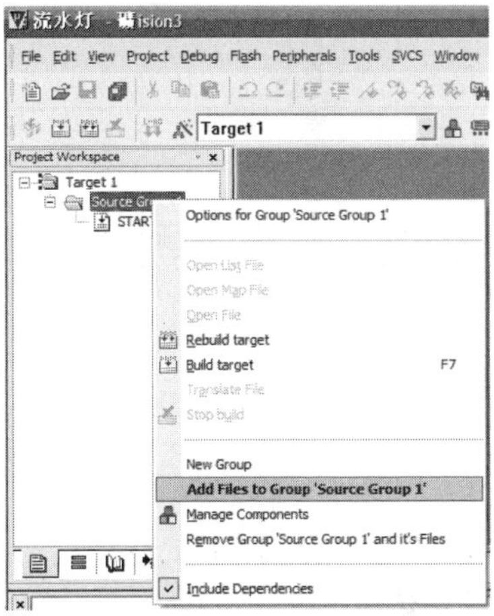

图 3-9　添加文件

（2）弹出如图 3-10 所示的“Add Files to Group 'Source Group 1'”对话框，在其中选择要添加的文件，这里只有刚刚建立的“流水灯.c”文件。选择文件后，单击“Add”按钮，再单击“Close”按钮，文件添加完成，这时的工程窗口如图 3-11 所示，用户源程序文件“流水灯.c”已经出现在“Source Group 1”项下。

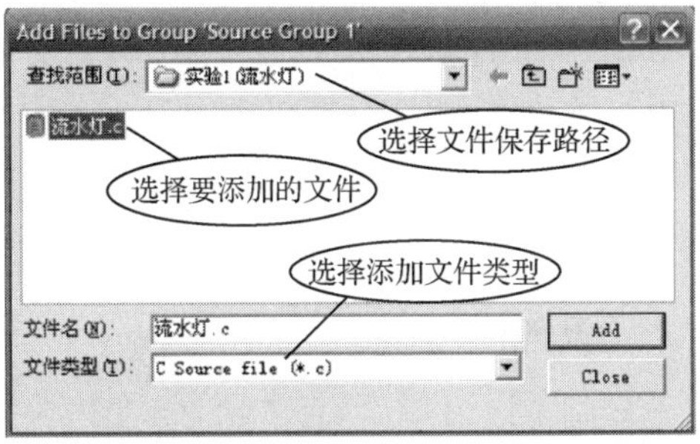

图 3-10　“Add Files to Group 'Source Group 1'”对话框

图 3-11　文件已添加到工程中

3.4.3　程序的编译与调试

上面建立了“流水灯.c”（或“流水灯.asm”）文件，并且已将该文件添加到工程中，接下来还要对文件进行编译和调试，最终生成可执行的.hex 文件，具体操作步骤如下。

1．程序编译

这里以“流水灯.c”文件为例，单击快捷工具栏中的“编译”按钮，对当前文件进行编译，在如图 3-12 所示的输出窗口中会出现提示信息。

从输出窗口中的提示信息可以看到，程序中有两个错误。检查程序，找到错误并改正后，再次单击按钮重新进行编译，直至提示信息显示没有错误为止，如图 3-13 所示。

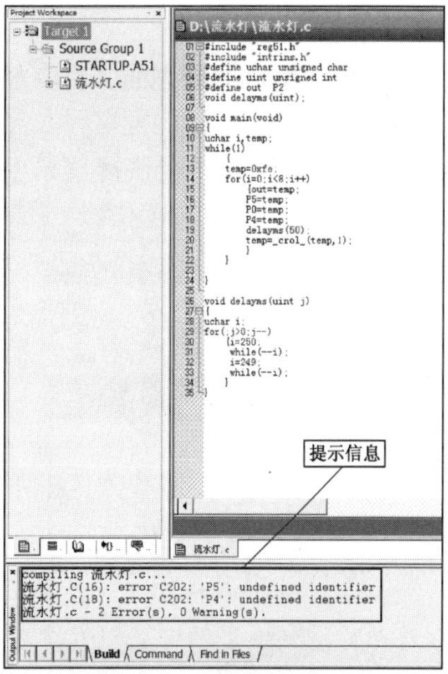

图 3-12　文件编译信息

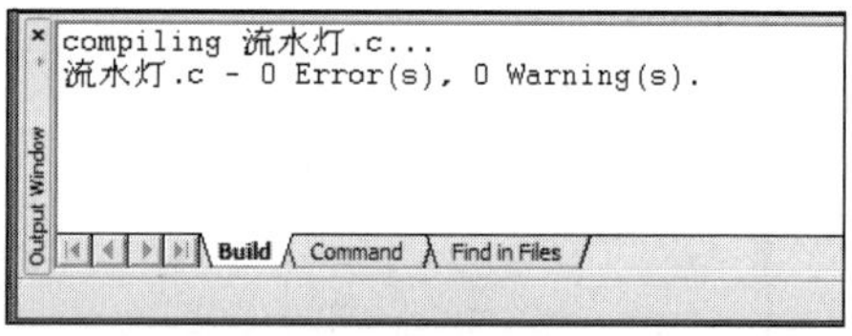

图 3-13　提示信息显示没有错误

2. 程序调试

程序编译没有错误后，就可进行调试与仿真了。单击快捷工具栏中的“开始/停止调试”按钮（或选择菜单命令“Debug”→“Start/Stop Debug Session”），进入程序调试界面，如图 3-14 所示。

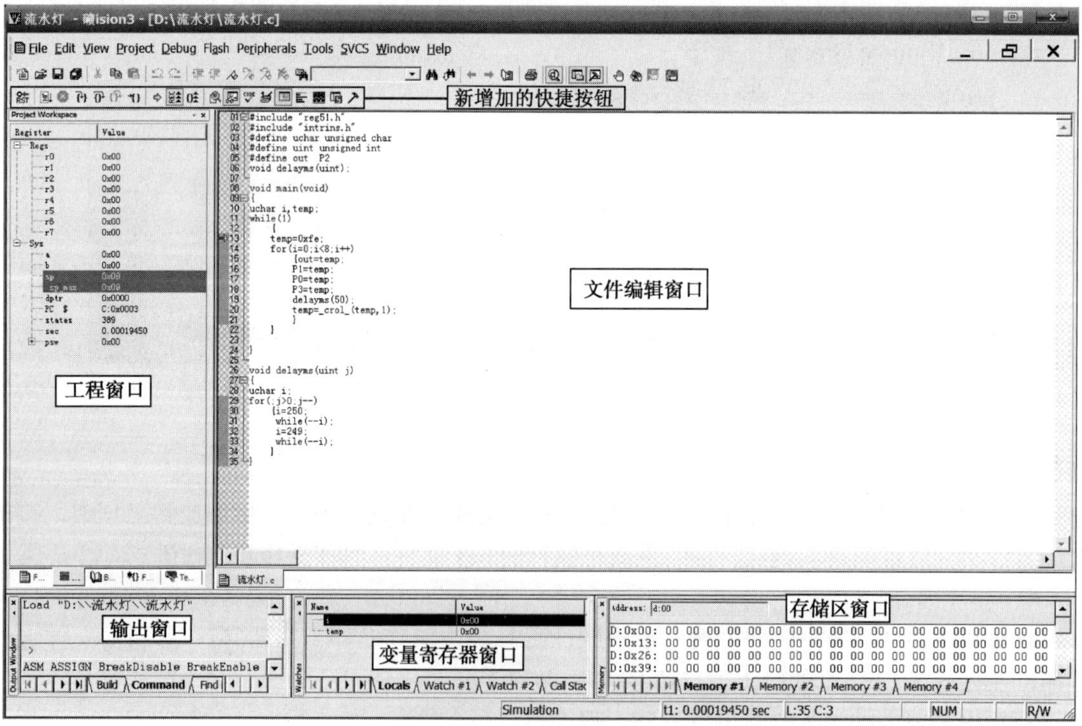

图 3-14　程序调试界面

工程窗口中给出了常用寄存器 R0～R7 及 A、B、SP、DPTR、PC、PSW 等特殊功能寄存器的值，这些值会随着程序的执行发生相应的变化。

在存储区窗口的地址栏中输入 0000H 后按回车键，可以查看单片机内部程序存储区的内容，单元地址前的“C:”表示为程序存储区。要查看单片机内部数据存储区的内容，在存储区窗口的地址栏中输入 D:00H 后按回车键，可以看到数据存储区的内容。单元地址前的“D:”表示为数据存储区。

在图 3-14 中出现了新的快捷工具栏，其中增加了调试状态下的按钮，如图 3-15 所示。原来快捷工具栏中还有几个用于调试的按钮，如图 3-16 所示。

图 3-15　新的快捷工具栏

图 3-16　原来快捷工具栏中用于调试的按钮

在调试状态下，可以通过这些调试按钮采用单步、跟踪、断点、全速运行等方式进行调试，也可观察单片机资源的状态，例如，程序存储区、数据存储区、特殊功能寄存器、变量寄存器及 I/O 口的状态。这些调试按钮大多数与“Debug”菜单中的命令一一对应，使用起来更加方便快捷。

图 3-15 和图 3-16 中常用的调试按钮的功能说明如下。

（1）调试窗口按钮

以下按钮控制程序调试界面中各个窗口的开/关。

：工程窗口的开/关。　　　　　　：存储区窗口的开/关。

：特殊功能寄存器窗口的开/关。　：变量寄存器窗口的开/关。

：输出窗口的开/关。

（2）调试功能按钮

：调试状态的进入/退出。

RST：复位 CPU。在不改变程序的情况下，单击该按钮可使程序重新开始运行。执行此命令后，程序指针返回 0000H 地址单元。另外，一些内部特殊功能寄存器在复位期间也将重新被赋值。例如，A 变为 00H，SP 变为 07H，DPTR 变为 0000H，P3～P0 口变为 FFH。

：全速运行。单击该按钮，实现程序的全速运行。当然，若程序中设置有断点，程序将运行到断点处，并等待调试指令。在全速运行期间，不允许查看任何资源，也不接受其他命令。

：单步跟踪。每执行一次该命令，程序将运行一条语句。当前指令用黄色箭头标出，每运行一步，箭头都会跟着移动，已运行过的语句呈绿色。可以单步跟踪程序。

：单步运行。该命令实现单步运行程序，此时将把函数和函数调用当作一个实体来看待，因此单步运行是以语句（该语句不管是单一命令行还是函数调用）为基本运行单元的。

：运行返回。在用单步跟踪命令跟踪到子函数或子程序内部时，使用该按钮，可将程序的 PC 指针返回调用此子程序或函数的下一条语句。

：运行到光标所在行。

：停止程序运行。

程序调试时，灵活运用上述这些功能可大大提高查找差错的效率。

（3）断点操作按钮

在程序调试中常常需要设置断点，一旦运行到该程序行即停止运行，可在断点处观察有关变量的值，以确定问题所在。图 3-16 中断点操作按钮的功能说明如下。

：插入/清除断点。

：清除所有的断点设置。

：使能/禁止断点，即开启或暂停光标所在行的断点功能。

：禁止所有断点，即暂停所有断点。

此外，插入或清除断点最简单的方法是，将鼠标指针移至需要插入或清除断点的行首处双击。

上述 4 个按钮，也可从“Debug”菜单中找到相应的命令。

3.4.4　工程的设置

工程创建后，还需对工程进行设置，以满足要求。如图 3-17 所示，右击工程窗口中的“Target 1”项，在快捷菜单中选择“Options for Target 'Target 1'”命令，出现工程设置对话框，如图 3-18 所示。在该对话框中有多个页面，通常需要设置的有两个，一个是 Target 页面，另一个是 Output 页面，其余保持默认设置即可。

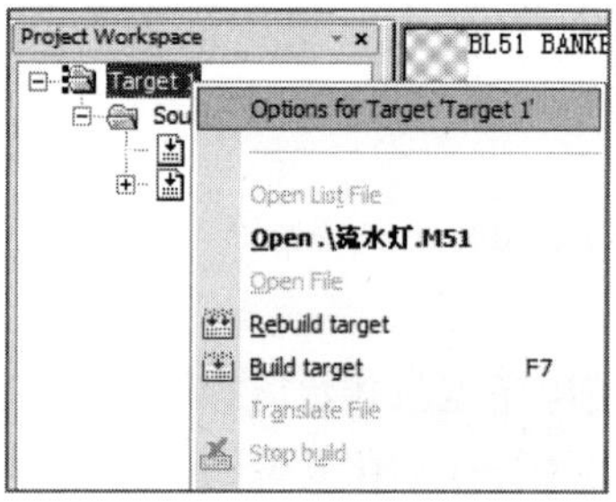

图 3-17　快捷菜单

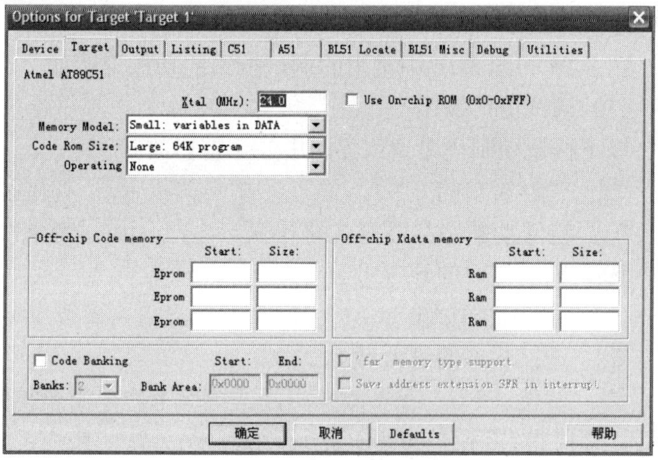

图 3-18　工程设置对话框

1. Target 页面

（1）Xtal（MHz）：设置晶振频率。默认值是所选目标 CPU 的最高可用频率，也可根据需要重新设置。该设置与最终产生的目标代码无关，仅用于软件模拟调试时显示程序运行的时间。正确设置该数值，可使显示的时间与实际所用的时间一致，一般将其设置成与目标样机所用的频率相同。如果没必要了解程序的运行时间，也可不设置。

（2）Memory Model：设置 RAM 的存储模式，有三个选项。① Small——所有变量都在单片机内部 RAM 中。② Compact——可以使用 1 页外部 RAM。③ Large——可以使用全部外部的扩展 RAM。

（3）Code Rom Size：设置 ROM 的使用模式，有三个选项。① Small——程序只使用低于 2KB 的空间。② Compact——单个函数的代码量不超过 2KB，整个程序可以使用 64KB 的空间。③ Large——程序可以使用全部 64KB 的空间。

（4）Operating：操作系统选项。Keil 支持两种操作系统：Rtx tiny 和 Rtx full。通常不用选择操作系统，使用默认项 None。

（5）Use On-chip ROM：是否仅使用内部 ROM 选项。注意，选中该项并不会影响最终生成的目标代码量。

（6）Off-chip Code memory：用于确定系统扩展的程序存储区的地址范围。

（7）Off-chip Xdata memory：用于确定系统扩展的数据存储区的地址范围。

上述后面三个选项必须根据所用硬件来决定。如果是最小应用系统，不进行任何扩展，则按默认值设置即可。

2. Output 页面

单击“Options for Target 'Target 1'”对话框中的“Output”标签，就会出现 Output 页面，如图 3-19 所示。

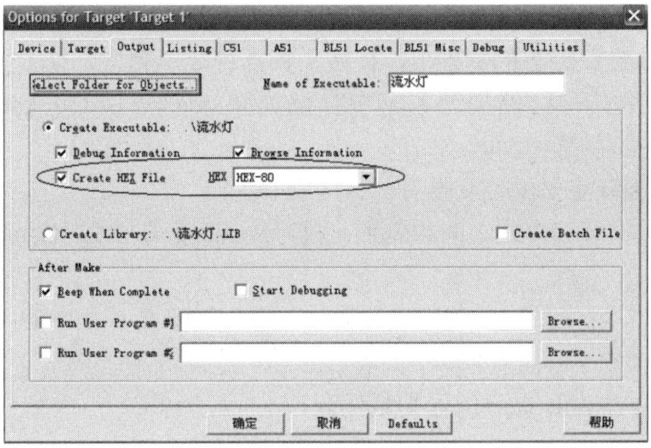

图 3-19　Output 页面

（1）Select Folder for Objects：选择目标文件所在文件夹，默认与工程文件在同一个文件夹中。

（2）Name of Executable：指定最终生成的目标文件的名字，默认与工程文件相同。

（3）Debug Information：产生调试信息。如果需要对程序进行调试，应选中该项。

（4）Create HEX File：生成可执行的目标代码文件。选择此项后即可生成单片机可运行的二进制文件，文件扩展名为.hex。

其他选项保持默认设置即可。

完成上述设置后，就可以在程序编译时，单击快捷工具栏中的按钮，此时会产生如图 3-20 所示的提示信息。该信息说明，程序占用内部 RAM 共 11B，外部 RAM 共 0B；占用程序存储区共 89B。最后生成的文件名为“流水灯.hex”。至此，整个程序编译过程就结束了，生成的.hex 文件可在后面将介绍的用 Proteus 环境虚拟仿真时，装入单片机运行。

图 3-20　.hex 文件生成的提示信息

用于编译、链接的三个按钮简要说明如下。

：编译正在操作的文件。

：编译修改过的文件，并生成相应的目标程序（.hex 文件），供单片机直接下载。

：重新编译当前工程中的所有文件，并生成相应的目标程序（.hex 文件），供单片机直接下载。当工程文件有改动时，需要全部重建整个工程。因为一个工程中可能有不止一个文件，当有多个文件时，可用该命令进行编译。

上面介绍的 C51 源程序的操作方法与过程，也同样适用于汇编语言源程序。

注意，无论是使用 C51 语言编写还是汇编语言编写的源程序都不能直接使用，一定要对该源程序进行编译，最终生成可执行的.hex 文件，并加载到 Proteus 环境下的虚拟单片机中，才能进行虚拟仿真。

思考题及习题 3

1．C51 语言在标准 C 语言的基础上，扩展了哪几种数据类型？

2．C51 语言有哪几种存储类型？其中存储类型 idata、code、xdata 和 pdata 各对应 AT89S51 单片机的哪些存储区空间？

3．关键字 bit 与 sbit 定义的位变量有什么区别？

4．说明这三种数据存储模式之间的差别：（1）Small 模式；（2）Compact 模式；（3）Large 模式。

5．编写 C51 程序，将外部 2000H 为首地址的连续的 10 个单元中的内容，读入内部 RAM 的 40H～49H 单元中。

6．do-while 循环与 while 循环的区别是什么？

第 4 章　虚拟仿真平台 Proteus 的使用

导读： 本章介绍如何在 Proteus 环境下进行单片机应用系统的电路设计与虚拟仿真，并介绍 Proteus 环境下的各种虚拟信号源、虚拟仪器及各种虚拟仿真调试手段。通过本章学习，读者应基本掌握 Proteus 的使用方法，为本书后续的应用设计与仿真打下基础。

Proteus 是由英国 Lab center Electronics 公司于 1989 年推出的虚拟仿真平台，它完全用软件手段对单片机应用系统（简称单片机系统）进行仿真开发，与用户样机在硬件上无任何联系。用户只需在 PC 机上安装 Proteus，就可进行单片机系统的设计、开发、调试与虚拟仿真，为各种实际的单片机系统的设计、开发提供了功能强大的虚拟仿真功能。下面首先介绍 Proteus 的基本功能。

4.1　Proteus 的基本功能

Proteus 是目前世界上唯一的支持嵌入式处理器的虚拟仿真平台，除可仿真 8051 单片机外，还可仿真 PIC12/16/18 系列、AVR 系列、MSP430 等其他主流系列单片机，以及各种外围可编程接口芯片。此外，还支持 ARM7、ARM9 及 TI 公司 2000 系列某些型号的 DSP 仿真。

Proteus 除具有模拟电路、数字电路的电路设计与仿真功能外，其最大特色是，对单片机系统连同程序运行以及所有的外围部件、外部测试仪器一起仿真。它针对单片机的应用而设计，可直接在基于电路原理图的虚拟模型上进行编程，并实现源代码级的实时调试与仿真。Proteus 的虚拟仿真不需要用户样机，可直接在 PC 机上进行虚拟设计与调试，调试完毕的程序代码固化在内部 Flash 存储器中。通过运行程序，进行虚拟仿真，可将系统的功能及运行过程形象化，可以像焊接好的单片机系统的电路板一样看到系统的运行效果。

Proteus 的元件[①]库中提供了几万种元件模型，可直接对单片机的各种外围部件进行仿真，如 RAM、ROM、总线驱动器、各种可编程外围接口芯片、LED 数码管显示器、LCD 显示模块、矩阵式键盘、实时时钟芯片以及多种 D/A 转换器和 A/D 转换器等。虚拟终端还可对 RS-232 总线、I^2C 总线、SPI 总线进行动态仿真。

Proteus 提供了各种信号源和丰富的虚拟仿真仪器仪表，如示波器、逻辑分析仪、信号发生器计数器、电压源、电流源、电压表、电流表等，并能对电路原理图的关键点进行虚拟测试。除仿真现实存在的仪器外，Proteus 还提供一个与示波器作用相似的图形显示功能，可将电路中变化的信号以图形方式实时显示出来。仿真时，可以运用这些虚拟仪器仪表及图形显示功能来演示程序和电路的调试过程，更清晰地观察到程序和电路设计调试中的细节，发现设计中的问题。

Proteus 提供丰富的调试功能。在虚拟仿真中具有全速、单步、设置断点等调试功能，同时可观察各变量、寄存器的当前状态。Proteus 支持第三方的软件编译和调试环境，如 Keil μVision3、MPLAB（PIC 系列单片机的 C 语言开发软件）等。

---

① 为与软件一致，本章统一使用“元件”一词表示元器件。

综上所述，Proteus 目前已在全球数千所高校及世界各大公司中得到广泛应用。

尽管 Proteus 具有开发效率高、不需要附加硬件开发成本的优点，但是它不能进行用户样机的诊断。所以在单片机系统的设计、开发中，一般先在 Proteus 环境下绘出系统的硬件电路原理图，在 Keil μVision3 环境下输入并编译程序，然后在 Proteus 环境下进行仿真调试。依照仿真结果，来完成实际的硬件设计，并把仿真调试通过的程序代码通过写入器或在线烧录到单片机的程序存储器中，然后运行程序观察用户样机的运行结果。如果有问题，再连接硬件仿真器或直接在线修改程序去进行分析、调试。

4.2 Proteus ISIS 的虚拟仿真

Proteus ISIS（智能原理图输入）界面用来绘制单片机系统的电路原理图（简称原理图）。在该界面中，还可直接进行单片机系统的虚拟仿真。当电路连接完成无误后，单击单片机芯片载入经调试通过生成的.hex 文件，单击“仿真运行”按钮，即可实现声、光及各种动作等逼真效果，以检验电路硬件及软件设计的正确与否，非常直观。

图 4-1 是一个单片机系统仿真实例。AT89S51 单片机控制的液晶显示器实时显示输出广告牌。首先将编写的程序通过 Keil μVision3 软件编辑、编译成可执行的.hex 文件，然后双击原理图中的 AT89C51①，把.hex 文件载入。单击 Proteus ISIS 界面中的“仿真运行”按钮，如果程序无误，且硬件电路连接正确，则会出现图 4-1 的仿真运行结果。其中，每个元件各引脚上还会出现**两种不同颜色的方点**，以表示此时引脚电平的高、低。

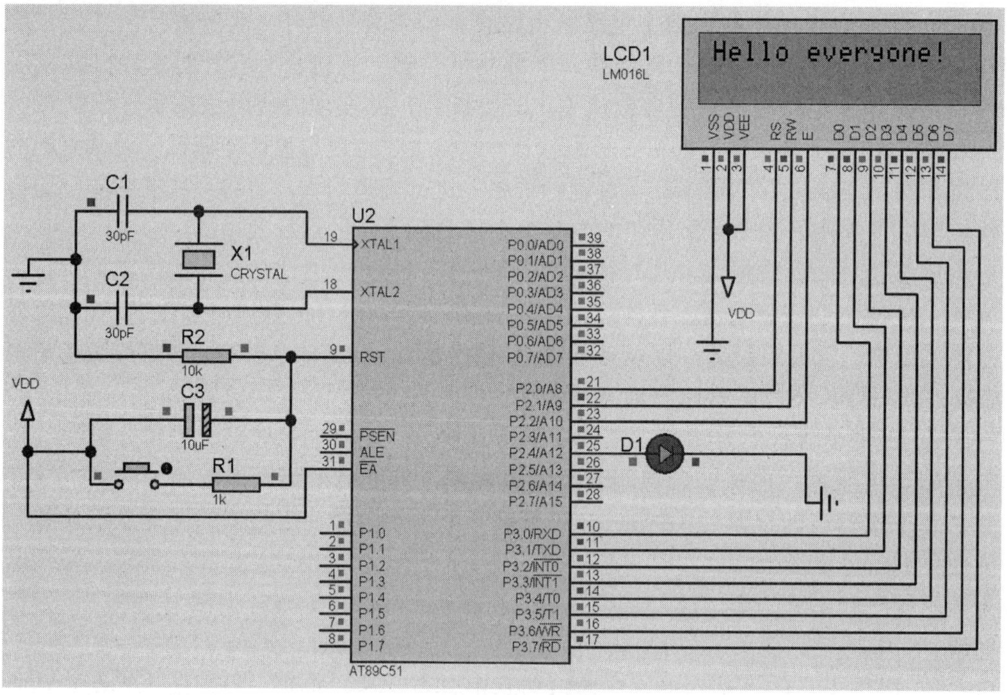

图 4-1　单片机系统仿真实例

① Protens 软件版本原因，仿真原理图中均用 AT89C51 代替 AT89S51。

本章后面各节将介绍 Proteus ISIS 界面中各种操作命令的功能，以及如何绘制原理图及进行仿真运行调试。

4.3 Proteus ISIS 环境简介

首先按要求把 Proteus 软件安装在 PC 机上，安装完毕，双击桌面上的 ISIS 图标，即可出现如图 4-2 所示的 Proteus ISIS 界面（以汉化 7.5 版本为例）。

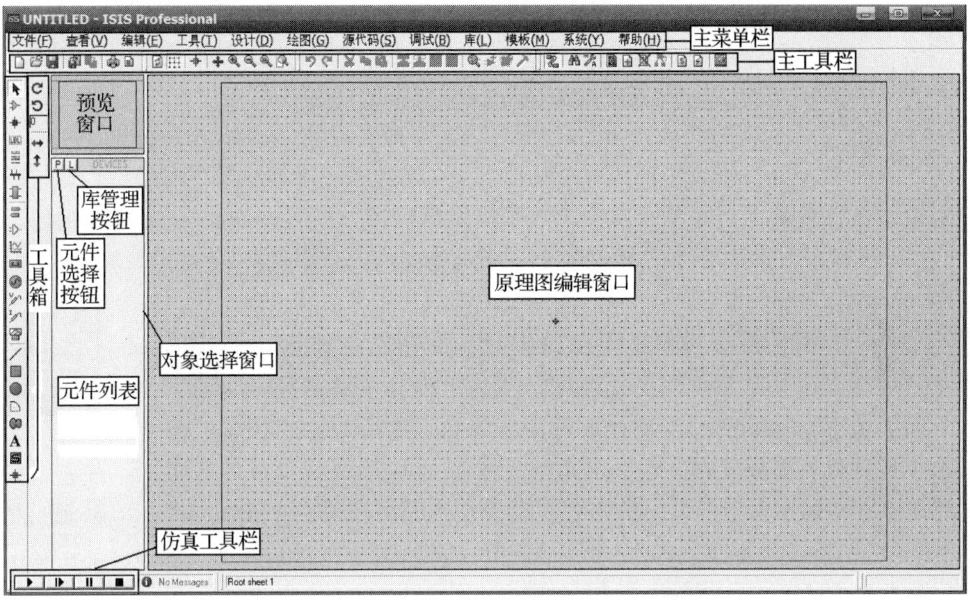

图 4-2　Proteus ISIS 界面

整个 ISIS 界面分为若干区域，由原理图编辑窗口、预览窗口、对象选择窗口、工具箱、主菜单栏、主工具栏等组成。

4.3.1 原理图编辑窗口

原理图编辑窗口（见图 4-2）用来绘制原理图。

在原理图编辑窗口中，鼠标按键的操作方式：滚轮用于放大或缩小原理图；左键用于放置元件；右键用于选择元件；按两次右键删除元件；按一次右键出现快捷菜单后可编辑元件的属性；先按右键后按左键可拖动元件；连线用左键，删除用右键。

原理图编辑窗口中没有滚动条，要改变原理图的可视范围，需要通过以下方式实现：

① 在预览窗口中直接单击需要显示的位置，在原理图编辑窗口中将显示以单击位置为中心的原理图内容。

② 在原理图编辑窗口中按住鼠标右键不放，拖动鼠标指针，可使显示的内容平移。拨动鼠标滚轮可使原理图缩小或放大，原理图编辑窗口会以鼠标指针位置为中心重新显示原理图内容。

下面介绍主工具栏中与原理图编辑窗口有关的几个功能按钮。

①“放大”按钮或“缩小”按钮。使用这两个按钮都会使原理图编辑窗口以当前鼠标指针位置为中心重新显示。单击主工具栏中的“显示全部”按钮可把整张原理图缩放到

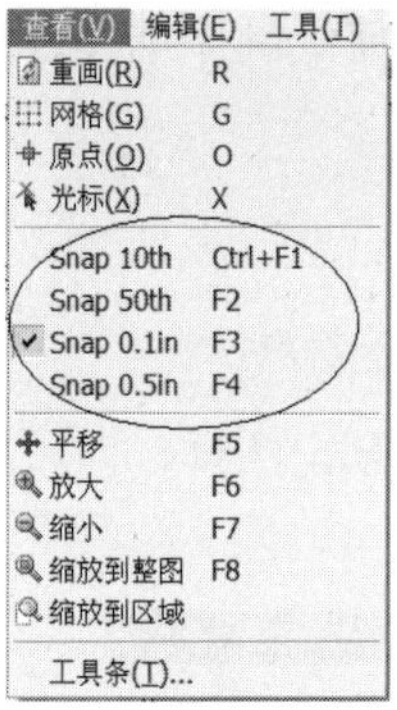

图 4-3 “查看”菜单

完全显示出来，即使在滚动或拖动对象时也是如此。

②“网格开关”按钮。原理图是否显示点状网格，可由这个按钮来控制。点与点之间的间距由对捕捉的设置来决定。

- 捕捉到网格。当鼠标指针在原理图编辑窗口内移动时，坐标值是以固定的步长增长的，初始设定值是 100。这种功能称为捕捉（Snap），能够把元件按网格对齐。捕捉的格点间距使用“查看”菜单中的命令设置，如图 4-3 所示。
- 实时捕捉。当鼠标指针指向引脚末端或者导线时，鼠标指针将会捕捉到这些物体。这种功能称为实时捕捉。该功能可以使用户方便地实现导线和引脚的连接。

4.3.2 预览窗口

预览窗口可显示两项内容。

① 在元件列表中选中一个元件名称时，预览窗口会显示该元件的符号，如图 4-4 所示。

② 当鼠标指针落在原理图编辑窗口中时，即在其中放置元件或单击，预览窗口会显示整张原理图的缩略图。蓝色方框标示的是整张原理图的边框，而绿色方框标示的是当前在原理图编辑窗口中所显示的区域。在绿色方框中按住鼠标右键不放，然后拖动鼠标指针可以改变其位置，从而改变当前在原理图编辑窗口中显示的内容，即原理图的可视范围，如图 4-5 所示。

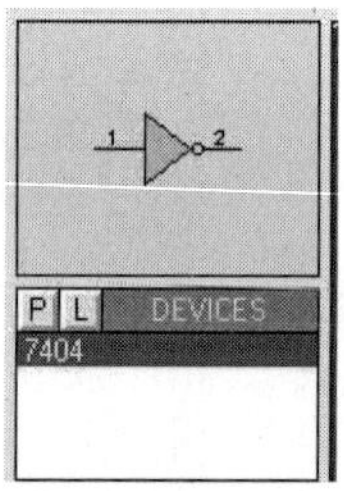

图 4-4 预览窗口

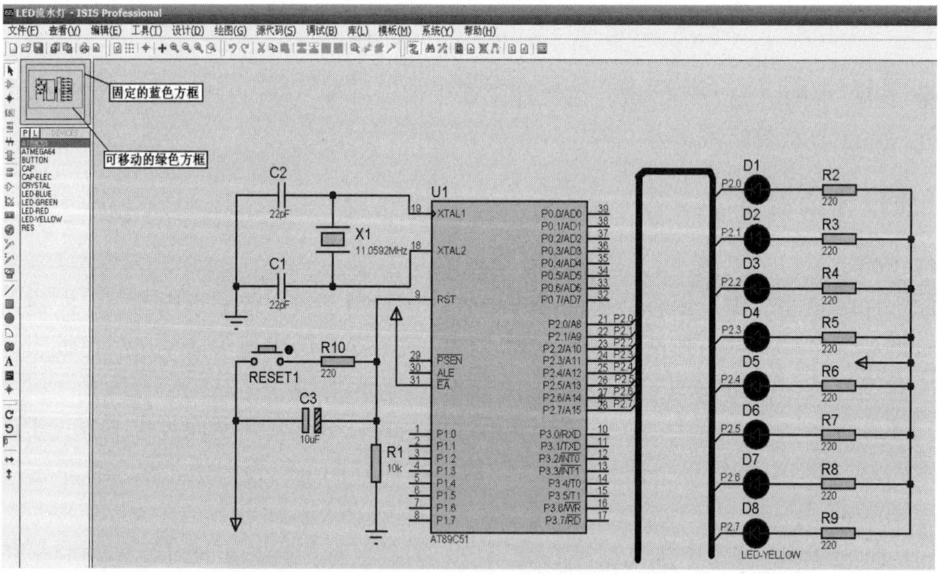

图 4-5 在预览窗口中调整原理图的可视范围

4.3.3 对象选择窗口

对象选择窗口用来选择元件、终端、仪表等对象。该窗口的列表区用来表明当前所处模式及其中的对象列表，如图 4-6 所示。在该窗口中还有两个按钮：P为器件选择按钮，L为库管理按钮。在图 4-6 中，可以看到已经选择的单片机、电容电阻、晶振、发光二极管等各种元件列表。

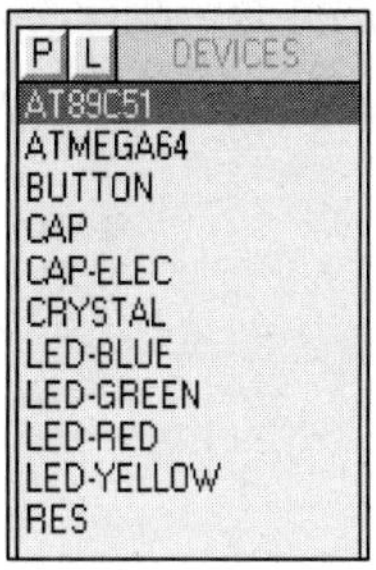

图 4-6　对象选择窗口

4.3.4　主菜单栏

图 4-2 界面最上面一行为主菜单栏，包含以下菜单。

1. “文件”（File）菜单

“文件”菜单中包含工程的新建设计、打开设计、打印等命令，如图 4-7 所示。Proteus ISIS 中的文件主要是设计文件（Design Files）。设计文件中包含一个单片机系统的原理图及其所有信息，用于虚拟仿真，文件扩展名为“.DSN”。

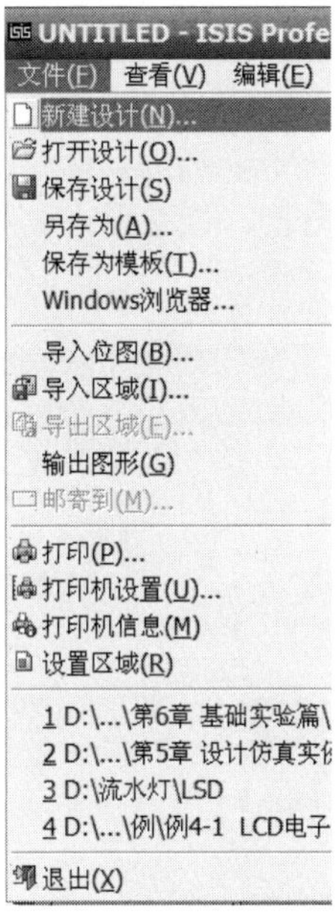

图 4-7　“文件”菜单

下面介绍“文件”菜单中的几个主要命令。

① 新建设计。选择菜单命令“文件”→“新建设计”（或单击主工具栏中的按钮），将清除原有的所有设计数据，出现一个空的 A4 纸。新设计的默认名为“UNTITLED.DSN”。本命令会把该设计以上述名字存入文件中，文件的其他选项也会使用它作为默认名。

如果需要给这个设计命名，可选择菜单命令“文件”→“保存设计”（或单击主工具栏中的按钮），输入新文件名后保存即可。

② 打开设计。用来装载一个已有的设计（也可单击主工具栏中的按钮）。

③ 保存设计。在退出 Proteus ISIS 时或者其他任何时候都需要保存设计。上述两种情况，设计都被保存到设计文件中，旧的“.DSN”文件会在其名字前加前缀“Back of”。

④ 另存为。把设计保存到另一个文件中。

⑤ 导入区域/导出区域。“导出区域”命令将当前选中的对象生成一个局部文件。这个局部文件可以使用“导入区域”命令导入另一个设计中。局部文件的导入与导出类似于“块复制”。

⑥ 退出。退出 Proteus ISIS。如果文件修改过，系统会出现提示框，询问是否保存文件。

2. “查看”（View）菜单

“查看”菜单中提供了原理图编辑窗口中的定位、调整网格及缩放图形等常用子菜单命令，如图 4-3 所示。

3. “编辑”（Edit）菜单

“编辑”菜单实现各种编辑功能，其中提供了剪切、复制、粘贴、置于下层、置于上层、清理、撤销、重做、查找并编辑元件等命令。

4. “工具”（Tools）菜单

“工具”菜单如图 4-8 所示。

在绘制原理图时，单击“自动连线”命令，使其前面的快捷图标呈按下状态（），即可进入原理图的自动连线状态。

使用“电气规则检查”命令，可检查绘制完成的原理图是否符合电气规则。

5. “设计”（Design）菜单

“设计”菜单如图 4-9 所示。其中提供了编辑设计属性、编辑页面属性、设定电源范围、新建页面、删除页面、上一页、下一页等命令。

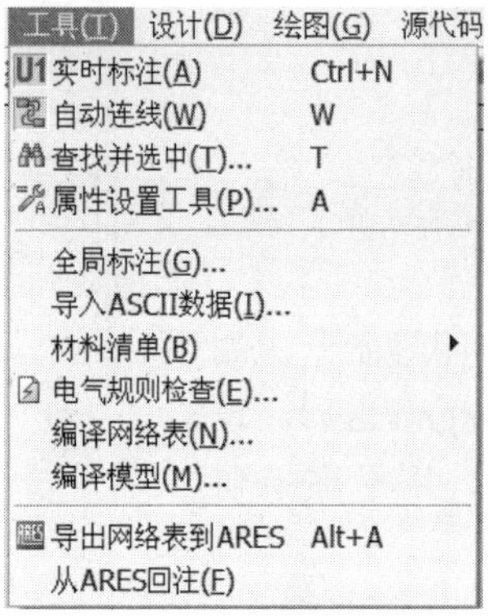

图 4-8 “工具”菜单

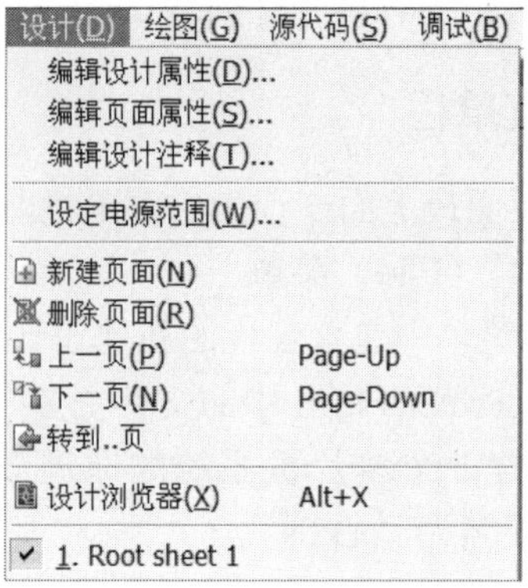

图 4-9 “设计”菜单

6.“绘图”（Graph）菜单

“绘图”菜单如图 4-10 所示，其中提供了编辑图表、添加图线、仿真图表、查看日志、导出数据、清除数据、一致性分析（所有图表）、批模式一致性分析等命令。

7.“源代码”（Source）菜单

“源代码”菜单如图 4-11 所示，其中提供了添加/删除源文件、设定代码生成工具、设置外部文本编辑器、全部编译等命令。

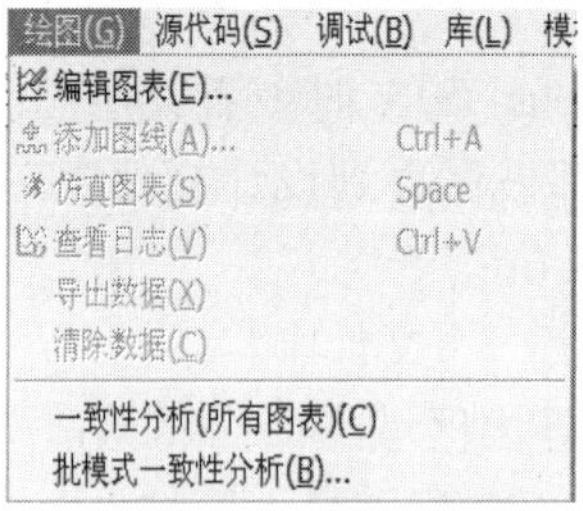

图 4-10 “绘图”菜单

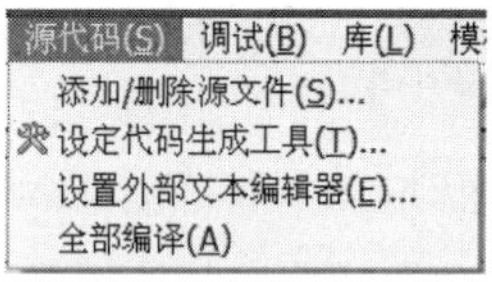

图 4-11 “源代码”菜单

8.“调试”（Debug）菜单

“调试”菜单如图 4-12 所示，主要用于实现单步运行、断点设置等功能。

9.“库”（Library）菜单

“库”菜单如图 4-13 所示，其中提供了拾取元件/符号、制作元件、制作符号、封装工具、分解、编译到库中、自动放置库文件、校验封装、库管理器等命令。

10.“模板”（teMplate）菜单

“模板”菜单如图 4-14 所示，主要用于实现模板的各种设置功能，如图形、颜色、字体、连线等。

11.“系统”（sYstem）菜单

“系统”菜单如图 4-15 所示，其中提供了系统信息、文本视图、设置环境、设置路径等命令。

12.“帮助”（Help）菜单

“帮助”菜单如图 4-16 所示。它用来读帮助文档，同时每个元件均可通过属性中的“Help”获得帮助。

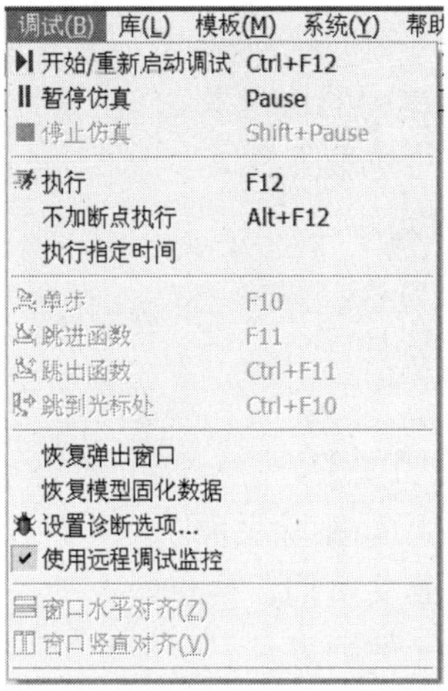

图 4-12 “调试”菜单

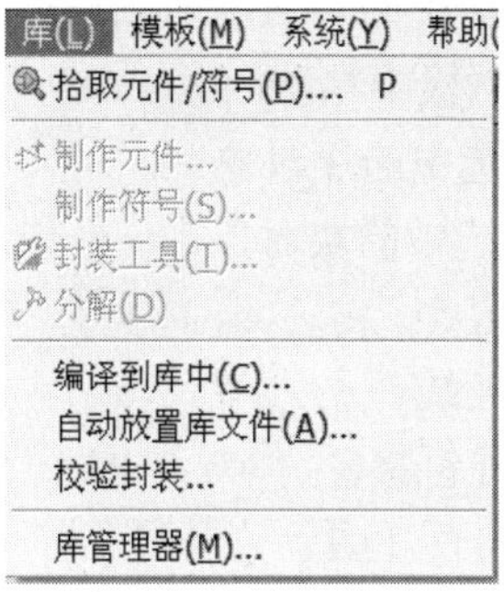

图 4-13 “库”菜单

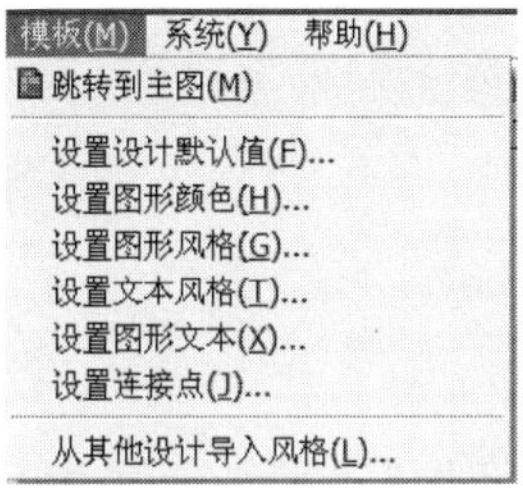

图 4-14 “模板”菜单

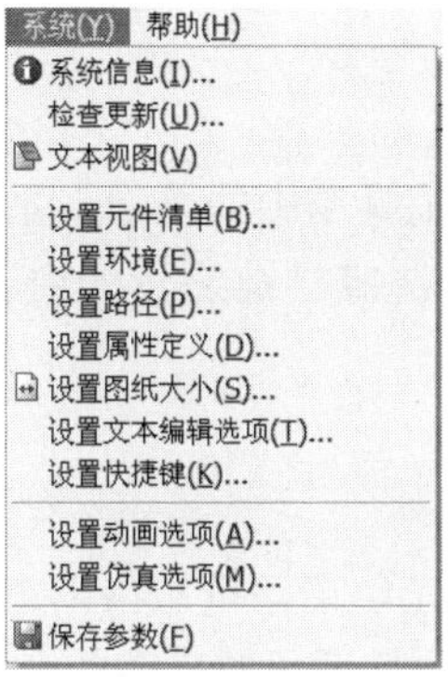

图 4-15 “系统”菜单

图 4-16 “帮助”菜单

4.3.5 主工具栏

主工具栏位于主菜单栏下面，其中有 38 个按钮，以图标形式给出：

每个按钮都对应一个具体的菜单命令。下面把 38 个按钮分为 4 组，简要介绍各组按钮的命令功能。

第 1 组按钮的功能说明如下。

：新建一个设计文件。

：打开一个已存在的设计文件。

：保存当前的设计。

：将一个局部文件导入 ISIS 中。

：将当前选中的对象导出为一个局部文件。

：打印当前设计文件。

：选择打印的区域。

第 2 组按钮的功能说明如下。

：刷新显示。

：控制原理图是否显示网格。

：放置连线点。

：以鼠标光标所在点为中心居中。

：放大。

：缩小。

：查看整张图。

：查看局部图。

第 3 组按钮的功能说明如下。

：撤销上一步的操作。

：恢复上一步的操作。

：剪切选中的对象。

：复制选中的对象至剪贴板中。

：从剪贴板中粘贴。

：复制选中的块对象。

：移动选中的块对象。

：旋转选中的块对象。

：删除选中的块对象。

：从库中选取元件。

：创建元件。

：封装工具。

：释放元件。

第 4 组按钮的功能说明如下。

：自动连线。

：查找并链接。

：属性分配工具。

：设计浏览器。

：新建图纸。

：移动页面/删除页面。

：返回到父页面。

：生成元件列表。

：生成电气规则检查报告。

：生成网表并传输到 ARES 中。

4.3.6 工具箱

图 4-2 中最左侧为工具箱。选择工具箱中的按钮，系统将提供不同的操作工具。在对象选择窗口中，将根据选择的工具箱按钮决定当前显示的内容。显示对象的类型包括：元件、终端、引脚、图形符号、标注和图表等。

下面介绍工具箱中各按钮的功能。

（1）模型工具按钮

：用于即时编辑元件参数，即先单击该按钮再单击要修改的元件。

：元件模式，用来拾取元件。设计者可根据需要，从丰富的元件库中拾取元件并添加元件到元件列表中。单击此按钮可在元件列表中选择元件，同时在预览窗口中，列出元件的外形及引脚。

：放置电路的连接点。在不用连线工具的条件下，可方便地在节点之间或节点到电路中任意点或线之间进行连线。

：标注线标或网络标号。在绘制原理图时，可使连线简单化。例如，从 8051 单片机的 P1.7 引脚和二极管的阳极各画出一根短线，并标注网络标号为 1，就说明 P1.7 引脚和二极管的阳极已经在电路上连接在一起了，而不用真的画一根线把它们连起来。

：输入文本。可在绘制的原理图上添加说明文本。

：绘制总线。总线在原理图上是一根粗线，它代表一组总线。当某根线连接到总线上时，要注意标好网络标号。

：绘制子电路块。

：选择端子。单击此按钮，在对象选择窗口中列出可供选择的各种常用端子。

- DEFAULT——默认的无定义端子。
- INPUT——输入端子。
- OUTPUT——输出端子。
- BIDIR——双向端子。
- POWER——电源端子。
- GROUND——接地端子。
- BUS——总线端子。

：元件引脚选择，用于绘制各种引脚。

：在对象选择窗口中列出可供选择的各种仿真分析所需的图表（如模拟图表、数字图表、混合图表和噪声图表等）。

：当需要对设计电路进行分割仿真时，采用此模式。

：在对象选择窗口中列出可供选择的各种信号源（如正弦、脉冲和 FILE 信号源等）。

：在原理图中添加电压探针。电路仿真时，可显示探针处的电压值。

：在原理图中添加电流探针。电路仿真时，可显示探针处的电流值。

：在对象选择窗口中列出可供选择的各种虚拟仪器。

（2）2D 图形模式按钮

：画线。单击按钮，在右侧的窗口中提供如下各种专用的画线工具。

- COMPONENT——元件连线。
- PIN——引脚连线。
- PORT——端口连线。
- MARKER——标记连线。
- ACTUATOR——激励源连线。
- INDICATOR——指示器连线。
- VPROBE——电压探针连线。
- IPROBE——电流探针连线。
- GENERATOR——信号发生器连线。
- TERMINAL——端子连线。
- SUBCIRCUIT——支电路连线。
- 4D GRAPHIC——二维图连线。
- WIRE DOT——线连接点连线。
- WIRE——线连接。
- BUS WIRE——总线连线。
- BORDER——边界连线。
- TEMPLATE——模板连线。

：画一个方框。

：画一个圆。

：画一段弧线。

：图形弧线模式。

：图形文本模式。

：图形符号模式。

（3）实现旋转或翻转的按钮

：使元件顺时针方向旋转，角度只能是 90° 的整数倍。

：使元件逆时针方向旋转，角度只能是 90° 的整数倍。

：使元件水平镜像旋转。

：使元件垂直镜像旋转。

4.3.7 仿真工具栏

图 4-2 中仿真工具栏中的按钮功能说明如下。

：运行程序。

：暂停程序的运行。

：单步运行程序。

：停止运行程序。

4.3.8 元件列表

元件列表用于选取元件、终端接口、信号发生器、仿真图表等。选取元件时，单击对象选择窗口中的“P”按钮，打开“Pick Devices”对话框，在“关键字”框中输入要检索的元件的关键字，例如输入 AT89C51，在中间的“结果”栏中可以看到搜索到的元件结果。在对话框的右侧，还能够看到选择的元件的仿真模型及 PCB 参数，如图 4-17 所示。选择 AT89C51 元件后，双击该元件，就会在左侧的元件列表中显示它。以后用到该元件时，只需在元件列表中选择即可。

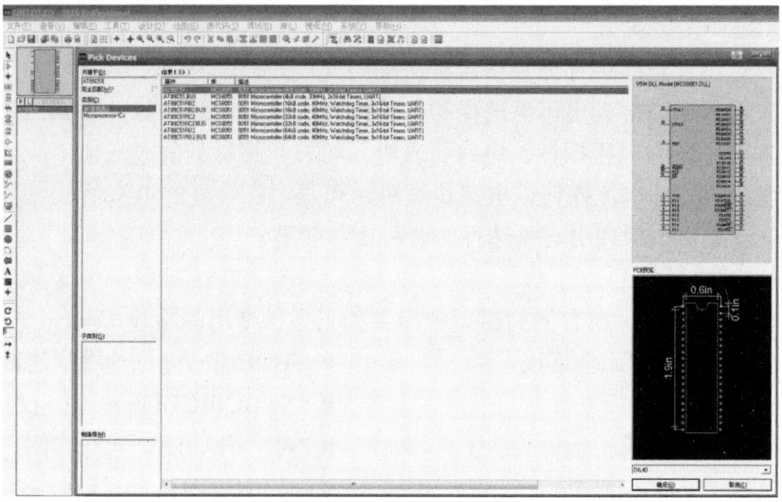

图 4-17　选取元件

上述选取元件的方法称为“关键字查找法”。关键字可以是对象的名称、描述、分类、子类，甚至是对象的属性值。如果与搜索结果相匹配的元件太多，可以通过下拉列表进一步选择。

还有一种“分类查找法”，以元件所属大类、子类甚至生产厂家为条件一级一级地缩小范围进行查找。在具体操作时，常将这两种方法结合使用。

如果所选择的元件并没有仿真模型，对话框将在仿真模型和引脚一栏中显示“No Simulator Model”（无仿真模型），此时就不能用该元件进行仿真了，可选择其他与其功能类似且具有仿真模型的元件。

4.4　Proteus ISIS 的编辑环境设置

绘制原理图首先要选择模板，模板主要用于控制原理图的外观信息，如图形格式、文本格式、设计颜色、线条连接点大小和图形等；然后需要设置图纸，如纸张的型号、标注的字体等。另外，设置网格将为放置元件、连接线路带来很多方便。

1．选择模板

“模板”菜单如图 4-14 所示，其中的命令功能说明如下。

（1）设置设计默认值：编辑设计的默认选项。

（2）设置图形颜色：编辑图形的颜色。

（3）设置图形风格：编辑图形的全局风格。

（4）设置文本风格：编辑全局文本风格。

（5）设置图形文本：编辑图形的字体格式。

（6）设置连接点：弹出编辑节点对话框。

注意，模板的改变只影响当前运行的 Proteus ISIS 环境，但这些模板也有可能在保存后被别的设计所调用。

2．选择图纸

选择菜单命令“系统”→“设置图纸大小”，弹出如图 4-18 所示的对话框，在其中可选择图纸的大小或自定义图纸的大小。一般选择“A4”图纸大小即可。

3．设置文本编辑选项

选择菜单命令“系统”→“设置文本编辑选项”，出现如图 4-19 所示对话框。在该对话框中可以对文本的字体、字形、大小、效果和颜色等进行设置。

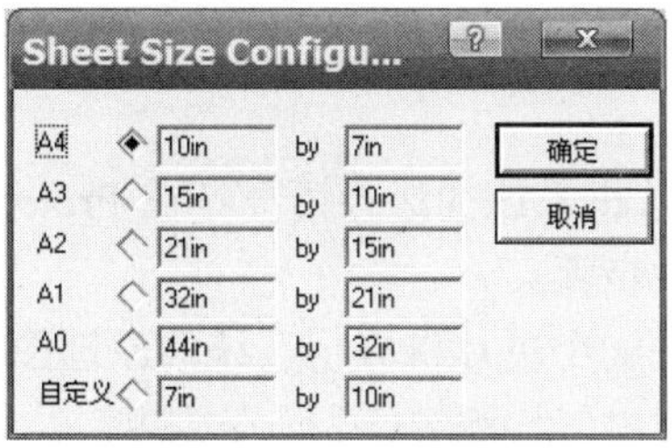

图 4-18　设置图纸大小

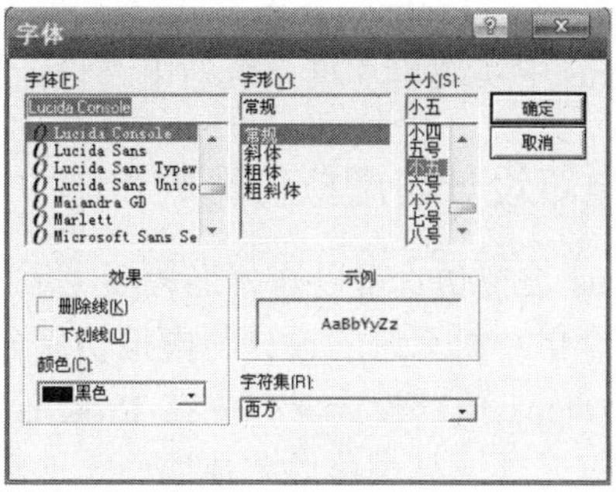

图 4-19　设置文本格式

4．设置网格开关与格点间距

① 网格的显示或隐藏。单击工具栏中的按钮（或选择菜单命令“查看”→“网格”），可以控制网格的显示与隐藏。

② 设置格点的间距。在“查看”菜单中，可以使用“Snap 10th”“Snap 50th”“Snap 0.1in”“Snap 0.5in”命令，设置格点之间的间距（默认值为 0.1in）。

4.5　Proteus ISIS 的系统运行环境设置

在 Proteus ISIS 界面中选择菜单命令“系统”→“设置环境”，打开如图 4-20 所示的“环境设置”对话框。

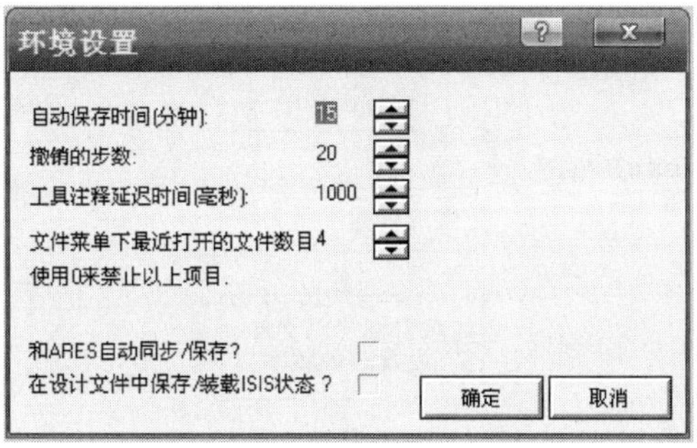

图 4-20　“环境设置”对话框

对话框包括如下设置项。

① 自动保存时间（分钟）：设置系统自动保存设计文件的时间间隔。

② 撤销的步数：设置可撤销的操作的步数。

③ 工具注释延迟时间（毫秒）：设置工具提示延时，单位为毫秒。

④ 文件菜单下最近打开的文件数目：设置“文件”菜单中显示的最近打开的文件名的数量。

⑤ 和 ARES 自动同步/保存：在保存设计文件时，设置是否自动同步/保存 ARES。

⑥ 在设计文件中保存/加载 ISIS 状态：设置是否在设计文件中保存/加载 ISIS 状态。

4.6 单片机系统的电路设计与虚拟仿真

前面介绍了 Proteus ISIS 的基本功能。本节通过一个案例——“流水灯”的电路设计，介绍在 Proteus 中实现单片机系统的电路设计与虚拟仿真。

4.6.1 电路设计与虚拟仿真的步骤

Proteus 虚拟仿真可以在相当程度上反映实际的单片机系统的运行情况。在 Proteus 开发环境下，一个单片机系统的设计与虚拟仿真分为如下三个步骤。

① Proteus 电路设计。首先在 Proteus ISIS 中完成一个单片机应用系统的原理图设计，包括选择各种元件、外围接口芯片等，实现电路连接以及电气检测等。

② 设计源程序与生成目标代码文件。在 Keil μVision3 中进行源程序的输入、编译与调试，并最终生成目标代码文件（*.hex 文件），本书后面将要介绍。

③ Proteus 调试与仿真。在 Proteus ISIS 中将目标代码文件（*.hex 文件）加载到单片机中，并对系统进行虚拟仿真，这是本节要介绍的重点内容。在调试时也可使用 Proteus ISIS 与 Keil μVision3 进行联合仿真调试，参见后面的介绍。

单片机应用系统的电路设计与虚拟仿真整体流程如图 4-21 中间部分所示。

“Proteus 仿真”在 Proteus ISIS 的 VSM 模式下进行，其中包含各种调试工具的使用。

由图 4-21 右侧可以看到，用 Proteus ISIS 对单片机系统进行原理图设计的各个步骤。下面以案例“流水灯”的电路设计与虚拟仿真为例，详细说明具体操作。

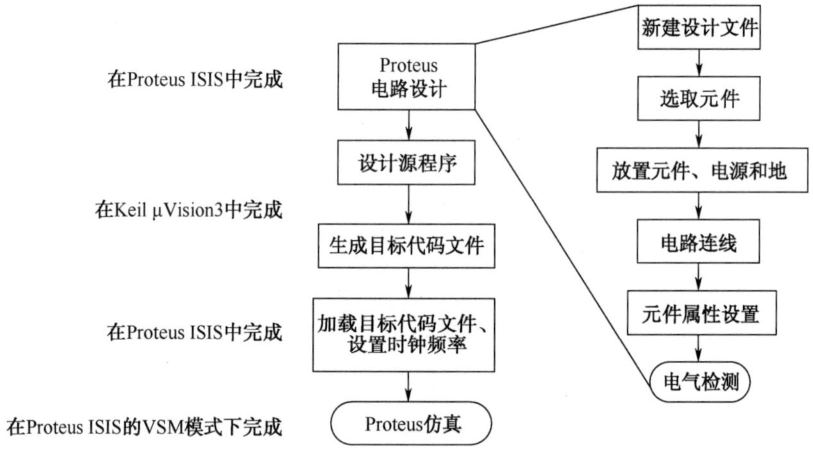

图 4-21 单片机系统的电路设计与虚拟仿真流程

4.6.2 新建或打开一个设计文件

1. 新建设计文件

选择菜单命令“文件”→“新建设计”新建一个设计文件，弹出如图 4-22 所示的“新建设计”对话框，其中提供了多种模板，单击要选的模板，再单击“确定”按钮，即建立一个该模板的空白文件，系统默认为 DEFAULT 模板。如果单击主工具栏中的 按钮来新建设计文件，则不会出现图 4-22 所示的对话框，而是直接选择系统默认的模板。

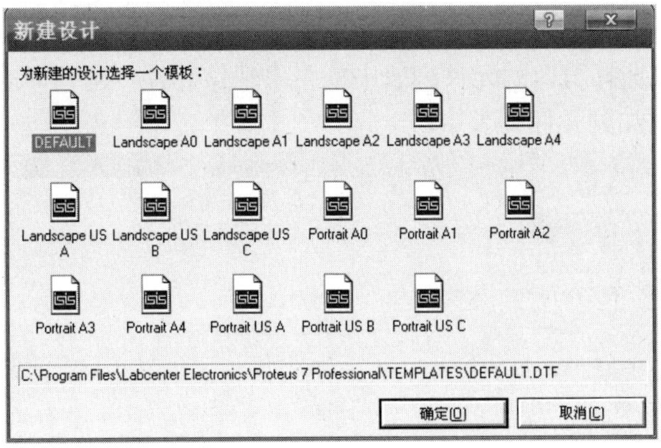

图 4-22　“新建设计”对话框

2. 保存设计文件

按照上面的操作，为本案例建立了一个新设计文件，在第一次保存该文件时，选择菜单命令“文件”→“另存为”，弹出如图 4-23 所示的“保存 ISIS 设计文件”对话框，在其中选择文件的保存路径并输入文件名“流水灯”后，单击“保存”按钮，完成设计文件的保存。这样就在“实验 1（流水灯）”文件夹下新建了一个名为“流水灯”的设计文件。

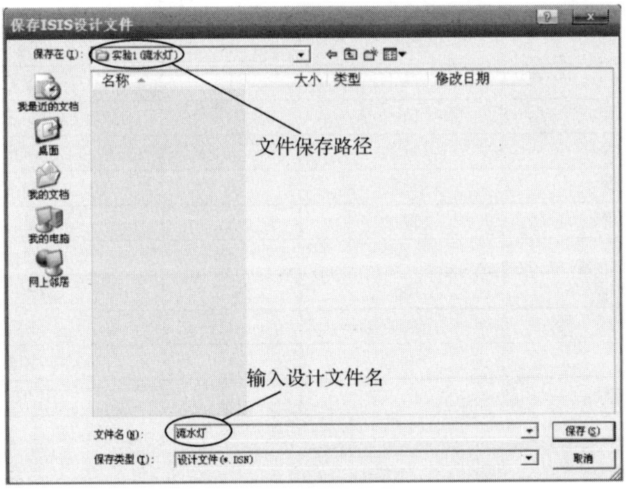

图 4-23　“保存 ISIS 设计文件”对话框

如果不是第一次保存，可选择菜单命令“文件”→“保存设计”，或直接单击主工具栏中的按钮。

3. 打开已保存的设计文件

选择菜单命令“文件”→“打开设计”，或直接单击主工具栏中的按钮，弹出如图 4-24 所示的“加载 ISIS 设计文件”对话框。单击需要打开的文件名，再单击“打开”按钮即可。

4.6.3　选择需要的元件到元件列表中

在电路设计前，应先列出“流水灯”原理图中需要的元件，见表 4-1。然后根据表 4-1 选择元件到元件列表中。观察图 4-2，左侧的元件列表中没有一个元件。单击工具箱中的按钮，再单击对象选择窗口中的 P 按钮，就会出现“Pick Devices”对话框。在“关键字”框中输入 AT89C51，此时在“结果”栏中出现元件搜索结果列表，并在右侧出现“元件预览”和

“元件 PCB 预览”窗口，如图 4-25 所示。在元件搜索结果列表中双击所需要的元件 AT89C51，这时在对象选择窗口的元件列表中就会出现该元件。用同样的方法可将表 4-1 中所需选择的其他元件也添加到元件列表中。

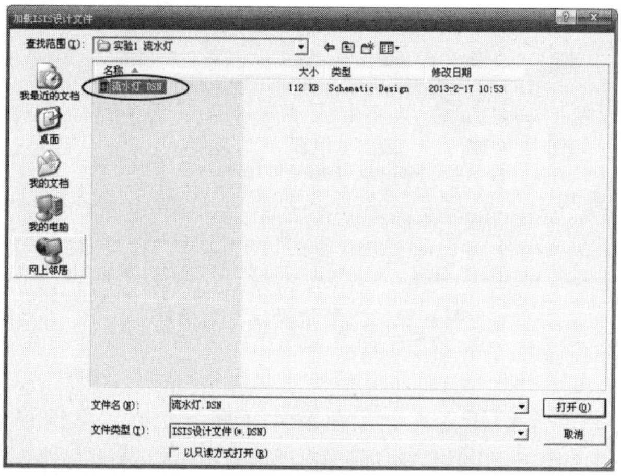

图 4-24　“加载 ISIS 设计文件”对话框

表 4-1　“流水灯”电路原理图中需要的元件列表

元 件 名 称	型　号	数　量	Proteus 中的关键字
单片机	AT89C51	1	AT89C51
晶振	12MHz	1	CRYSTAL
二极管	蓝色	8	LED-BLUE
二极管	绿色	8	LED-GREEN
二极管	红色	8	LED-RED
二极管	黄色	8	LED-YELLOW
电容	24pF	4	CAP
电解电容	10μF	1	CAP-ELEC
电阻	240Ω	10	RES
电阻	10kΩ	1	RES
复位按钮	—	1	BUTTON

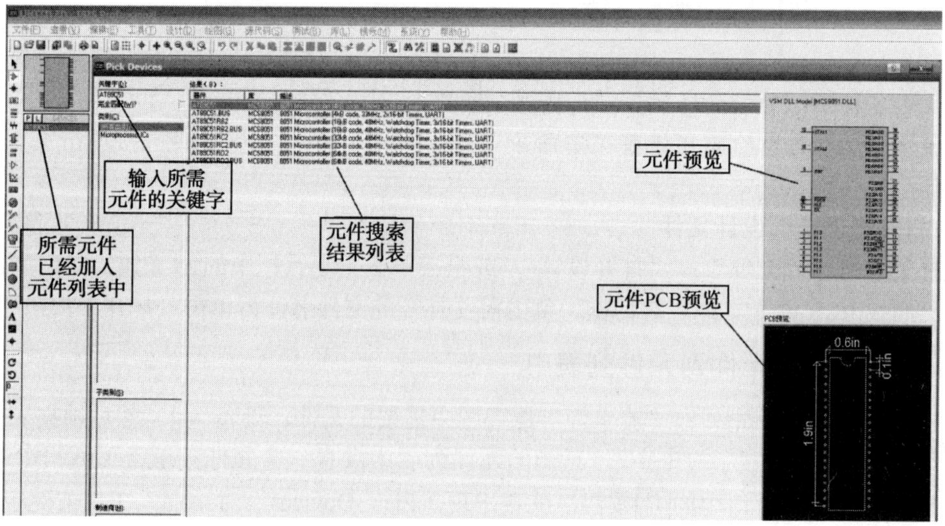

图 4-25　“Pick Devices”对话框

所有元件选取完毕，单击对话框右下方的“确定”按钮，即可关闭“Pick Devices”对话框，回到主界面进行原理图的绘制。此时的元件列表如图 4-26 所示。

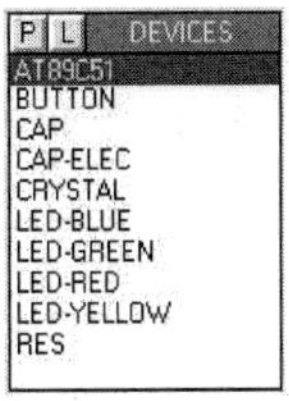

图 4-26　元件列表

4.6.4　放置元件并连接电路

1. 元件的放置、调整与参数设置

（1）元件的放置

单击元件列表中需要的元件，然后将鼠标指针移至原理图编辑窗口中单击，此时就会在鼠标指针处出现一个粉红色的元件，移动鼠标指针至合适的位置，单击，此时该元件就被放置在原理图编辑窗口中了。例如，选择放置单片机 AT89C51 到原理图编辑窗口中，具体步骤如图 4-27 所示。

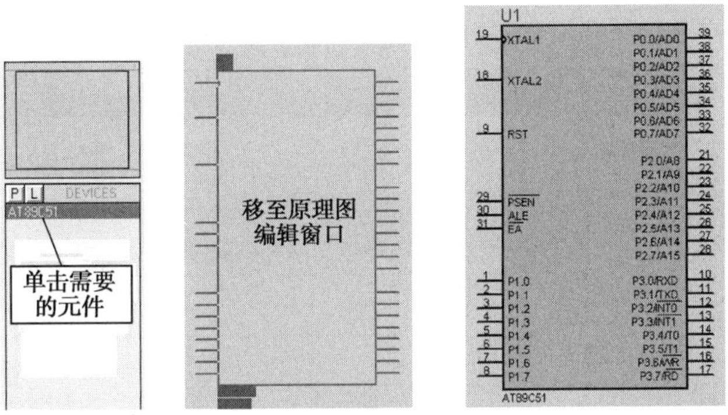

（a）　　　　（b）　　　　（c）

图 4-27　元件放置的操作步骤

要删除已放置的元件，则单击该元件，然后按 Delete 键即可删除该元件。如果进行了误删除操作，可以单击主工具栏中的按钮恢复。

一个单片机系统原理图的设计，除需要元件外，还需要各种终端，如电源、地等。单击工具箱中的按钮，就会出现各种终端列表，单击其中的某项，上方的预览窗口中就会出现该终端的符号，如图 4-28（a）所示。此时可选择合适的终端放置到原理图编辑窗口中，放置的方法与元件放置相同。如图 4-28（b）所示为图 4-28（a）终端列表中各项对应的终端符号。当再次单击工具箱中的按钮时，即可切换到用户自己选择的元件列表，如图 4-26 所示。将所有的元件及终端放置到原理图编辑窗口中。

（2）元件位置的调整

① 改变元件在原理图中的位置。单击需调整位置的元件，该元件显示为红色，按住左键不放，将其拖动到合适的位置，再释放左键即可。

② 调整元件的角度。右击需要调整角度的元件，出现如图 4-29 所示的快捷菜单，选择其中的元件角度调整命令即可。

（3）元件参数的设置

双击需要设置参数的元件，将出现“编辑元件”对话框。

下面以单片机 AT89C51 为例。双击 AT89C51，出现如图 4-30 所示的“编辑元件”对话框。

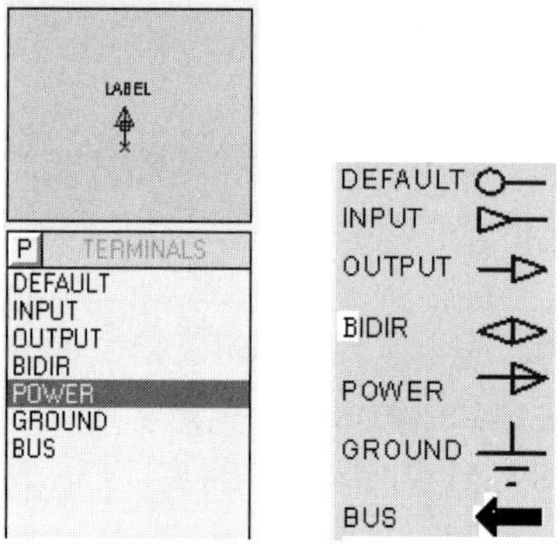

（a）　　　　（b）

图 4-28　终端列表及终端符号

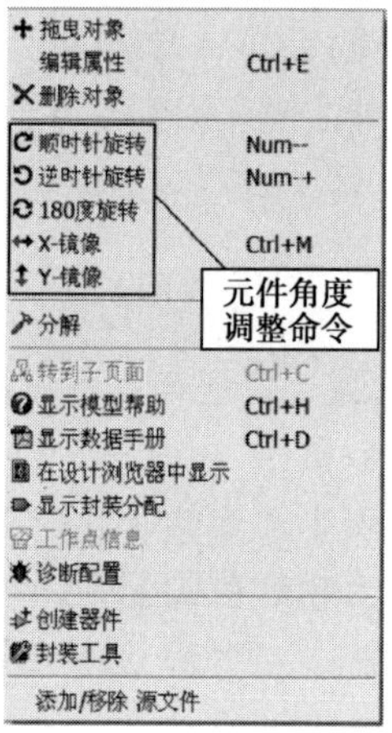

图 4-29　元件角度调整命令

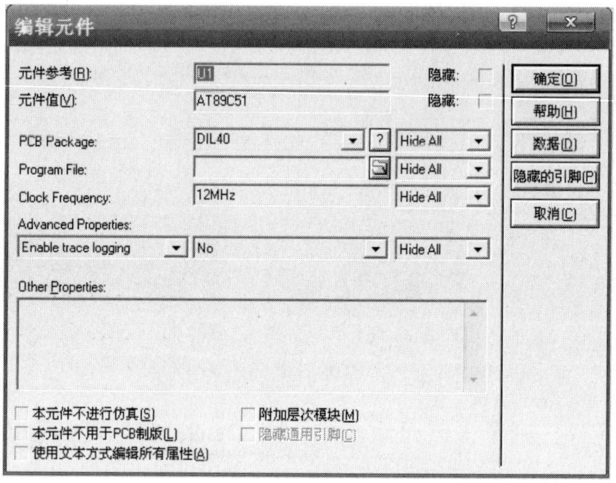

图 4-30　“编辑元件”对话框

其中的基本设置说明如下。

① 元件参考：U1。“隐藏”选项，可在其后打“√”，选择隐藏。

② 元件值：AT89C51。“隐藏”选项，可在其后打“√”，选择隐藏。

③ Clock Frequency：单片机的晶振频率，设置为 12MHz。

对话框中某些选项可以在后面的下拉列表中设置其隐藏/显示。

根据设计的需要，完成原理图中各元件的参数设置。

4．元件的连接

（1）在两个元件间绘制导线

使用工具箱中的按钮（按下按钮），在两个元件之间绘制导线的方法是：先单击第一个元件的连接点，然后移动鼠标，此时会从连接点引出一根导线，如果想要自动绘出直线路径，只需单击另一个连接点即可。如果设计者想自己决定走线路径，可以在希望的拐点处单击。

注意，拐点处导线的走线只能是直角。在按钮松开（未按下）时，导线可按任意角度走线，此时在希望的拐点处单击，然后把鼠标指针拖向目标连接点，这样拐点处导线的走向将只取决于鼠标指针的拖动方向。

（2）添加连接导线的连接点

单击工具箱中的 按钮，将在两根导线连接处或交叉处添加一个圆点，表示它们已连接。

（3）导线位置的调整

对已绘制的导线，要想进行位置的调整，可单击该导线，在其两端各出现一个小黑方块，右击，出现快捷菜单，如图 4-31 所示。选择“拖曳对象”命令，然后拖动导线到指定的位置，也可进行旋转操作，然后单击导线，就完成了导线位置的调整。

（4）绘制总线与总线分支

① 绘制总线。单击工具箱中的按钮，移动鼠标指针到绘制总线的起始位置，单击，便可绘制出一根总线。若想要总线出现非 90° 角的转折，此时应当松开按钮，使总线可按任意角度走线。在总线的终点处双击，即结束总线的绘制。

② 绘制总线分支。总线绘制完成以后，有时还需要绘制总线分支。为了使原理图更加专业和美观，通常把总线分支画成与总线有 45° 夹角的相互平行的斜线，如图 4-32 所示。

注意，此时一定要松开按钮，让总线分支的走向只取决于鼠标指针的拖动方向。

如图 4-32 所示总线分支的绘制方法是：在 AT89C51 的 P0 口右侧先画一根总线，然后再画总线分支。单击工具箱中的 按钮（按钮松开），使导线可按任意角度走线。

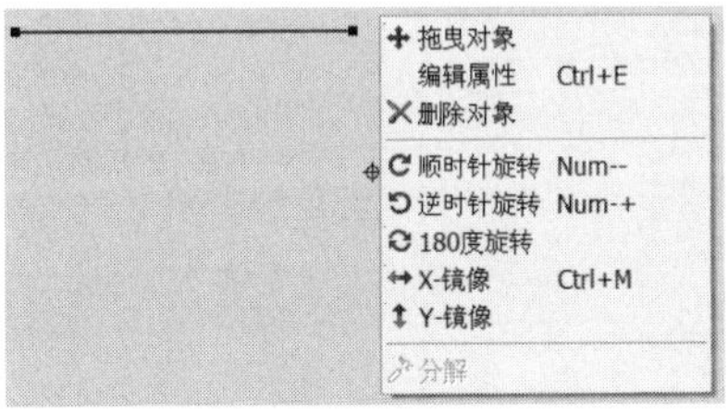

图 4-31　快捷菜单

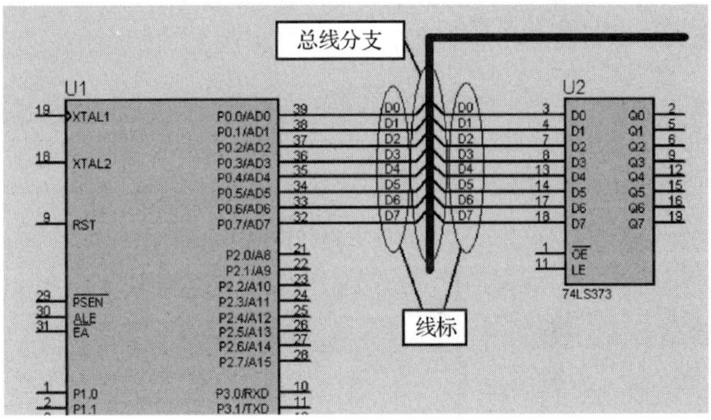

图 4-32　总线与总线分支及线标

先单击第一个元件的连接点，移动鼠标指针，在希望的拐点处单击，然后向上拖动鼠标指针，在与总线相交（45° 夹角）时单击确认，这样就完成了一根总线分支的绘制。

而其他总线分支的绘制只需在其他总线的起始点处双击，不断复制即可完成。

例如，绘制 P0.1 引脚至总线的分支，只要把鼠标指针放置在 P0.1 引脚处，出现一个红色小方框，双击，将自动完成从 P0.1 引脚到总线的连线，这样可依次完成所有总线分支的绘制。在绘制多根平行线时也可采用这种画法。

（5）放置线标

从图 4-32 中可看到，与总线相连的导线上都有线标 D0，D1，…，D7。放置线标的方法如下：单击工具箱中的 按钮，在需要放置线标的导线上单击，即出现如图 4-33 所示的“Edit Wire Label”对话框，将线标填入“标号”框中（例如填写“D0”等），单击“确定”按钮即可。与总线相连的导线必须要放置线标，这样连接相同线标的导线才能够导通。对于“Edit Wire Label”对话框中的其他选项，可根据需要选择使用。

经过上述步骤的操作，最终画出的“流水灯”原理图如图 4-34 所示。

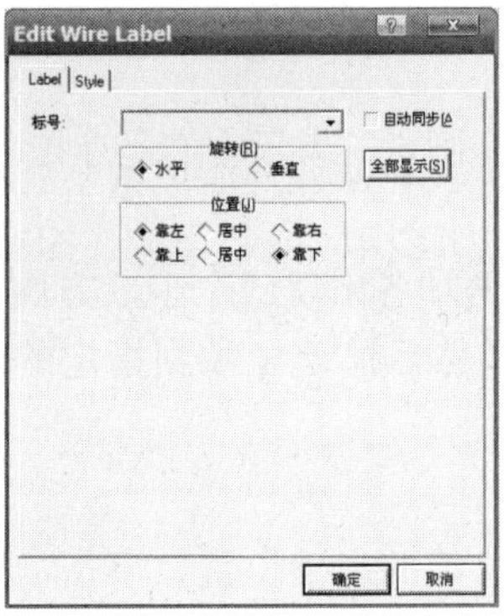

图 4-33 “Edit Wire Label”对话框

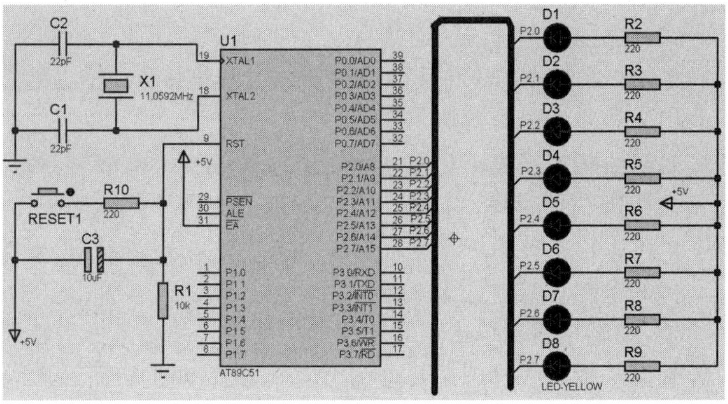

图 4-34 “流水灯”原理图

（6）添加文字

如果想在原理图中某个位置添加文字，可采用如下方法。例如，在图 4-34 中的石英晶振 X1 上方添加“石英晶振”4 个字，可先单击工具箱中的 A 按钮，然后在原理图中要添加文字的位置单击，这时就会出现如图 4-35 所示的“编辑 2D 图形文本”对话框。在“字符串”框中，输入文字“石英晶振”，然后对字符的“位置”、字符的“字体属性”等项进行相应的设置。单击“确定”按钮后，在原理图中将会出现添加的文字“石英晶振”，如图 4-36 所示。

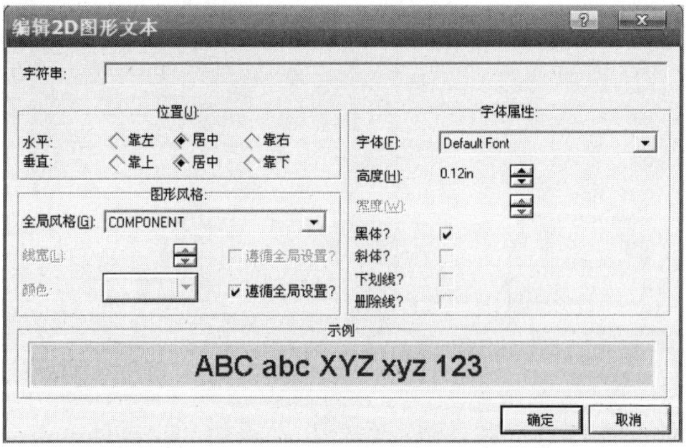

图 4-35 “编辑 2D 图形文本”对话框

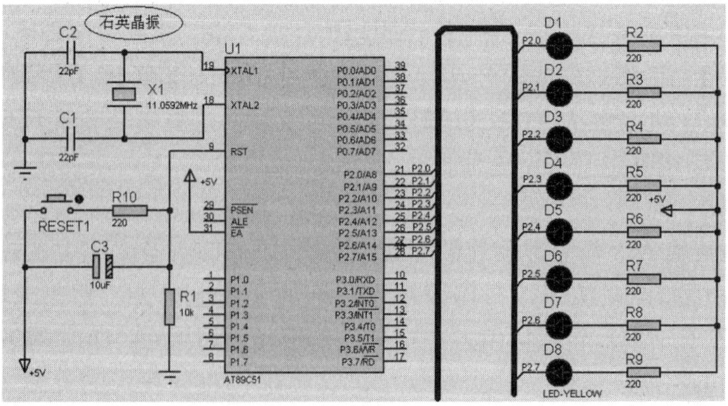

图 4-36 在原理图中添加的文字

4.6.5 加载目标代码文件、设置时钟频率及仿真运行

1. 加载目标代码文件、设置时钟频率

原理图绘制完成后，把 Keil µVision3 下生成的.hex 文件（见 3.4 节）加载到原理图中的单片机内即可进行仿真了。加载步骤如下：在 Proteus ISIS 中双击原理图中的单片机，出现如图 4-37 所示的“编辑元件”对话框。在“Program File”框中输入.hex 文件名。如果该文件与.DSN 文件在同一个目录下，直接输入文件名“流水灯”即可，否则要写出完整的路径。也可单击主工具栏中的按钮，选取文件。然后，在“Clock Frequency”框中设置 12MHz，该虚拟系统将以 12MHz 的时钟频率运行。此时，回到原理图编辑窗口进行仿真。

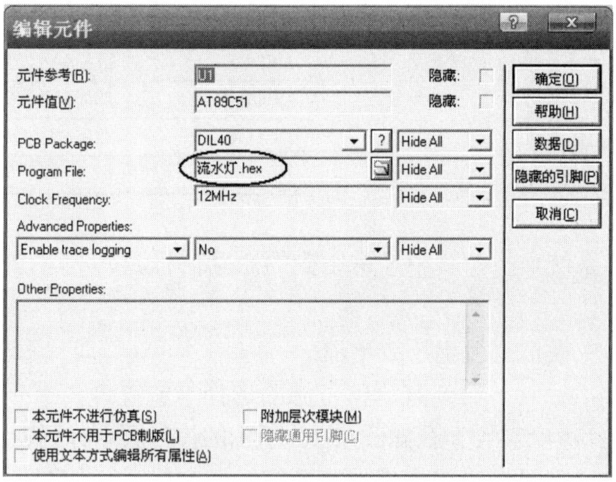

图 4-37 “编辑元件”对话框

在加载目标代码文件时需要特别注意，系统运行的时钟频率以单片机属性设置中的时钟频率（Clock Frequency）为准。

特别地，在 Proteus ISIS 中绘制原理图时，**8051 单片机最小系统所需的时钟振荡电路、复位电路以及 $\overline{EA}$ 引脚与+5V 电源的连接均可省略**。因为这些已经在 Proteus ISIS 中默认设置好了，不会影响仿真结果。所以本书在介绍案例硬件原理图时，为使原理图简洁、清晰，省略了时钟振荡电路、复位电路以及 $\overline{EA}$ 引脚与+5V 电源的连接。

2. 仿真运行

完成上述所有操作后，只需单击仿真工具栏中的按钮（见图 4-2 左下角）即可运行程序。

4.7 Proteus 的各种虚拟仿真工具

Proteus 中的原理图设计及 C51 源程序编辑、编译完成后，还需要利用 Proteus 提供的多种虚拟仿真工具对其进行调试，以检查设计的正确性。因此，虚拟仿真工具为单片机系统的电路设计、分析及软/硬件联调测试带来了极大的方便。

本章介绍 Proteus 的各种虚拟仿真工具，如虚拟信号源、虚拟仪器，以及硬件断点的设置。

4.7.1 虚拟激励信号源

Proteus ISIS 为用户提供了各种类型的虚拟激励信号源，并允许用户对其参数进行设置。

单击工具箱中的按钮，就会出现如图 4-38 所示的激励信号源的名称列表。图 4-38 中选择的是正弦波信号源，在预览窗口中显示的是正弦波信号源的符号。表 4-2 给出了名称列表中部分激励信号源的名称。

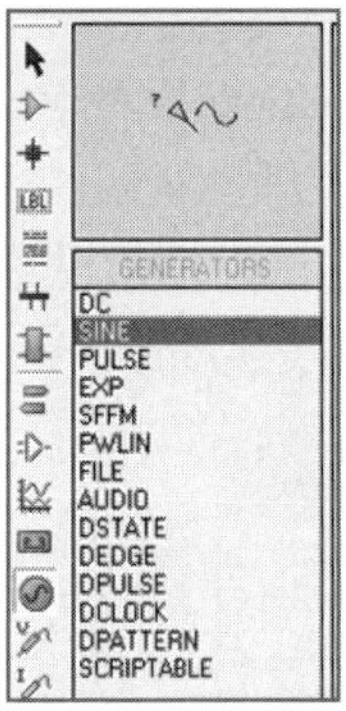

图 4-38　激励信号源及对应的符号

表 4-2　部分激励信号源的名称

标　识　符	激励信号源名称
DC	直流信号源
SINE	正弦波信号源
PULSE	脉冲发生器
AUDIO	音频信号发生器
DSTATE	单稳态逻辑电平发生器
DEDGE	跳沿信号发生器
DPULSE	单周期数字脉冲发生器
DCLOCK	数字时钟信号源
…	…

下面介绍在单片机系统虚拟仿真中经常用到的激励信号源。

1. 直流信号源

直流信号源用来产生模拟直流电压或电流。

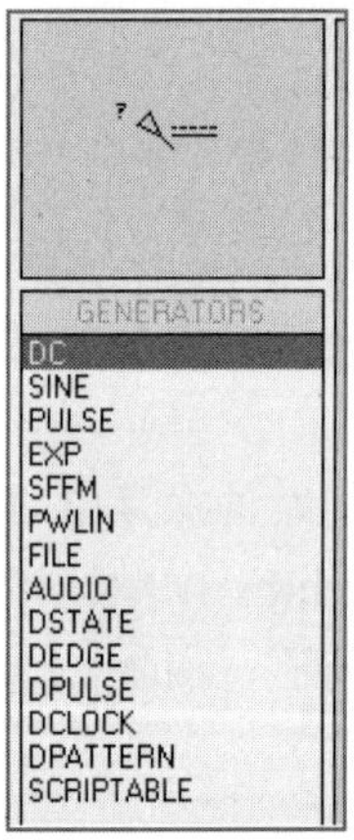

图 4-39　直流信号源的符号

（1）直流信号源的选择与放置

① 在如图 4-38 所示的信号源名称列表中单击“DC”项，则在预览窗口中出现直流信号源的符号，如图 4-39 所示。

② 在原理图编辑窗口中双击，则直流信号源被放置到窗口中。可使用镜像、翻转工具调整直流信号源在原理图中的位置。

（2）属性设置

① 在原理图编辑窗口中，双击直流信号源符号，出现如图 4-40 所示的属性设置对话框。

② 在对话框的“模拟类型”栏中选择“DC”项，如图 4-40 所示，即选择了直流电压源，直流电压源的电压值可在右上角“Voltage（Volts）”框中设置。

③ 如果需要设置直流电流源，则勾选属性设置对话框左下角的“电流源”复选框，如图 4-41 所示，右侧自动出现电流值的设置框“Current(Amps)”，可根据需要调整电流值的大小。

④ 单击“确定”按钮，完成属性设置。

2. 正弦波信号源

正弦波信号源是设计中经常用到的信号源之一。

（1）正弦波信号源的选择与放置

① 在如图 4-38 所示的信号源名称列表中单击“SINE”项，则在预览窗口中出现正弦波信号源的符号，如图 4-38 所示。

② 在原理图编辑窗口中双击，则正弦波信号源被放置到窗口中。可使用镜像、翻转工具调整正弦波信号源在原理图中的位置。

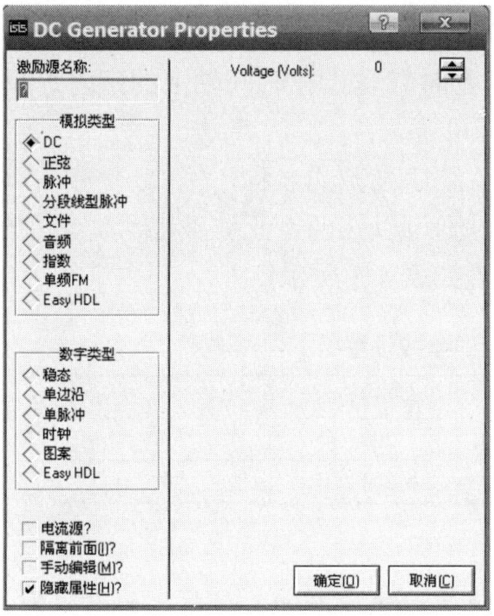

图 4-40　直流电压源属性设置

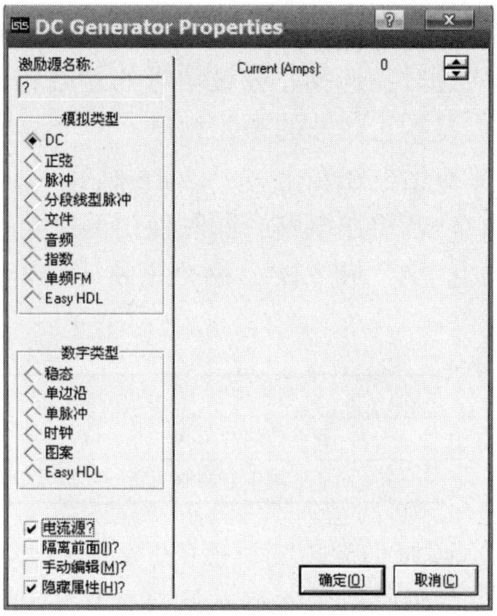

图 4-41　直流电流源属性设置

（2）属性设置

① 双击原理图中的正弦波信号源符号，出现其属性设置对话框，如图 4-42 所示。对话框中的主要属性说明如下。

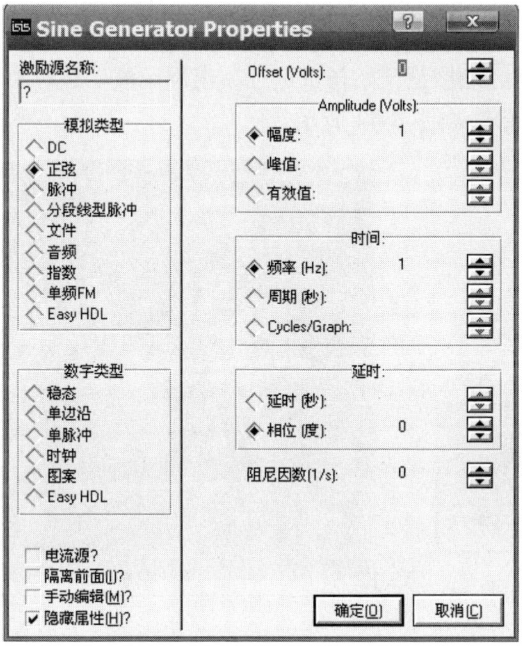

图 4-42　正弦波信号源属性设置

- Offset（Volts）：正弦波的振荡中心电平。
- Amplitude（Volts）：有三种正弦波幅值表示方式。其中，“幅度”为振幅，即半波峰值电压；“峰值”为峰值电压；“有效值”为有效值电压。以上三种表示方式任选一项即可。
- 时间：选择正弦波信号的频率表示方式。其中，“频率”和“周期”填一项即可；

“Cycles/Graph”为占空比，需要单独设置。

- 延时：选择正弦波信号的初始相位。其中，“延时”是指在时间轴上的延时，“相位”是指正弦波的初始相位，两个选项选填一个即可。

② 对话框在左上方“激励源名称”框中输入正弦波信号源的名称，例如，输入“正弦波信号源”。若要在电路中同时使用两个正弦波信号源，则可以在两个正弦波信号源名称的后面分别加上“A”和“B”。两个正弦波信号源的参数设置如表 4-3 所示。

表 4-3　两个正弦波信号源的参数设置

名　称	幅值/V	频率/Hz	相　位
正弦波信号源 A	1	200	0°
正弦波信号源 B	2	200	90°

③ 单击“确定”按钮，设置完成。

④ 使用虚拟示波器（见 4.7.2 节）观察两个正弦波信号源产生的信号。具体操作如下：单击工具箱中的按钮，出现激励信号源名称列表，单击“SINE”项，则在预览窗口中出现正弦波信号源的符号。在原理图编辑窗口中双击，将两个正弦波信号源放置到原理图编辑窗口中。然后单击工具箱中的按钮，则列出所有虚拟仪器名称，单击列表区中的“OSCILLOSCOPE”项，则在预览窗口中出现示波器的符号图标。在原理编辑窗口中单击，出现示波器的图标，拖动到合适的位置，再次单击，示波器就被放置到原理图编辑窗口中。然后将示波器与两个正弦波信号源进行连接，如图 4-43 所示。

单击仿真工具栏中的按钮开始仿真运行，出现示波器运行界面，在示波器屏幕上显示了两个正弦波信号源的波形，如图 4-44 所示。

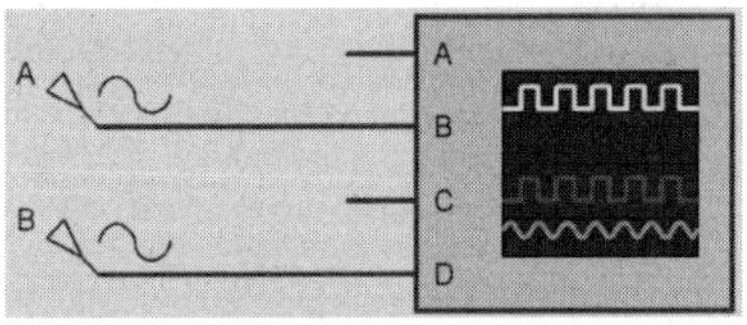

图 4-43　两个正弦波信号源与示波器的连接

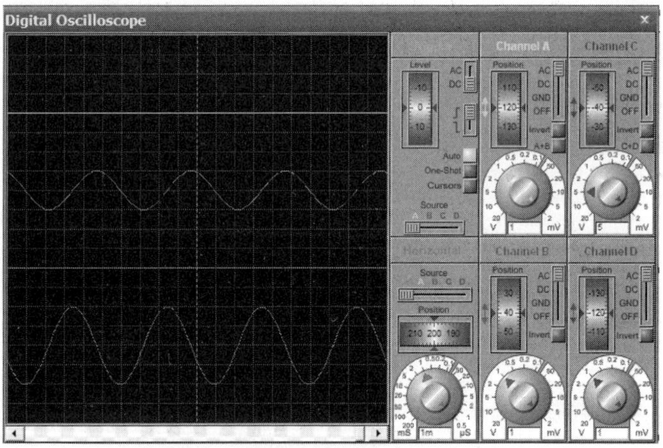

图 4-44　示波器运行界面

3. 单周期数字脉冲信号源

在单片机系统原理图的虚拟仿真中，有时需要将单个脉冲作为激励信号。

（1）单周期数字脉冲信号源的选择与放置

① 单击工具箱中的按钮，出现所有激励信号源的名称列表，单击“DPULSE”项，则在预览窗口中出现单数字脉冲信号源的符号，如图 4-45 所示。

② 在原理图编辑窗口中双击，则单周期数字脉冲信号源被放置到窗口中。可使用镜像、

翻转工具调整单周期数字脉冲信号源在原理图中的位置。

（2）属性设置

① 双击原理图中的单周期数字脉冲信号源符号，出现其属性设置对话框，如图 4-46 所示。

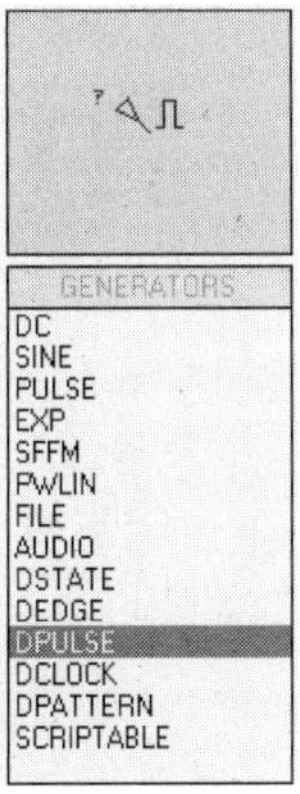

图 4-45　单周期数字脉冲信号源的符号

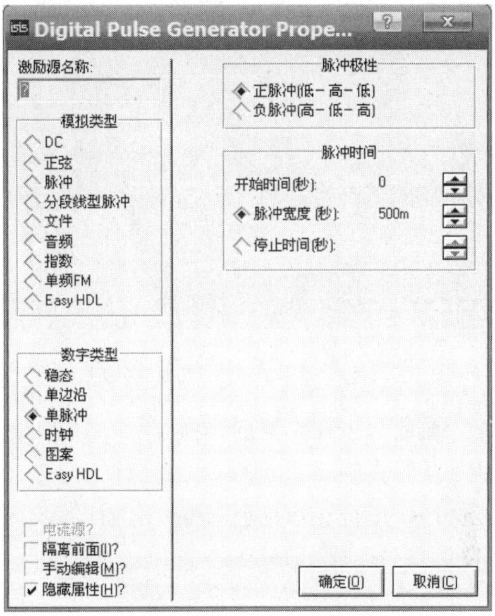

图 4-46　单周期数字脉冲信号源属性设置

主要参数设置如下。

- 脉冲极性：可选择正脉冲或负脉冲。
- 脉冲时间：可设置开始时间（秒）、脉冲宽度（秒）和停止时间（秒）。

② 在“激励源名称”框中输入单周期数字脉冲信号源的名称“单脉冲源”。

③ 单击“确定”按钮，完成设置。

④ 采用图表仿真模式（将在 4.7.3 节中介绍）可观察单周期数字正脉冲信号的产生，如图 4-47 所示。

注意，由于示波器只能观察周期信号，而单周期数字脉冲信号会瞬间消失，所以用示波器观察不到稳定的单周期数字脉冲信号。

4. 数字时钟信号源

数字时钟信号源也是单片机系统虚拟仿真中经常用到的激励信号源。例如，制作一个频率计，这时可用数字时钟信号源来产生需要测量其频率的时钟脉冲。

（1）数字时钟信号源的选择与放置

① 单击工具箱中的按钮，出现激励信号源的名称列表，单击“DCLOCK”项，则在预览窗口中出现数字时钟信号源的符号，如图 4-48 所示。

② 在原理图编辑窗口中双击，则数字时钟信号源被放置到窗口中。可使用镜像、翻转工具调整数字时钟信号源在原理图中的位置。

（2）属性设置

① 双击原理图中的数字时钟信号源符号，出现其属性设置对话框，如图 4-49 所示。

② 在“激励源名称”框中输入自定义的数字时钟信号源的名称“数字脉冲源”，并在“时间”栏中设置“频率”为 5Hz。

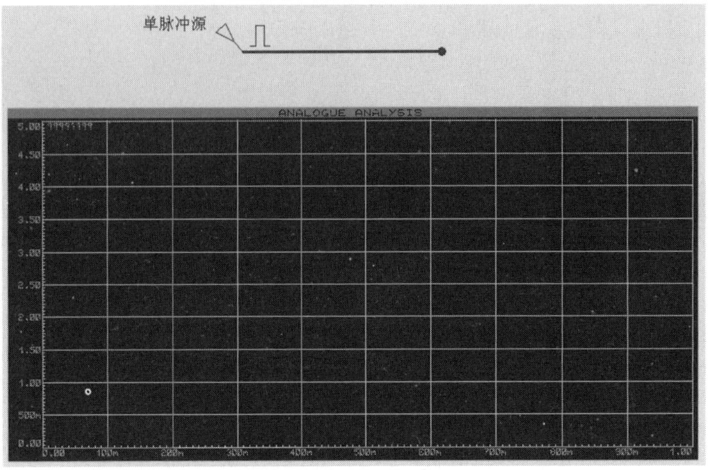

图 4-47　单周期数字正脉冲信号图表仿真结果

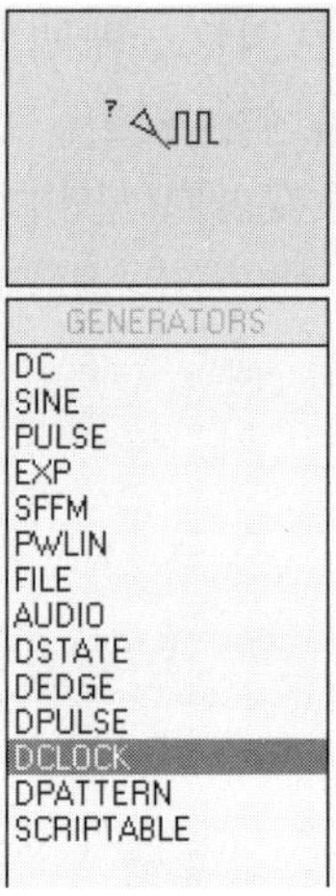

图 4-48　数字时钟信号源的符号

③ 单击“确定”按钮，完成设置。

④ 采用图表仿真模式来观察数字时钟信号的产生，如图 4-50 所示。由于频率设为 5Hz，所以周期为 200ms，图表中时间横轴的范围设为 0～1s，可观察到 5 个脉冲。

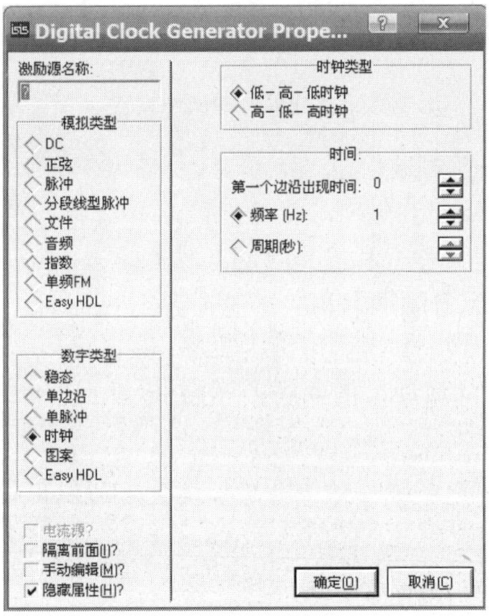

图 4-49　数字时钟信号源属性设置

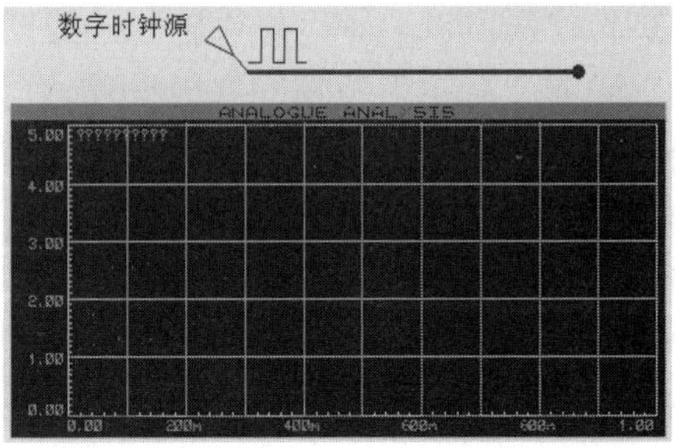

图 4-50　数字时钟信号图表仿真结果

4.7.2　虚拟仪器

Proteus ISIS 为用户提供了多种虚拟仪器，单击工具箱中的按钮，可列出所有的虚拟仪器名称，如图 4-51 所示。

1. 虚拟示波器

虚拟示波器是最常用的虚拟仪器之一。

（1）放置虚拟示波器

① 单击图 4-51 列表区中的“OSCILLOSCOPE”项，则在预览窗口中出现示波器的符号。

② 在原理图编辑窗口中单击，出现示波器图标，拖动图标到合适的位置，再次单击，示波器就被放置到窗口中。

（2）虚拟示波器的使用

① 示波器的 4 个接线端 A、B、C、D 可以分别接 4 路输入信号，能同时观看 4 路输入信号的波形。

② 按照图 4-52 进行连接。把 200Hz、1V 的正弦波信号加到示波器的 B 通道上。

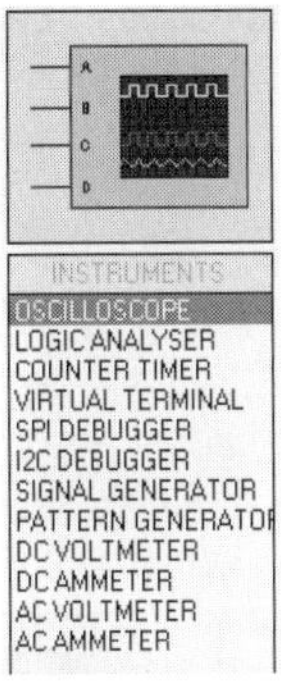

图 4-51　虚拟仪器名称列表

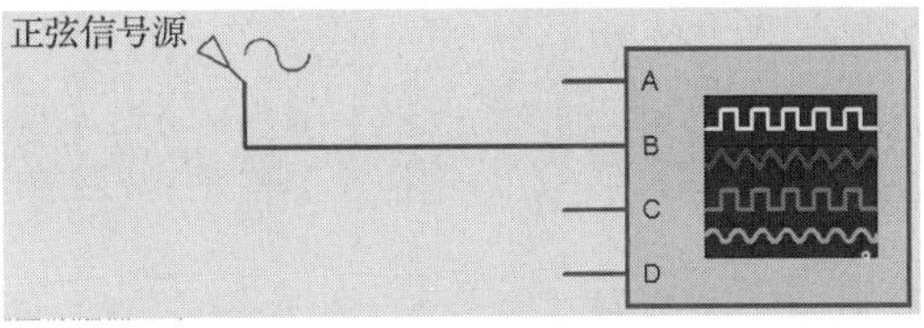

图 4-52　正弦波信号源与示波器的连接

③ 单击仿真工具栏中的▶按钮开始仿真，出现示波器运行界面，如图 4-53 所示。可以看到，示波器屏幕上有 4 根不同颜色的水平扫描线，其中 B 通道由于接有正弦波信号源，已经显示出正弦波形。

示波器的操作区共分为 6 个部分，如图 4-54 所示。

- Channel A：A 通道。
- Channel B：B 通道。
- Channel C：C 通道。
- Channel D：D 通道。
- Trigger：触发区。
- Horizontal：水平区。

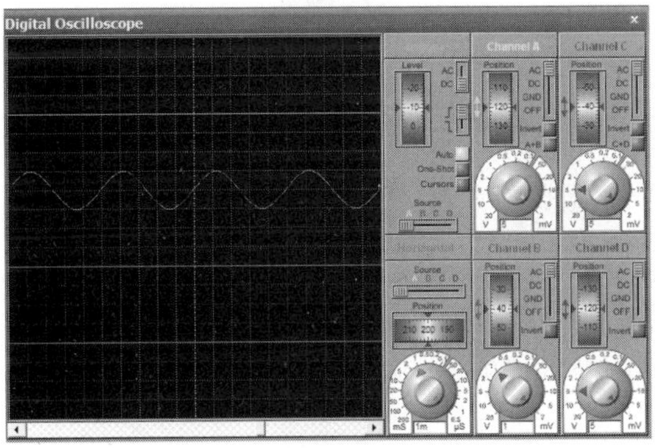

图 4-53　示波器运行界面

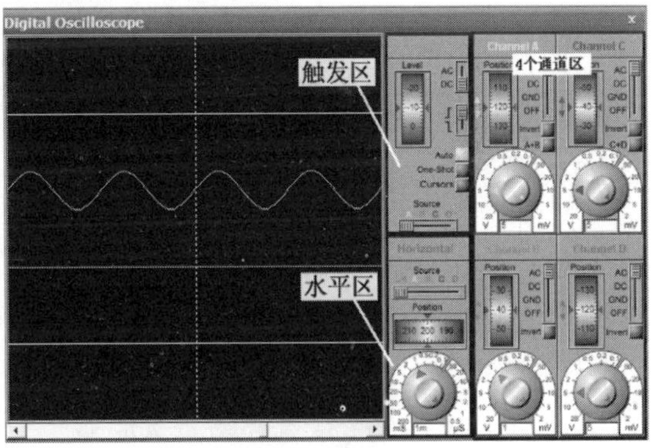

图 4-54　示波器的操作区

下面对操作区给予简要说明。

① 4 个通道区：4 个通道区的操作功能一样。Position 滚轮用来调整波形的垂直位移；下面的旋钮用来调整波形的 Y 轴增益，白色区域的刻度表示屏幕上每格对应的电压值，外旋钮是粗调，内旋钮是微调。在屏幕上读取波形的电压值时，可以把内旋钮顺时针旋转到底。

② 触发区：该区中的 Level 滚轮用来调节水平坐标，水平坐标只在调节时才显示。Auto 按钮一般为选中状态。选中 Cursors 按钮后，可以在屏幕上标注横坐标和纵坐标值，从而读取波形的电压、时间值及周期，如图 4-55 所示。右击可以出现快捷菜单，选择清除所有的标注坐标、打印及颜色设置等命令。

③ 水平区：Position 滚轮用来调整波形的左右位移，下面的旋钮调整扫描频率。当读周期时，应把内旋钮顺时针旋转到底。

2．虚拟终端

Proteus ISIS 的 VSM 模式提供的虚拟终端的符号如图 4-56 所示。虚拟终端提供相当于键盘和屏幕的双重功能。虚拟终端共有 4 个接线端，其中 RXD 为数据接收端，TXD 为数据发送端，RTS 为请求发送信号，CTS 为清除传送，是对 RTS 的响应信号。

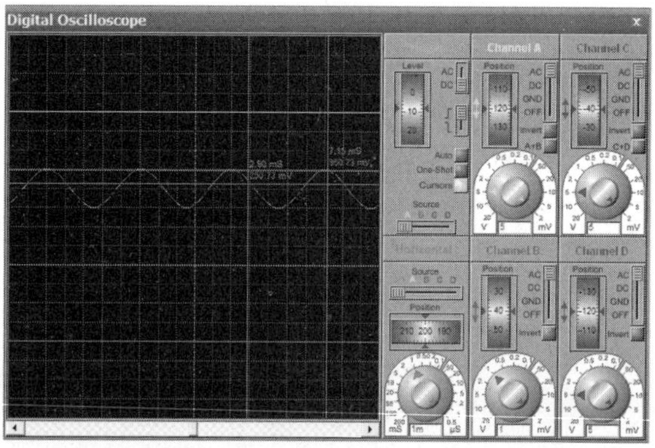

图 4-55　触发区 Cursors 按钮的使用效果

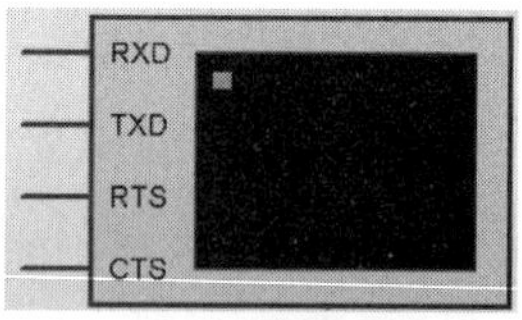

图 4-56　虚拟终端的符号

例如，如图 4-57 所示，当单片机与上位机（PC 机）之间串行通信时，可省去 PC 机的仿真模型，直接由虚拟终端 VT1、VT2 显示出经 RS-232 接口模型与单片机之间异步发送或接收数据的情况。VT1 显示的是单片机经串行口发给 PC 机的数据，VT2 显示的是 PC 机经 RS-232 接口模型（RS-232 串行口模型为 COMPIN）接收到的数据。

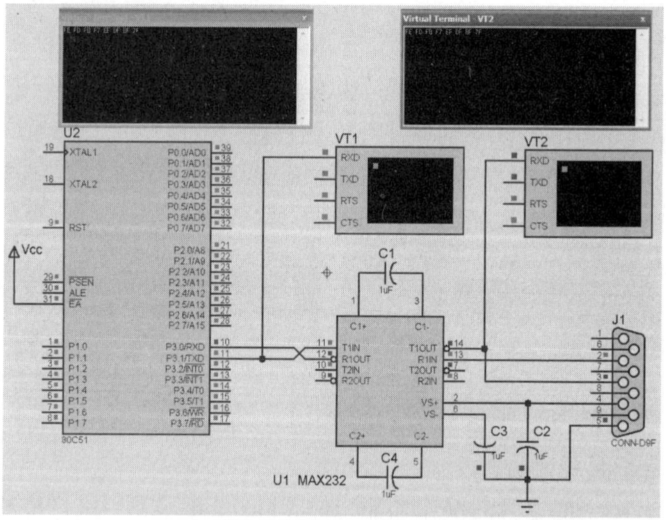

图 4-57　单片机与 PC 机之间串行通信的虚拟终端

虚拟终端在仿真运行时会弹出一个仿真界面，当 PC 机向单片机发送数据时，可以和虚拟键盘相关联，让用户从虚拟键盘经虚拟终端输入数据；当 PC 机接收到单片机发送来的数据后，虚拟终端相当于一个显示屏，会显示相应信息。

在使用虚拟终端时，首先要对其属性进行设置。双击虚拟终端，出现如图 4-58 所示的“编辑元件”对话框。需要设置的主要参数说明如下。① Baud Rate：波特率，取值范围为

300B/s～57 600B/s。② Data Bits：传输的数据位数，7 位或 8 位。③ Parity：奇偶校验位，可选奇校验、偶校验和无校验。④ Stop Bits：停止位，可选 0、1 或 2 位。⑤ Send XON/XOFF：第 9 位发送允许/禁止。

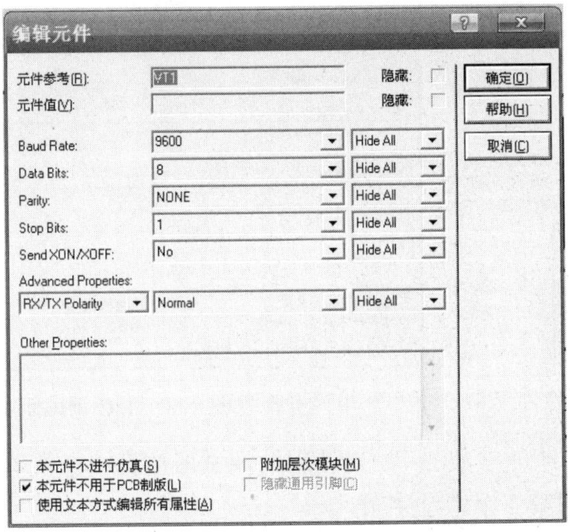

图 4-58　虚拟终端属性设置

选择合适参数后，单击“确定”按钮，关闭对话框。运行仿真时，弹出如图 4-57 所示的虚拟终端 VT1 和 VT2 的仿真界面。从仿真界面中可以看到串行口发送与接收的数据。

3．I2C 调试器

I^2C 总线是飞利浦公司推出的芯片间串行传输总线。它只需要两根线（即串行时钟线 SCL 和串行数据线 SDA）就能实现总线上各元件的连接与全双工同步数据传送。芯片间的接口简单，非常容易实现单片机系统的扩展。

I^2C 总线采用元件地址的硬件设置方法，避免了通过软件寻址元件片选线的方法，使硬件系统的扩展更简单灵活。按照 I^2C 总线规范，主机只要在程序中装入这些标准处理模块，根据数据操作要求完成 I^2C 总线的初始化，启动 I^2C 总线，就能自动完成规定的数据传输操作。由于 I^2C 总线接口集成在芯片内，用户无须设计接口，只需将芯片直接挂在 I^2C 总线上。可以从系统中直接去除某个芯片或添加某个芯片，对总线上其他芯片并没有影响，使系统的组建与重构时间大为缩短。

（1）I2C 调试器

图 4-51 中的“I2C DEBUGGER”就是 I2C 调试器，允许用户监测 I^2C 总线，可以查看 I^2C 总线发送的数据，同时也可作为从器件向 I^2C 总线发送数据。

（2）I2C 调试器的使用

I2C 调试器的符号如图 4-59 所示。

I2C 调试器有三个接线端：① SDA 为数据线端，双向；② SCL 为时钟线端，双向；③ TRIG 为触发输入端，能使存储序列被连续地放置到输出队列中。

双击 I2C 调试器符号，“编辑元件”对话框，如图 4-60 所示。需要设置的主要参数说明如下。

① Address byte 1：地址字节 1。如果使用此调试器仿真一个从器件，则用于指定从器件的第 1 个地址字节。

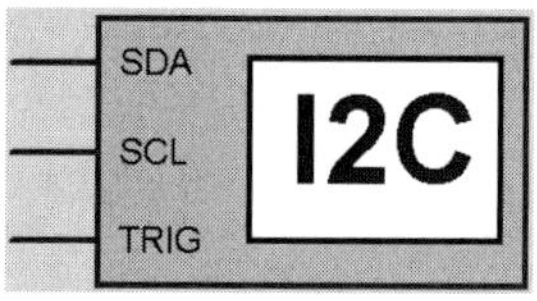

图 4-59　I2C 调试器的符号

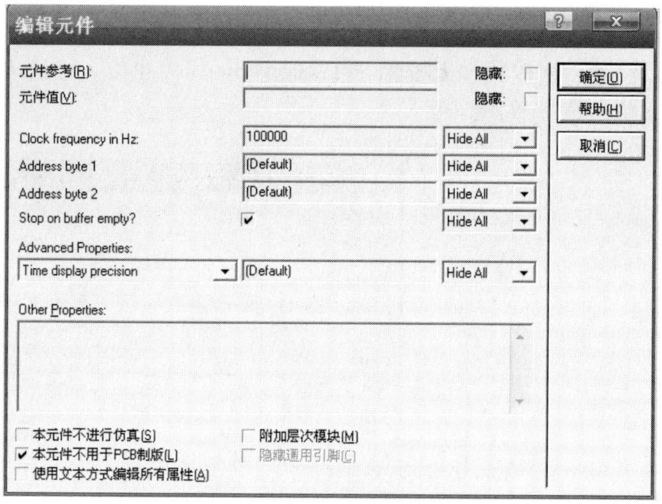

图 4-60　I2C 调试器属性设置

② Address byte 2：地址字节 2。如果使用此调试器仿真一个从器件，并期望使用 10 位地址，则用于指定从器件的第 2 个地址字节。

（3）I2C 调试器的应用

下面通过例子来说明 I2C 调试器的应用。

【例 4-1】　如图 4-61 所示，单片机通过 I^2C 总线向带有 I^2C 总线接口的存储器芯片 AT24C02 读/写数据，可用 I2C 调试器来观察 I^2C 总线传送数据的过程。

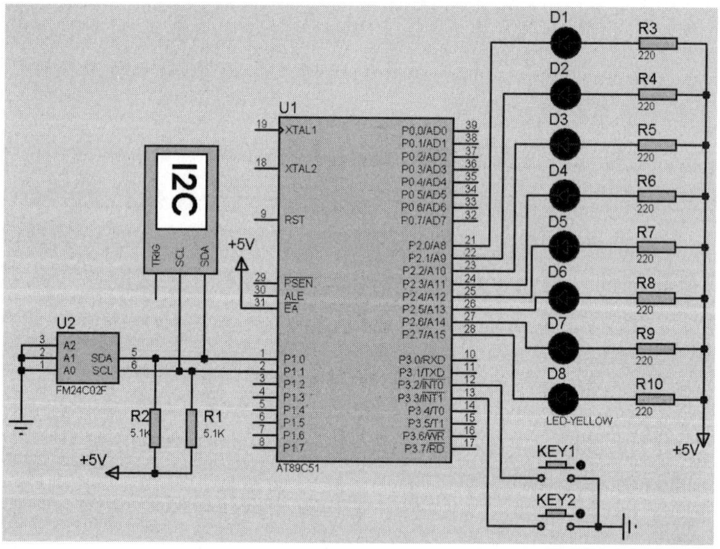

图 4-61　单片机读/写带有 I^2C 接口的存储器芯片 AT24C02 的仿真原理图

启动仿真，右击 I2C 调试器，从快捷菜单中选择“Terminal”命令，出现 I2C 调试器窗口，如图 4-62 所示。该窗口分为 4 部分，即数据监测窗口、队列缓冲区、预传输队列和队列容器。先后单击图 4-61 中的 KEY1 和 KEY2 开关，即单片机分别向 AT24C02 中写入和读出数据。此时，在 I2C 调试器窗口的数据监测窗口中就会出现写入和读出的数据，第 1 行为单片机通过 I^2C 总线向 AT24C02 中写入的数据，第 2 行为单片机通过 I^2C 总线从 AT24C02 中读出的数据，如图 4-63 所示。I^2C 总线传送数据时，采用特别的序列语句，单击其中的“+”号，I^2C 总线传送数据的细节将展现在数据监测窗口中。此语句用于指定序列的启动和确认。其中是特别序列字符的含义说明如下：

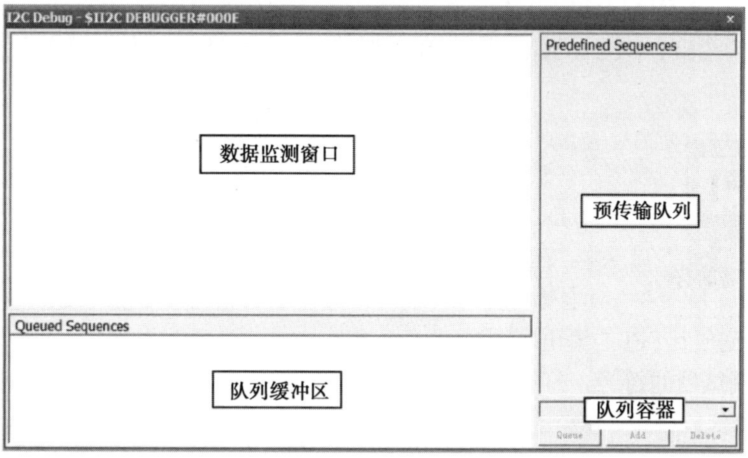

图 4-62　I2C 调试器窗口

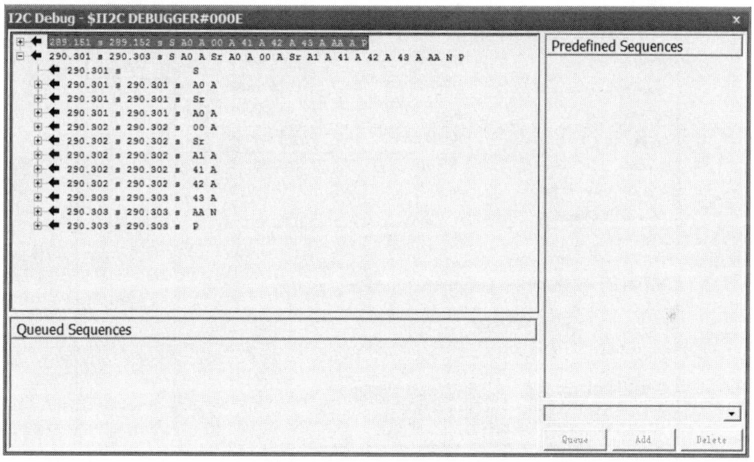

图 4-63　单片机向 AT24C02 中写入和读出的数据

S——启动序列　　N——接收（未确认）

Sr——重新启动序列　　A——接收（确认）

P——停止序列

通过这些特别序列字符的含义，并根据 I^2C 总线数据帧的格式，容易理解图 4-63 数据监测窗口中两行序列语句的含义。

用户也可使用 I2C 调试器窗口来进行数据的发送。在队列容器中输入需要发送的数据。单击“Queue”按钮，输入的数据将被放到队列缓冲区（Queue Sequences）中，单击仿真工具栏中的“运行”按钮，将数据发送出去。也可以单击“Add”按钮把数据暂放到预传输队列（Predefined Sequences）中备用，需要时，在预传输队列中选中要传输的数据，单击“Queue”按钮把这些数据放到队列缓冲区中。数据发送完后，队列缓冲区被清空，在数据监测窗口中显示发送的信息。

由上述介绍可见，使用 I2C 调试器可非常方便地观察 I^2C 总线上传输的数据，非常容易地

手动控制 I^2C 总线发送的数据，为使用 I^2C 总线的单片机系统提供了十分有效的虚拟调试手段。

4．SPI 调试器

SPI（Serial Peripheral Interface）是 Motorola 公司提出的一种同步串行外设接口，允许单片机与各种外设以同步串行通信方式交换信息。

图 4-51 中的“SPI DEBUGGER”为 SPI 调试器。SPI 调试器允许用户查看沿 SPI 总线发送和接收的数据。

图 4-64　SPI 调试器的符号

如图 4-64 所示为 SPI 调试器的符号。

SPI 调试器有如下 5 个接线端。① DIN 为接收数据端。② DOUT 为输出数据端。③ SCK 为时钟端。④ $\overline{SS}$ 为从模式选择端。在从模式下，此端必须为低电平才能使终端响应；在主模式下，而且数据正在传输时，此端才为低电平。⑤ TRIG 为触发输入端，能把下一个存储序列放到 SPI 的输出序列中。

双击 SPI 调试器的符号，打开属性设置对话框，如图 4-65 所示。需要设置的主要参数说明如下。

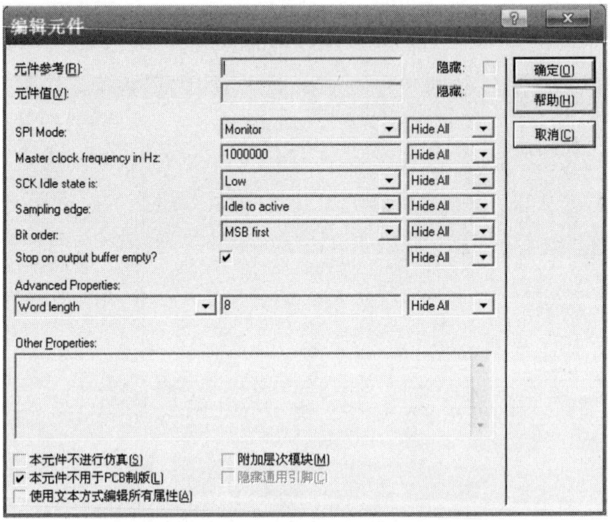

图 4-65　SPI 调试器的参数设置

① SPI Mode：有三种工作模式可选，Monitor 为监控模式，Master 为主模式，Slave 为从模式。

② Master clock frequency in Hz：主模式的时钟频率（单位为 Hz）。

③ SCK Idle state is：SCK 空闲状态，可以为高或低，选择一个。

④ Sampling edge：指定 DIN 引脚采样的边沿，选择 SCK 从空闲到激活状态，或从激活到空闲状态。

⑤ Bit order：位顺序，指定传输数据的位顺序，可先传送最高位 MSB，也可先传送最低位 LSB。

SPI 调试器窗口如图 4-66 所示，它与 I2C 调试器窗口相似。

（1）使用 SPI 调试器接收数据

① 将 SCK 和 DIN 引脚连接到电路的相应端。

② 双击 SPI 调试器符号，打开“编辑元件”对话框进行参数设置，设置 SPI 调试器为从

模式，时钟频率与外部时钟一致。

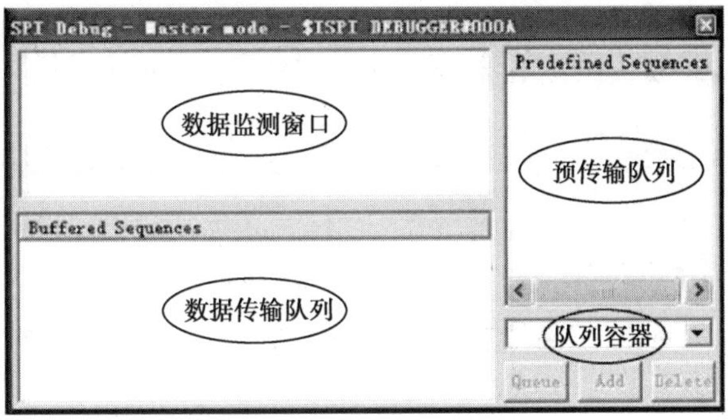

图 4-66　SPI 调试器窗口

③ 单击仿真工具栏中的“运行”按钮，弹出 SPI 调试器窗口。

④ 接收的数据将显示在数据监测窗口中。

（2）使用 SPI 调试器发送数据

① 将 SCK 和 DIN 引脚连接到电路的相应端。

② 双击 SPI 调试器符号，打开“编辑元件”对话框进行参数设置，设置 SPI 调试器为主模式。

③ 单击仿真工具栏中的“运行”按钮，弹出 SPI 调试器窗口。

④ 单击“暂停仿真”按钮，在队列容器中输入需要发送的数据。单击“Queue”按钮，输入的数据将被放到数据传输队列（Buffered Sequences）中，再次单击“运行”按钮，数据被发送出去。也可以按“Add”按钮把要发送的数据暂放到预传输队列中备用，需要时再加到数据传输队列中。

⑤ 数据发送完后，数据传输队列被清空，数据监测窗口中显示发送的信息。

5．定时/计数器

单击图 4-51 中的“COUNTER TIMER”项，即选择了定时/计数器，其符号及测试电路的仿真原理图如图 4-67 所示。CLK 为外加的计数脉冲输入。

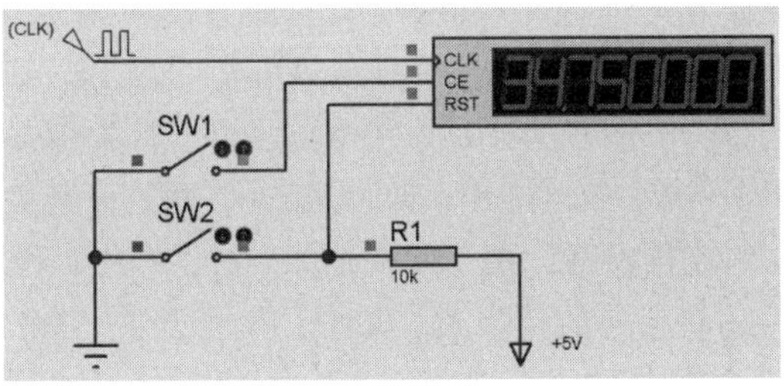

图 4-67　定时/计数器测试电路的仿真原理图

该虚拟仪器有三个输入端。

① CLK：在计数和测频时，为计数信号的输入端。

② CE：计数使能（Counter Enable）端，可通过“编辑元件”对话框设为高电平或低电平有效。当 CE 端无效时，计数暂停，保持目前的计数值不变；一旦 CE 端有效，计数继续进行。

③ RST：复位端，可设为上跳沿（Low-High）有效或下跳沿（High-Low）有效。当有效跳沿到来时，计时或计数复位为 0，然后立即从 0 开始计时或计数。

右击定时/计数器符号，从快捷菜单中选择“编辑属性”命令，弹出“编辑元件”对话框框，如图 4-68 所示。

定时/计数器有 4 种工作方式，可通过以下方法进行设置。单击“Operating Mode”右侧的下拉按钮，出现如图 4-69 所示的 5 个选项。

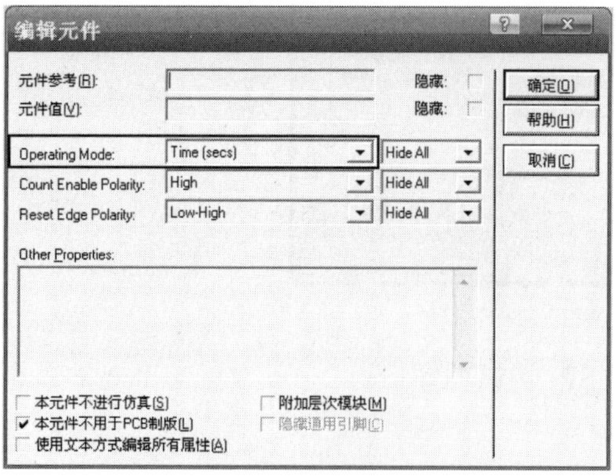

图 4-68　定时/计数器的参数设置

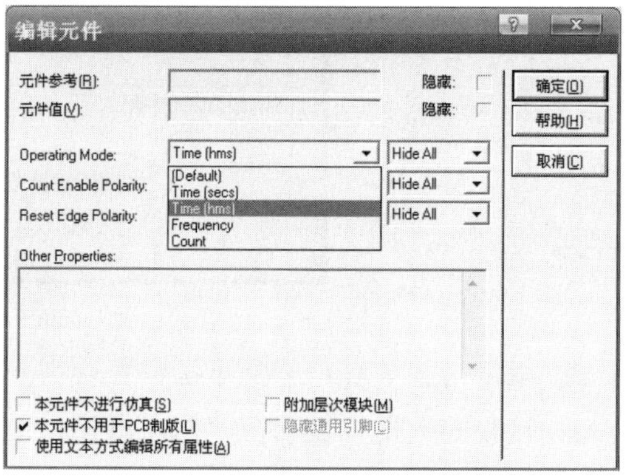

图 4-69　定时/计数器的工作方式设置

① Default：默认工作方式，即计数方式。

② Time（secs）：计时方式，相当于一个秒表，最多计 100s，精确到 1μs。CLK 端无须外加输入信号，内部自动计时，由 CE 和 RST 端来控制暂停或重新从 0 开始计时。

③ Time（hms）：计时方式，相当于一个具有时、分、秒的时钟，最多计 10h，精确到 1ms。CLK 端无须外加输入信号，内部自动计时，由 CE 和 RST 端来控制暂停或重新从 0 开始计时。

④ Frequency：测频方式，在 RST 端没有复位及 CE 端有效的情况下，能稳定地显示 CLK 端外加的数字时钟信号的频率。

⑤ Count：计数方式，对外加的数字时钟信号 CLK 进行计数，如图 4-68 所示的计数显示，最多 8 位计数，即 99999999。

下面通过两个具体例子，来看一下定时/计数器的应用。

【例 4-2】 按照图 4-70 连接电路，CLK 端不接。双击定时/计数器符号，在“编辑元件”对话框中设置其属性。设置工作方式为 Time（hms），即计时方式；CE 端设为 High，即高电平有效，开关 SW1 合上为低电平时计时暂停；RST 端设为 Low-High，即上跳沿有效。

运行仿真，可显示如图 4-70 所示的计时方式电路，合上开关 SW1，则计时停止，打开开关 SW1，则继续计时；合上开关 SW2 后再打开，计时器清 0，再打开开关 SW1，则从 0 重新计时。

【例 4-3】 按照图 4-71 连接电路。在“编辑元件”对话框中，设置工作方式为 Frequency，即测频方式；设置外加数字时钟信号的频率为 100Hz；两个开关 SW1、SW2 处于打开状态。运行仿真，出现如图 4-71 所示的测频结果。拨动两个开关可以看到使能和清 0 的效果。

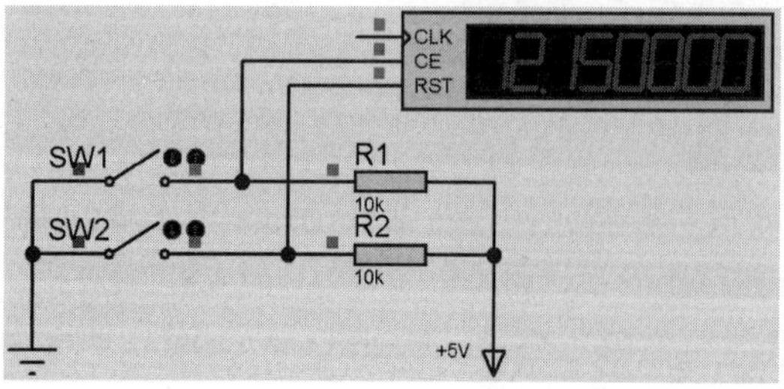

图 4-70　计时方式的仿真原理图

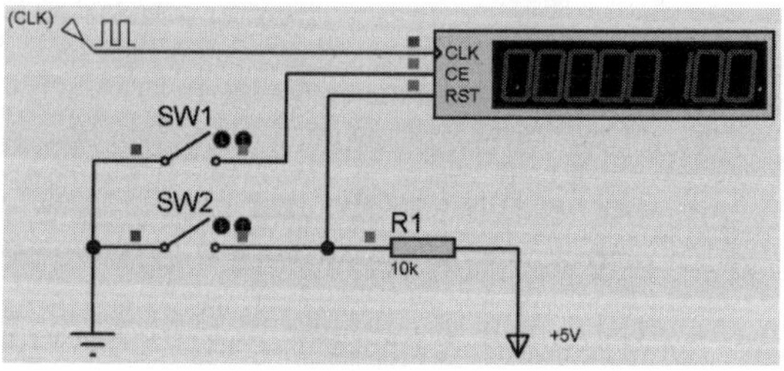

图 4-71　测频方式的仿真原理图

6. 电压表和电流表

Proteus ISIS 的 VSM 模式提供了 4 种电表，如图 4-51 所示，分别是 DC VOLTMETER（直流电压表）、DC AMMETER（直流电流表）、AC VOLTMETER（交流电压表）和 AC AMMETER（交流电流表）。

（1）4 种电表的符号

4 种电表放置到原理图编辑窗口中的符号，如图 4-72 所示。

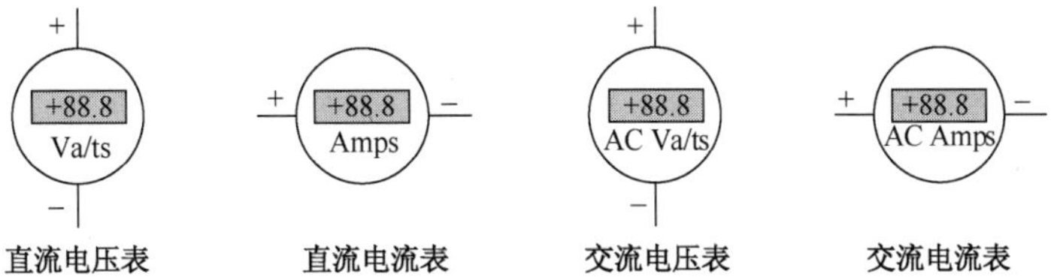

图 4-72　4 种电表的符号

（2）属性设置

双击任一电表的符号，弹出“编辑元件”对话框，可以设置其参数。如图 4-73 所示为直流电流表的“编辑元件”对话框。

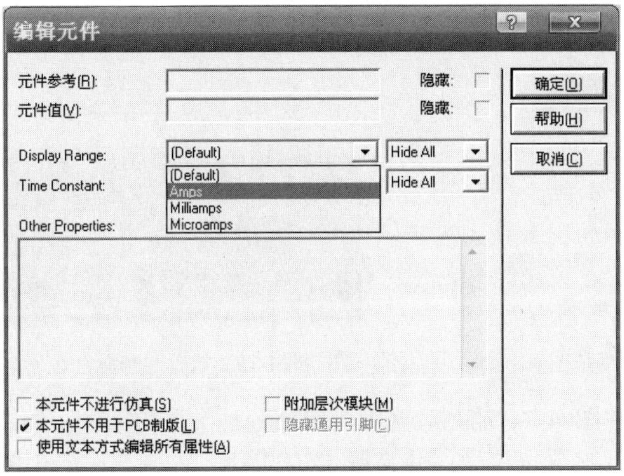

图 4-73　直流电流表的参数设置

在“元件参考”框中填入该直流电流表的名称，“元件值”框不填。在“Display Range”下拉列表中有 4 个选项，用来设置该直流电流表是安培表（Amps）、毫安表（Milliamps）、微安表（Microamps），还是默认安培表（Default），然后单击“确定”按钮即完成设置。

其他三种电表的参数设置与此类似。

（3）电表的使用

4 种电表的使用和实际的交、直流电表一样，电压表并联在被测电压两端，电流表串联在电路中，只是要注意方向。运行仿真时，若直流电表出现负值，则说明电表的极性接反了。交流电表显示的是有效值。

4.7.3　虚拟仪器的图表仿真

Proteus ISIS 的 VSM 模式为用户提供了交互式动态仿真和静态图表仿真功能。如果采用动态仿真功能，这些虚拟仪器的仿真结果和状态会随着仿真结束而消失，不能满足打印及长时间分析的要求。而静态图表仿真功能随着电路参数的修改，电路中各点的波形将重新生成，并以图表的形式留在原理图中，供以后分析或打印。本节介绍 Proteus ISIS 的图表仿真功能。

图表仿真能把电路中某点对地的电压或某条支路的电流与时间关系的波形自动绘制出来，且能保持记忆。例如，观察单脉冲信号的产生时，如果采用虚拟示波器，在单脉冲信号过后，就观察不到单脉冲信号波形了。如果采用图表仿真，则可把单脉冲信号波形记忆下来，显示在图表上。

下面以图 4-47 的单周期数字正脉冲信号图表仿真结果为例，介绍如何进行图表仿真。

图表仿真的具体步骤如下。

1．选择观测点

首先把单周期数字脉冲信号源（简称“单脉冲源”）与图表放置在原理图中，“单脉冲源”的输出就是图表仿真的观测点。具体操作如下。

（1）放置“单脉冲源”。单击工具箱中的按钮，从列表区中选择 DPULSE，在原理图编辑窗口中双击，将“单脉冲源”放置在窗口中。双击“单脉冲源”符号，设置其属性。

（2）放置图表。单击工具箱中的按钮，从列表区中选择 ANALOGUE，如图 4-74 所示。在原理图编辑窗口中双击，然后按住左键拖出一个方框，将模拟图表放置在窗口中，如图 4-75 所示。

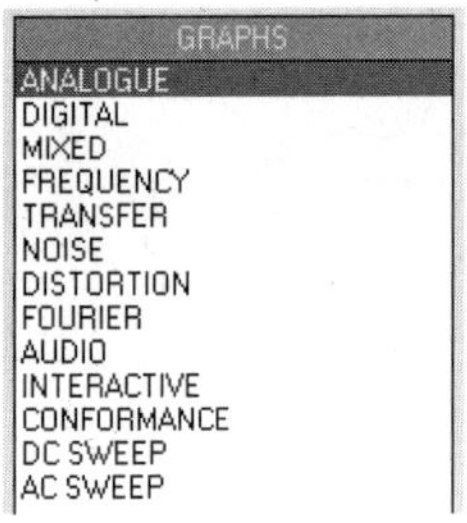

图 4-74　选择模拟图表

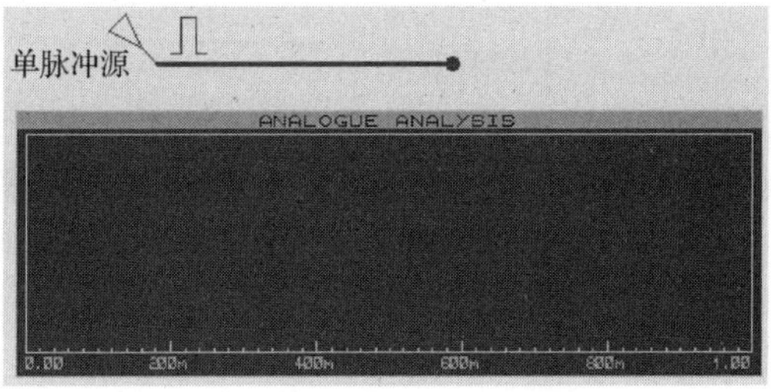

图 4-75　放置“单脉冲源”与模拟图表

需要说明的是，在图 4-74 的列表区中可选择各种类型的图表，如模拟图表、数字图表、混合图表等。如果要观察数字信号，可选用 DIGITAL。如果在同一个图表中，待观察的信号既有模拟信号又有数字信号，应选择 MIXED，即混合图表。

如果要对电路中的某点进行图表仿真观测，应当在观测点上放置电压探针。

2．编辑图表与添加图线

右击图 4-75 中的模拟图表，出现快捷菜单，如图 4-76 所示。选择“编辑图表”命令，出现“编辑瞬态图表”对话框，如图 4-77 所示。

图 4-76　快捷菜单

在“图表标题”框中输入“ANALOGUE ANALYSIS”，此外还需要对时间轴（X 轴）设置观测波形的开始时间与结束时间，并设置左、右坐标轴（即 X 轴与 Y 轴）的名称及 Y 轴的尺度。

“编辑瞬态图表”对话框中各参数设置完成后，选择图 4-76 快捷菜单中的“添加图线”命令，出现如图 4-78 所示的“添加图线”对话框。该对话框用于建立观测点与图标的关联，即把观测点处的波形显示在图表上，最多可设置 4 个观测点（可设 4 个探针）。

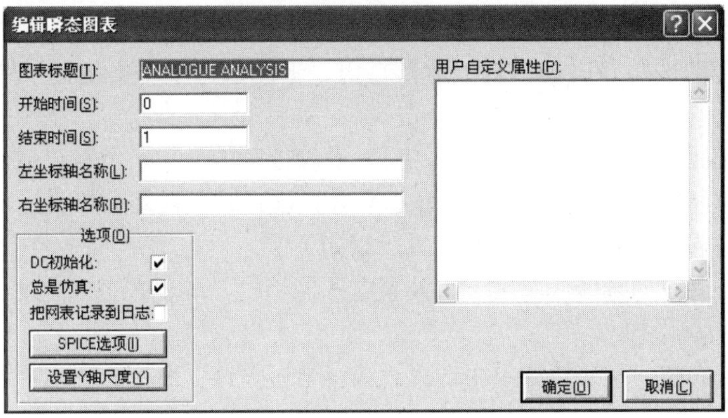

图 4-77 “编辑瞬态图表”对话框

图 4-78 “添加图线”对话框

本例只有一个观测点，即“单脉冲源”的输出，因此单击“探针 P1”框右侧的下拉按钮，选择“单脉冲源”项即可。如果有 4 个观测点，则需要在电路中分别设置探针，并分别给探针起名，然后把 4 个探针的名称添加到相应框中，这样就可以把 4 个探针处的波形同时显示在图表中。利用“表达式”框还可观察几个观测点叠加后的波形。例如，想看探针 P1 处和探针 P3 处叠加后的波形，在“表达式”框中输入“P1+P3”，就可将探针 P1 和探针 P3 处叠加后的波形显示在图表中。另外，在“轨迹类型”栏中有 4 个选项，由于本例为显示“单脉冲源”的输出波形，因而属于“模拟”类型。此外，还可以在“坐标轴”栏中选择坐标轴的位置。

3. 图表仿真

上述工作完成后，就可进行图表仿真了。右击图表，出现快捷菜单，由于编辑图表与添加图线工作已完成，快捷菜单中的“仿真图表”命令变为黑色，表示可选，选择该命令，就可进行图表仿真。仿真波形显示在图表上，如图 4-47 所示。

本例仅对“单脉冲源”的输出波形进行图表仿真，如果对电路中不超过 4 个观测点的波形进行观察，只需要先在各观测点处分别设置探针，然后再进行“编辑图表”与“添加图线”操作，最后进行“仿真图表”操作。

4.7.4 硬件断点的设置

许多元件都具有当某种特定电路情形发生变化时触发仿真延缓的功能。与单步仿真结合使用时，这一功能非常有用，因为这样可以等到某种特定电路情形出现时，才去进行正常仿真，然后使用单步控制，就可以看到电路在下一步将会发生什么动作。

利用硬件断点可以在匹配硬件断点的条件下暂停仿真，尤其是在用软件控制程序运行，以及需要分析程序或电路的故障时，该功能非常有用。下面通过一个实例，了解硬件断点的设置方法。

【例 4-4】 假设流水灯在运行时，当 P2.5 引脚控制的灯 D6 点亮以后，流水灯点亮的工作不正常。要求在 P2.5 引脚控制的灯点亮以后设置硬件断点，然后单步运行，查找故障。这里设置硬件断点的条件是 P2.5=0。断点设置步骤如下：

（1）在欲触发断点的导线（总线）上放置电压探针，本例在 P2.5 线上放置电压探针，如图 4-79 所示。

（2）在探针处右击，从快捷菜单中选择“编辑电压探针”命令，出现“编辑电压探针”对话框，如图 4-80 所示。

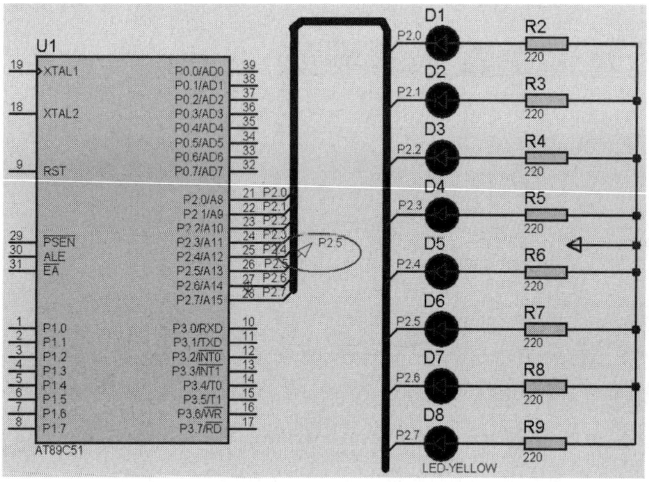

图 4-79 放置电压探针

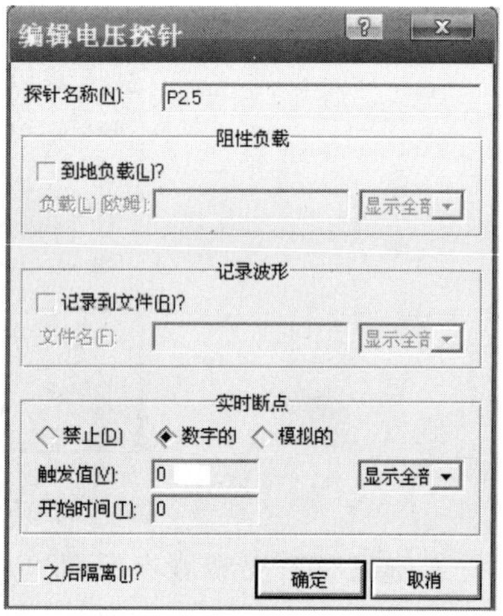

图 4-80 “编辑电压探针”对话框

（3）在“实时断点”栏中根据断点的性质，选择“数字的”或者“模拟的”并指定触发值，本例选择“数字的”。对于数字网点和单导线，在“触发值”框中可以设置为 1 或 0，对应的是逻辑高或逻辑低；而对于模拟网点，将需要设置一个具体的电压值。“开始时间”为起控时间，使断点在指定的起控时间开始后有效。

（4）单击“确定”按钮退出对话框。

电压探针设置完成后的仿真原理图如图 4-81 所示。

仿真运行程序，当流水灯 D6 点亮，即 P2.5=0 时，满足了设定的硬件断点条件，使程序暂停运行，如图 4-82 所示。此时用户可在此硬件断点处，再利用单步运行等其他手段，来检查系统的故障。

本例中，设置的是数字断点，当 P2.5=0 时，实时数字断点触发器 RTDBREAK 检测到当 P2.5 引脚的二进制数等于设定值时，则会触发断点。对于模拟的断点，实时断点发生器有实时电压、电流断点触发器 RTVBREAK 和 RTI-BREAK：当触发器引脚上的电压或流经的电流超过设定的值将触发断点，为上升沿触发。

此外还可以利用实时电压或电流监视器（RTVMON 或 RTI-MON），即当输入电压或流经的电流不在设定范围内时，可触发断点、警告或错误。因此，可将 RTVMON 和 RTI-MON 用于创建仿真模型，当模型中的电压或电流超过设定的工作极限时警告用户。限于篇幅，更详细内容可查阅相关资料。

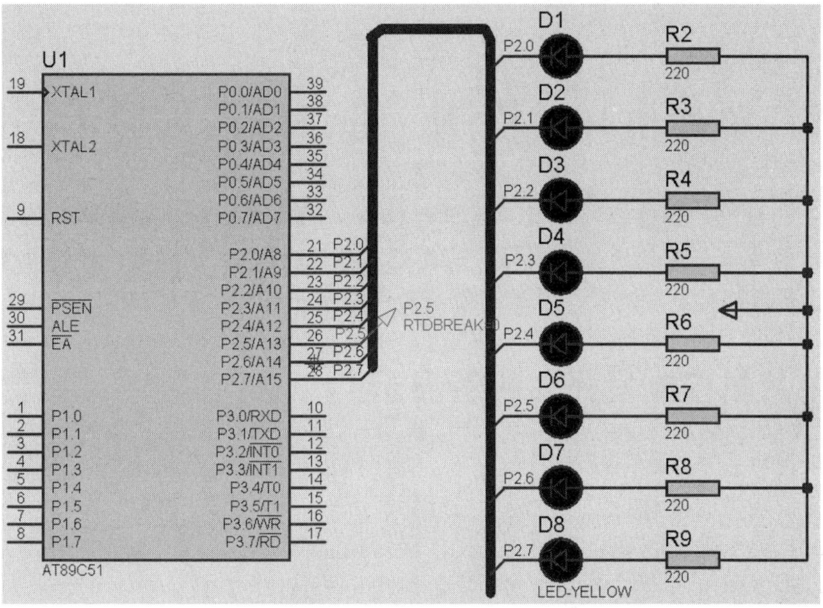

图 4-81　电压探针设置完成后的仿真原理图

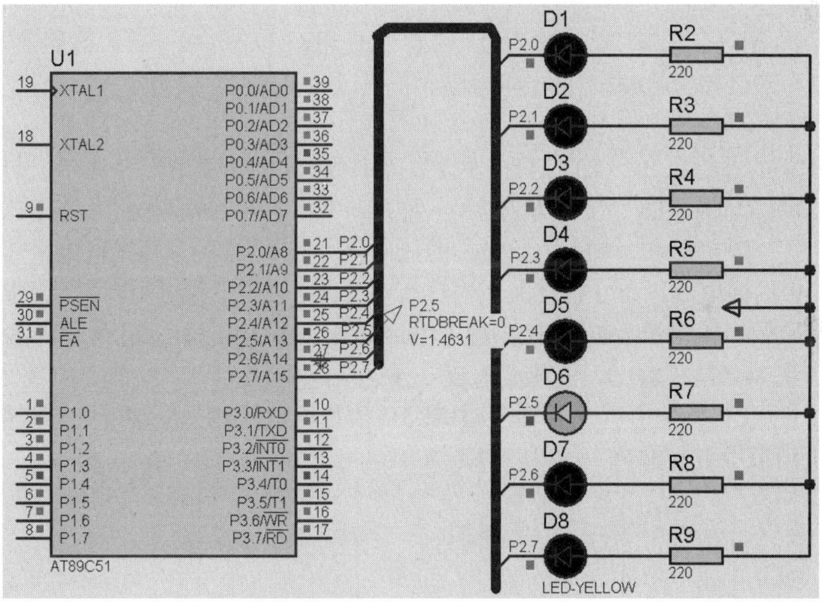

图 4-82　运行到硬件断点处停下

第 5 章　单片机开关检测、键盘输入与显示接口设计

导读：开关检测、键盘输入与显示是单片机系统的基本功能，也是单片机系统设计的基础。本章介绍单片机与常见的显示器件——发光二极管、LED 数码管、字符型液晶显示器和点阵式液晶显示器的接口，以及与常见的输入器件——开关、键盘的接口设计与软件编程。

5.1　用单片机控制发光二极管显示

发光二极管可用来指示系统的工作状态，制作节日彩灯、广告牌匾等。由于发光材料的改进，目前大部分发光二极管的工作电流为 1mA～5mA，其内阻为 20Ω～100Ω。发光二极管的工作电流越大，显示亮度越高。为保证发光二极管的正常工作，同时减少功耗，限流电阻的选择十分重要，若供电电压为+5V，则一般限流电阻可选 1kΩ～3kΩ。

5.1.1　单片机与发光二极管的连接

第 2 章已介绍过，如果 P0 口作为通用 I/O 口使用，由于漏极开路，需要外接上拉电阻。而 P1～P3 口内部已有 30kΩ左右的上拉电阻。下面讨论 P1～P3 口与发光二极管（LED）的连接问题。

使用单片机的并行口 P1～P3 口直接驱动发光二极管，电路如图 5-1 所示。与 P1、P2、P3 口相比，P0 口每位可驱动 8 个 LSTTL 输入，而 P1～P3 口每位的驱动能力只有 P0 口的一半。当 P0 口的某位为高电平时，可提供 400μA 的拉电流；当 P0 口的某位为低电平（0.45V）时，可提供 3.2mA 的灌电流。而 P1～P3 口内部有 30kΩ左右的上拉电阻，如果引脚为高电平输出，则从 P1～P3 口输出的拉电流 I_d 仅为几百μA，驱动能力较弱，亮度较差，如图 5-1（a）所示。如果引脚为低电平输出，能使灌电流 I_d 从单片机的外部流入内部，则将大大增强流过的灌电流，如图 5-1（b）所示。所以，AT89S51 单片机中任何一个端口要想获得较大的驱动能力，均要采用低电平输出。

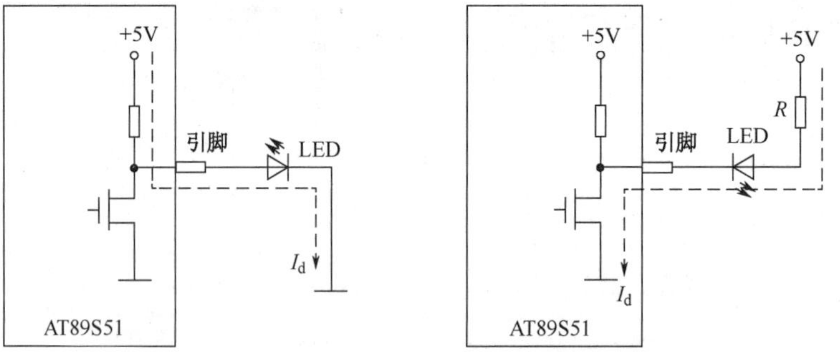

（a）不恰当的连接：引脚为高电平输出　　（b）恰当的连接：引脚为低电平输出

图 5-1　发光二极管与单片机的并行口连接

如果一定要高电平驱动发光二极管，可在单片机与发光二极管之间加驱动电路，如 74LS04、74LS244 等。

5.1.2 I/O 口的编程控制

单片机的 I/O 口 P0～P3 口是单片机与外设进行信息交换的桥梁，可通过读取 I/O 口的状态来了解外设的状态，也可向 I/O 口送出命令或数据来控制外设。对单片机 I/O 口进行编程控制时，需要对 I/O 口的特殊功能寄存器进行声明。在 C51 编译器中，这项声明包含在头文件 reg51.h 中。编程时，可通过预处理命令“#include<reg51.h>”，把这个头文件包含进去。下面通过一个例子介绍如何对 I/O 口编程实现对发光二极管亮灭的控制。

【例 5-1】 制作一个流水灯，仿真原理图见图 5-2，8 个发光二极管 LED0～LED7 经限流电阻分别接至 P1 口的 P1.0～P1.7 引脚上，阳极共同接高电平。编写程序来控制发光二极管由上至下地反复循环点亮，每次只点亮一个发光二极管。

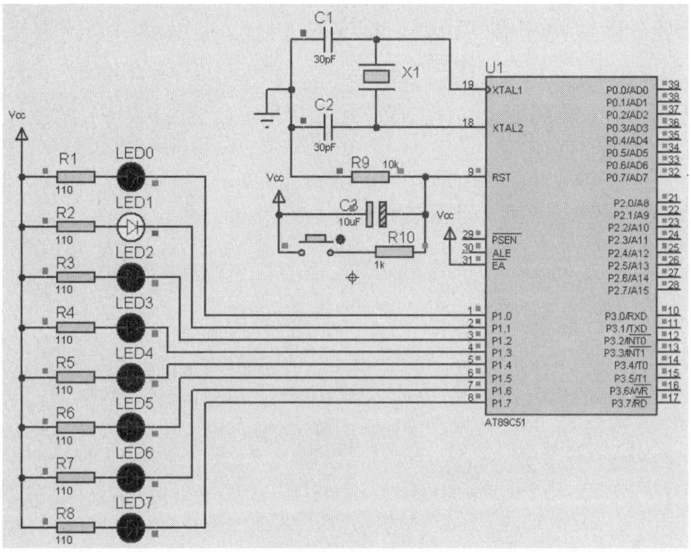

图 5-2 单片机控制的流水灯仿真原理图

参考程序如下：

```
#include <reg51.h>
#include <intrins.h>                        //包含循环移位函数的头文件
#define uchar unsigned char
#define uint unsigned int
void  delay(uint i)                         //延时函数
{
      uchar t;
      while（i--)
      {
            for(t=0;t<120;t++);
      }
}
void  main()                                //主程序
{
      P1=0xfe;                              //向 P1 口送出点亮数据
      while (1)
      {
```

```
            delay( 500 );                     //500 为延时参数，可根据实际需要进行调整
            P1=_crol_(P1,1) ;                 //函数_crol_(P1,1)把 P1 口中的数据循环左移 1 位
        }
}
```

程序说明：

（1）关于 while(1)的两种用法说明如下。

①“while(1);”： while(1)后面有个分号，使程序停留在这指令上。

②“while(1) {⋯;}”：循环执行花括号内的程序段，这是本例的用法，即控制流水灯反复循环点亮。

（2）C51 函数库中的循环移位函数包括循环左移函数_crol_和循环右移函数_cror_。本例中使用了循环左移函数_crol_(P1,1)，圆括号中第 1 个参数为循环左移的对象，即对 P1 口中的内容循环左移；第 2 个参数为左移的位数，即左移 1 位。在编程时一定要把含有循环移位函数的头文件 intrins.h 包含在内，例如本程序第 2 行的“#include <intrins.h>”语句。

【例 5-2】 在例 5-1 的基础上，控制发光二极管由上至下再由下至上反复循环点亮流水灯。原理图如图 5-2 所示。

下面给出三种方法来实现题目要求。

方法 1：数组的字节操作实现

该方法是建立一个字符型数组，将控制 8 个发光二极管显示的 8 位数据作为数组元素，依次送到 P1 口中来实现。参考程序如下：

```
#include <reg51.h>
#define uchar unsigned char
uchar tab[ ]={ 0xfe , 0xfd , 0xfb , 0xf7 , 0xef , 0xdf , 0xbf , 0x7f , 0x7f , 0xbf , 0xdf , 0xef , 0xf7 ,
              0xfb , 0xfd , 0xfe };  //前 8 个为左移点亮数据，后 8 个为右移点亮数据
void   delay()
{
      uchar i,j;
      for(i=0; i<255; i++)
      for(j=0; j<255; j++);
}
void   main()                              //主函数
{
      uchar i;
      while (1)
      {
            for(i=0;i<15; i++)
            {
                  P1=tab[i];               //向 P1 口送出点亮数据
                  delay();                 //延时，即点亮一段时间
            }
      }
}
```

方法 2：移位运算符实现

该方法使用移位运算符“>>”和“<<”，把送到 P1 口中的显示控制数据进行移位，从而实现发光二极管的依次点亮。参考程序如下：

```
#include <reg51.h>
#define uchar unsigned char
void  delay()
{
    uchar i,j;
    for(i=0; i<255; i++)
    for(j=0; j<255; j++);
}
void  main()                          //主函数
{
    uchar i,temp;
    while (1)
    {
        temp=0x01;                    //左移初值赋给 temp
        for(i=0; i<8; i++)
        {
            P1=~temp;                 //temp 中的数据取反后送 P1 口
            delay();                  //延时
            temp=temp<<1;             //temp 中的数据左移一位
        }
        temp=0x80;                    //右移初值赋给 temp
        for(i=0; i<8; i++)
        {
            P1=~temp;                 //temp 中的数据取反后送 P1 口
            delay();                  //延时
            temp=temp>>1;             //temp  中数据右移一位
        }
    }
}
```

程序说明：注意，使用左移移位运算符“>>”和右移移位运算符“<<”与使用循环左移函数_crol_和循环右移函数_cror_是有区别的。运算符“<<”将高位丢弃，低位补 0；运算符“>>”将低位丢弃，高位补 0。而函数_crol_将移出的高位再补到低位，即循环移位；同理，函数_cror_将移出的低位再补到高位。

方法 3：用循环移位函数实现

该方法是使用 C51 提供的库函数，即循环左移函数和循环右移函数，控制发光二极管的点亮顺序。参考程序如下：

```
#include <reg51.h>
#include <intrins.h>                  //包含循环移位函数的头文件
#define uchar unsigned char
void  delay()
{
    uchar i,j;
    for(i=0; i<255; i++)
    for(j=0; j<255; j++);
}
void  main()                          //主函数
{
    uchar i,temp;
```

```
        while (1)
        {
            temp=0xfe;                          //初值为 11111110B
            for(i=0; i<7; i++)
            {
                P1=temp;                        //temp 中的点亮数据送 P1 口，控制点亮显示
                delay();                        //延时
                temp=_crol_( temp,1) ;          //执行循环左移函数，temp 中的数据循环左移 1 位
            }
            for(i=0; i<7; i++)
            {
                P1=temp;                        //temp 中的数据送 P1 口输出
                delay();                        //延时
                temp=_cror_( temp,1) ;          //执行循环右移函数，temp 中的数据循环右移 1 位
            }
        }
    }
```

5.2 开关状态检测

5.2.1 开关状态检测实例 1

仿真原理图如图 5-3 所示，将开关的一端接到 I/O 口的引脚上，并通过上拉电阻接到 +5V 上，开关的另一端接地。当开关打开时，I/O 引脚为高电平，当开关闭合时，I/O 引脚为低电平。

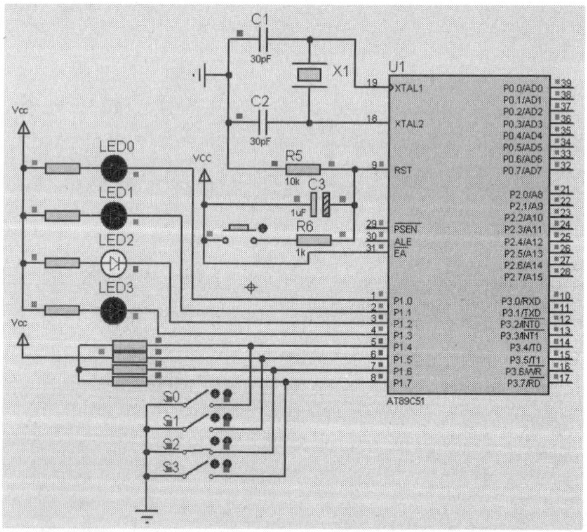

图 5-3　开关状态检测实例 1 的仿真原理图

【例 5-3】 仿真原理图如图 5-3 所示，单片机的 P1.4～P1.7 引脚接 4 个开关 S0～S3，P1.0～P1.3 引脚接 4 个发光二极管 LED0～LED3。编写程序，将 P1.4～P1.7 引脚上 4 个开关的状态反映在 P1.0～P1.3 引脚控制的 4 个发光二极管上，开关闭合，对应的发光二极管点亮。例如，P1.4 引脚上开关 S0 的状态，由 P1.0 引脚上的 LED0 显示，……，P1.7 引脚上开关 S3 的状态，由 P1.3 引脚上的 LED3 显示。

参考程序如下：

```
#include <reg51.h>
#define uchar unsigned char
void    delay()                         //延时函数
{
        uchar i,j;
        for(i=0; i<255; i++)
        for(j=0; j<255; j++);
}
void    main()                          //主函数
{
        while (1)
        {
                unsigned char temp;     //定义临时变量 temp
                P1=0xff;                //P1 口高 4 位置 1，作为输入；低 4 位置 1，发光二极管熄灭
                temp=P1&0xf0;           //读 P1 口并屏蔽其低 4 位，送 temp
                temp=temp >>4;          //temp 中的内容右移 4 位，P1 口高 4 位状态移至低 4 位
                P1=temp;                //temp 中的数据送 P1 口输出
                delay(        );
        }
}
```

5.2.2 开关状态检测实例 2

【例 5-4】 仿真原理图如图 5-4 所示，单片机的 P1.0 和 P1.1 引脚接两个开关 S0 和 S1，两个引脚上的高、低电平共有 4 种组合，这 4 种组合分别点亮 P2.0～P2.3 引脚控制的 4 个发光二极管 LED0～LED3。当开关 S0、S1 均闭合时，LED0 亮，其余灭；当开关 S0 打开、开关 S1 闭合时，LED1 亮，其余灭；当开关 S0 闭合、开关 S1 打开时，LED2 亮，其余灭；当开关 S0、S1 均打开时，LED3 亮，其余灭。编程实现此功能。

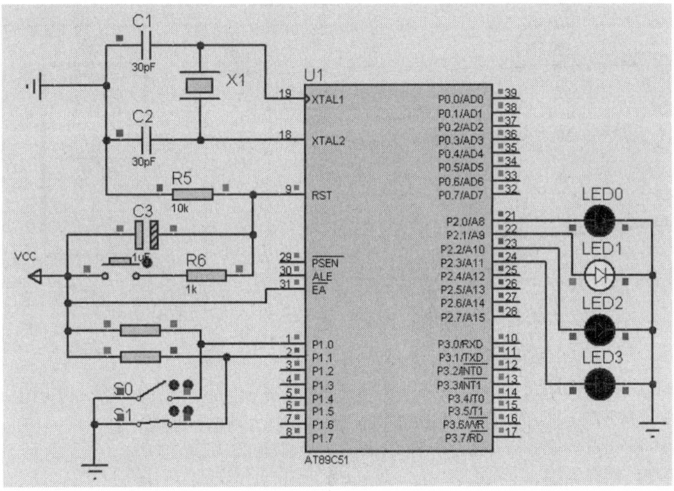

图 5-4　开关状态检测实例 2 的仿真原理图

参考程序如下：

```
#include <reg51.h>                      //包含头文件
void    main()                          //主函数
```

```
{
    char state;
    do
    {
        P1=0xff;                              //P1 口为输入
        state=P1;                             //读入 P1 口的状态，送 state
        state=state&0x03;                     //屏蔽 P1 口的高 6 位
        switch (state)                        //判断 P1 口的低 2 位的状态
        {
            case 0: P2=0x01; break;           //点亮 P2.0 引脚上的 LED0
            case 1: P2=0x02; break;           //点亮 P2.1 引脚上的 LED1
            case 2: P2=0x04; break;           //点亮 P2.2 引脚上的 LED2
            case 3: P2=0x08; break;           //点亮 P2.3 引脚上的 LED3
        }
    }while ( 1 );
}
```

程序段中用到了 do-while 语句以及 switch-case 语句。

5.3 用单片机控制 LED 数码管显示

5.3.1 LED 数码管的显示原理

LED 数码管是常见的显示器件，显示为“8”字形，共计 8 段（包括小数点段在内）或 7 段（不包括小数点段），每段对应一个发光二极管，有共阳极和共阴极两种。8 段 LED 数码管的结构及外形如图 5-5 所示。共阳极 LED 数码管的阳极连接在一起，公共阳极接到+5V 上；共阴极 LED 数码管的阴极连接在一起，公共阴极接地。

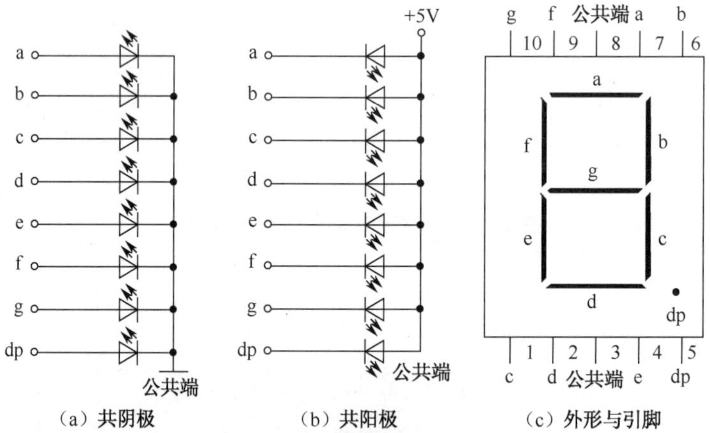

图 5-5　8 段 LED 数码管的结构及外形

对于共阴极 LED 数码管，当某个发光二极管的阳极为高电平时，发光二极管点亮，相应的段被显示。同样，对于共阳极 LED 数码管，当某个发光二极管的阴极接低电平时，该发光二极管被点亮，相应的段被显示。

为了使 LED 数码管显示不同的字符，要把某些段点亮，就要为数码管的各段提供 1 字节的二进制代码，称为段码。习惯上以 a 段对应段码字节的最低位。各种字符的段码如表 5-1 所示。

表 5-1　LED 数码管的段码

显示字符	共阴极段码	共阳极段码	显示字符	共阴极段码	共阳极段码
0	3FH	C0H	C	39H	C6H
1	06H	F9H	d	5EH	A1H
2	5BH	A4H	E	79H	86H
3	4FH	B0H	F	71H	8EH
4	66H	99H	P	73H	8CH
5	6DH	92H	U	3EH	C1H
6	7DH	82H	T	31H	CEH
7	07H	F8H	y	6EH	91H
8	7FH	80H	H	76H	89H
9	6FH	90H	L	38H	C7H
A	77H	88H	"灭"	00H	FFH
b	7CH	83H	…	…	…

要在数码管上显示某个字符，只需将该字符的段码加到各段上即可。

例如，某存储单元中的数为 02H，想在共阳极 LED 数码管上显示字符"2"，需要把字符"2"的共阳极段码 A4H 加到数码管的各段上。通常的方法是，将欲显示字符的段码做成一个表（数组），从表中查找要显示的字符对应的段码，然后由单片机把该段码输出到数码管的各段上，同时数码管的公共端接+5V，此时在数码管上就显示出字符"2"。

下面通过一个实例介绍单片机如何控制 LED 数码管显示字符。

【例 5-5】　用单片机控制一个 8 段 LED 数码管，先顺序显示单个偶数：0,2,4,6,8，再顺序显示单个奇数：1,3,5,7,9，如此反复循环显示。

本例的仿真原理图如图 5-6 所示。

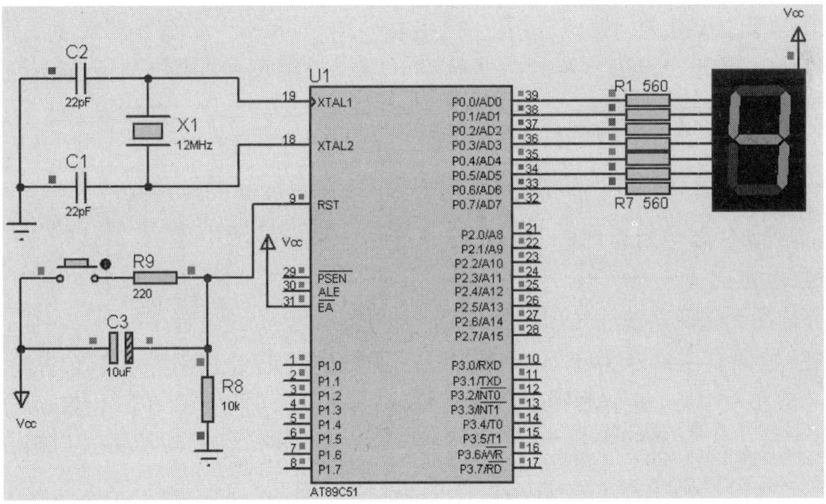

图 5-6　用单片机控制 LED 数码管循环显示单个数字的仿真原理图

参考程序如下：

```
#include "reg51.h"
#include "intrins.h"
#define uchar unsigned char
```

```
#define uint unsigned int
#define out P0
uchar code seg[]={0xc0,0xa4,0x99,0x82,0x80,0xf9,0xb0,0x92,0xf8,0x90,0x01}; //共阳极段码表
void delayms(uint);
void main(void)
{
        uchar i;
        while(1)
        {
                out=seg[i];
                delayms(900);
                i++;
                if(seg[i]==0x01)i=0;            //如果段码为0x01，则表明一个循环的显示已结束
        }
}
void delayms(uint j)                            //延时函数
{
        uchar i;
        for(;j>0;j--)
        {
                i=250;
                while(--i);
                i=249;
                while(--i);
        }
}
```

说明：程序中语句“if(seg[i]==0x01) i=0;”的含义是，如果欲送出的数组元素为0x01（数字“9”对应的段码 0x90 的下一个元素，即结束码），则表明一个循环的显示已结束，需要重新开始循环显示，因此应设置“i=0”，然后将从段码数组表中的第一个元素 seg[0]，即段码0xc0（数字“0”）重新开始显示。

5.3.2 LED 数码管的静态显示与动态显示

单片机控制 LED 数码管有两种方式：静态显示和动态显示。

1. 静态显示方式

静态显示是指无论有多少个 LED 数码管，都同时处于显示状态。

多个 LED 数码管工作于静态显示方式时，各数码管的公共阴极（或公共阳极）连接在一起并接地（或接+5V）；每个数码管的段码线 a～dp 段分别与一个单片机控制的 8 位 I/O 口锁存器输出相连。送往各数码管的显示字符的段码一经确定，则相应的 I/O 口锁存器锁存的段码输出将维持不变，直到送入下一个显示字符的段码。因此，静态显示方式的显示无闪烁，亮度较高，软件控制比较容易。

如图 5-7 所示为 4 个 LED 数码管静态显示电路，各数码管均可独立显示，只要向各 I/O 口锁存器中写入相应的显示段码，该数码管就能保持相应的显示字符。这样在同一时间，每个数码管显示的字符可以各不相同。但是，静态显示方式占用 I/O 口线较多。对于图 5-7 电路，要占用 4 个 8 位 I/O 口（或锁存器）。如果数码管的数目增多，则需要增加 I/O 口的数目。

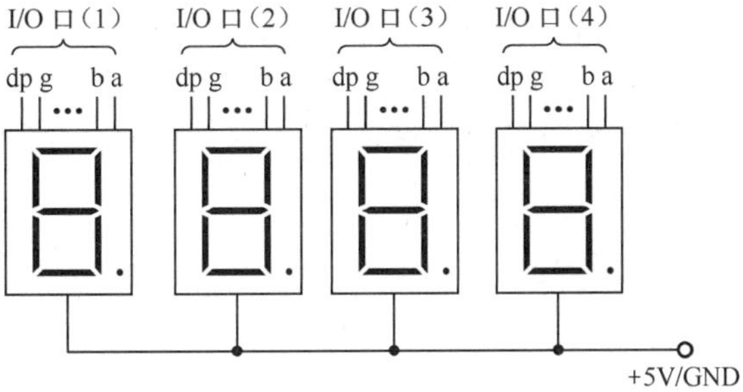

图 5-7　4 个 LED 数码管静态显示电路

【例 5-6】 用单片机控制两个 LED 数码管，静态显示数字 27。

本例的仿真原理图见图 5-8。利用单片机 P0 口与 P1 口分别控制加到两个共阳极 LED 数码管 DS0 与 DS1 上的段码，而 DS0 与 DS1 的公共端（公共阳极端）直接接至+5V，因此 DS0 与 DS1 始终处于导通状态。利用 P0 口与 P1 口具有的锁存功能，只需向 P0 口与 P1 口分别写入显示字符“2”和“7”相应的段码即可。由于一个数码管占用一个 I/O 口，如果数码管的数目增多，则需要增加 I/O 口的数目，但是软件编程要简单得多。

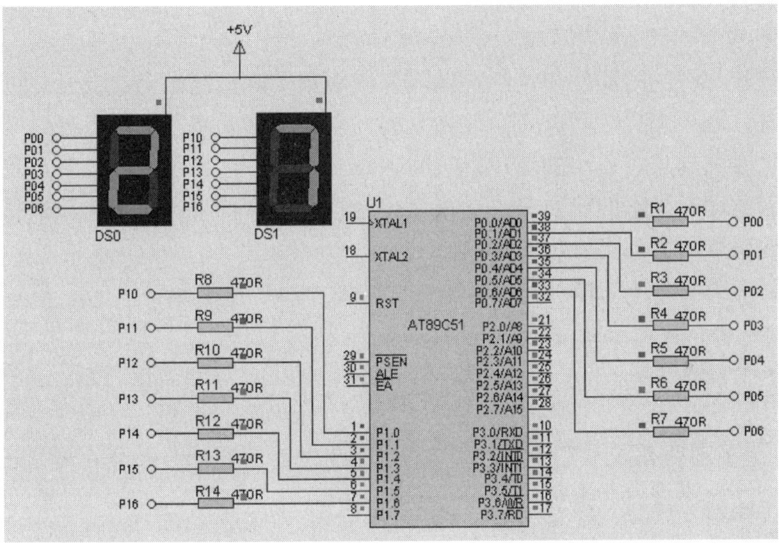

图 5-8　两个数码管静态显示仿真原理图

参考程序如下：

```
#include<reg51.h>                  //包含头文件
void main(void)
{
    P0=0xa4;                       //将字符"2"的段码（共阳极）送 P0 口
    P1=0xf8;                       //将字符"7"的段码（共阳极）送 P1 口
    while(1)                       //无限循环
    ;
}
```

2．动态显示方式

当显示的数字较多时，静态显示需要占用同样多的 I/O 口，为节省 I/O 口，常采用动态显示方式。将所有 LED 数码管的段码线相应段并联在一起，由一个 8 位 I/O 口控制，而各显示位的公共端分别由另一个单独的I/O口控制。

如图5-9所示为一个4个8段LED数码管动态显示电路。其中单片机向I/O（1）口发出欲显示字符的段码，而显示器的位点亮控制使用I/O（2）口中的4位口线。所谓动态显示，就是每一时刻只有1位位选线有效，即选中某位显示时，其他各位位选线都无效，不能显示。每隔一定时间逐位地轮流点亮各数码管（扫描），由于数码管的余辉和人眼的“视觉暂留”作用，只要控制好每个数码管点亮显示的时间和间隔，则可造成“多位同时亮”的假象，达到4位同时显示的效果。

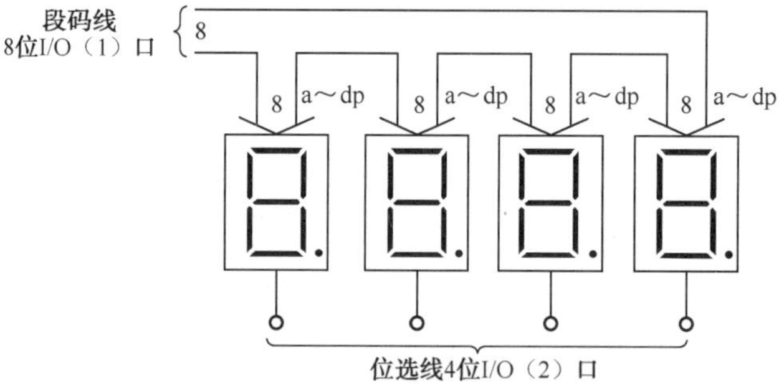

图5-9　4个8段LED数码管动态显示电路

各数码管轮流点亮的时间间隔（扫描间隔）应根据实际情况而定。发光二极管从导通到发光有一定的延时，如果点亮时间太短，发光太弱，人眼无法看清；如果点亮时间太长，会产生闪烁现象，而且时间越长，占用的单片机时间也越多。另外，显示位数增多，也将占用单片机的大量时间。因此动态显示的实质是，以执行程序时间的增长来换取I/O口数目的减少。下面介绍用单片机控制数码管动态显示的实例。

【例5-7】　用单片机控制8个LED数码管，逐个显示单个数字1～8：单片机控制左边第1个数码管显示1，其他不显示；延时之后，控制左边第2个数码管显示2，其他不显示；……；第8个数码管显示8，其他不显示。反复循环上述过程。本例的仿真原理图如图5-10所示。

如图5-10所示的动态显示电路，P0口输出段码，P2口输出位控码，通过由8个NPN晶体管组成的位驱动电路来对8个数码管进行位控扫描。

参考程序如下：

```
#include<reg51.h>
#include<intrins.h>                              //包含循环移位函数的头文件
#define uchar unsigned char
#define uint unsigned int
uchar code dis_code[]={0xf9,0xa4,0xb0,0x99,0x92,0x82,0xf8,0x80,0x90,0x88,0xc0};
                                                 //共阳极数码管段码表
void   delay(uint t)                             //延时函数
{
       uchar i;
       while(t--) for(i=0;i<200;i++);
}
void   main()
{
       uchar i,j=0x80;
```

```
        while(1)
        {
            for(i=0;i<8;i++)
            {
                j=_crol_(j,1);                  //循环移位函数_crol_(j,1)将 j 循环左移 1 位
                P0=dis_code[i];                 //P0 口输出段码
                P2=j;                           //P2 口输出位控码
                delay(180);                     //延时，控制每位显示的时间
            }
        }
    }
```

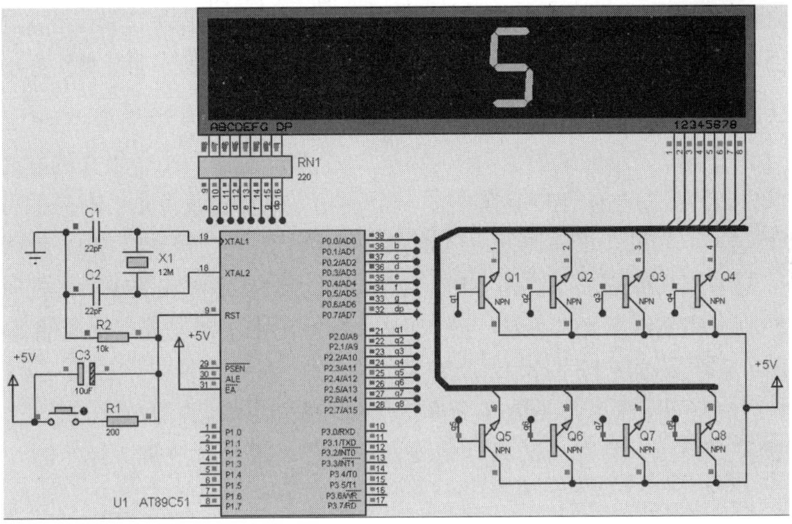

图 5-10　8 个数码管逐个显示单个数字 1～8 的仿真原理图

5.4　用单片机控制 LED 点阵显示屏显示

目前，LED 点阵显示屏的应用非常广泛，在许多公共场合都可以看到，如商场、银行、车站、机场、医院等。LED 点阵显示屏不仅能显示文字、图形，还能播放图像、动画、视频等信号。LED 点阵显示屏分为图文显示屏和视频显示屏，不仅有单色显示屏，还有彩色显示屏。下面仅介绍如何用单片机来控制单色 LED 点阵显示屏的显示。

5.4.1　LED 点阵显示屏的结构与显示原理

LED 点阵显示屏由若干发光二极管按矩阵方式排列而成。按阵列点数，可分为 5×7、5×8、6×8、8×8 点阵；按发光颜色，可分为单色、双色、三色；按极性排列，可分为共阴极和共阳极。

1．LED 点阵结构

以 8×8 LED 点阵显示屏为例，其外形如图 5-11 所示。其内部结构如图 5-12 所示，由 64 个发光二极管组成，且每个发光二极管都处于行线（R0～R7）和列线（C0～C7）的交叉点上。

图 5-11　8×8 LED 点阵显示屏的外形

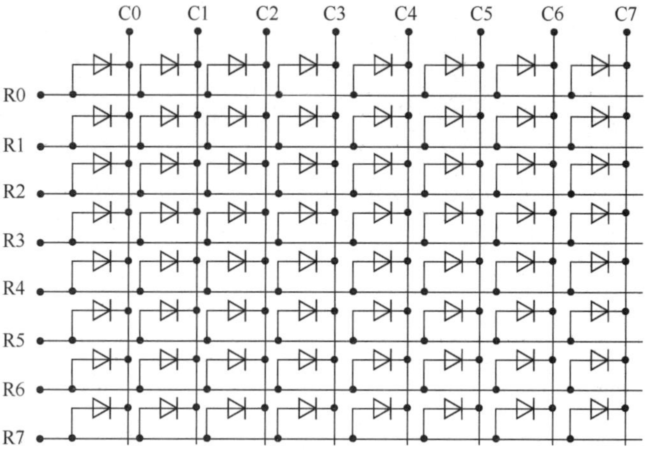

图 5-12　8×8 LED 点阵显示屏（共阴极）的内部结构

2．LED 点阵显示原理

如何控制 LED 点阵显示屏来显示一个字符？一个字符是由一个个点亮的发光二极管所构成的。由图 5-12 可以看出，点亮 LED 点阵中的一个发光二极管的条件是：对应的行线为高电平，对应的列线为低电平。如果在很短时间内依次点亮很多个发光二极管，LED 点阵就可以显示一个稳定的字符、数字或其他图形。控制 LED 点阵显示屏的显示，实质上就是控制加到行线和列线上的编码来控制点亮某些发光二极管（点），从而显示出由不同发光点组成的各种字符。

16×16 LED 点阵显示屏与 8×8 LED 点阵显示屏内部结构及显示原理是类似的，只不过有 16 行 16 列。16×16 LED 点阵是由 4 个 8×8 LED 点阵组成的，且每个发光二极管也是放置在行线和列线的交叉点上。当对应的某一列线置 0 电平，某一行线置 1 电平时，该发光二极管被点亮。

下面以 16×16 LED 点阵显示屏显示汉字“子”为例，来说明其显示原理，如图 5-13 所示。

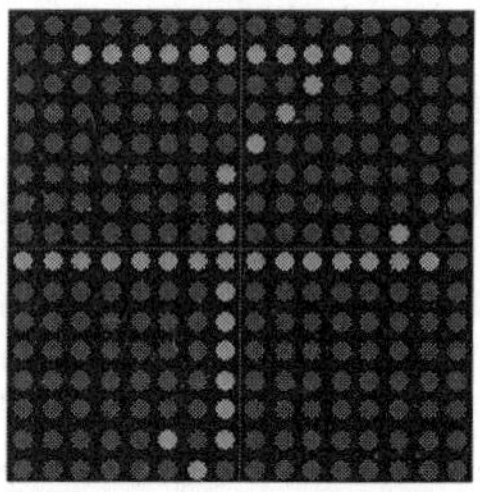

图 5-13　显示汉字“子”

显示过程如下：先给 LED 点阵的第 1 行送高电平（行线高电平有效），同时给所有列送高电平（列线低电平有效），从而使第 1 行发光二极管全灭；延时一段时间后，再给第 2 行送高电平，同时加到列线上的编码为“1100 0000 0000 1111”，列线为 0 的发光二极管点亮，从而点亮 10 个发光二极管，显示出汉字“子”的第一横；延时一段时间后，再给第 3 行送高电平，同时加到列线上的编码为“1111 1111 1101 1111”，点亮 1 个发光二极管；……；延时一段时间后，再给第 15 行送高电平，同时加到列线上的编码为“1111 1101 1111 1111”，显示出汉字“子”的最下面的一行，点亮 1 个发光二极管。然后再重新循环上述操作，利用人眼的“视觉暂留效应”，一个稳定的汉字“子”就显示出来，如图 5-13 所示。

5.4.2　16×16 LED 点阵显示屏设计实例

下面是一个用单片机控制 16×16 点阵显示屏显示字符的案例。

【例 5-8】　仿真原理图如图 5-14 所示，利用单片机及 74HC154（4-16 线译码器）、74LS07、16×16 LED 点阵显示屏来实现字符显示。要求编写程序，循环显示 4 个汉字“电子技术”。

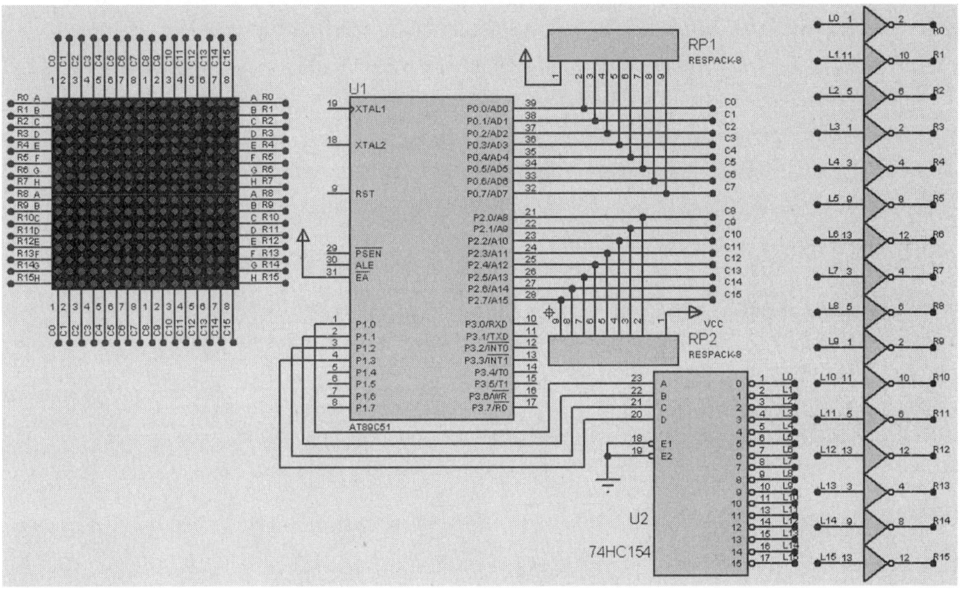

图 5-14 用单片机控制 16×16 LED 点阵显示屏（共阴极）显示字符的仿真原理图

图 5-14 中，16×16 LED 点阵显示屏的 16 根行线 R0～R15 的电平由 P1 口的低 4 位经 74HC154 的 16 根译码输出线 L0～L15 驱动后的输出来控制。16 根列线 C0～C15 的电平由 P0 口和 P2 口控制。剩下的问题就是，如何确定显示字符的点阵编码，以及控制好每屏逐行显示的扫描速度（刷新频率）。

参考程序如下：

```
#include<reg51.h>
#define uchar unsigned char
#define uint unsigned int
#define out0 P0
#define out2 P2
#define out1 P1
void delay(uint j)                    //延时函数
{
    uchar i=250;
    for(;j>0;j--)
    {
        while(--i);
        i=100;
    }
}
uchar code string[]=
{
    //汉字“电”的 16×16 点阵的列码
    0x7f,0xff,0x7f,0xff,0x7f,0xff,0x03,0xe0,0x7b,0xef,0x7b,0xef,0x03,0xe0,0x7b,0xef,
    0x7b,0xef,0x7b,0xef,0x03,0xe0,0x7b,0xef,0x7f,0xbf,0x7f,0xbf,0xff,0x00,0xff,0xff

    //汉字“子”的 16×16 点阵的列码
```

```
        0xff,0xff,0x03,0xf0,0xff,0xfb,0xff,0xfd,0xff,0xfe,0x7f,0xff,0x7f,0xff,0x7f,0xdf,
        0x00,0x80,0x7f,0xff,0x7f,0xff,0x7f,0xff,0x7f,0xff,0x7f,0xff,0x5f,0xff,0xbf,0xff

        //汉字“技”的 16×16 点阵的列码
        0xf7,0xfb,0xf7,0xfb,0xf7,0xfb,0x40,0x80,0xf7,0xfb,0xd7,0xfb,0x67,0xc0,0x73,0xef,
        0xf4,0xee,0xf7,0xf6,0xf7,0xf9,0xf7,0xf9,0xf7,0xf6,0x77,0x8f,0x95,0xdf,0xfb,0xff

        //汉字“术”的 16×16 点阵的列码
        0x7f,0xff,0x7f,0xfb,0x7f,0xf7,0x7f,0xff,0x00,0x80,0x7f,0xff,0x3f,0xfe,0x5f,0xfd,
        0x5f,0xfb,0x6f,0xf7,0x77,0xe7,0x7b,0x8f,0x7c,0xdf,0x7f,0xff,0x7f,0xff,0xff,0xff
}
void main()
{
        uchar i,j,n;
        while(1)
        {
                for(j=0;j<4;j++)                            //共显示 4 个汉字
                {
                        for(n=0;n<40;n++)                   //每个汉字整屏扫描 40 次
                        {
                                for(i=0;i<16;i++)           //逐行扫描 16 行
                                {
                                        out1=i%16;                  //输出行码
                                        out0=string[i*2+j*32];      //输出列码到列线 C0～C7 上，逐行扫描
                                        out2=string[i*2+1+j*32];    //输出列码到列线 C8～C15 上，逐行扫描
                                        delay(4);                   //显示并延时一段时间
                                        out0=0xff;                  //列线 C0～C7 为高电平，熄灭发光二极管
                                        out2=0xff;                  //列线 C8～C15 为高电平，熄灭发光二极管
                                }
                        }
                }
        }
}
```

扫描显示时，单片机通过 P1 口低 4 位经 4-16 线译码器 74HC154 的 16 根译码输出线 L0～L15 经驱动后的输出来控制。这 16 根译码输出线逐行为高电平进行扫描。由 P0 口与 P2 口控制列码的输出，从而显示出某行应当点亮的发光二极管。

下面以显示汉字“子”为例，说明其显示过程。由上面的程序可看出，汉字“子”的前 3 行发光二极管的列码为“0xff,0xff,0x03,0xf0,0xff,0xfb,…”，第 1 行的列码为“0xff,0xff”，由 P0 口与 P2 口输出，没有点亮的发光二极管。第 2 行的列码为“0x03,0xf0”，通过 P0 口与 P2 口输出后，由图 5-12 可看出，0x03 加到列线 C7～C0 上的编码为“0000 0011”，这里要注意加到 8 个发光二极管上的对应位置。按照图 5-12 和图 5-14 的连线关系，从左到右加到列线 C0～C7 对应的发光二极管上的编码为“1100 0000”，即第 2 行最左边的两个发光二极管不亮，其余的 6 个发光二极管点亮。同理，P2 口输出的 0xf0 加到列线 C15～C8 上的编码为“1111 0000”，即加到列线 C8～C15 对应的二极管上的编码为“0000 1111”，所以第 2 行最右

边的 4 个发光二极管不亮，如图 5-13 所示。对应通过 P0 口与 P2 口输出加到第 3 行 15 个发光二极管上的列码为“0xff,0xfb”，对应的从左到右加到列线 C0～C15 上的编码为“1111 1111 1101 1111”，从而第 3 行左边数第 11 个发光二极管被点亮，其余均熄灭，如图 5-13 所示。其余各行点亮的发光二极管，也是由 16×16 点阵的列码来决定的。

5.5 用单片机控制 LCD 1602 显示

液晶显示器（Liquid Crystal Display，LCD）具有省电、体积小及抗干扰能力强等优点，分为字段型、字符型和点阵图型。

（1）字段型：以长条状组成字符显示，主要用于数字显示，也可显示西文字母或某些字符，广泛用于电子表、计算器、数字仪表中。

（2）字符型：专门用于显示字母、数字、符号等。一个字符由 5×7 或 5×10 的点阵组成，在单片机系统中已得到广泛使用。

（3）点阵图型：广泛用于图形显示，如笔记本电脑、彩色电视机和游戏机等。它使用在平板上排列的多行列的矩阵式晶格点显示图形，点的大小与多少决定了显示图形的清晰度。

5.5.1 LCD 1602 简介

单片机系统中常使用字符型液晶显示屏。由于液晶显示面板较为脆弱，不易操作，因此厂商将 LCD 控制器、驱动器、RAM、ROM 和液晶显示面板用 PCB 连接到一起，称为液晶显示模块（LCd Module，LCM）。使用者只需购买现成的液晶显示模块即可。使用单片机向液晶显示模块中写入相应的命令和数据就可显示需要的内容。LCD 1602 是最常见的字符型液晶显示模块。

1．LCD 1602 的特性与引脚

字符型液晶显示模块常用的有 16 字×1 行、16 字×2 行、20 字×2 行、20 字×4 行等模块。其型号常用×××1602、×××1604、×××2002、×××2004 来表示，其中×××为商标名称，16 代表液晶显示屏每行可显示 16 个字符，02 表示显示 2 行。LCD 1602 内部带有字符库 ROM（CGROM），能显示 192 个字符（5×7 点阵），如图 5-15 所示。

由字符库可看出，要显示的数字和字母的代码恰好是 ASCII 码表中的编码。用单片机控制 LCD 1602 显示字符时，只需要将待显示字符的 ASCII 码写入内部的显示数据 RAM（DDRAM）中，内部控制电路就可将字符在显示屏上显示出来。例如，要显示字符“A”，只需将字符“A”的 ASCII 码“41H”写入 DDRAM 中，内部控制电路就会将对应的 CGROM 中的字符“A”的点阵数据找出来显示在屏幕上。

该模块内除有 80 字节的 DDRAM 外，还有 64 字节的自定义字符 RAM（CGRAM）。用户可自行定义 8 个 5×7 点阵字符。

LCD 1602 的工作电压为 4.5V～5.5V，典型工作电压为 5V，工作电流为 2mA，分为标准的 14 引脚（无背光）与 16 引脚（有背光）两种。16 引脚的外形及引脚分布如图 5-16 所示。

引脚可连接 8 根数据线、3 根控制线和 3 根电源线，功能说明见表 5-2。通过单片机向模块写入命令和数据，就可对显示方式和显示内容做出选择。

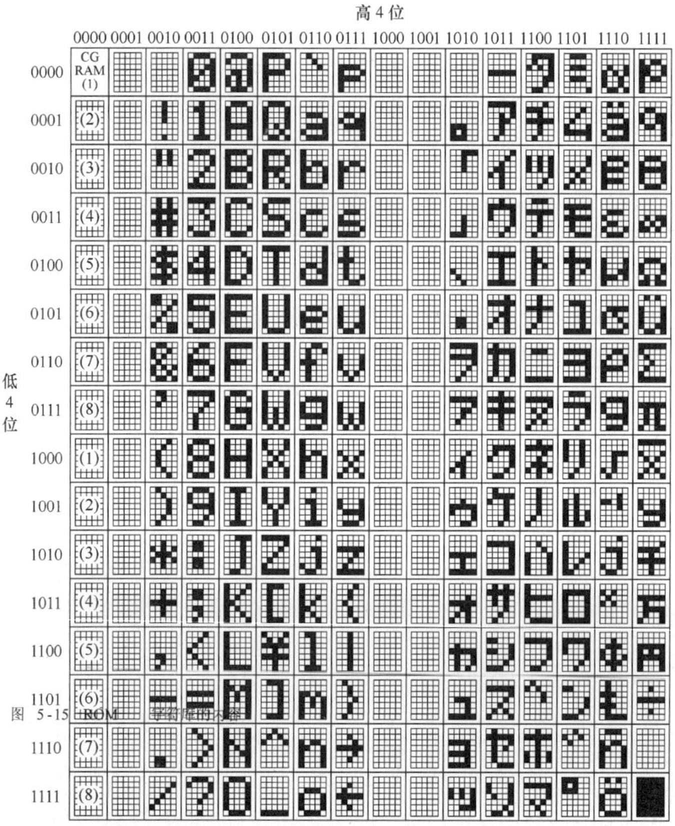

图 5-15　ROM 字符库的内容

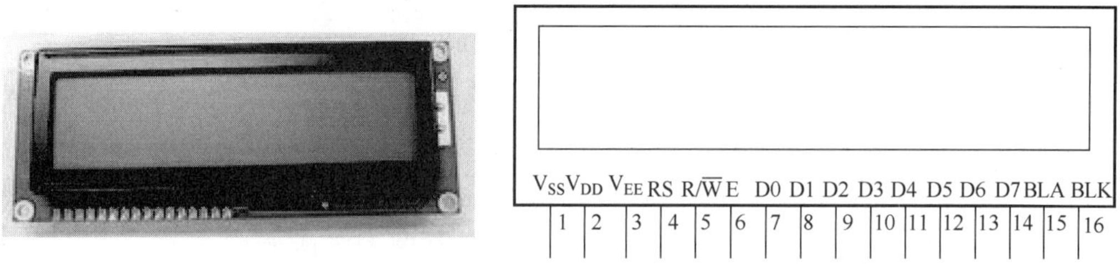

（a）LCD 1602的外形　　（b）LCD 1602的引脚分布

图 5-16　LCD 1602 的外形及引脚分布

表 5-2　LCD 1602 的引脚功能

引 脚 号	引 脚 名 称	引 脚 功 能
1	V_{SS}	电源地
2	V_{DD}	+5V 逻辑电源
3	V_{EE}	液晶显示偏压（调节显示对比度）
4	RS	寄存器选择（1：数据寄存器，0：命令/状态寄存器）
5	$R/\overline{W}$	读/写操作选择（1：读，0：写）
6	E	使能信号
7～14	D0～D7	数据总线，与单片机的数据总线相连，三态
15	BLA	背光板电源，通常为+5V，串联一个滑动变阻器，调节背光亮度。若接地，则无背光
16	BLK	背光板电源地

2. 字符的显示及命令字

要用 LCD 1602 显示字符，首先要解决待显示字符的 ASCII 码的产生问题。用户只需在 C51 程序中写入欲显示的字符常量或字符串常量，C51 程序在编译后会自动生成其标准的 ASCII 码，然后将生成的 ASCII 码送入 DDRAM 中，内部控制电路就会自动将该 ASCII 码对应的字符在 LCD 1602 上显示出来。

首先要对 LCD 1602 的控制器进行初始化设置，还必须对有/无光标、光标的移动方向、光标是否闪烁及字符移动的方向等进行设置，才能获得所需的显示效果。对 LCD 1602 的初始化、读、写、光标设置、显示数据的指针设置等，都是通过单片机向写入命令字来实现的。LCD 1602 的命令字及其格式如表 5-3 所示。

表 5-3 LCD 1602 的命令字及其格式

编号	命令	RS	R/$\overline{W}$	D7	D6	D5	D4	D3	D2	D1	D0
1	清屏	0	0	0	0	0	0	0	0	0	1
2	光标返回	0	0	0	0	0	0	0	0	0	×
3	显示模式设置	0	0	0	0	0	0	0	1	I/D	S
4	显示开/关及光标设置	0	0	0	0	0	0	1	D	C	B
5	光标或字符移位	0	0	0	0	0	1	S/C	R/L	×	×
6	功能设置	0	0	0	0	1	DL	N	F	×	×
7	CGRAM 地址设置	0	0	0	1	字符库 ROM 地址					
8	DDRAM 地址设置	0	0	1	显示数据 RAM 地址						
9	读忙标志位或地址	0	1	BF	计数器地址						
10	写数据	1	0	要写的数据							
11	读数据	1	1	读出的数据							

表 5-3 中的 11 个命令功能说明如下。

① 命令 1：清屏，光标返回地址 00H 位置（屏幕的左上角）。

② 命令 2：光标返回地址 00H 位置（屏幕的左上角）。

③ 命令 3：设置显示模式。

I/D——地址指针加 1 或减 1 选择位。I/D=1，读或写一个字符后地址指针加 1；I/D=0，读或写一个字符后地址指针减 1。

S——屏幕上所有字符移动方向是否有效的控制位。S=1，当写入一个字符时，整屏显示左移（I/D=1）或右移（I/D=0）；S=0，整屏显示不移动。

④ 命令 4：显示开/关及光标设置。

D——屏幕整体显示控制位。D=0，关显示；D=1，开显示。

C——光标有无控制位。C=0，无光标；C=1，有光标。

B——光标闪烁控制位。B=0，不闪烁；B=1，闪烁。

⑤ 命令 5：光标或字符移位。

S/C——光标或字符移位选择控制位。S/C=1，移动显示的字符；S/C=0，移动光标。

R/L——移位方向选择控制位。R/L=0，左移；R/L=1，右移。

⑥ 命令 6：功能设置。

DL——传输数据的有效长度选择控制位。DL=1，8 位数据口；DL=0，4 位数据口。

N——屏幕行数选择控制位。N=0，单行显示；N=1，两行显示。

F——字符显示的点阵控制位。F=0，显示 5×7 点阵字符；F=1，显示 5×10 点阵字符。

⑦ 命令 7：CGRAM 地址设置。

⑧ 命令 8：DDRAM 地址设置。LCD 内部设有一个 DDRAM 地址指针（定位数据指针），用户通过它访问内部全部 80 字节的 DDRAM。命令 8 的格式为：80H+地址码。其中，80H 为命令码，地址码决定了字符在屏幕上的显示位置。

⑨ 命令 9：读忙标志位或地址。

BF——忙标志位。BF=1，LCD 忙，不能接收单片机发来的命令或数据；BF=0，LCD 不忙，可接收命令或数据。

⑩ 命令 10：写数据。

⑪ 命令 11：读数据。

例如，要将显示模式设置为“16×2 显示，5×7 点阵，8 位数据口”，需要向 LCD 1602 中写入功能设置命令（命令 6）“00111000B”，即 38H。

再如，要求 LCD 开显示、有光标且光标闪烁，那么根据显示开/关及光标设置命令（命令 4），只要令 D=1，C=1 和 B=1，即写入命令“00001111B”，即 0FH，就可实现所需的显示模式。

3. 字符的显示位置

LCD 1602 内部有 80 字节的 DDRAM，与屏幕上字符的显示位置是一一对应的。图 5-17 给出了 LCD 1602 内部 DDRAM 地址与字符显示位置的对应关系。

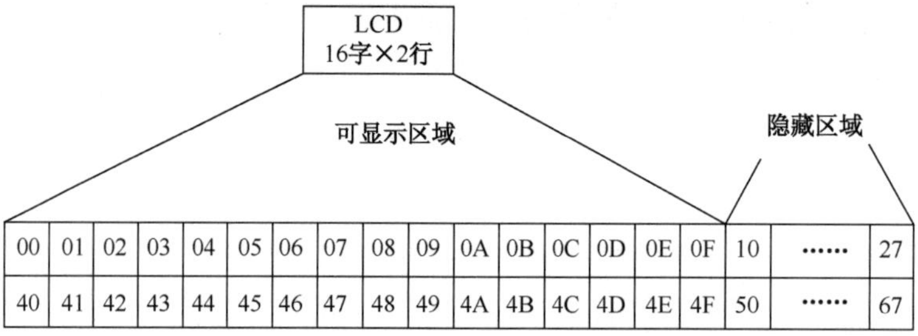

图 5-17　LCD 内部 DDRAM 的地址映射图

当向 DDRAM 的 00H～0FH（第 1 行）、40H～4FH（第 2 行）地址中的任意一处写入数据时，在屏幕上将立即显示出来，该区域也称为**可显示区域**；而当写入 10H～27H 或 50H～67H 地址中时，字符是不会显示出来的，该区域也称为**隐藏区域**。要显示写入隐藏区域中的字符，需要通过光标或字符移位命令（命令 5）将它们移到可显示区域中，方可正常显示。

需要说明的是，在向 DDRAM 中写入字符时，首先要设置 DDRAM 地址（定位数据指针），此操作可通过命令 8 来完成。例如，要写入字符到 DDRAM 中的 40H 处，则命令 8 的格式为：80H+40H=C0H，其中 80H 为命令代码，40H 是要写入字符处的地址。

4. LCD 1602 的复位

LCD 1602 上电后复位的状态为：

① 清除屏幕显示；

② 设置为 8 位数据长度，单行显示，5×7 点阵字符型；

③ 显示、光标、闪烁功能均关闭；

④ 输入方式为整屏显示不移动，即 I/D=1。

LCD 1602 的一般初始化设置为：

① 写命令 38H，即功能设置（16×2 显示，5×7 点阵，8 位数据口）；

② 写命令 0CH，设置开显示，无光标；

③ 写命令 06H，写一个字符后地址指针加 1；

④ 写命令 01H，清屏，数据指针清 0；

⑤ 写命令 08H，关显示。

需要说明的是，在进行上述命令的写入以及对数据的读取时，通常需要检测忙标志位 BF：如果 BF=1，则说明 LCD 1602 忙，需等待；如果 BF=0，则可进行写命令或读数据的操作。

5．LCD 1602 基本操作

LCD 是慢显示器件，所以在写每条命令前，一定要查询忙标志位 BF，即 LCD 1602 是否处于忙状态。如果其正忙于处理其他命令，就等待；如果不忙，则向 LCD 写入命令。如果 BF=0，表示 LCD 不忙；如果 BF=1，表示 LCD 处于忙状态，需要等待。

LCD 1602 的读/写操作规定见表 5-4。

表 5-4　LCD 1602 的读/写操作规定

	单片机发给 LCD 1602 的控制信号	LCD 1602 的输出
读状态	RS=0，R/$\overline{W}$=1，E=1	D0～D7=状态字
写命令	RS=0，R/$\overline{W}$=0，D0～D7=命令，E=正脉冲	无
读数据	RS=1，R/$\overline{W}$=1，E=1	D0～D7=数据
写数据	RS=1，R/$\overline{W}$=0，D0～D7=数据，E=正脉冲	无

AT89S51 单片机与 LCD 1602 的接口电路如图 5-18 所示。

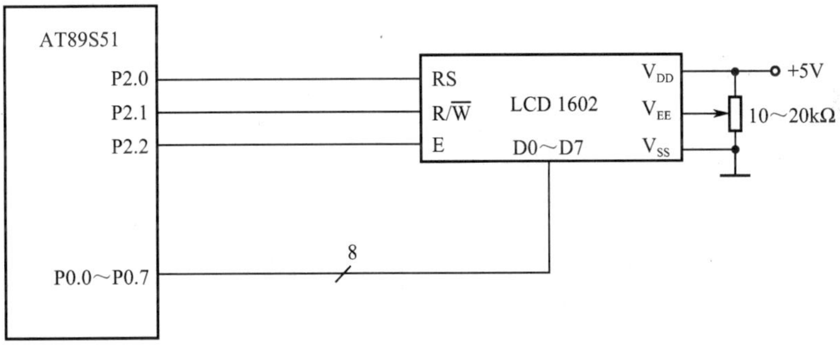

图 5-18　AT89S51 单片机与 LCD 1602 的接口电路

由图 5-18 可看出，LCD 1602 的 RS、R/$\overline{W}$ 和 E 这三个引脚分别与单片机的 P2.0、P2.1 和 P2.2 引脚连接，只需通过对这三个引脚置 1 或清 0，就可实现对 LCD 1602 的读/写操作控制。

具体来说，显示一个字符的操作过程为“读状态→写命令→写数据→自动显示”。

（1）读状态。就是对 LCD 1602 的忙标志位进行检测。

检测忙标志位的函数如下：

```
void check_busy(void)                //检查忙标志位函数
{
    uchar dt;
    do
    {
```

```
            dt=0xff;                   //dt 为变量单元，初值为 0xff
            E=0;
            RS=0;                      //按照表 5-4 的规定，当 RS=0，E=1 时才可以读忙标志位
            RW=1;
            E=1;
            dt=out;                    //out 为 P0 口，P0 口的状态送 dt
        }while(dt&0x80);               //如果 BF=1，则继续循环检测，等待 BF=0
        E=0;                           //BF=0，LCD 不忙，结束检测
    }
```

函数检测 P0.7 引脚的电平，即检测 BF，如果 BF=1，则说明 LCD 处于忙状态，不能执行写命令；如果 BF=0，则可以执行写命令。

（2）写命令。

写命令的函数如下：

```
    void write_command(uchar com)      //写命令函数
    {
        check_busy();
        E=0;                           //按规定，RS 和 E 同时为 0，才可以写入命令
        RS=0;
        RW=0;
        out=com;                       //将命令 com 写入 P0 口中
        E=1;                           //按规定，写命令时，E 应为正脉冲，即正跳变，所以前面置 E=0
        _nop_();                       //空操作 1 个机器周期，等待硬件反应
        E=0;                           //E 由高电平变为低电平，LCD 开始执行命令
        delay(1);                      //延时，等待硬件响应
    }
```

（3）写数据。就是将要显示字符的 ASCII 码写入 LCD 的 DDRAM 中。

例如，将数据“dat”写入 LCD 1602 中，写数据函数如下：

```
    void write_data(uchar dat)         //写数据函数
    {
        check_busy();                  //检测，若 BF=1 则等待，若 BF=0 则可对 LCD 写入
        E=0;                           //按规定，写数据时，E 应为正脉冲，所以先置 E=0
        RS=1;                          //按规定，只有 RS=1 和 RW=0 时，才可以写入数据
        RW=0;
        out=dat;                       //将数据 dat 从 P0 口输出，即写入 LCD 中
        E=1;                           //E 产生正跳变
        _nop_();                       //空操作，给硬件反应时间
        E=0;                           //E 由高电平变为低电平，写数据操作结束
        delay(1);
    }
```

（4）自动显示。数据写入 LCD 中后，控制器会自动读出 CGROM 中的字形点阵数据，并将字形点阵数据送到屏幕上显示，该过程是自动完成的。

6．LCD 1602 的初始化

使用 LCD 1602 前，需要对其显示模式进行初始化设置。初始化设置函数如下：

```
    void LCD_initial(void)             //LCD 初始化函数
    {
        write_command(0x38);           //写入 0x38（命令 6）：两行显示，5×7 点阵，8 位数据
```

```
        _nop_();                          //空操作，给硬件反应时间
        write_command(0x0c);              //写入 0x0c（命令 4）：开显示，无光标，不闪烁
        _nop_();                          //空操作，给硬件反应时间
        write_command(0x06);              //写入 0x06（命令 3）：写入 1 个字符后，地址指针加 1
        _nop_();                          //空操作，给硬件反应时间
        write_command(0x01);              //写入 0x01（命令 1）：清屏
        delay(1);
    }
```

注意，在函数的开始处，由于 LCD 尚未开始工作，所以不需要检测忙标志位，但是初始化完成后，每次进行写命令、读/写数据操作前，均需要检测忙标志位。

5.5.2 LCD 1602 设计实例

【例 5-9】 用 AT89S51 单片机控制 LCD 1602，使其显示两行文字："Welcome"与"Harbin CHINA"，仿真原理图如图 5-19 所示。

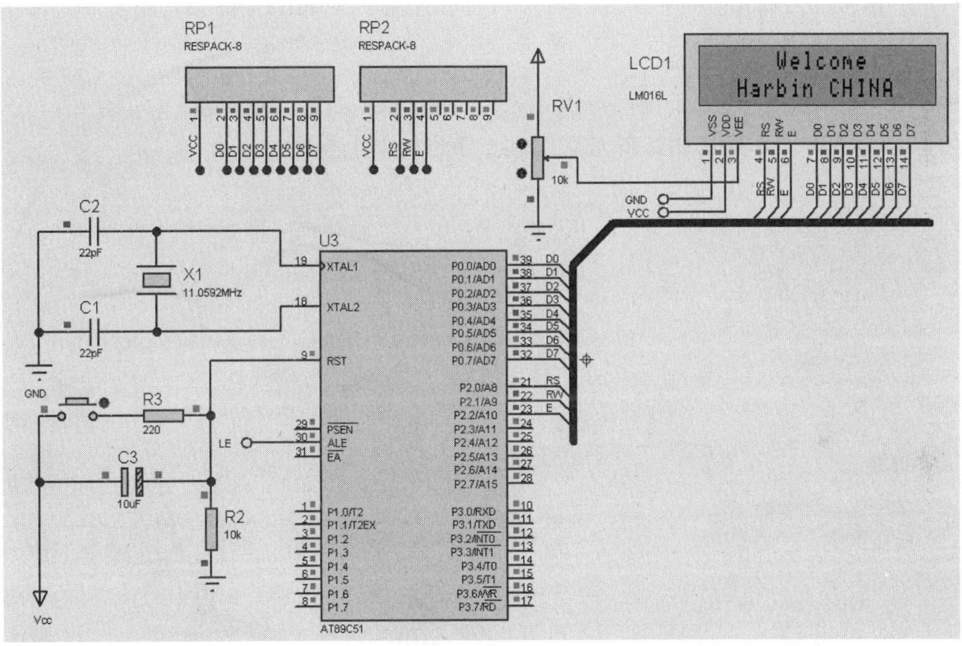

图 5-19 用单片机控制 LCD 1620 的仿真原理图

在 Proteus 仿真中，LCD 1602 对应的仿真模型为 LM016L。

1. LM016L 引脚及特性

LM016L 的符号及引脚如图 5-20 所示，与 LCD 1602 的引脚相同。各引脚功能说明如下：① 数据线 D7～D0；② 控制线（3 根：RS、RW 和 E）；③ 两根电源线（V_{DD}和 V_{EE}）。④ 地线 V_{SS}。

LM016L 的参数设置如图 5-21 所示，具体如下：① 每行字符数为 16，行数为 2；② 时钟频率为 250kHz；③ 第 1 行字符的地址为 80H～8FH；④ 第 2 行字符的地址为 C0H～CFH。

2. 原理电路设计

（1）从 Proteus 库中选取的元件为：① AT89C51——单片机；② LM016L——LCD 1602；③ RP1、RP2——排电阻；④ POT-LIN——滑动变阻器 RV1。

（2）放置元件，放置电源和地，电路连线，元件属性设置，电气检测等所有操作都在 Proteus ISIS 中完成，具体操作见 4.6 节的介绍。

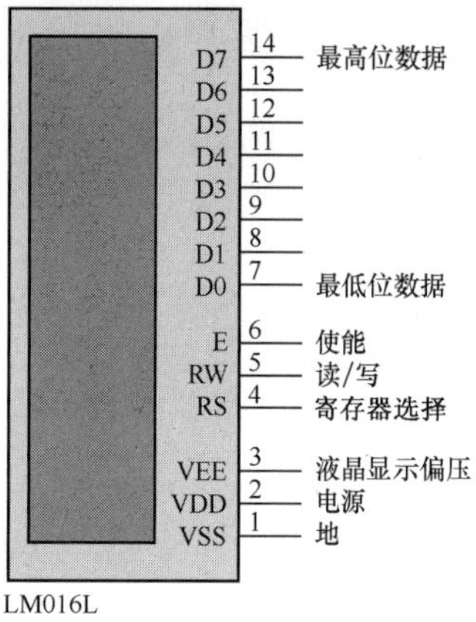

图 5-20　LM016L 的符号引脚

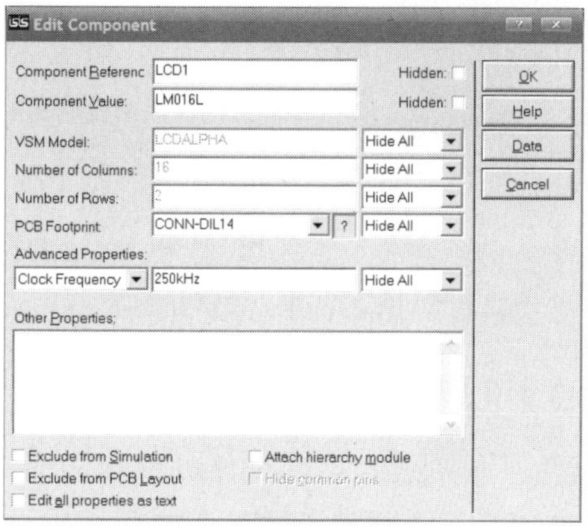

图 5-21　LM016L 的参数设置

3．C51 程序设计

使用 Keil μVision3 建立工程，再建立“*.c”源程序文件，操作见 3.4 节介绍。在前面已经介绍的 LCD 1602 基本操作函数的基础上，不难理解如下程序。

参考程序如下：

```
#include <reg51.h>
#include <intrins.h>                          //包含_nop_()空函数指令的头文件
#define uchar unsigned char
#define uint unsigned int
#define out P0
sbit RS=P2^0;                                 //位变量
sbit RW=P2^1;                                 //位变量
sbit E=P2^2;                                  //位变量
void lcd _initial(void);                      //LCD 初始化函数
void check_busy(void);                        //检查忙标志位函数
void write_command(uchar com);                //写命令函数
void write_data(uchar dat);                   //写数据函数
void string(uchar ad ,uchar *s);              //显示字符串函数
void delay(uint);                             //延时函数
void main(void)                               //主函数
{
      lcd _initial ();                        //调用 LCD 初始化函数
      while(1)
      {
            string(0x85,"Welcome");           //显示第 1 行字符串，从左边第 5 个字符处开始显示
            string(0xc2,"Harbin CHINA");      //显示第 2 行字符串，从左边第 2 个字符处开始显示
            delay(100);                       //延时
            write_command(0x01);              //写入清屏命令
            delay(100);                       //延时
      }
}
void delay(uint j)                            //1ms 延时函数
```

```
{
    uchar i=250;
    for(;j>0;j--)
    {
        while(--i);
        i=249;
        while(--i);
        i=250;
    }
}
void check_busy(void)                    //检查忙标志位函数
{
    uchar dt;
    do
    {
        dt=0xff;
        E=0;
        RS=0;
        RW=1;
        E=1;
        dt=out;
    }while(dt&0x80);
    E=0;
}
void write_command(uchar com)            //写命令函数
{
    check_busy();
    E=0;
    RS=0;
    RW=0;
    out=com;
    E=1;
    _nop_();
    E=0;
    delay(1);
}
void write_data(uchar dat)               //写显示数据函数
{
    check_busy();
    E=0;
    RS=1;
    RW=0;
    out=dat;
    E=1;
    _nop_();
    E=0;
    delay(1);
}
```

```
void lcd _initial (void)                       //LCD 初始化函数
{
      write_command(0x38);                     //写入命令 0x38：8 位两行显示，5×7 点阵字符
      write_command(0x0c);                     //写入命令 0x0c：开显示，无光标，不闪烁
      write_command(0x06);                     //写入命令 0x06：光标右移
      write_command(0x01);                     //写入命令 0x01：清屏
      delay(1);
}
void string(uchar ad,uchar *s)                 //输出显示字符串的函数
{
      write_command(ad);
      while(*s>0)
      {
            write_data(*s++);                  //输出字符串，且指针增 1
            delay(100);
      }
}
```

最后，编译程序，生成“*.hex”目标代码文件。若编译失败，则需要对程序进行修改调试，直至编译成功。

4．Proteus 仿真

（1）加载目标代码文件。双击单片机打开“编辑元件”对话框，在“Program File”框中添加前面编译好的目标代码文件；在“Clock Frequency”框中输入晶振频率 12MHz。

（2）仿真。单击仿真按钮启动仿真，结果如图 5-19 所示。

5.6 用单片机控制 LCD12864 显示

目前比较流行的点阵式液晶显示屏 LCD12864 有两种，一种以 KS0108 为主控芯片，不带字库，显示的字符或图形由不同的点阵组成，点阵的获得可借助于取模软件；另一种以 ST7920 为主控芯片，带有 ASCII 码和中文的点阵字库。

图 5-22 为 LCD12864 的外形及 Proteus 元件库中的模型 AMPIRE 128×64（不带字库，可认为主控芯片为 KS0108）与引脚排列。

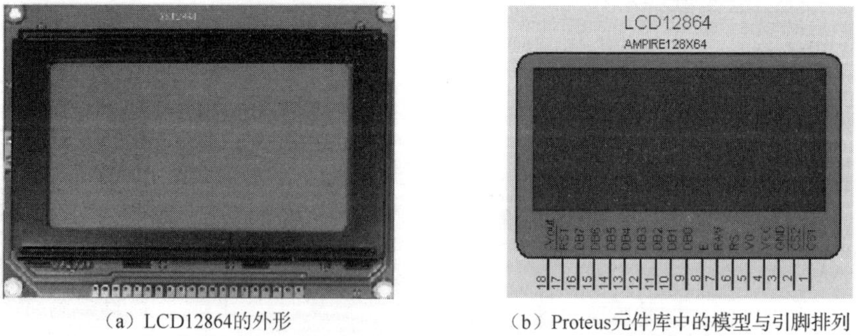

（a）LCD12864的外形　　（b）Proteus元件库中的模型与引脚排列

图 5-22　LCD12864 的外形及 Proteus 元件库中的模型与引脚排列

下面介绍以 KS0108 为主控芯片的 LCD12864 的引脚功能与显示原理。

5.6.1 引脚功能与显示原理

LCD12864（以 12864C 为例，不同型号的引脚排列略有差别）各引脚的功能见表 5-5。

表 5-5　以 KS0108 为主控芯片的 LCD12864 的引脚功能

引脚号	引脚名称	引 脚 功 能	引脚号	引脚名称	引 脚 功 能
1	CS1	片选 IC1	11	D2	数据
2	CS2	片选 IC2	12	D3	数据
3	GND	电源地	13	D4	数据
4	V_{CC}	电源正极（+5V）	14	D5	数据
5	V0	LCD 驱动电压输入（对比度调节）	15	D6	数据
6	RS	数据/命令选择（H/L）	16	D7	数据
7	R/W	读/写控制（H/L）	17	RST	复位（H：正常工作，L：复位）
8	E	使能	18	VOUT	LCD 驱动负压输出（-5V）
9	D0	数据	19	BLA	背光源正极
10	D1	数据	20	BLK	背光源负极

KS0108 控制的 LCD 12864 内部有两个控制器，分别控制左半屏和右半屏，128×64 点阵显示结构如图 5-23 所示。

左半屏和右半屏操作时，写的地址其实是一样的，要由片选引脚 CS1 和 CS2 来选择哪半屏。如果两个都选通，则相当于两块 64×64 点阵的液晶显示屏，而且显示的内容是相同的。取模方式是纵向 8 点，下面为高位 D7。列的范围是 0～63，已在图中标出。行不能按位来写，需要写“页”，1 页相当于 8 个点，也就是 8 位，即一个字符，高位在下面。页的范围是 0～7，共 8 页，8 页×8 点正好 64 点。

图 5-24 是用取模软件截图得到的一个“们”字，可以看出它是 16×16 点阵的，实际上占用了两页，16 列。操作时，固定一页，先写上面那一页，假设为第 *n* 页，从列 0 写到列 15，然后对第 *n*+1 页，再从列 0 写到列 15，这样一个“们”字的点阵就出来了。下面是其点阵代码：

```
0x40,0x20,0xf8,0x07,0x00,0xf8,0x02,0x04, 0x08,0x04,0x04,0x04,0x04,0xfe,0x04,0x00,0x00,0x00,0xff,
0x00,0x00,0xff,0x00,0x00,0x00,0x00,0x00,0x40,0x80,0x7f,0x00,0x00
```

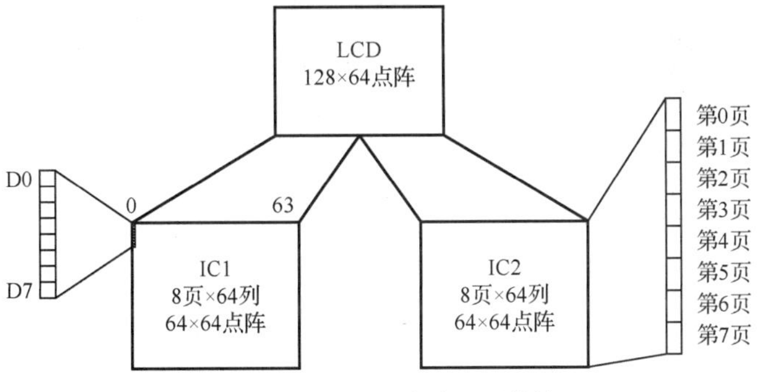

图 5-23　128×64 点阵显示结构

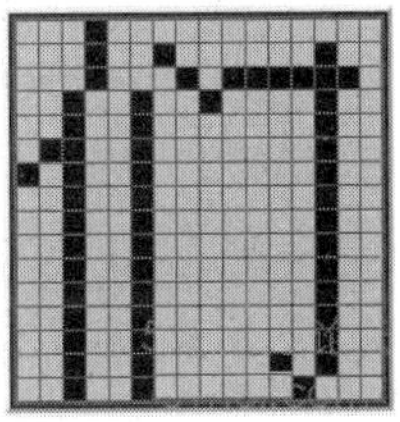

图 5-24　“们”字的点阵

可见，16×16 点阵的字符占了 32B（第 *n* 页的 16B 加上第 *n*+1 页的 16B），那么一幅满屏的图片就是 128×64 点阵，占用 128×8=1KB。可见，还是非常占空间的。

5.6.2 控制命令

LCD12864 的命令列表见表 5-6。

表 5-6　LCD12864 的命令列表

命令名称	控制状态		命令代码							
	RS	R/W*	D7	D6	D5	D4	D3	D2	D1	D0
显示开/关设置	0	0	0	0	1	1	1	1	1	D
显示起始行设置	0	0	1	1	L5	L4	L3	L2	L1	L0
页地址设置	0	0	1	0	1	1	1	P2	P1	P0
列地址设置	0	0	0	1	C5	C4	C3	C2	C1	C0
读取状态字	0	1	BUSY	0	ON/OFF	RESET	0	0	0	0
写显示数据	1	0	数据							
读显示数据	1	1	数据							

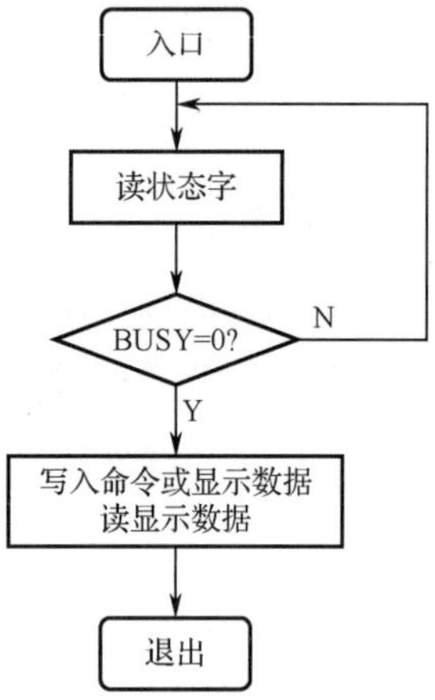

图 5-25　向 LCD12864 中写入命令的流程图

图 5-25 是向 LCD12864 中写入命令的流程图。

1. 读取状态字

在向 LCD12864 中写入命令或显示数据前，应先读取状态字。状态字的格式如下：

BUSY	0	ON/OFF	RESET	0	0	0	0

各位的功能说明如下。

BUSY 位：1 表示 KS0108 正在处理单片机发来的命令或数据，不能接收读状态字以外的任何操作；0 表示 KS0108 已处于准备好的状态，可接收单片机发来的命令或数据。

ON/OFF 位：1 表示处于关显示状态，0 表示处于开显示状态。

RESET 位：1 表示 KS0108 的 RST 引脚为低电平，KS0108 处于复位状态；0 表示 KS0108 的 RST 引脚为高电平，KS0108 处于正常工作状态。

单片机在给 LCD12864 发送命令或显示数据前，一定要先检测 BUSY 位。只有当 BUSY 位为 0 时，单片机才能向 LCD12864 发送命令或显示数据。

2. 显示开/关设置命令

命令格式如下：

0	0	1	1	1	1	1	D

D 位为显示开/关控制位。

D=1 表示开显示，显示数据锁存器正常工作，屏幕呈现所需的显示效果。此时状态字中的 ON/OFF=0。

D=0 表示关显示，显示数据锁存器被置 0，屏幕为不显示状态，此时状态字中的 ON/OFF=1。

3. 显示起始行设置命令

命令格式如下：

1	1	L5	L4	L3	L2	L1	L0

该命令设置了显示起始行寄存器的内容。KS0108 能够管理 64 行显示。该命令中的 L5～

L0 为显示起始行，取值在 00H～3FH（1～64）范围内，它规定了显示屏最上面一行所对应的显示存储器的行地址。如果定时、等距修改（加 1 或减 1）显示寄存器中的内容，则显示屏呈现显示内容向上或向下平滑滚动的显示效果。

4．页地址设置命令

命令格式如下：

1	0	1	1	1	P2	P1	P0

该命令设置页地址寄存器的内容。KS0108 将显示存储器分成 8 页。该命令中的 P2～P0 用于确定当前所要选择的页地址，取值范围为 0H～7H，代表第 1～8 页。该命令规定了读/写操作要在哪一页上进行。

5．列地址设置命令

命令格式如下：

0	1	C5	C4	C3	C2	C1	C0

该命令设置列地址计数器的内容。其中，C0～C5=00H～3FH（1～64）代表某一页的某个单元的地址，随后的一次读/写数据将在这个单元中进行。列地址计数器具有自动加 1 的功能，在每次读/写数据后，它将自动加 1，所以在连续进行读/写数据时，列地址计数器不必每次都设置。

页地址的设置和列地址的设置将显示存储器的单元唯一地确定下来。

6．写显示数据

命令格式如下：

8 位数据

该命令将 8 位数据写入先前已确定的显示存储器的单元中，操作完成后，列地址计数器自动加 1。

7．读显示数据

命令格式如下：

8 位数据

该命令将 KS0108 接口电路输出寄存器中的内容读出，然后列地址计数器自动加 1。

5.6.3 LCD12864 设计实例

【例 5-10】 本例要求用单片机控制 LCD12864 分三行显示“PROTEUS 电子设计与创新的最佳平台”，仿真原理图如图 5-26 所示。

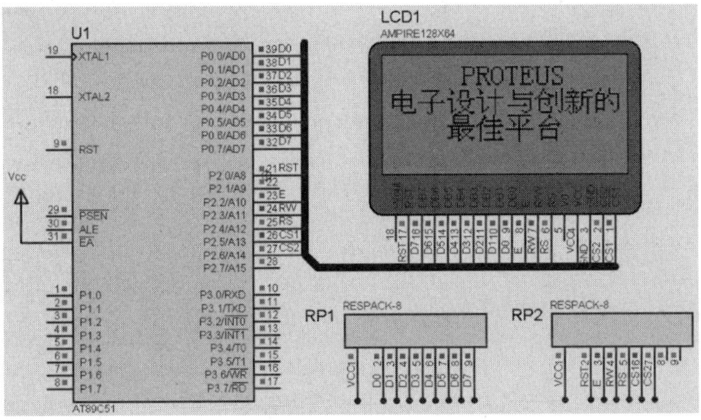

图 5-26 用单片机控制 LCD12864 显示的仿真原理图

参考程序如下。

```
#include <reg51.h>
#define   uchar   signed char
#define   uint    unsigned   int
//常量定义
#define lcdrow    0xc0                                    //设置起始行
#define   lcdpage    0xb8                                 //设置起始页
#define   lcdcolumn 0x40                                  //设置起始列
#define   c_page_max 0x08                                 //页数最大值
#define   c_column_max 0x40                               //列数最大值
//端口定义
#define   bus   P0
sbit   rst=P2^0;
sbit   e=P2^2;
sbit   rw=P2^3;
sbit   rs=P2^4;
sbit   cs1=P2^5;
sbit   cs2=P2^6;
//函数声明
void     delayms(uint);                                   //延时函数，单位为 ms
void     delayus10(void);                                 //延时 10μs
void     select(uchar);                                   //选择屏幕
void     send_cmd(uchar);                                 //写命令
void     send_data(uchar);                                //写数据
void     clear_screen(void);                              //清屏
void     initial(void);                                   //LCD 初始化
void     display_zf(uchar,uchar,uchar,uchar);             //显示字符
void     display_hz(uchar,uchar,uchar,uchar);             //显示汉字
void     display(void);                                   //在 LCD 上显示
//字符表
//宋体 12，使用此字体，对应的点阵为：宽×高=8×16
//取模方式：纵向取模，下高位，从上到下，从左到右取模
uchar   code   table_zf[]={
    // 文字: P
    0x08,0xf8,0x08,0x08,0x08,0x08,0xf0,0x00,0x20,0x3f,0x21,0x01,0x01,0x01,0x00,0x00,
    // 文字: R
    0x08,0xf8,0x88,0x88,0x88,0x88,0x70,0x00,0x20,0x3f,0x20,0x00,0x03,0x0c,0x30,0x20,
    // 文字: O
    0xe0,0x10,0x08,0x08,0x08,0x10,0xe0,0x00,0x0f,0x10,0x20,0x20,0x20,0x10,0x0f,0x00,
    // 文字: T
    0x18,0x08,0x08,0xf8,0x08,0x08,0x18,0x00,0x00,0x00,0x20,0x3f,0x20,0x00,0x00,0x00,
    // 文字: E
    0x08,0xf8,0x88,0x88,0xe8,0x08,0x10,0x00,0x20,0x3f,0x20,0x20,0x23,0x20,0x18,0x00,
    // 文字: U
    0x08,0xf8,0x08,0x00,0x00,0x08,0xf8,0x08,0x00,0x1f,0x20,0x20,0x20,0x20,0x1f,0x00,
    // 文字: S
    0x00,0x70,0x88,0x08,0x08,0x08,0x38,0x00,0x00,0x38,0x20,0x21,0x21,0x22,0x1c,0x00
};
```

```
// 汉字表
// 宋体 12;  此字体下对应的点阵为：宽×高=16×16
// 取模方式：纵向取模，下高位，从上到下，从左到右取模
uchar code   table_hz[ ]={
    // 文字： 电
    0x00,0x00,0xf8,0x48,0x48,0x48,0x48,0xff,0x48,0x48,0x48,0x48,0xf8,0x00,0x00,0x00,
    0x00,0x00,0x0f,0x04,0x04,0x04,0x04,0x3f,0x44,0x44,0x44,0x44,0x4f,0x40,0x70,0x00,
    // 文字： 子
    0x00,0x00,0x02,0x02,0x02,0x02,0x02,0xe2,0x12,0x0a,0x06,0x02,0x00,0x80,0x00,0x00,
    0x01,0x01,0x01,0x01,0x01,0x41,0x81,0x7f,0x01,0x01,0x01,0x01,0x01,0x01,0x01,0x00,
    // 文字： 设
    0x40,0x41,0xce,0x04,0x00,0x80,0x40,0xbe,0x82,0x82,0x82,0xbe,0xc0,0x40,0x40,0x00,
    0x00,0x00,0x7f,0x20,0x90,0x80,0x40,0x43,0x2c,0x10,0x10,0x2c,0x43,0xc0,0x40,0x00,
    // 文字： 计
    0x20,0x21,0x2e,0xe4,0x00,0x00,0x20,0x20,0x20,0x20,0xff,0x20,0x20,0x20,0x20,0x00,
    0x00,0x00,0x00,0x7f,0x20,0x10,0x08,0x00,0x00,0x00,0xff,0x00,0x00,0x00,0x00,0x00,
    // 文字： 与
    0x00,0x00,0x00,0x00,0x7e,0x48,0x48,0x48,0x48,0x48,0x48,0x48,0x48,0xcc,0x08,0x00,
    0x00,0x04,0x04,0x04,0x04,0x04,0x04,0x04,0x04,0x24,0x46,0x44,0x20,0x1f,0x00,0x00,
    // 文字： 创
    0x40,0x20,0xd0,0x4c,0x43,0x44,0x48,0xd8,0x30,0x10,0x00,0xfc,0x00,0x00,0xff,0x00,
    0x00,0x00,0x3f,0x40,0x40,0x42,0x44,0x43,0x78,0x00,0x00,0x07,0x20,0x40,0x3f,0x00,
    // 文字： 新
    0x20,0x24,0x2c,0x35,0xe6,0x34,0x2c,0x24,0x00,0xfc,0x24,0x24,0xe2,0x22,0x22,0x00,
    0x21,0x11,0x4d,0x81,0x7f,0x05,0x59,0x21,0x18,0x07,0x00,0x00,0xff,0x00,0x00,0x00,
    // 文字： 的
    0x00,0xf8,0x8c,0x8b,0x88,0xf8,0x40,0x30,0x8f,0x08,0x08,0x08,0x08,0xf8,0x00,0x00,
    0x00,0x7f,0x10,0x10,0x10,0x3f,0x00,0x00,0x00,0x03,0x26,0x40,0x20,0x1f,0x00,0x00,
    // 文字： 最
    0x40,0x40,0xc0,0x5f,0x55,0x55,0xd5,0x55,0x55,0x55,0x55,0x5f,0x40,0x40,0x40,0x00,
    0x20,0x20,0x3f,0x15,0x15,0x15,0xff,0x48,0x23,0x15,0x09,0x15,0x23,0x61,0x20,0x00,
    // 文字： 佳
    0x40,0x20,0xf0,0x1c,0x47,0x4a,0x48,0x48,0x48,0xff,0x48,0x48,0x4c,0x68,0x40,0x00,
    0x00,0x00,0xff,0x00,0x40,0x44,0x44,0x44,0x44,0x7f,0x44,0x44,0x46,0x64,0x40,0x00,
    // 文字： 平
    0x00,0x01,0x05,0x09,0x71,0x21,0x01,0xff,0x01,0x41,0x21,0x1d,0x09,0x01,0x00,0x00,
    0x01,0x01,0x01,0x01,0x01,0x01,0x01,0xff,0x01,0x01,0x01,0x01,0x01,0x01,0x01,0x00,
    // 文字： 台
    0x00,0x00,0x40,0x60,0x50,0x48,0x44,0x63,0x22,0x20,0x20,0x28,0x70,0x20,0x00,0x00,
    0x00,0x00,0x00,0x7f,0x21,0x21,0x21,0x21,0x21,0x21,0x21,0x7f,0x00,0x00,0x00,0x00
};

void main()
{
    initial();
    display();
    clear_screen();
    display();
```

```
    while(1);
}

void   delayus10(void)                                    //延时 10μs 函数
{
    uchar i=5;
    while(--i);
}

void   delayms(uint j)                                    //延时 10ms 函数
{
    uchar i=250;
    for(;j>0;j--)
    {
        while(--i); i=249;while(--i);i=250;
    }
}

//屏幕选择：cs=0 选择全屏，cs=1 选择左半屏，cs=2 选择右半屏
void    select(uchar cs)
{
     if(cs==0)cs1=1,cs2=1;
    else if(cs==1)cs1=1,cs2=0;
    else   cs1=0,cs2=1;
}

void   send_cmd(uchar cmd)                                //写命令函数
{
     rs=0;rw=0; bus=cmd;delayus10();e=1;e=0;
}

void   send_data(uchar dat)                               //写数据函数
{
     rs=1;rw=0; bus=dat;delayus10();e=1;e=0;
}

     void   clear_screen(void)                            //清屏函数
{
     uchar c_page,c_column;
    select(0);
    for(c_page=0;c_page<c_page_max;c_page++)
    {
        send_cmd(c_page+lcdpage);
        send_cmd(lcdcolumn);
        for(c_column=0;c_column<c_column_max;c_column++)
        {
            send_data(0x00);
        }
```

```
        }
}

void initial(void)                                   //LCD 初始化函数
{
        select(0);
        rst=0;delayms(10);rst=1;
        clear_screen();
        send_cmd(lcdrow);
        send_cmd(lcdcolumn);
        send_cmd(lcdpage);
        send_cmd(0x3f);
}
//写字符，c_page 为当前页，c_column 为当前列，num 为字符数
//offset 为所取字符在显示缓冲区中的偏移单位
void display_zf(uchar c_page,uchar c_column,uchar num,uchar offset)
{
         uchar c1,c2,c3;
         for(c1=0;c1<num;c1++)
         {
                 for(c2=0;c2<2;c2++)
                {for(c3=0;c3<8;c3++)
                     {
                             send_cmd(lcdpage+c_page+c2);
                             send_cmd(lcdcolumn+c_column+c1*8+c3);
                             send_data(table_zf[(c1+offset)*16+c2*8+c3]);
                     }
                }
         }
}

//写汉字，c_page 为当前页，c_column 为当前列，num 为字符数
//offset 为所取汉字在显示缓冲区中的偏移单位
void     display_hz(uchar c_page,uchar c_column,uchar num,uchar offset)
{
         uchar c1,c2,c3;
         for(c1=0;c1<num;c1++)
        {for(c2=0;c2<2;c2++)
                {
                     for(c3=0;c3<16;c3++)
                     {
                             send_cmd(lcdpage+c_page+c2);
                             send_cmd(lcdcolumn+c_column+c1*16+c3);
                             send_data(table_hz[(c1+offset)*32+c2*16+c3]);
                     }
                }
         }
}
```

```
void  display(void)                                        //在 LCD 上显示函数
{
      select(1);
      display_zf(0,40,3,0);
      display_hz(2,0,4,0);
      display_hz(4,32,2,8);
      select(2);
      display_zf(0,0,4,3);
      display_hz(2,0,4,4);
      display_hz(4,0,2,10);
}
```

5.7 键盘接口设计

键盘具有向单片机输入数据、命令等功能，是人与单片机对话的主要手段。

键盘由若干按键按照一定的规则组成。每个按键实质上就是一个开关，按构造可分为有触点开关按键和无触点开关按键。常见的触点开关按键的键盘有触摸式键盘、薄膜键盘、导电橡胶键盘和按键式键盘等，最常用的是按键式键盘。无触点开关按键有电容式按键、光电式按键和磁感应按键等。下面介绍按键式键盘的工作原理、工作方式，以及键盘的接口设计与软件编程。

5.7.1 键盘接口设计需要解决的问题

1．键盘的任务

键盘的任务有以下三项：① 判别是否有键按下，若有，则进入下一步；② 识别哪一个键被按下，并求出相应的键值；③ 根据键值，找到相应键值的处理程序入口。

2．键盘输入的特点

如图 5-27（a）所示，键盘中一个按键开关的两端分别连接在行线和列线上，列线接地，行线通过电阻接到+5V 上。当按键开关的机械触点断开、闭合时，其行线电压输出波形如图 5-27（b）所示。

其中，t_1 和 t_3 分别为按键闭合和断开过程中的抖动期（呈现一串负脉冲）。抖动期的长短与开关的机械特性有关，一般为 5ms～10ms。t_2 为稳定的闭合期，其时间由按键动作决定，一般为十分之几 s 到几 s。t_0 和 t_4 为断开期。

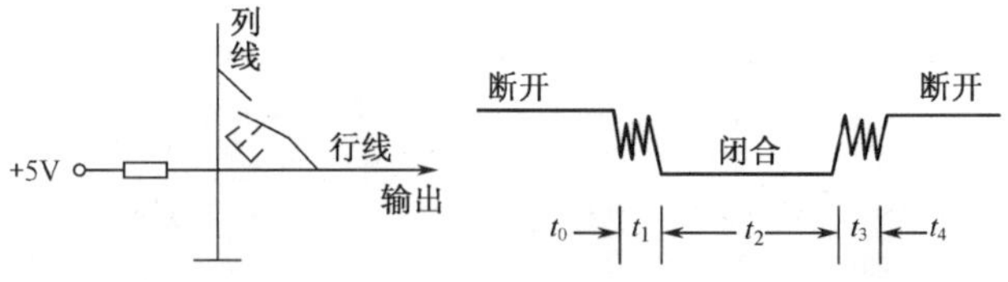

（a）按键开关　　（b）行线输出电压波形

图 5-27　键盘开关及其行线波形

3．按键的识别

按键的闭合与否，反映在行线输出电压上就呈现出高电平或低电平。单片机通过对行线电平的高低状态的检测，便可确认按键是按下还是松开。为了确保单片机对一次按键动作只确认一次按键有效（所谓按键有效，是指按下按键后，一定要再松开它），必须消除抖动期 t_1 和 t_3 的影响。

4. 如何消除按键的抖动

常用的按键消抖方法有两种。① 通过软件延时来消抖，其基本思想是，在检测到有键按下时，该按键所对应的行线为低电平，执行一段延时 10ms 的子程序后，确认该行线是否仍为低电平，如果仍为低电平，则确认该行确实有键按下。当松开按键时，行线从低电平变为高电平，执行一段延时 10ms 的子程序后，检测到该行线为高电平，说明按键确实已经松开。采取以上措施，可消除抖动期 t_1 和 t_3 的影响。② 采用专用的键盘/显示器接口芯片，这类芯片中都有自动消抖的硬件电路。

键盘主要分为两类：非编码键盘和编码键盘。① 非编码键盘是指所按下按键的键值信息不能直接得到，而要通过软件来获取。② 编码键盘是指当按下按键后，能直接得到按键的键值，如专用的键盘接口芯片。

非编码键盘的按键直接与单片机相连接，该类键盘通常用在系统功能比较简单、需要处理的任务较少、按键数量较少的场合，具有成本低、电路简单等优点。

常见的非编码键盘有独立式键盘和矩阵式键盘两种结构。下面首先介绍独立式键盘接口设计实例。

5.7.2 独立式键盘接口设计实例

独立式键盘的特点是，各按键相互独立，每个按键各接一根 I/O 口线，通过检测 I/O 口线的电平状态，很容易判断哪个按键被按下。如图 5-28 所示为一个独立式键盘的接口电路，8 个按键 k1～k8 分别接到单片机的 P1.0～P1.7 引脚上，上拉电阻保证按键未被按下时，对应的 I/O 口线为稳定的高电平。当某个按键被按下时，对应的 I/O 口线就变成了低电平，与其他按键相连的 I/O 口线仍为高电平。因此，只需读入 I/O 口线的状态，判别是否为低电平，就能很容易识别出哪个键被按下。由于独立式键盘各按键相互独立，互不影响，因此识别键号的程序编写简单，非常适用于按键数目较少的场合。如果按键数目较多，则要占用较多的 I/O 口线。

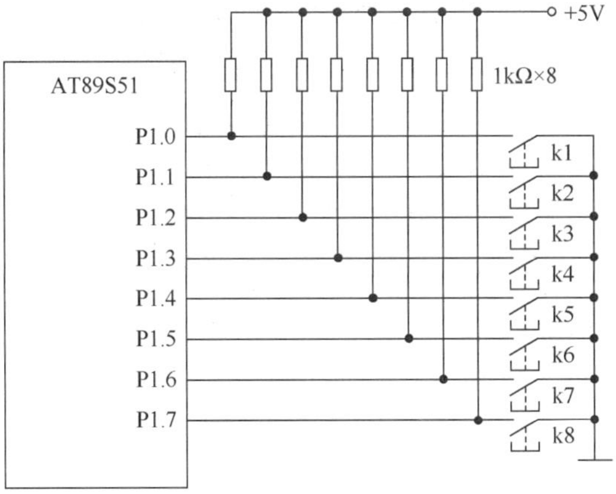

图 5-28 独立式键盘的接口电路

1. 独立式键盘的查询方式

【例 5-11】 对于如图 5-28 所示的独立式键盘，采用查询方式来实现对键盘扫描，根据按下的不同按键，来对其进行处理。

键盘扫描程序如下：

```
#include<reg51.h>
void key_scan(void)
{
    unsigned char keyval
    do
    {
        P1=0xff;                    //P1 口为输入
        keyval=P1;                  //从 P1 口读入键盘状态
        keyval=～keyval;            //键盘状态求反
        switch(keyval)
        {
            case 1: …;              //处理按下的 k1 键，"…"为该键处理程序，下同
                break;              //跳出 switch 语句
            case 2: …;              //处理按下的 k2 键
                break;              //跳出 switch 语句
            case 4: …;              //处理按下的 k3 键
                break;              //跳出 switch 语句
            case 8: …;              //处理按下的 k4 键
                break;              //跳出 switch 语句
            case 16: …;             //处理按下的 k5 键
                break;              //跳出 switch 语句
            case 32: …;             //处理按下的 k6 键
                break;              //跳出 switch 语句
            case 64: …;             //处理按下的 k7 键
                break;              //跳出 switch 语句
            case 128: …;            //处理按下的 k8 键
                break;              //跳出 switch 语句
            default:
                break;              //无键按下处理
        }
    }
    while(1);
}
```

下面来看一个采用 Proteus 虚拟仿真的独立式键盘接口设计实例。

【例 5-12】 单片机与 4 个独立按键 k1～k4 以及 8 个 LED 构成一个独立式键盘系统。4 个按键接单片机的 P1.0～P1.3 引脚，P3 口接 8 个 LED，控制 LED 的亮与灭，仿真原理图如图 5-29 所示。按下 k1 键，P3 口的 8 个 LED 正向（由上至下）流水点亮；按下 k2 键，P3 口的 8 个 LED 反向（由下而上）流水点亮；按下 k3 键，高、低 4 个 LED 交替点亮；按下 k4 键，P3 口的 8 个 LED 闪烁点亮。

本例中的 4 个按键分别对应 4 个不同的点亮功能，且具有不同的键值 keyval，具体对应关系如下：① 按下 k1 键，keyval=1；② 按下 k2 键，keyval=2；③ 按下 k3 键，keyval=3；④ 按下 k4 键，keyval=4。

本例的独立式键盘的工作原理如下。

（1）首先判断是否有键按下。向接有 4 个按键的 P1 口低 4 位（P1.0～P1.3）写入 1，使 P1 口低 4 位为输入状态。然后读入低 4 位的电平，只要有 1 位不为 1，则说明有键按下。读取方法如下：

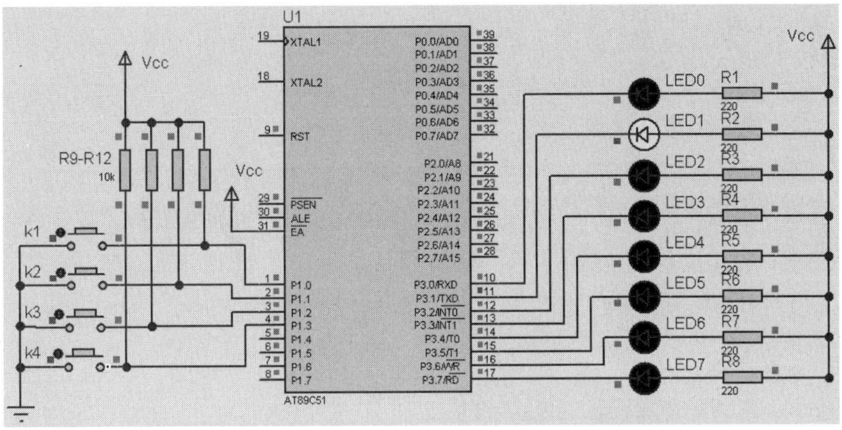

图 5-29　虚拟仿真的独立式键盘接口设计仿真原理图

```
P1=0xff;
if((P1&0x0f)!=0x0f);      //读入的 P1 口低 4 位各按键的状态，按位与运算后的结果不是 0x0f
                          //表明低 4 位中必有 1 位是 0，说明有键按下
```

（2）按键消抖。当判别有键按下时，调用软件延时子程序，延时约 10ms 后再进行判别。若按键确实按下，则执行相应的按键功能，否则重新开始扫描。

（3）获得键值。确认有键按下时，采用扫描方法判断哪个键被按下，并获取键值。

首先，通过 Keil μVision3 建立工程，再建立“*.c”源程序文件，操作见 3.4 节介绍。

参考程序如下：

```
#include<reg51.h>                       //包含 8051 单片机寄存器定义的头文件
sbit S1=P1^0;                           //将 S1 位定义为 P1.0 引脚
sbit S2=P1^1;                           //将 S2 位定义为 P1.1 引脚
sbit S3=P1^2;                           //将 S3 位定义为 P1.2 引脚
sbit S4=P1^3;                           //将 S4 位定义为 P1.3 引脚
unsigned char keyval;                   //定义键值变量存储单元
void main(void)                         //主函数
{
    keyval=0;                           //键值初始化为 0
    while(1)
    {
        key_scan();                     //调用键盘扫描函数
        switch(keyval)
        {
            case 1:forward();           //键值为 1，调用正向流水点亮函数
                break;
            case 2:backward();          //键值为 2，调用反向流水点亮函数
                break;
            case 3:Alter();             //键值为 3，调用高、低 4 位交替点亮函数
                break;
            case 4:blink ();            //键值为 4，调用闪烁点亮函数
                break;
        }
    }
}
```

```
void key_scan(void)                    //函数功能：键盘扫描
{
    P1=0xff;
    if((P1&0x0f)!=0x0f)                //检测到有键按下
    {
        delay10ms();                   //延时 10ms 再去检测
        if(S1==0)                      // k1 键被按下
        keyval=1;
        if(S2==0)                      // k2 键被按下
        keyval=2;
        if(S3==0)                      // k3 键被按下
        keyval=3;
        if(S4==0)                      // k4 键被按下
        keyval=4;
    }
}
void forward(void)                     //函数功能：正向流水点亮 LED
{
    P3=0xfe;                           //LED0 亮
    led_delay();
    P3=0xfd;                           //LED1 亮
    led_delay();
    P3=0xfb;                           //LED2 亮
    led_delay();
    P3=0xf7;                           //LED3 亮
    led_delay();
    P3=0xef;                           //LED4 亮
    led_delay();
    P3=0xdf;                           //LED5 亮
    led_delay();
    P3=0xbf;                           //LED6 亮
    led_delay();
    P3=0x7f;                           //LED7 亮
    led_delay();
}

void backward(void)                    //函数功能：反向流水点亮 LED
{
    P3=0x7f;                           //LED7 亮
    led_delay();
    P3=0xbf;                           //LED6 亮
    led_delay();
    P3=0xdf;                           //LED5 亮
    led_delay();
    P3=0xef;                           //LED4 亮
    led_delay();
    P3=0xf7;                           //LED3 亮
    led_delay();
```

```
        P3=0xfb;                            //LED2 亮
        led_delay();
        P3=0xfd;                            //LED1 亮
        led_delay();
        P3=0xfe;                            //LED0 亮
        led_delay();
    }

void Alter(void)                            //函数功能：交替点亮高 4 位与低 4 位 LED
{
        P3=0x0f;
        led_delay();
        P3=0xf0;
        led_delay();
}

void blink (void)                           //函数功能：闪烁点亮 LED
{
        P3=0xff;
        led_delay();
        P3=0x00;
        led_delay();
}

void led_delay(void)                        //函数功能：流水灯显示延时
{
        unsigned char i,j;
        for(i=0;i<220;i++)
        for(j=0;j<220;j++)
            ;
}

void delay10ms(void)                        //函数功能：软件消抖延时
{
        unsigned char i,j;
        for(i=0;i<100;i++)
        for(j=0;j<100;j++)
            ;
}
```

说明：本例的按键有效，是指按键被按下后没有松开。如果要求按键被按下后再松开才为有效按键，则需要对上述程序进行改写，请读者考虑如何修改程序。

2．独立式键盘的中断扫描方式

上面介绍了独立式键盘的查询方式。为提高单片机扫描键盘的工作效率，可采用中断扫描方式，只有在键盘上有键按下时，才进行扫描与处理。该方式的键盘实时性强，工作效率高。

【例 5-13】 设计一个采用中断扫描方式的独立式键盘，只有在键盘上有键按下时，才进行处理。其接口电路见图 5-30。当键盘上有键按下时，8 输入与非门 74LS30 的输出经过

74LS04 反相后向单片机的中断请求输入引脚 $\overline{INT0}$ 发出低电平的中断请求信号；单片机响应中断，进入外部中断 0 的中断函数；在中断函数中，判断按键是否真的被按下；若确实被按下，则把按键按下标志位 keyflag 置 1，并得到该按键的键值；然后从中断函数返回，根据键值跳向相应的处理程序。

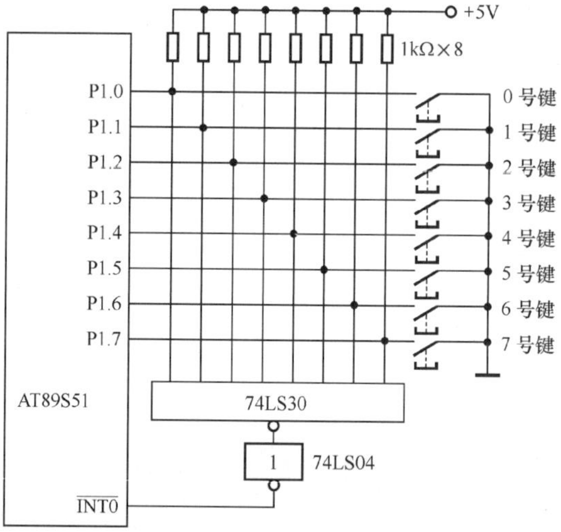

图 5-30　采用中断扫描方式的独立式键盘的接口电路

参考程序如下：

```
#include<reg51.h>
#include<absacc.h>
#define uchar unsigned char
#define TRUE 1
#define FALSE 0
bit keyflag;                        //keyflag 为按键按下标志位
uchar keyval;                       //keyval 为键值
void delay10ms(void);               //软件延时 10ms 函数

void main(void)
{
    IE=0x81;                        //总中断允许 EA=1，允许外部中断 0
    IP=0x01;                        //设置外部中断 0 为高优先级
    keyflag=0;                      //设置按键按下标志位为 0
    do
    {
        if(keyflag)                 //如果 keyflag =1，则有键按下
        {
            keyval=~keyval;         //键值取反
            switch(keyval)          //根据按键的键值进行分支跳转
            {
                case 1:…;           //处理 0 号键
                    break;
                case 2:…;           //处理 1 号键
                    break;
                case 4:…;           //处理 2 号键
```

```
                    break;
                case 8:…;               //处理 3 号键
                    break;
                case 16:…;              //处理 4 号键
                    break;
                case 32:…;              //处理 5 号键
                    break;
                case 64:…;              //处理 6 号键
                    break;
                case 128:…;             //处理 7 号键
                    break;
                default;
                    break;              //无效按键，例如多个按键同时被按下
            }
            keyflag=0;                  //清除按键按下标志位
        }
    } while(TRUE);
}

void int0() interrupt 0                 //有键按下，则执行外部中断 0 的中断函数
{
    uchar reread_key;                   //reread_key 为重读键值变量
    IE=0x80;                            //屏蔽外部中断 0
    keyflag=0;                          //把按键按下标志位清 0
    P1=0xff;                            //向 P1 口写 1，设置 P1 口为输入
    keyval=P1;                          //从 P1 口读键盘的状态
    delay10ms();                        //延时 10ms
    reread_key=P1;                      //再次从 P1 口读键盘的状态，并存入 reread_key 中
    if(keyval ==reread_key)             //比较两次读取的键值，若相同，则说明有键按下
    {
        keyflag=1;                      //按键按下标志位置 1
    }
    IE=0x81;                            //重新允许外部中断 0
}
```

程序中用到了外部中断 0，有关中断系统的中断函数以及特殊功能寄存器 IE 和 IP 的功能与设置，将在第 6 章中介绍。当没有键按下时，标志位 keyflag=0，程序一直执行“do{…}while()”循环。当有键按下时，则 74LS04 的输出端产生低电平，向单片机的 $\overline{INT0}$ 引脚发出中断请求信号，单片机响应中断，执行中断函数。如果确实有键按下，则在中断函数中把 keyflag 置 1，并得到键值。当执行完中断函数后，再进入“do{…}while()”循环，此时由于“if(keyflag)”中的 keyflag=1，则可根据键值 keyval 执行“switch(keyval)”分支语句，进行已按下的按键的处理。

5.7.3 矩阵式键盘接口设计实例

矩阵式（也称行列式）键盘用于按键数目较多的场合。它由行线和列线组成，按键位于行线、列线的交叉点上。如图 5-31 所示，一个 4×4 的行、列结构可构成一个 16 键的键盘，只需

要一个 8 位的并行 I/O 口即可。如果采用 8×8 的行、列结构，可以构成一个 64 键的键盘，只需要两个 8 位的并行 I/O 口即可。很明显，在按键数目较多的场合，矩阵式键盘要比独立式键盘节省较多的 I/O 口。

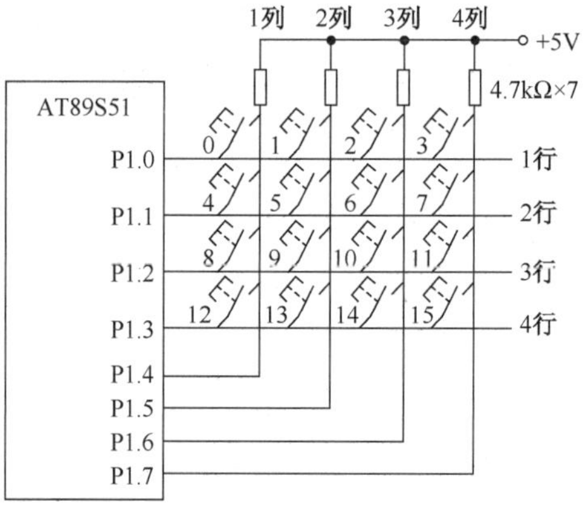

图 5-31 矩阵式（行列式）键盘的接口电路

下面介绍采用查询方式的矩阵式键盘的程序设计。

【例 5-14】 对如图 5-31 所示的矩阵式键盘，编写采用查询方式的键盘处理程序。

程序首先应判断键盘有无键按下，即把所有行线 P1.0～P1.3 均置为低电平，然后检测各列线的状态，若列线不全为高电平，则表示键盘上有键按下；若所有列线均为高电平，则说明键盘上无键按下。

在确认有键按下后，需要查找按键的位置，其方法是：依次将行线置为低电平，再逐行检查各列线的电平状态；若某列为低电平，则该列线与行线交叉点上的按键就是闭合的按键。

判断有无键按下，以及获取键值的参考程序如下：

```
#include<reg51.h>
#define uchar unsigned char
#define uint unsigned int
void main(void)
{
        uchar key;
        while(1)
        {
                key= keyscan();                    //调用键盘扫描函数，返回的键值送变量 key
                delay();                           //延时
        }
void delay10ms(void);                              //延时函数
{
        uchar i;
        for(i=0;i<200;i++){ }
}
uchar key_scan(void)                               //键盘扫描函数
{
        uchar code_h;                              //行扫描值
        uchar code_l;                              //列扫描值
        P1=0xf0;                                   //P1.0～P1.3 行线输出都为 0，准备读列状态
```

```
        if((P1&f0)!=0xf0)                          //如果 P1.4～P1.7 不全为 1，则可能有键按下
        {
            delay10ms(void);                       //延时消抖
            if((P1&f0)!=0xf0)                      //重读 P1.4～P1.7，若还是不全为 1，则一定有键按下
            code_h=0xfe;                           //P1.0 行线置为 0，开始行扫描
            while((code_h&0x10)!=0xf0);            //判断是否扫描到最后一行，若不是，则继续扫描
            {
                P1= code_h;                        //P1 口输出行扫描值
                if((P1&f0)!=0xf0);                 //如果 P1.4～P1.7 不全为 1，则该行中有键按下
                {
                    code_l=(P1&0xf0|0x0f); //保留 P1 口高 4 位，低 4 位变为 1，作为列值
                    return((～code_h)+(～code_l)); //键值=行扫描值+列扫描值，键值返给主程序
                }
                else                               //该行无键按下，往下执行
                    code_h=(code_h<<1)|0x01;//行扫描值左移，准备扫描下一行
            }
        }
        return(0) ;                                //无键按下，返回 0
    }
```

【例 5-15】 用数码管显示 4×4 矩阵式键盘的键号。单片机的 P1.7～P1.0 引脚接 4×4 矩阵式键盘的行线与列线，各按键的键号如图 5-32 所示。数码管的显示由 P0 口控制，当矩阵式键盘上的某个按键被按下时，数码管上显示对应的键号。例如，当 1 号键被按下时，数码管显示 1；当 E 键被按下时，数码管显示 E 等。

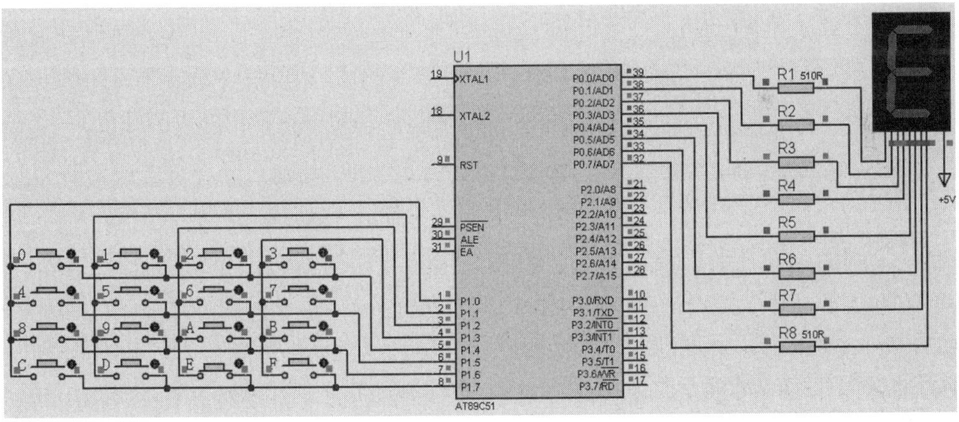

图 5-32　用数码管显示 4×4 矩阵式键盘键号的仿真原理图

本例参考程序如下：

```
    #include <reg51.h>
    #define uchar unsigned char
    sbit L1=P1^0;                                  //定义键盘的 4 根列线
    sbit L2=P1^1;
    sbit L3=P1^2;
    sbit L4=P1^3;
    uchar dis[15]={0xc0,0xf9,0xa4,0xb0,0x99,0x92,0x82,0xf8,0x80,0x90,0x88,0x83,
```

```
                 0xc6,0xa1,0x86, 0x8e };            //共阳极数码管字符 O～F 对应的段码
unsigned int time;
delay(time)                                          //延时子程序
{
      unsigned int j;
      for(j=0;j<time;j++)
      {}
}

main()                                               //主程序
{
      uchar temp;
      uchar i;
      while(1)
      {
            P1=0xef;                       //行扫描初值，P1.4=0，P1.5～P1.7=1
            for(i=0;i<=3;i++)              //按行扫描，一共 4 行
            {
                  if (L1==0) P0= dis [i*4+0]; //第 1 列有无键按下，若有，键号可能为 0,4,8,C，送显示
                  if (L2==0) P0= dis [i*4+1]; //第 2 列有无键按下，若有，键号可能为 1,5,9,d，送显示
                  if (L3==0) P0= dis [i*4+2]; //第 3 列有无键按下，若有，键号可能为 2,6,A,E，送显示
                  if (L4==0) P0= dis [i*4+3]; //第 4 列有无键按下，若有，键号可能为 3,7,b,F，送显示
                  delay(500);              //延时
                  temp=P1;                 //读入 P1 口的状态
                  temp=temp|0x0f;          //使 P1.3～P1.0 为输入
                  temp=temp<<1;            //P1.7～P1.4 左移 1 位，准备下一行扫描
                  temp=temp|0x0f;          //移位后，置 P1.3～P1.0 为 1，保证其仍为输入
                  P1=temp;                 //行扫描值送 P1 口，为下一行扫描做准备
            }
      }
}
```

说明：本例的关键是如何获取键号。具体采用逐行扫描方法，先驱动行 P1.4=0，然后依次读入各列的状态，第 1 列对应的 i=0，第 2 列对应的 i=1，第 3 列对应的 i=2，第 4 列对应的 i=3。假设 4 号键按下，此时第 2 列对应的 i=1，又 L2=0，执行语句“if (L2==0) P0=dis [i*4+1]”后，i*4+1=5，从而查找到字形码数组 dis[]中的第 5 个元素，即显示字符“4”的段码“0x99”（见表 5-1），把段码“0x99”送 P0 口驱动数码管显示字符“4”。

5.7.4 非编码键盘扫描方式的选择

单片机系统处理其他任务时，如何兼顾非编码键盘的输入，这取决于键盘扫描方式。键盘扫描方式选取的原则是，既要保证及时响应按键操作，又不能过多占用单片机处理其他任务的工作时间。通常，键盘扫描方式有三种：查询扫描、定时扫描和中断扫描。

1．查询扫描

查询扫描方式是指利用单片机空闲时间，调用键盘扫描子程序，通过反复扫描键盘来响应键盘的输入请求。如果单片机的查询频率过高，虽然能及时响应键盘输入请求，但也会影响其

他任务的执行；如果查询频率过低，有可能出现键盘输入的漏判现象。所以要根据单片机系统的繁忙程度和键盘的操作频率，来调整键盘扫描的频率。

2．定时扫描

单片机也可每隔一段的时间对键盘扫描一次，即定时扫描方式。这种方式通常利用单片机内的定时/计数器产生的定时中断，进入中断子程序后对键盘进行扫描，在有键按下时识别出按下的键，并执行该键的处理程序。由于每次按键的时间一般不会小于 100ms，所以为了不漏判有效的按键，定时中断的周期一般应小于 100ms。

3．中断扫描

为进一步提高单片机扫描键盘的工作效率，可采用中断扫描方式，即键盘只有在有键按下时，才会向单片机发出中断请求信号。单片机响应中断，执行键盘扫描中断服务子程序，识别出按下的键，并执行该键的处理程序。如果无键按下，单片机将不理睬键盘。其优点是，只在有键按下时才进行处理，所以其实时性强，工作效率高。

5.7.5 单片机与 HD7279A 的接口设计

单片机通过专用键盘/显示器接口芯片与键盘/显示器连接，可直接得到闭合键的键值（编码键盘），省去了编写键盘/显示器动态扫描程序及按键消抖程序的烦琐工作。

1．各种专用键盘/显示器接口芯片简介

目前，各种专用键盘/显示器接口芯片种类繁多。常见的专用键盘/显示器接口芯片 HD7279A 与单片机间采用串行连接，功能强，具有一定的抗干扰能力，可控制与驱动 8 个 LED 数码管以及实现 8×8 矩阵式键盘管理。由于其外围电路简单，价格低廉，目前在键盘/显示器接口设计中应用广泛。

2．HD7279A 简介

HD7279A 能同时驱动 8 个共阴极 LED 数码管（或 64 个独立的发光二极管）和 8×8 矩阵式的编码键盘。对数码管采用动态扫描的循环显示方式。

（1）引脚说明

HD7279A 为 28 引脚双列直插封装（DIP），单一+5V 供电，其引脚排列见图 5-33，引脚功能见表 5-7。

DIG0～DIG7 为位驱动输出引脚，可分别连接 8 个数码管的共阴极；段驱动输出引脚 SA～SG 分别连接至数码管的 a～g 段的阳极，而 DP 引脚连至小数点 dp 的阳极。DIG0～DIG7、DP 和 SA～SG 还分别是 8×8 矩阵式键盘的列线和行线，实现对键盘的译码和键值识别。8×8 矩阵式键盘中被按下键的键值可用读键盘命令读出，键值的范围是 00H～3FH。

HD7279A 与单片机连接仅需 4 根信号线：$\overline{\text{CS}}$、DATA、CLK 和 $\overline{\text{KEY}}$，各引脚功能说明如下。

① $\overline{\text{CS}}$：片选。当单片机访问 HD7279A（写入命令、显示数据、获取位地址/段地址或读出键值等）时，应将 $\overline{\text{CS}}$ 置为低电平。

② DATA：串行数据输入/输出。当单片机向 HD7279A 中发送数据时，DATA 为输入端；当单片机从 HD7279A 中读键值时，DATA 将输出键值。

③ CLK：同步时钟输入。在时钟的上升沿将数据写入 HD7279A 中或从 HD7279A 中读出数据。

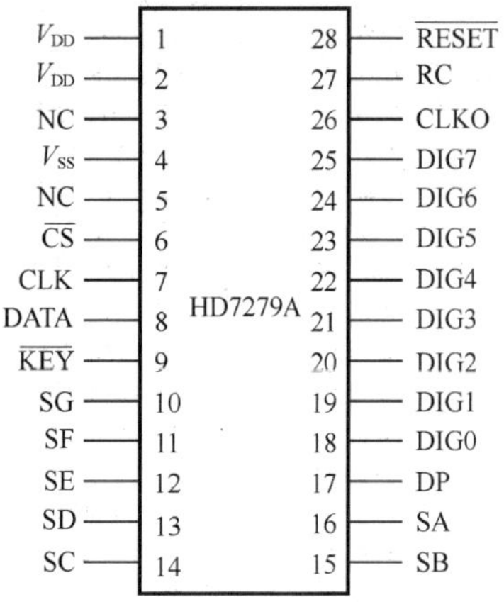

图 5-33　HD7279A 的引脚排列

表 5-7　HD7279A 的引脚功能

引 脚 号	引 脚 名 称	说　明
1，2	V_{DD}	正电源（+5V）
3，5	NC	悬空
4	V_{SS}	地
6	$\overline{\text{CS}}$	片选
7	CLK	同步时钟输入
8	DATA	串行数据输入/输出
9	$\overline{\text{KEY}}$	按键信号输出
10～15	SG～SA	LED 数码管的 g～a 段驱动输出
17	DP	小数点驱动输出
18～25	DIG0～DIG7	LED 数码管的位驱动输出
25	CLKO	振荡信号输出
27	RC	连接振荡器
28	$\overline{\text{RESET}}$	复位

④ $\overline{\text{KEY}}$：按键信号输出。无键按下时 $\overline{\text{KEY}}$ 为高电平，有键按下时变为低电平，并且一直保持到该键被释放为止。

⑤ $\overline{\text{RESET}}$：复位。通常该端接+5V。若对可靠性要求较高，则可外接复位电路，或直接由单片机控制。

⑥ RC：连接振荡器。用于外接 RC 振荡器，其典型值为 R=1.5kΩ，C=15pF。

⑦ NC：悬空。

（2）控制命令

HD7279A 的控制命令由 6 条不带数据的单字节纯命令、7 条带数据的命令和 1 条读键盘命令组成。

① 纯命令（6 条）。6 条纯命令都是单字节命令，见表 5-8。

表 5-8　HD7279A 的 6 条纯命令

命　令	命令代码	操作说明
右移	A0H	所有数码管显示右移 1 位，最左位为空（无显示），不改变消隐和闪烁属性
左移	A1H	所有数码管显示左移 1 位，最右位为空（无显示），不改变消隐和闪烁属性
循环右移	A2H	所有数码管显示右移 1 位，原来最右 1 位移至最左 1 位，不改变消隐和闪烁属性
循环左移	A3H	所有数码管显示左移 1 位，原来最左 1 位移至最右 1 位，不改变消隐和闪烁属性
复位	A4H	清除显示、消隐、闪烁等属性
测试	BFH	点亮全部数码管，并处于闪烁状态，用于显示器的自检

② 带数据命令（7 条）。7 条命令均由双字节组成，第 1 字节为命令标志码（有的还有位地址），第 2 字节为显示内容。

a）方式 0 译码显示命令如下：

第 1 字节								第 2 字节							
D7	D6	D5	D4	D3	D2	D1	D0	D7	D6	D5	D4	D3	D2	D1	D0
1	0	0	0	0	a2	a1	a0	dp	×	×	×	d3	d2	d1	d0

命令中，a2、a1、a0 组成 8 个数码管的位地址，表示显示数据应送给哪一个数码管；a2,a1,a0=000 表示最低位（对应的）数码管，a2,a1,a0=111 表示最高位（对应的）数码管。d3～d0 为显示数据，HD7279A 收到这些数据后，将按表 5-9 中给出的规则进行译码和显示。dp

为小数点显示控制位，dp=1，小数点显示；dp=0，小数点不显示。命令中的“×”为无用位。

表 5-9　方式 0 的译码显示

d3～d0（十六进制数）	显示的字符	d3～d0（十六进制数）	显示的字符
0H	0	8H	8
1H	1	9H	9
2H	2	AH	-
3H	3	BH	E
4H	4	CH	H
5H	5	DH	L
6H	6	EH	P
7H	7	FH	无显示

例如，命令第 1 字节为 80H，第 2 字节为 08H，则 L1 位（最低位）数码管显示“8”，小数点 dp 熄灭；命令第 1 字节为 87H，第 2 字节为 8EH，则 L8 位（最高位）数码管显示“P”，小数点 dp 点亮。

b）方式 1 译码显示命令如下：

第 1 字节								第 2 字节							
D7	D6	D5	D4	D3	D2	D1	D0	D7	D6	D5	D4	D3	D2	D1	D0
1	1	0	0	1	a2	a1	a0	dp	×	×	×	d3	d2	d1	d0

该命令与方式 0 译码显示命令的含义基本相同，不同的是，用方式 1 译码，数码管显示的内容与十六进制数相对应，见表 5-10。

表 5-10　方式 1 的译码显示

d3～d0（十六进制数）	显示的字符	d3～d0（十六进制数）	显示的字符
0H	0	8H	8
1H	1	9H	9
2H	2	AH	A
3H	3	BH	B
4H	4	CH	C
5H	5	DH	D
6H	6	EH	E
7H	7	FH	F

例如，命令第 1 字节为 C8H，第 2 字节为 09H，则 L1 位数码管显示“9”，小数点 dp 熄灭；命令第 1 字节为 C9H，第 2 字节为 8FH，则 L2 位数码管显示“F”，小数点 dp 点亮。

c）不译码显示命令如下：

第 1 字节								第 2 字节							
D7	D6	D5	D4	D3	D2	D1	D0	D7	D6	D5	D4	D3	D2	D1	D0
1	0	0	1	0	a2	a1	a0	dp	A	B	C	D	E	F	G

命令中，a2、a1、a0 组成显示位的位地址，第 2 字节为数码管显示内容，其中 dp 和 A～G 分别代表数码管的小数点和对应的段，当取值为 1 时，该段点亮；取值为 0 时，该段熄灭。

该命令可在指定位上显示字符。例如，若命令第 1 字节为 95H，第 2 字节为 3EH，则在 L5 位数码管上显示字符“U”，小数点 dp 熄灭。

d）闪烁控制命令如下：

第 1 字 节								第 2 字 节							
D7	D6	D5	D4	D3	D2	D1	D0	D7	D6	D5	D4	D3	D2	D1	D0
1	0	0	0	1	0	0	0	d8	d7	d5	d5	d4	d3	d2	d1

该命令规定了每个数码管的闪烁属性。d8～d1 分别对应 L8～L1 位数码管，值为 1 时，该数码管不闪烁；值为 0 时，该数码管闪烁。该命令默认值是所有数码管均不闪烁。

例如，命令第 1 字节为 88H，第 2 字节为 97H，则 L7、L6、L4 位数码管闪烁。

c）消隐控制命令如下：

第 1 字 节								第 2 字 节							
D7	D6	D5	D4	D3	D2	D1	D0	D7	D6	D5	D4	D3	D2	D1	D0
1	0	0	1	1	0	0	0	d8	d7	d6	d5	d4	d3	d2	d1

该命令规定了每个数码管的消隐属性。d8～d1 分别对应 L8～L1 位数码管，值为 1 时，该数码管显示；值为 0 时，该数码管消隐。应注意，至少要有 1 个数码管保持显示，如果全部消隐，则该命令无效。

例如，命令第 1 字节为 98H，第 2 字节为 81H，则 L7～L2 位数码管消隐。

f）点亮段命令如下：

第 1 字 节								第 2 字 节							
D7	D6	D5	D4	D3	D2	D1	D0	D7	D6	D5	D4	D3	D2	D1	D0
1	1	1	0	0	0	0	0	×	×	d5	d4	d3	d2	d1	d0

该命令点亮某个数码管中的一段。命令中的“×”为无影响位，d5～d0 取值为 00H～3FH，所对应的点亮段见表 5-11。

表 5-11　点亮段对应表

数 码 管	L1								L2							
d5～d0 取值	00	01	02	03	04	05	06	07	08	09	0A	0B	0C	0D	0E	0F
点亮段	g	f	e	d	c	b	a	dp	g	f	e	d	c	b	a	dp
数码管	L3								L4							
d5～d0 取值	10	11	12	13	14	15	16	17	18	19	1A	1B	1C	1D	1E	1F
点亮段	g	f	e	d	c	b	a	dp	g	f	e	d	c	b	a	dp
数码管	L5								L6							
d5～d0 取值	20	21	22	23	24	25	26	27	28	29	2A	2B	2C	2D	2E	2F
点亮段	g	f	e	d	c	b	a	dp	g	f	e	d	c	b	a	dp
数码管	L7								L8							
d5～d0 取值	30	31	32	33	34	35	36	37	38	39	3A	3B	3C	3D	3E	3F
点亮段	g	f	e	d	c	b	a	dp	g	f	e	d	c	b	a	dp

例如，命令第 1 字节为 E0H，第 2 字节为 00H，则点亮 L1 位数码管的 g 段；若第 2 字节为 19H，则点亮 L4 位数码管的 f 段；若第 2 字节为 35H，则点亮 L7 位数码管的 b 段。

g）关闭段命令如下：

第 1 字 节								第 2 字 节							
D7	D6	D5	D4	D3	D2	D1	D0	D7	D6	D5	D4	D3	D2	D1	D0
1	1	0	0	0	0	0	0	×	×	d5	d4	d3	d2	d1	d0

该命令是关闭某个数码管中的一段。命令中的“×”为无影响位，d5～d0 的取值为 00H～3FH，所对应的关闭段同表 5-11 中的点亮段，仅仅是将点亮段变为关闭段。

例如，命令第 1 字节为 C0H，若第 2 字节为 00H，则关闭 L1 位数码管的 g 段；若第 2 字节为 10H，则关闭 L3 位数码管的 g 段。

③ 读取键值命令（1 条）。该命令从 HD7279A 读出当前按下的键值，其格式如下：

第 1 字 节								第 2 字 节							
D7	D6	D5	D4	D3	D2	D1	D0	D7	D6	D5	D4	D3	D2	D1	D0
0	0	0	1	0	1	0	1	d7	d6	d5	d4	d3	d2	d1	d0

命令第 1 字节为 15H，表示单片机写到 HD7279A 中的是读键值命令，而第 2 字节的 d7～d0 是从 HD7279A 中读出的键值，其范围为 00H～3FH。当键按下时，HD7279A 的 $\overline{\text{KEY}}$ 引脚从高电平变为低电平，并保持到按键释放为止。在此期间，若 HD7279A 收到来自单片机的读键盘命令 15H，则 HD7279A 向单片机发出当前按下的键值。

注意，HD7279A 只能给出其中 1 个按下键的键值，不适合 2 个或 2 个以上键同时被按下的场合。如果确实需要双键组合使用，可在单片机某位 I/O 引脚上接 1 个按键，与 HD7279A 所连接的键盘共同实现双键功能。

（3）时序

保证正确的控制时序是 HD7279A 正常工作的前提条件。HD7279A 采用串行方式与单片机通信，串行数据从 DATA 引脚送入或输出，并与 CLK 引脚同步。当 $\overline{\text{CS}}$ 引脚变为低电平时，DATA 引脚上的数据在 CLK 脉冲上升沿作用下写或读 HD7279A 的数据缓冲器。

时序分为以下三种。

① 纯命令时序。单片机发出 8 个 CLK 脉冲，向 HD7279A 发出 8 位命令，DATA 引脚最后为高阻态，如图 5-34 所示。

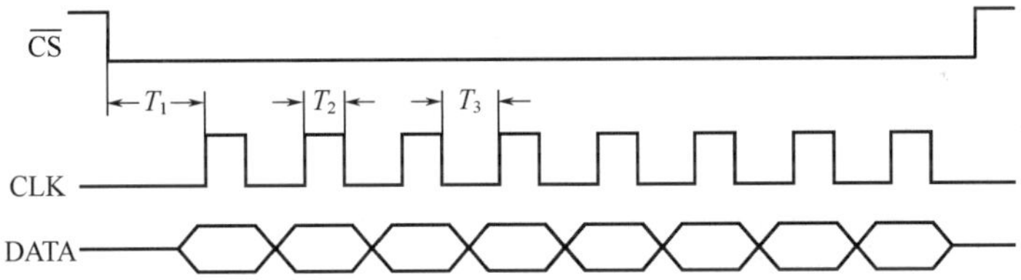

图 5-34　纯命令时序

② 带数据命令时序。单片机发出 16 个 CLK 脉冲，前 8 个向 HD7279A 发送 8 位命令；后 8 个向 HD7279A 传送 8 位显示数据，DATA 引脚最后为高阻态，如图 5-35 所示。

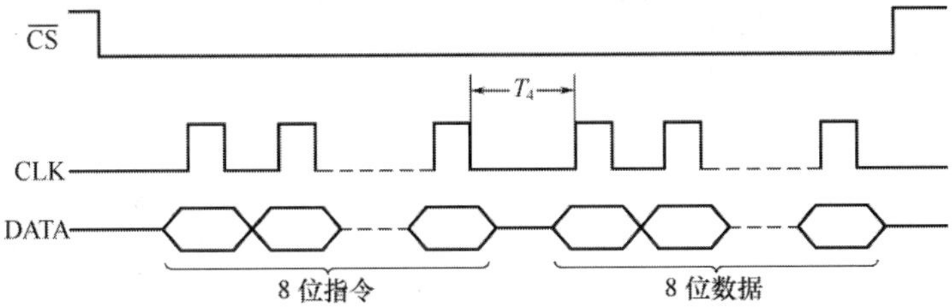

图 5-35　带数据命令时序

③ 读键盘命令时序。单片机发出 15 个 CLK 脉冲，前 8 个向 HD7279A 发送 8 位命令；发送完之后 DATA 引脚为高阻态；后 8 个 CLK 脉冲由 HD7279A 向单片机返回 8 位键值，DATA 引脚为输出状态。最后 1 个 CLK 脉冲的下降沿将 DATA 引脚恢复为高阻态，如图 5-36 所示。

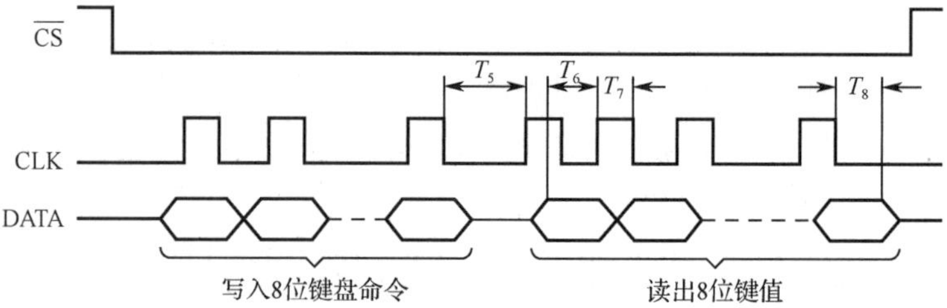

图 5-36　读键盘命令时序

当选定 HD7279A 的 RC 振荡器和单片机的晶振之后，应调节延时时间，使时序中的 T_1～T_8 满足表 5-12 中的要求。由表中数值可知 HD7279A 的速度，应仔细调整 HD7279A 的时序，使其运行时间接近最短。

表 5-12　T_1～T_8 的数据值　（单位：μs）

符　号	最 小 值	典 型 值	最 大 值	符　号	最 小 值	典 型 值	最 大 值
T_1	25	50	250	T_5	15	25	250
T_2	5	8	250	T_6	5	8	—
T_3	5	8	250	T_7	5	8	250
T_4	15	25	250	T_8	—	—	5

3. AT89S51 单片机与 HD7279A 接口设计

（1）接口电路

如图 5-37 所示为 AT89S51 单片机通过 HD7279A 控制 8 个数码管及 64 键矩阵式键盘的接口电路，晶振频率为 12MHz。上电后，HD7279A 大约经过 15ms～18ms 的时间才进入工作状态。单片机通过 P1.3 引脚检测 $\overline{KEY}$ 引脚的电平，判断键盘矩阵中是否有键按下。HD7279A 采用动态循环扫描方式。如果采用普通数码管的亮度不够，则可采用高亮度或超高亮度的数码管。

在图 5-37 电路中，HD7279A 的第 3、5、26 引脚悬空。

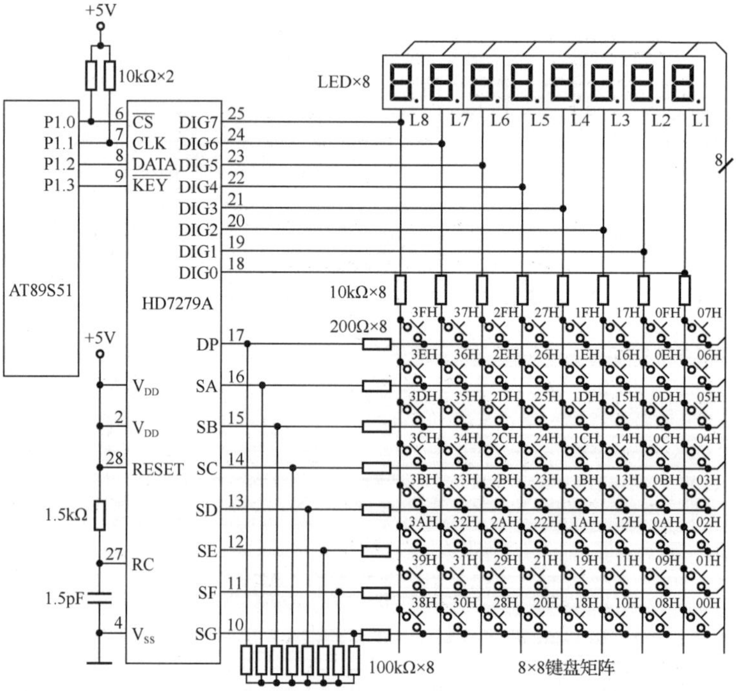

图 5-37　AT89S51 单片机与 HD7279A 的接口电路

（2）程序设计

控制数码管显示及键盘监测的主要参考程序如下：

```
#include <reg51.h>
//定义各种函数
void write7279(unsigned char, unsigned char) ;                //写 HD7279A
unsigned char read7279(unsigned char) ;                       //读 HD7279A
void send_byte(unsigned char) ;                               //发送 1 字节
unsigned receive_byte(void) ;                                 //接收 1 字节
void longdelay(void);                                         //长延时函数
void shortdelay(void) ;                                       //短延时函数
void delay10ms(unsigned char) ;                               //延时 10ms 函数

//变量及 I/O 口定义
unsigned char key_number,i,j;
unsigned int tmp;
unsigned long wait_cnter;
sbit CS=P1^0;                                                 //HD7279A 的 CS 连 P1.0
sbit CLK=P1^1;                                                //HD7279A 的 CLK 连 P1.1
sbit DATA=P1^2;                                               //HD7279A 的 DATA 连 P1.2
sbit KEY=P1^3;                                                //HD7279A 的 KEY 连 P1.3

//HD7279A 命令定义
#define RESET 0xa4;                                           //复位命令
#define READKEY 0x15;                                         //读键盘命令
#define DECODE0 0x80;                                         //方式 0 译码命令
#define DECODE1 0xc8;                                         //方式 1 译码命令
#define UNDECODE 0x90;                                        //不译码命令
#define SEGON 0xe0;                                           //点亮段命令
#define SEGOFF 0xc0;                                          //关闭段命令
#define BLINKCTL 0x88;                                        //闪烁控制命令
#define TEST 0xbf;                                            //测试命令
#define RTL_CYCLE 0xa3;                                       //循环左移命令
#define RTR_CYCLE 0xa2;                                       //循环右移指令
#define RTL_UNCYL 0xa1;                                       //左移命令
#define RTR_UNCYL 0xa0;                                       //右移命令

//主程序
void main(void)
{
     while(1)
     {
          for(tmp=0;tmp<0x3000;tmp++);                        //上电延时
          send_byte(RESET) ;                                  //发送复位 HD7279A 命令
          send_byte(TEST) ;                                   //发送测试命令，数码管全部点亮并闪烁
```

```
          for(j=0;j<5;j++);                              //延时约 5s
          {
                delay10ms(100);
          }
          send_byte (RESET) ;                            //发送复位 HD7279A 的命令，关显示

//键盘监测：如果有键按下，则将键值显示出来，如 10ms 内无键按下或按下 0 键，则往下执行
wait_cnter=0;
key_number=0xff;
write7279(BLINKCTL,0xfc);                                //把第 1、2 位设为闪烁显示
write7279(UNDECODE,0x08);                                //在第 1 位上显示下画线“_”
write7279(UNDECODE+1,0x08);                              //在第 2 位上显示下画线“_”
do
{     if(!key)                                           //如果有键按下
      {
          key_number=read7279(READKEY);                  //读出键值
          write7279(DECODE1+1,key_number/16);            //在第 2 位上显示键值高 8 位
          write7279(DECODE1,key_number&0x0f);            //在第 1 位上显示键值低 8 位
          while(! key);                                  //等待按键松开
          wait_cnter=0
      }
      wait_cnter++;
}
while(key_number! =0&&wait_cnter<0x30000);               //如果按键为 0 和超时则往下执行
write7279(BLINKCTL,0xff)                                 //清除显示器的闪烁设置

//循环显示
write7279(UNDECODE+7,0x3b)                               //在第 8 位上以不译码方式，显示字符"5"
delay10ms(100);                                          //延时
for(j=0;j<23;j++);                                       //循环右移 23 次
{
      send_byte (RTR_CYCLE);                             //发送循环右移命令
      delay10ms(10);                                     //延时
}
for(j=0;j<23;j++);                                       //循环左移 23 次
{
      send_byte (RTL_CYCLE);                             //发送循环左移命令
      delay10ms(10);                                     //延时
}
delay10ms(200);                                          //延时
send_byte(RESET);                                        //发送复位 HD7279A 的命令，关显示

//不循环左移显示
for(j=0;j<16;j++);                                       //向左不循环移动
```

```
{
        send_byte(RTL_UNCYL);                    //发不循环左移命令
        write7279(DECODE0,j);                    //译码方式 0 命令，在第 1 位上显示
        delay10ms(10);                           //延时
}
delay10ms(200);                                  //延时
send_byte (RESET);                               //发送复位 HD7279A 命令，关显示

//不循环右移显示
for(j=0;j<16;j++);                               //向右不循环移动
{
        send_byte(RTR_UNCYL);                    //不循环右移命令
        write7279(DECODE1+7,j);                  //译码方式 1 命令，在第 8 位上显示
        delay10ms(50);                           //延时
}
        delay10ms(200);                          //延时
        send_byte (RESET);                       //发送复位 HD7279A 的命令，关显示

//数码管的 64 个段轮流点亮并同时关闭前 1 个点亮段
for(j=0;j<64;j++);
{
        write7279(SEGON,j);                      //将 8 个数码管的 64 个段逐段点亮
        write7279(SEGONOFF,j-1);                 //点亮 1 个段的同时，将前 1 个点亮段关闭
        delay10ms(50);                           //延时
}

//写 HD7279A 函数
void write7279 (unsigned char cmd，unsigned char data)
{
        send_byte(cmd);
        send_byte(data);
}

//读 HD7279A 函数
unsigned char read7279 (unsigned char cmd)
{
        send_byte (cmd);
        return (receive_byte（）);
}

//发送 1 字节函数
void send_byte (unsigned char out_byte)
{
        unsigned char i;
```

```
        CS=0;
        longdelay();
        for(i=0;i<8;i++);
        {
            if(out_byte&0x80)
            (DATA=1；)
            else
            (DATA=0；)
            CLK=1;
            shortdelay()
            CLK=0;
            shortdelay()
            out_byte=out_byte*2
        }
        DATA=0;
    }
```

```
    //接收 1 字节函数
    void char receive_byte (void)
    {
        unsigned char i,in_byte;
        DATA=1;                                    //设置为输入
        longdelay();                               //长延时
        for(i=0;i<8;i++);
        {
            CLK=1;
            shortdelay();
            in_byte=in_byte*2
            if(DATA)
            {
                in_byte=in_byte|0x01;
            }
            CLK=0;
            shortdelay();
        }
        DATA=0;
        return(in_byte);
    }
```

程序中的长延时、短延时及 10ms 延时三个函数，没有给出，请读者自行编写。

思考题及习题 5

1．判断下列________说法是正确的。

A）P0 口作为总线口使用时，它是一个双向口

B）P0 口作为通用 I/O 口使用时，外部引脚必须接上拉电阻，因此它是一个准双向口

C）P1～P3 口作为输入口使用时，必须先向端口寄存器写入 1

D）P0～P3 口的驱动能力是相同的

2．双向口与准双向口的区别是什么？

3．Proteus 虚拟仿真。用单片机控制 4 位数码管显示，先从左至右慢速动态扫描显示数字“1357”和“2468”，然后再从左至右快速动态扫描显示字符“AbCd”和“EFHP”。

要求：在 Proteus ISIS 中绘制出电路原理图，并编写软件调试通过。

4．Proteus 虚拟仿真。单片机的 P1 口的 P1.0～P1.7 连接 4×4 矩阵键盘，并通过 P0 口控制 2 位 LED 数码管显示 4×4 矩阵键盘 16 个按键的键号，键号分别为“0, 1, …, 9, A, B, …, E, F”。当键盘中的某个按键按下时，2 位数码管上显示对应的十进制键号。例如，1 号键按下时，2 位数码管显示“01”；E 号键按下时，2 位数码管显示“14”等。

要求：在 Proteus ISIS 中绘制出电路原理图，并编写软件调试通过。

5．Proteus 虚拟仿真。用单片机控制字符型液晶显示器 LCD1602 显示字符信息“Happy New Year”和“Welcome to HIT”，要求上述信息分别从 LCD1602 右侧第 1 行、第 2 行滚动移入，然后从左侧滚动移出，反复循环显示。

要求：在 Proteus ISIS 中绘制出电路原理图，并编写软件调试通过。

第 6 章　中断系统的工作原理及应用

导读：本章介绍 AT89S51 单片机内部中断系统的工作原理及特性，应重点掌握与中断系统有关的特殊功能寄存器、如何对中断系统进行初始化编程、中断响应的条件、如何撤销中断请求，以及如何进行中断系统应用编程。

6.1　AT89S51 单片机中断技术概述

单片机系统要求单片机能及时地响应中断请求源（简称中断源）提出的服务请求，进行快速响应并及时处理。这些工作是由单片机内部的中断系统来实现的。当中断请求源发出中断请求时，如果中断请求得到允许，则单片机暂时中止当前正在执行的主程序，转到中断服务程序去处理中断请求，处理完中断请求后，再回到原来被中止的程序处（断点），继续执行被中断的主程序。

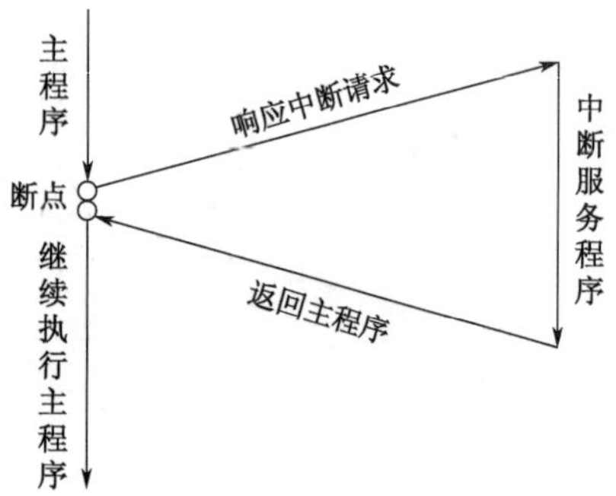

图 6-1　中断响应和处理过程

图 6-1 显示了单片机对外设中断请求的中断响应和处理过程。

如果单片机没有中断系统，其大量时间可能会浪费在查询是否有中断请求的定时查询操作上，即不论是否有中断请求，都必须去查询。采用中断技术则可完全消除查询方式中的等待现象，大大地提高单片机的实时性和工作效率。由于中断工作方式的优点极为明显，因此，单片机的内部都集成有中断系统硬件模块。

6.2　AT89S51 单片机中断系统结构

AT89S51 单片机中断系统结构如图 6-2 所示。AT89S51 单片机的中断系统有 5 个中断源、两个中断优先级，可实现两级中断服务程序嵌套。每个中断源都可用软件独立地控制为允许中断或关闭中断；每个中断源的中断优先级均可用软件来设置。

6.2.1　中断源

由图 6-2 可见，AT89S51 中断系统共有 5 个中断源。

① 外部中断 0（$\overline{INT0}$）：外部中断请求信号（低电平或负跳变有效）由 $\overline{INT0}$ 引脚输入，中断请求标志位为 IE0。

② 外部中断 1（$\overline{INT1}$）：外部中断请求信号（低电平或负跳变有效）由 $\overline{INT1}$ 引脚输入，中断请求标志位为 IE1。

③ 定时/计数器 T0：定时/计数器 T0 溢出中断请求标志位为 TF0。

④ 定时/计数器 T1：定时/计数器 T1 溢出中断请求标志位为 TF1。

⑤ 串行口：串行口中断发送中断请求标志位为 TI，串行口中断接收中断请求标志位为 RI。

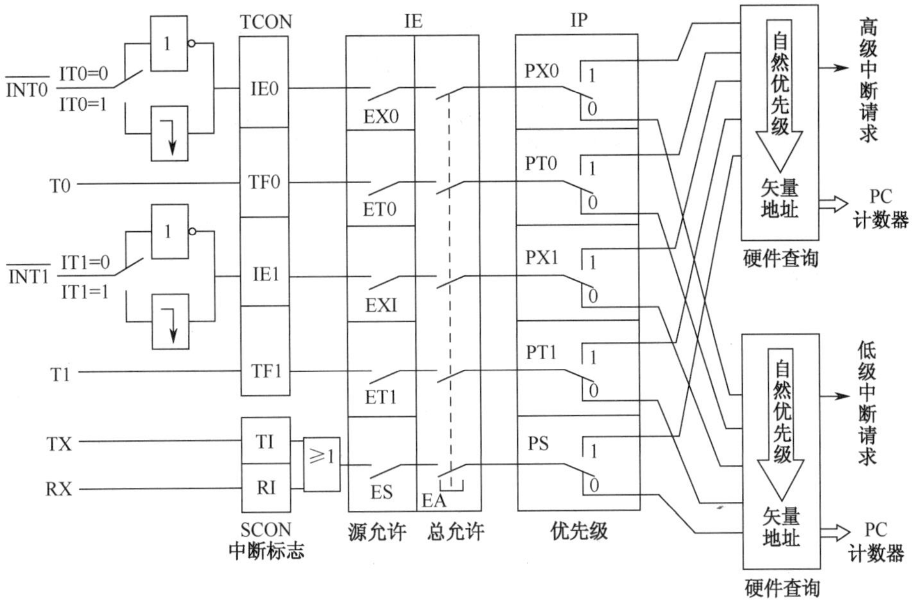

图 6-2　AT89S51 单片机中断系统结构

6.2.2　中断请求标志寄存器

5 个中断请求源的中断请求标志分别由特殊功能寄存器 TCON 和 SCON 的相应位锁存（见图 6-2）。

1. TCON 寄存器

TCON 是定时/计数器控制寄存器，字节地址为 88H，可位寻址。该寄存器中既包括定时/计数器 T0 和 T1 的溢出中断请求标志位 TF0 和 TF1，也包括两个外部中断请求标志位 IE1 和 IE0，此外还包括两个外部中断请求源的中断触发方式（低电平触发或负跳沿触发）选择位 IT1 和 IT0。TCON 寄存器的格式见图 6-3。

	D7	D6	D5	D4	D3	D2	D1	D0	
TCON	TF1	TR1	TF0	TR0	IE1	IT1	IE0	IT0	88H
位地址	8FH	—	8DH	—	8BH	8AH	89H	88H	

图 6-3　TCON 寄存器的格式

TCON 寄存器中与中断系统有关的各标志位的功能说明如下。

① TF1：内部定时/计数器 T1 的溢出中断请求标志位。当启动 T1 计数时，T1 从初值开始加 1 计数；当计数溢出时，由硬件自动置 TF1 为 1，向 CPU 申请中断。CPU 响应 TF1 中断时，TF1 由硬件自动清 0，TF1 也可由软件清 0。

② TF0：内部定时/计数器 T0 的溢出中断请求标志位，功能与 TF1 相同。

③ IE1：外部中断 1 的中断请求标志位。

④ IE0：外部中断 0 的中断请求标志位。

⑤ IT1：选择外部中断 1 为跳沿触发方式还是电平触发方式。IT1=0，为电平触发方式，加到 $\overline{\text{INT1}}$ 引脚上的外部中断请求输入信号为低电平有效，并将 IE1 置 1，转向中断服务程序时，则由硬件自动把 IE1 清 0；IT1=1，为跳沿触发方式，加到 $\overline{\text{INT1}}$ 引脚上的外部中断请求输

入信号电平从高到低的负跳沿有效，并把 IE1 置 1，转向中断服务程序时，则由硬件自动把 IE1 清 0。

⑥ IT0：选择外部中断 0 为跳沿触发方式还是电平触发方式，与 IT1 类似。

当 AT89S51 单片机复位后，TCON 被清 0，5 个中断源的中断请求标志位均为 0。

TR1（D6 位）、TR0（D4 位）与中断系统无关，仅与定时/计数器 T1 和 T0 有关，将在第 7 章中介绍。

2. SCON 寄存器

SCON 是串行口控制寄存器，字节地址为 98H，可位寻址。SCON 寄存器的低 2 位锁存串行口的发送中断和接收中断的中断请求标志位为 TI 和 RI，其格式见图 6-4。

	D7	D6	D5	D4	D3	D2	D1	D0	
SCON	—	—	—	—	—	—	TI	RI	98H
位地址	—	—	—	—	—	—	99H	98H	

图 6-4 SCON 寄存器的格式

SCON 寄存器中各标志位的功能说明如下。

① TI：串行口发送中断请求标志位。当 CPU 将 1 字节的数据写入串行口的发送 SBUF（串行数据缓冲器）时，就启动 1 帧串行数据的发送，每发送完 1 帧串行数据后，硬件自动把 TI 置 1。CPU 在响应串行口发送中断时，并不对 TI 清 0，必须在中断服务程序中用指令对 TI 清 0。

② RI：串行口接收中断请求标志位。在串行口接收完 1 帧串行数据后，硬件自动使 RI 置 1。CPU 在响应串行口接收中断时，并不能对 RI 清 0，必须在中断服务程序中用指令对 RI 清 0。

6.3 中断允许控制与中断优先级控制

中断允许控制和中断优先级控制分别由特殊功能寄存器区中的中断允许寄存器 IE 和中断优先级寄存器 IP 来实现。下面介绍这两个特殊功能寄存器。

6.3.1 中断允许寄存器 IE

单片机对各中断源提出的中断请求的允许或禁止，是由中断允许寄存器 IE 控制的。IE 寄存器的字节地址为 A8H，可进行位寻址，其格式如图 6-5 所示。

	D7	D6	D5	D4	D3	D2	D1	D0	
IE	EA	—	—	ES	ET1	EX1	ET0	EX0	A8H
位地址	AFH	—	—	ACH	ABH	AAH	A9H	A8H	

图 6-5 IE 寄存器的格式

IE 寄存器对中断的允许和禁止实现两级控制。它有一个总的中断允许开关控制位 EA（IE.7 位），当 EA=0 时，所有的中断请求被屏蔽，CPU 对任何中断请求都不接受；当 EA=1 时，CPU 开放中断，但 5 个中断源的中断请求是否得到允许，还要由 IE 中的低 5 位所对应的 5 个中断允许控制位的状态来决定（见图 6-5）。

IE 寄存器中各位的功能说明如下。

① EA：中断允许总开关控制位。1，所有中断请求均被允许；0，所有中断请求均被屏蔽。

② ES：串行口中断允许控制位。1，允许串行口中断；0，禁止串行口中断。

③ ET1：定时/计数器 T1 溢出中断允许控制位。1，允许 T1 溢出中断；0，禁止 T1 溢出中断。

④ EX1：外部中断 1 中断允许控制位。1，允许外部中断 1 中断；0，禁止外部中断 1 中断。

⑤ ET0：定时/计数器 T0 溢出中断允许控制位。1，允许 T0 溢出中断；0，禁止 T0 溢出中断。

⑥ EX0：外部中断 0 中断允许控制位。1，允许外部中断 0 中断；0，禁止外部中断 0 中断。

AT89S51 单片机复位后，IE 寄存器被清 0，所有中断请求都被禁止。IE 寄存器中与各个中断源相应的控制位可用指令置 1 或清 0，即可允许或禁止各中断源的中断请求。若使某个中断源被允许中断，除 IE 寄存器中相应的中断请求允许控制位被置 1 外，还必须使 EA 置 1。

6.3.2 中断优先级寄存器 IP

AT89S51 单片机的中断源有两个中断优先级，每个中断源可由软件设置为高优先级或低优先级，也可实现两级中断嵌套。所谓两级中断嵌套，就是当 AT89S51 单片机正在执行低优先级中断服务程序时，可被高优先级中断请求所中断，待高优先级中断请求处理完毕后，再返回低优先级中断服务程序。两级中断嵌套的过程如图 6-6 所示。

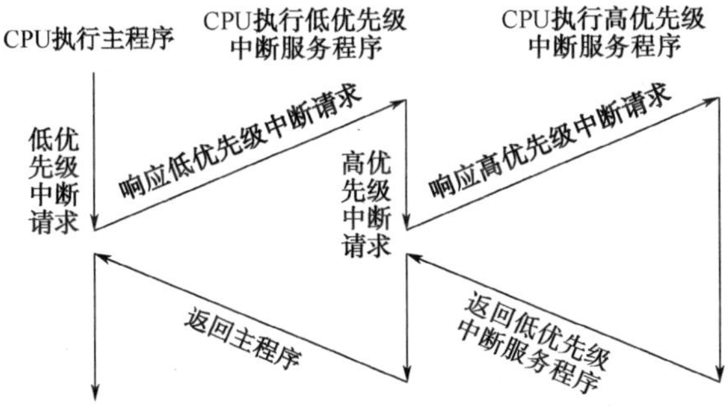

图 6-6 两级中断嵌套的过程

关于各中断源的中断优先级关系，可归纳为下面两条基本规则：

① 低优先级可被高优先级中断，高优先级不能被低优先级中断。

② 任何一种中断源（不管是高优先级还是低优先级）一旦得到响应，不会再被它的同级中断源所中断。如果某个中断源被设置为高优先级，在执行该中断源的中断服务程序时，不能被任何其他中断源的中断请求所中断。

AT89S51 单片机的内部有一个中断优先级寄存器 IP，其字节地址为 B8H，可位寻址。只要用程序改变其内容，即可进行各中断源中断优先级的设置。IP 寄存器的格式如图 6-7 所示。

	D7	D6	D5	D4	D3	D2	D1	D0	
IP	—	—	—	PS	PT1	PX1	PT0	PX0	B8H
位地址	—	—	—	BCH	BBH	BAH	B9H	B8H	

图 6-7 IP 寄存器的格式

IP 寄存器各位的功能说明如下。

① PS：串行口中断优先级控制位。1，高优先级；0，低优先级。

② PT1：定时/计数器 T1 中断优先级控制位。1，高优先级；0，低优先级。

③ PX1：外部中断 1 中断优先级控制位。1，高优先级；0，低优先级。

④ PT0：定时/计数器 T0 中断优先级控制位。1，高优先级；0，低优先级。

⑤ PX0：外部中断 0 中断优先级控制位。1，高优先级；0，低优先级。

IP 寄存器中的各位都可由用户程序置 1 和清 0，用位操作指令或字节操作指令可更新 IP 的内容，以改变各中断源的中断优先级。

AT89S51 单片机复位以后，IP 的内容为 0，各个中断源均为低优先级中断。

下面简单介绍 AT89S51 单片机的中断优先级结构。AT89S51 单片机的中断系统有两个不可寻址的“优先级激活触发器”，其中一个触发器指示某高优先级的中断正在执行，所有后来的中断均被阻止；另一个触发器指示某低优先级的中断正在执行，所有同级的中断都被阻止，但不阻断高优先级的中断请求。

在同时收到几个相同优先级的中断请求时，哪个中断请求能优先得到响应，取决于内部查询顺序。这相当于在同一个优先级内，还同时存在另一个辅助优先级结构，其查询顺序如表 6-1 所示。

表 6-1 同优先级中断源的查询顺序

中断源	中断级别
外部中断 0	最高
定时/计数器 T0	
外部中断 1	
定时/计数器 T1	
串行口	最低

由表 6-1 可见，各中断源在相同优先级的条件下，外部中断 0 的中断优先权最高，串行口中断的优先权最低。

6.4 响应中断请求的条件

一个中断源的中断请求要得到响应，必须满足以下必要条件：

① 总中断允许开关接通，即 IE 寄存器中的中断允许总开关控制位 EA=1。

② 该中断源发出了中断请求，即该中断源对应的中断请求标志位为 1。

③ 该中断被允许，即该中断源的中断允许控制位为 1。

④ 无相同优先级或更高优先级的中断正在被服务。

中断响应就是 CPU 接受中断源提出的中断请求。当 CPU 查询到有效的中断请求且满足上述条件时，紧接着就进行中断响应。

中断响应的主要过程是，首先由硬件自动生成一条长调用指令“LCALL addr16”，addr16 是该中断源位于程序存储区中固定的中断入口地址。例如，对于外部中断 1 的响应，硬件自动生成的长调用指令为：

```
LCALL  0013H
```

生成 LCALL 指令后，紧接着就由 CPU 执行该指令。首先将程序计数器 PC 的内容压入堆栈中以保护断点，再将中断入口地址装入 PC 中，使程序转向响应中断请求的中断入口地址。各中断源对应的中断服务程序的入口地址是固定的，见表 6-2。

表 6-2 中断入口地址表

中断源	中断入口地址
外部中断 0	0003H
定时/计数器 T0	000BH
外部中断 1	0013H
定时/计数器 T1	001BH
串行口	0023H

其中，两个中断入口地址间只相隔 8B，一般难以安放一个完整的中断服务程序。

因此，通常在中断入口地址处放置一条无条件转移指令，使程序执行转向存放在其他地址处的中断服务程序入口。

CPU 在每个机器周期都要查询各中断源的中断请求标志位，以判断各中断源是否有中断请求。CPU 对中断请求的响应是有条件的，并不是查询到的所有中断请求都能立即被响应，当遇到下列三种情况之一时，中断响应被封锁：

① CPU 正在处理同优先级或更高优先级的中断。因为当一个中断被响应时，要把对应的中断优先级状态触发器置 1，该触发器指出正在处理的中断优先级，从而封锁低优先级中断请求和同优先级中断请求。

② 查询到中断请求的机器周期不是当前正在执行指令的最后一个机器周期。为确保指令执行的完整性，只有在该指令执行完毕后，才能进行中断响应。

③ 正在执行的指令是 RETI 或是访问 IE 及 IP 寄存器的指令。因为按照 AT89S51 单片机中断系统的规定，在执行完这些指令后，需要再执行完一条指令，才能响应新的中断请求。

如果存在上述三种情况之一，CPU 将丢弃中断查询结果，不对中断请求做出响应。

6.5　外部中断请求的响应时间

在使用外部中断时，有时需考虑从外部中断请求有效（外部中断请求标志位置 1）到转向中断入口地址所需要的响应时间。下面来讨论这个问题。

外部中断请求的最短响应时间为 3 个机器周期。其中中断请求标志位查询占 1 个机器周期，而这个机器周期恰好处于正在执行指令的最后一个机器周期。在这个机器周期结束后，中断即被响应，CPU 接着自动执行一条硬件子程序调用指令 LCALL 以转到相应的中断服务程序入口，这需要两个机器周期。

外部中断请求的最长响应时间为 8 个机器周期。这种情况发生在 CPU 进行中断标志位查询时，刚好才开始执行 RETI 或访问 IE 及 IP 寄存器的指令，则需要把当前指令执行完再执行一条指令后，才能响应中断请求。执行上述的 RETI 或访问 IE 及 IP 寄存器的指令，最长需要 2 个机器周期。而接着再执行一条指令，按最长的指令（乘法指令和除法指令）来算，也只有 4 个机器周期。硬件子程序调用指令 LCALL 的执行需要 2 个机器周期。所以，外部中断请求的最长响应时间为 8 个机器周期。

如果已经在处理同优先级或更高优先级中断，外部中断请求的响应时间取决于正在执行的中断服务程序的处理时间。在这种情况下，响应时间就无法计算了。

这样，在一个单一中断的系统里，AT89S51 单片机对外部中断请求的响应时间通常为 3～8 个机器周期。

6.6　外部中断的触发方式选择

外部中断有两种触发方式：电平触发方式和跳沿触发方式。

1. 电平触发方式

若外部中断设置为电平触发方式，外部中断申请触发器的状态随着 CPU 在每个机器周期采样到的外部中断输入引脚的电平变化而变化，这能提高 CPU 对外部中断请求的响应速度。在响应电平触发方式的中断服务程序返回之前，外部中断请求输入电平必须无效（即已由低电平变为高电平），否则 CPU 返回主程序后会再次响应外部中断。所以电平触发方式适合于外部中断以低电平输入且中断服务程序能清除外部中断源（即外部中断输入电平又变为高电平）的情况。如何清除外部中断请求源电平触发方式的低电平信号，将在本章的后面介绍。

2．跳沿触发方式

在跳沿触发方式下，如果连续两次采样，一个机器周期采样到外部中断输入为高，下一个机器周期采样为低，则中断申请触发器置 1，直到 CPU 响应此中断时，该中断请求标志位才清 0。但输入的负脉冲宽度至少要保持一个机器周期（若晶振频率为 6MHz，则为 2μs），才能被 CPU 采样。外部中断的跳沿触发方式适合以负脉冲形式输入的外部中断请求。外部中断若设置为跳沿触发方式，外部中断申请触发器能锁存外部中断输入线上的负跳变。即便是 CPU 暂时不能响应该外部中断请求，中断请求标志位也不会清 0，这样就不会丢失中断。

6.7 中断请求的撤销

某个中断请求被响应后，就存在着中断请求的撤销问题。下面按中断源的类型分别说明中断请求的撤销方法。

1．定时/计数器中断请求的撤销

定时/计数器中断请求被响应后，硬件会自动把中断请求标志位（TF0 或 TF1）清 0，因此定时/计数器中断请求是**自动撤销**的。

2．外部中断请求的撤销

① 跳沿触发方式外部中断请求的撤销。包括两项内容：中断请求标志位清 0 和外部中断信号的撤销。其中，中断请求标志位（IE0 或 IE1）清 0 是在中断响应后由硬件自动完成的；而由于跳沿信号过后也就消失了，所以跳沿方式的外部中断请求也是**自动撤销**的。

② 电平触发方式外部中断请求的撤销。中断请求标志位的撤销（清 0）是自动的，但中断请求信号的低电平可能继续存在，在以后的机器周期采样时，又会把已清 0 的 IE0 或 IE1 重新置 1。为此，要彻底实现电平触发方式外部中断请求的撤销，除标志位清 0 之外，必要时还需在中断响应后把外部中断请求信号输入引脚从低电平强制改变为高电平。为此，可在系统中增加如图 6-8 所示的电路。

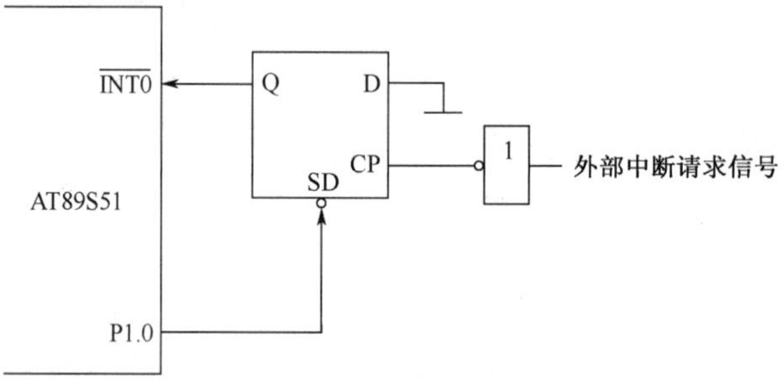

图 6-8　电平触发方式外部中断请求的撤销电路

由图 6-8 可见，用 D 触发器锁存外来的低电平中断请求信号，并通过 D 触发器的输出端 Q 接到 $\overline{INT0}$（或 $\overline{INT1}$）引脚。所以，增加的 D 触发器不影响中断请求。中断响应后，要撤销中断请求，可利用 D 触发器的置 1 端 SD 来实现，即把 SD 端接 AT89S51 的 P1.0 引脚。因此，只要 P1.0 引脚输出一个负脉冲就可以使 D 触发器置 1，从而撤销低电平的中断请求信号。所需的负脉冲产生方法是，在中断服务程序中先把 P1.0 置 1，再让 P1.0 为 0，再把 P1.0 置 1，从而产生一个负脉冲。

3. 串行口中断请求的撤销

串行口中断请求的撤销只有标志位清 0 的问题。串行口中断请求标志位是 TI 和 RI，但对这两个标志位，CPU 不自动清 0。因为在响应串行口的中断后，CPU 无法知道是接收中断还是发送中断，还需要测试这两个标志位的状态来进行判定，然后才能清 0。所以**串行口中断请求的撤销只能使用软件的方法**，在中断服务程序中进行，即用软件在中断服务程序中把串行口中断请求标志位 TI 或 RI 清 0。

6.8 中断函数

为编写中断服务程序，C51 语言定义了中断函数。这在第 3 章中已经简要介绍过。由于 C51 编译器在编译时对声明为中断服务程序的函数自动添加相应的现场保护、阻断其他中断、返回时自动恢复现场等处理程序段，因而在编写中断函数时可不必考虑这些问题，降低了用户编写中断服务程序的烦琐程度。

第 3 章介绍的中断服务函数的一般形式为：

```
函数类型  函数名（形式参数表）interrupt n  using m
```

关键字 interrupt 后面的 n 是中断号。对于 8051 单片机，n 的取值为 0～4，编译器从 8*n+3 处产生中断向量。AT89S51 单片机的中断源对应的中断号和中断向量如表 6-3 所示。

表 6-3　AT89S51 单片机的中断号和中断向量

中断号 n	中　断　源	中断向量（8*n+3）
0	外部中断 0	0003H
1	定时/计数器 T0	000BH
2	外部中断 1	0013H
3	定时/计数器 T1	001BH
4	串行口	0023H
其他值	保留	8*n+3

AT89S51 单片机在内部 RAM 中可使用 4 个工作寄存器区，每个工作寄存器区包含 8 个工作寄存器（R0～R7）。C51 语言扩展了一个关键字 using，using 后面的 m 专门用来选择 AT89S51 的 4 个不同的工作寄存器区。using 是一个选项，如果不选用该项，中断函数中的所有工作寄存器的内容将被保存到堆栈中。

关键字 using 对函数目标代码的影响如下：在中断函数的入口处将当前工作寄存器区的内容保护到堆栈中，函数返回之前将被保护的工作寄存器区的内容从堆栈中恢复。使用关键字 using 在函数中确定一个工作寄存器区时必须十分小心，要保证任何工作寄存器区的切换都只在指定的控制区域中发生，否则将产生不正确的函数结果。

例如，外部中断 1 的中断服务函数书写如下：

```
void int1() interrupt 2 using 0        //中断号 n=2，选择 0 区工作寄存器区
```

C51 语言中的中断调用与标准 C 语言中的函数调用不一样。当中断事件发生后，对应的中断函数被自动调用，中断函数既没有参数，也没有返回值。中断函数会带来如下影响：

① 编译器会为中断函数自动生成中断向量。

② 退出中断函数时，所有保存在堆栈中的工作寄存器及特殊功能寄存器被恢复。

③ 在必要时特殊功能寄存器 ACC、B、DPH、DPL 以及 PSW 的内容也被保存到堆栈中。

编写 AT89S51 单片机中断程序时，应遵循以下规则：

① 中断函数没有返回值，如果定义了一个返回值，将会得到不正确的结果。因此建议将中断函数定义为 void 型，以明确说明其没有返回值。

② 中断函数不能进行参数传递，如果中断函数中包含任何参数声明，都将导致编译出错。

③ 在任何情况下，都不能直接调用中断函数，否则会产生编译错误。因为中断函数的返回是由汇编语言指令 RETI 完成的。RETI 指令会影响 AT89S51 单片机硬件中断系统内的不可寻址的中断优先级寄存器 IP 的状态。如果在没有实际中断请求的情况下，直接调用中断函数，也就不会执行 RETI 指令，其操作结果有可能产生一个致命的错误。

④ 如果在中断函数中再调用其他函数，则被调用的函数所使用的工作寄存器区必须与中断函数使用的工作寄存器区不同。

6.9 中断系统的应用

下面通过几个例程介绍有关中断应用程序的编写方法。

6.9.1 单一外部中断的应用

【例 6-1】 在 AT89S51 单片机的 P1 口上接有 8 个 LED。在外部中断 0 输入引脚 $\overline{\text{INT0}}$（P3.2）上接有一个按键开关 k1。要求将外部中断 0 设置为电平触发方式。程序启动时，P1 口上的 8 个 LED 全亮。每按一次按键开关 k1，使引脚 $\overline{\text{INT0}}$ 接地，产生一个低电平触发的外部中断请求，在中断服务程序中，让低 4 位的 LED 与高 4 位的 LED 交替闪烁 5 次。然后从中断服务程序返回，控制 8 个 LED 再次全亮。仿真原理图如图 6-9 所示。

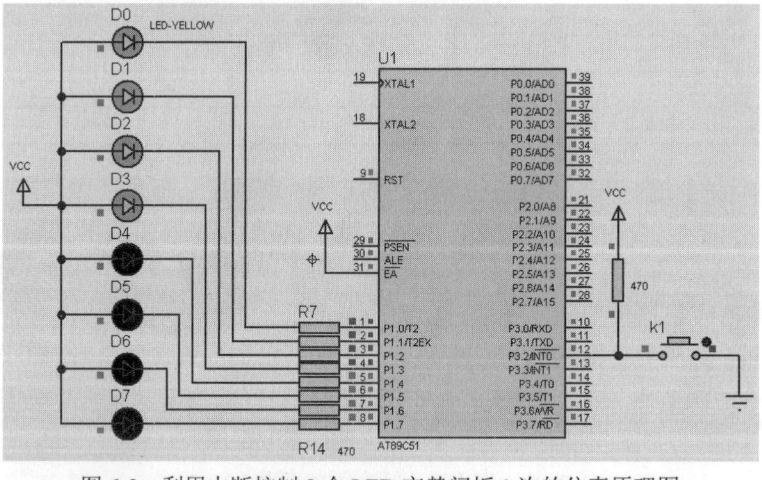

图 6-9 利用中断控制 8 个 LED 交替闪烁 1 次的仿真原理图

参考程序如下：

```
#include <reg51.h>
#define uchar   unsigned char
void Delay(unsigned int i)                    //延时函数 Delay()，i 为形式参数，不能赋初值
{
    unsigned int j;
    for(;i > 0;i--)
    for(j=0;j<333;j++)                        //晶振为 12MHz，j 的选择与晶振频率有关
```

```
        {;}                                     //空函数
}
void   main()                                   //主函数
{
        EA=1;                                   //总中断允许
        EX0=1;                                  //允许外部中断 0
        IT0=1;                                  //选择外部中断 0 为跳沿触发方式
        while(1)                                //循环
        { P1=0;}                                //P1 口的 8 个 LED 全亮
}
void int0()   interrupt 0   using 1             //外部中断 0 的中断函数
{
        uchar   m;
        EX0=0;                                  //禁止外部中断 0
        for(m=0;m<5;m++)                        //交替闪烁 5 次
        {
                P1=0x0f;                        //低 4 位 LED 灭，高 4 位 LED 亮
                Delay(400) ;                    //延时
                P1=0xf0;                        //高 4 位 LED 灭，低 4 位 LED 亮
                Delay(400);                     //延时
                EX0=1;                          //中断返回前，打开外部中断 0 中断
        }
}
```

本程序包含两部分：一部分是主程序段，完成中断系统初始化，并把 8 个 LED 全部点亮；另一部分是中断函数，控制 4 个 LED 交替闪烁 1 次，然后从中断返回。

6.9.2　两个外部中断的应用

当需要多个中断源时，只需增加相应的中断函数即可。例 6-2 可以处理两个外部中断请求。

【例 6-2】 仿真原理图如图 6-10 所示，在 AT89S51 单片机的 P1 口上接有 8 个 LED，在外部中断 0 输入引脚 $\overline{\text{INT0}}$（P3.2）上接有一个按键开关 k1，在外部中断 1 输入引脚 $\overline{\text{INT1}}$（P3.3）上接有一个按键开关 k2。要求 k1 和 k2 都未按下时，8 个 LED 呈流水灯显示；仅 k1（P3.2）按下再松开时，上、下各 4 个 LED 交替闪烁 10 次，然后回到流水灯显示；当 k2（P3.3）按下再松开时，8 个 LED 全部闪烁 10 次，然后回到流水灯显示。设置两个外部中断的优先级相同。

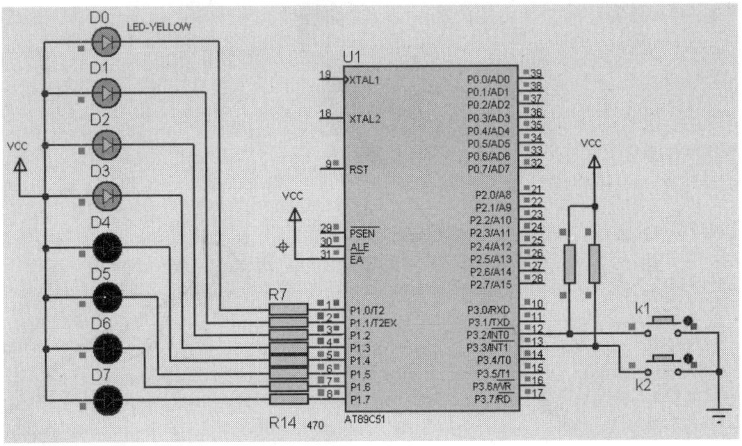

图 6-10　两个外部中断控制 8 个 LED 显示的仿真原理图

参考程序如下：

```
#include <reg51.h>
#define uchar unsigned char
void Delay(unsigned int i)                    //延时函数 Delay()，i 为形式参数，不能赋初值
{
    uchar j;
    for(;i>0;i--)
    for(j=0;j<125;j++)
    {;}                                       //空函数
}
void  main()                                  //主函数
{
    uchar display[9]={0xff,0xfe,0xfd,0xfb,0xf7,0xef,0xdf,0xbf,0x7f};    //流水灯显示数据数组
    unsigned int a;
    for(;;)
    {
        EA=1;                                 //总中断允许
        EX0=1;                                //允许外部中断 0
        EX1=1;                                //允许外部中断 1
        IT0=1;                                //选择外部中断 0 为跳沿触发方式
        IT1=1;                                //选择外部中断 1 为跳沿触发方式
        IP=0;                                 //两个外部中断均为低优先级
        for(a=0;a<9;a++)
        {
            Delay(500);                       //延时
            P1=display[a];                    //将已经定义的流水灯显示数据送 P1 口
        }
    }
}
void int0_isr(void)  interrupt 0  using 1     //外部中断 0 中断服务程序
{
    uchar  n;
    for(n=0;n<10;n++)                         //高、低 4 位显示 10 次
    {
        P1=0x0f;                              //低 4 位 LED 灭，高 4 位 LED 亮
        Delay(500);                           //延时
        P1=0xf0;                              //高 4 位 LED 灭，低 4 位 LED 亮
        Delay(500);                           //延时
    }
}
void int1_isr (void)  interrupt 2  using 2    //外部中断 1 中断服务程序
{
    uchar  m;
    for(m=0;m<10;m++)                         //闪烁显示 10 次
    {
        P1=0xff;                              //全灭
        Delay(500);                           //延时
        P1=0;                                 //全亮
        Delay(500);                           //延时
    }
}
```

6.9.3 中断嵌套的应用

中断嵌套只能发生在单片机正在执行一个低优先级中断服务程序，此时又有一个高优先级中断请求产生，就会打断低优先级中断服务程序，去执行高优先级中断服务程序。高优先级中断服务程序完成后，再继续执行低优先级中断服务程序。

【例 6-3】 电路仍如图 6-10 所示，设计一个中断嵌套程序。要求按键开关 k1 和 k2 都未按下时，P1 口的 8 个 LED 呈流水灯显示；当按一下 k1 时，产生一个低优先级的外部中断 0 请求（跳沿触发），进入外部中断 0 中断服务程序，上、下 4 个 LED 交替闪烁；此时按一下 k2，产生一个高优先级的外部中断 1 请求（跳沿触发），进入外部中断 1 中断服务程序，使 8 个 LED 全部闪烁，当显示 5 次后，再从外部中断 1 返回继续执行外部中断 0 中断服务程序，即 P1 口控制 8 个 LED，上、下 4 个 LED 交替闪烁。设置外部中断 0 为低优先级，外部中断 1 为高优先级。

参考程序如下：

```
#include <reg51.h>
#define uchar unsigned char
void Delay(unsigned int i)                          //延时函数
{
    unsigned int j;
    for(;i > 0;i--)
    for(j=0;j<125;j++)
    {;}                                             //空函数
}
void   main()                                       //主函数
{
    uchar display [9]={0xfe,0xfd,0xfb,0xf7,0xef,0xdf,0xbf,0x7f};    //流水灯显示数据数组
    uchar a;
    for(;;)
    {
        EA=1;                                       //总中断允许
        EX0=1;                                      //允许外部中断 0
        EX1=1;                                      //允许外部中断 1
        IT0=1;                                      //选择外部中断 0 为跳沿触发方式
        IT1=1;                                      //选择外部中断 1 为跳沿触发方式
        PX0=0;                                      //外部中断 0 为低优先级
        PX1=1;                                      //外部中断 1 为高优先级
        for(a=0;a<9;a++)
        {
            Delay(500);                             //延时
            P1=display[a];                          //流水灯显示数据送 P1 口驱动 LED 显示
        }

    }
}
void int0_isr(void)   interrupt 0   using 0         //外部中断 0 中断服务程序
{
    for(;;)
    {
```

```
            P1=0x0f;                                //低 4 位 LED 灭，高 4 位 LED 亮
            Delay(400);                             //延时
            P1=0xf0;                                //高 4 位 LED 灭，低 4 位 LED 亮
            Delay(400);                             //延时
        }
}
void int1_isr (void)   interrupt 2   using 1       //外部中断 1 中断服务程序
{
        uchar m;
        for(m=0;m<5;m++)                            //8 位 LED 全亮全灭 5 次
        {
            P1=0;                                   //8 位 LED 全亮
            Delay(500);                             //延时
            P1=0xff;                                //8 位 LED 全灭
            Delay(500);                             //延时
        }
}
```

说明，本例中如果设置外部中断 1 为低优先级，外部中断 0 为高优先级，仍然先按下再松开 k1，后按下再松开 k2 或者设置两个外部中断为相同优先级，均不会发生中断嵌套。

思考题及习题 6

1．若 IP 寄存器的内容为 00010100B，则优先级最高者为________，最低者为_______。

2．下列说法正确的是________。

A）各中断源发出的中断请求信号，都会标记在 AT89S51 单片机的 IE 寄存器中

B）各中断源发出的中断请求信号，都会标记在 AT89S51 单片机的 TMOD 寄存器中

C）各中断源发出的中断请求信号，都会标记在 AT89S51 单片机的 IP 寄存器中

D）各中断源发出的中断请求信号，都会标记在 AT89S51 单片机的 TCON 与 SCON 寄存器中

3．在 AT89S51 单片机的中断请求源中，需要外加电路实现中断请求撤销的是________。

A）电平触发方式外部中断请求　　B）跳沿触发方式外部中断请求

C）外部串行口中断请求　　D）定时/计数器中断请求

4．下列说法正确的是________。

A）同一级别的中断请求按时间的先后顺序响应

B）同一时间同一级别的多中断请求，将形成阻塞，系统无法响应

C）低优先级中断请求不能中断高优先级中断请求，但是高优先级中断请求能中断低优先级中断请求

D）同级中断请求不能嵌套

5．一个中断源的中断请求要得到响应，需要满足哪些条件？

6．Proteus 虚拟仿真。AT89S51 单片机 P1 口接有 1 个 7 段 LED 数码管，初始显示为 0。外部中断 0 输入引脚 $\overline{\text{INT0}}$ 接有 1 个按键开关，该引脚平时为高电平。按键开关按下 1 次，将产生 1 个负跳变的外部中断请求，并使数码管显示增 1；当按下第 10 次时，数码管显示从 9 再变为 0。要求画出电路图，写出参考程序。

第 7 章　定时/计数器的工作原理及应用

导读：在工业检测和工业控制中，许多场合都要用到计数或定时功能。例如，对外部脉冲进行计数，产生精确的定时时间等。AT89S51 单片机内有两个可编程的定时/计数器 T1、T0，以满足这方面的需要。本章介绍 AT89S51 单片机内部定时/计数器的结构、功能、工作原理、有关的特殊功能寄存器、工作模式和工作方式的选择，以及定时/计数器的 C51 编程和应用案例。

7.1　定时/计数器的结构

AT89S51 单片机的定时/计数器结构框图如图 7-1 所示，定时/计数器 T0 由特殊功能寄存器 TH0、TL0 构成，定时/计数器 T1 由特殊功能寄存器 TH1、TL1 构成。

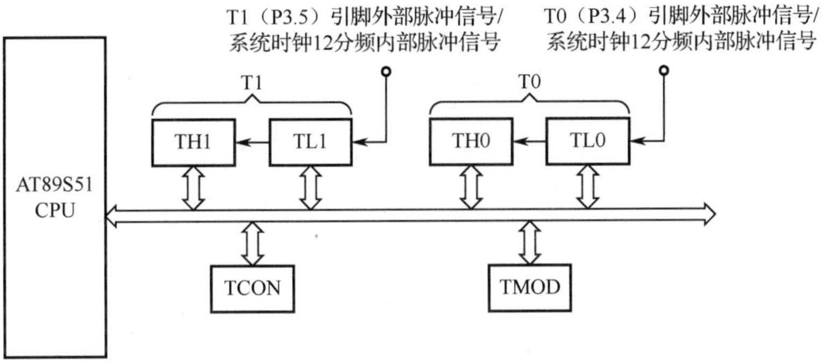

图 7-1　AT89S51 单片机的定时/计数器结构框图

T0、T1 都具有定时器和计数器两种工作模式，不论是工作在定时器模式下还是计数器模式下，实质都是对脉冲信号进行计数，只不过计数信号的来源不同。计数器模式对加在 T0（P3.4）和 T1（P3.5）两个引脚上的外部脉冲信号进行计数（见图 7-1）；而定时器模式对单片机的系统时钟经内部 12 分频后的内部脉冲信号（脉冲信号周期=机器周期）计数。由于系统时钟频率是定值，所以可根据计数值计算出准确的定时时间。两个定时/计数器都属于增 1 计数器，即每对一个脉冲计一次数，则计数器增 1。

T0、T1 具有 4 种工作方式（方式 0、方式 1、方式 2 和方式 3）。图 7-1 中的特殊功能寄存器 TMOD 用于选择 T0、T1 的工作模式和工作方式，特殊功能寄存器 TCON 用于控制 T0、T1 的启动和停止计数，同时包含了 T0、T1 的状态。

计数器的计数从初值开始。单片机复位时，计数器初值为 0，可用指令给计数器设置一个新的初值。

7.1.1　定时/计数器方式控制寄存器 TMOD

TMOD 寄存器的字节地址为 89H，不能位寻址。其格式如图 7-2 所示。

其 8 位分为两组，高 4 位控制 T1 工作方式，低 4 位控制 T0 工作方式。其各位的功能说明如下。

① GATE：门控位。GATE=0，定时/计数器是否计数，仅由运行控制位 TRx（x=0,1）来

控制；GATE=1，定时/计数器是否计数，要由外部中断引脚（$\overline{INT0}$或$\overline{INT1}$）上的电平与 TR*x* 的状态这两个条件共同控制。

	D7	D6	D5	D4	D3	D2	D1	D0	
TMOD	GATE	$C/\overline{T}$	M1	M0	GATE	$C/\overline{T}$	M1	M0	89H
	T1工作方式字段				T0工作方式字段				

图 7-2　TMOD 寄存器的格式

② M1 和 M0：工作方式选择位。M1 和 M0 的 4 种编码，对应于 4 种工作方式的选择，见表 7-1。

表 7-1　M1 和 M0 工作方式选择

M1	M0	工 作 方 式
0	0	方式 0，为 13 位定时/计数器
0	1	方式 1，为 16 位定时/计数器
1	0	方式 2，为 8 位的初值自动装入的定时/计数器
1	1	方式 3，仅适用于 T0，此时 T0 分成 2 个 8 位计数器，T1 停止计数

③ $C/\overline{T}$：计数器模式和定时器模式选择位。$C/\overline{T}$=0，为定时器模式，对系统时钟 12 分频后的内部脉冲信号进行计数；$C/\overline{T}$=1，为计数器模式，对加在外部输入引脚 T0（P3.4）或 T1（P3.5）的外部脉冲信号（负跳变）进行计数。

7.1.2　定时/计数器控制寄存器 TCON

TCON 寄存器的字节地址为 88H，可位寻址，位地址为 88H～8FH。其格式如图 7-3 所示。

	D7	D6	D5	D4	D3	D2	D1	D0	
TCON	TF1	TR1	TF0	TR0	IE1	IT1	IE0	IT0	88H

图 7-3　TCON 寄存器的格式

其低 4 位功能与外部中断有关，已在第 6 章中断系统中介绍过。这里仅介绍与定时/计数器相关的高 4 位功能。

① TF1、TF0：计数溢出标志位。当计数器计数溢出时，该位置 1。使用查询方式时，此位可供 CPU 查询，但应注意查询后，应使用软件及时将该位清 0。使用中断方式时，此位作为中断请求标志位，进入中断服务程序后由硬件自动清 0。

② TR1、TR0：计数运行控制位。TR1（或 TR0）=1，启动定时/计数器计数的必要条件；TR1（或 TR0）=0，停止定时/计数器计数。该位可由软件置 1 或清 0。

7.2　定时/计数器的 4 种工作方式

定时/计数器具有 4 种工作方式，分别介绍如下。

7.2.1　方式 0

当 M1,M0=00 时，定时/计数器工作于方式 0，此时定时/计数器的等效电路逻辑结构框图如图 7-4 所示（以 T1 为例，TMOD.5,TMOD.4=00）。

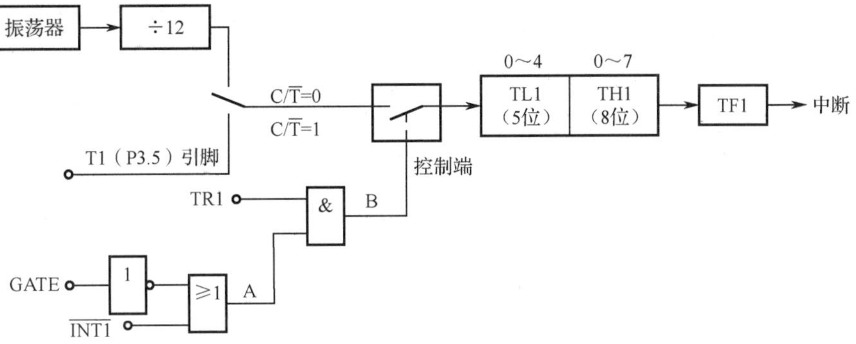

图 7-4　定时/计数器工作于方式 0 的等效电路逻辑结构框图

定时/计数器工作于方式 0 时，为 13 位计数器，由 TLx（x=0,1）的低 5 位和 THx（x=0,1）的高 8 位构成。若 TLx 的低 5 位溢出，则向 THx 进位，若 THx 计数溢出，则把 TCON 中的溢出标志位 TFx 置 1。

在图 7-4 中，C/$\overline{T}$ 位控制的电子开关决定了定时/计数器的两种工作模式：① C/$\overline{T}$=0，电子开关打在上面位置，T1（或 T0）为定时器模式，把系统时钟 12 分频后的内部脉冲作为计数信号；② C/$\overline{T}$=1，电子开关打在下面位置，T1（或 T0）为计数器模式，对 P3.5（或 P3.4）引脚上的外部输入脉冲信号进行计数，当引脚上发生负跳变时，计数器加 1。

GATE 位的状态决定了定时/计数器的运行控制是取决于 TRx 这一个条件，还是取决于 TRx 和 $\overline{\text{INT}x}$（x=0,1）这两个条件。

① 当 GATE=0 时，A 点电位恒为 1，B 点电位仅取决于 TRx 的状态。TRx=1，B 点为高电平，控制端控制电子开关闭合，允许 T1（或 T0）计数。TRx=0，B 点为低电平，电子开关断开，禁止 T1（或 T0）计数。② 当 GATE=1 时，B 点电位由 $\overline{\text{INT}x}$ 的输入电平和 TRx 的状态这两个条件来确定。当 TRx=1，且 $\overline{\text{INT}x}$=1 时，B 点才为 1，控制端控制电子开关闭合，允许 T1（或 T0）计数。故在这种情况下计数器是否计数是由 TRx 和 $\overline{\text{INT}x}$ 两个条件来共同控制的。

7.2.2　方式 1

当 M1,M0=01 时，定时/计数器工作于方式 1，这时定时/计数器的等效电路逻辑结构框图如图 7-5 所示（以定时/计数器 T1 为例，TMOD.5,TMOD.4=00）。

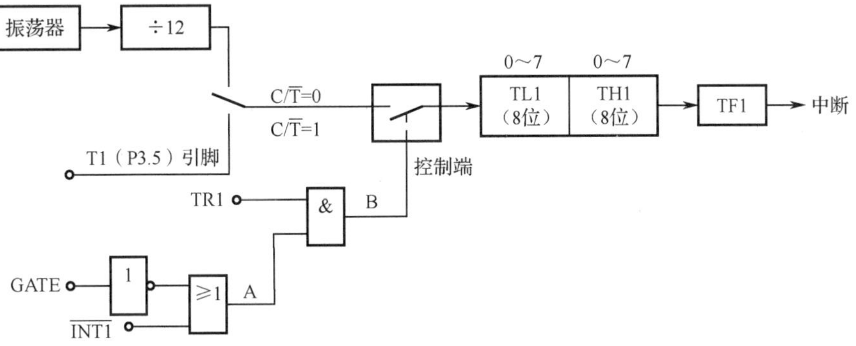

图 7-5　定时/计数器工作于方式 1 的等效电路逻辑结构框图

方式 1 和方式 0 的差别仅仅在于计数器的位数不同，方式 1 为 16 位计数器，由 TH*x* 高 8 位和 TL*x* 低 8 位构成，方式 0 则为 13 位计数器，有关状态控制位的含义（GATE、C/$\overline{T}$、TF*x*、TR*x*）与方式 0 相同。

7.2.3 方式 2

方式 0 和方式 1 的最大特点是计数溢出后，计数器为全 0。因此在循环定时或循环计数应用时就存在用指令反复装入计数初值的问题，这会影响定时精度。方式 2 就是为解决此问题而设置的。

当 M1,M0=10 时，定时/计数器工作于方式 2，这时定时/计数器的等效电路逻辑结构框图如图 7-6 所示（以定时/计数器 T1 为例）。

方式 2 为自动恢复初值（初值自动装入）的 8 位定时/计数器，TL*x* 作为初值缓冲器，当 TL*x* 计数溢出时，在 TF*x* 置 1 的同时，还自动将 TH*x* 中的初值送至 TL*x* 中，使 TL*x* 从初值开始重新计数。方式 2 的工作过程如图 7-7 所示。这种工作方式可以省去用户软件重装初值指令的执行时间，可相当精确地确定定时时间。

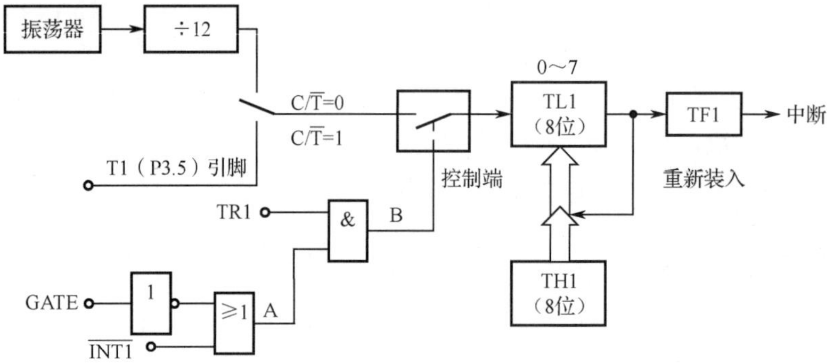

图 7-6　定时/计数器工作于方式 2 的等效电路逻辑结构框图

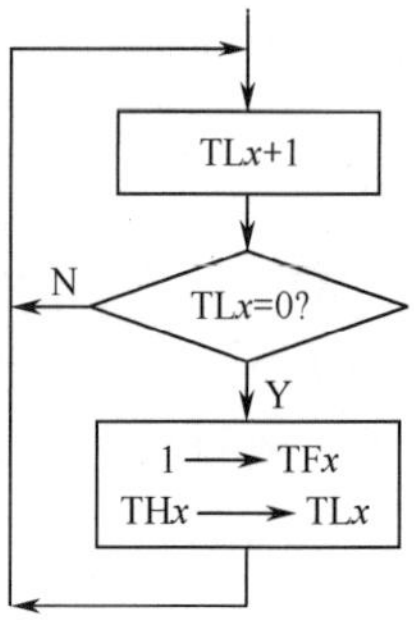

图 7-7　方式 2 的工作过程

7.2.4 方式 3

方式 3 是为了增加一个附加的 8 位定时/计数器而设置的，从而使 AT89S51 单片机具有 3 个定时/计数器。方式 3 只适用于定时/计数器 T0，而定时/计数器 T1 不能工作于方式 3。T1 工作于方式 3 时相当于 TR1=0，停止计数（此时 T1 可用作串行口波特率发生器）。

1. 方式 3 下的 T0

当 TMOD 寄存器的低 2 位为 11 时，T0 的工作方式被选为方式 3，各引脚与 T0 的逻辑关系如图 7-8 所示。

T0 分为两个独立的 8 位计数器 TL0 和 TH0，TL0 使用 T0 的状态控制位 C/$\overline{T}$、GATE、TR0、$\overline{INT0}$，而 TH0 被固定为一个 8 位定时器（不能作为外部计数模式），并使用 T1 的状态控制位 TR1，同时占用 T1 的中断源 TF1。

2. 当 T0 工作于方式 3 时，T1 的各种工作方式

在一般情况下，当 T1 用作串行口波特率发生器时，T0 才工作于方式 3。当 T0 工作于方式 3 时，T1 可定为方式 0、方式 1 和方式 2，用作串行口波特率发生器，或不需要中断的场合。

（1）T1 工作于方式 0。当 T1 的控制字中 M1,M0=00 时，T1 为方式 0，其逻辑结构框图如图 7-9 所示。

（2）T1 工作于方式 1。当 T1 的控制字中 M1,M0=01 时，T1 为方式 1，其逻辑结构框图如图 7-10 所示。

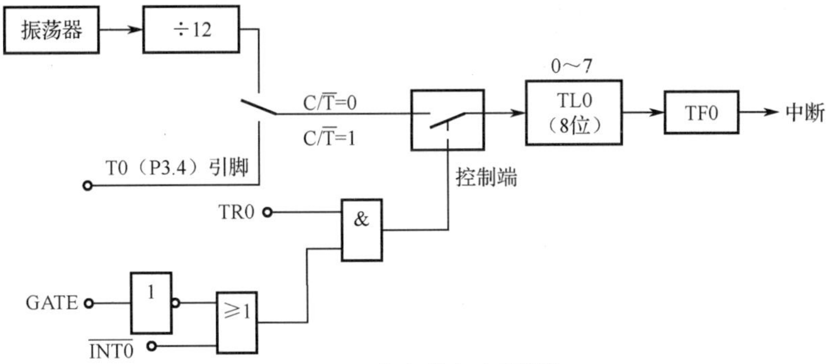

（a）TL0作为8位定时/计数器

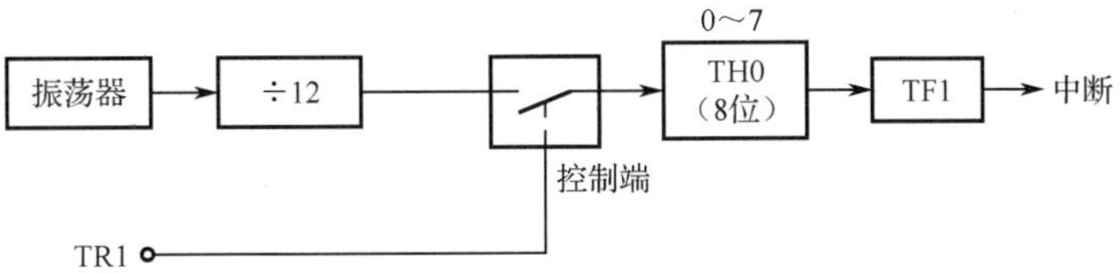

（b）TH0作为8位定时器

图 7-8　T0 工作于方式 3 的逻辑结构框图

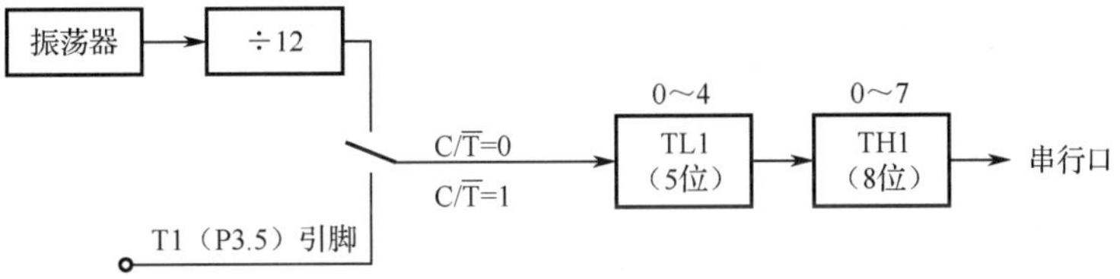

图 7-9　当 T0 工作于方式 3 时，T1 为方式 0 的逻辑结构框图

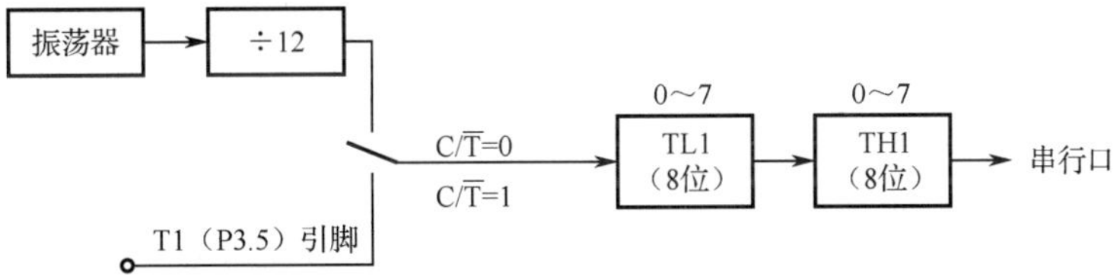

图 7-10　当 T0 工作于方式 3 时，T1 为方式 1 的逻辑结构框图

（3）T1 工作于方式 2。当 T1 的控制字中 M1,M0=10 时，T1 为方式 2，其逻辑结构框图如图 7-11 所示。

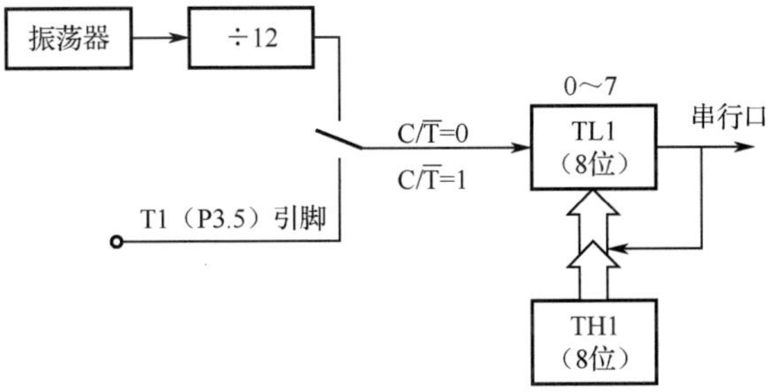

图 7-11　当 T0 工作于方式 3 时，T1 为方式 2 的逻辑结构框图

（4）T1 设置为方式 3。当 T0 为方式 3 时，再把 T1 也设置为方式 3，此时 T1 停止计数。

7.3 定时/计数器对外部输入信号的要求

当定时/计数器工作在计数器模式下时，计数脉冲来自外部输入引脚 T0 或 T1。当输入信号产生负跳变时，计数器的值增 1。在每个机器周期的 S5P2 期间，CPU 都对外部输入引脚 T0 或 T1 进行采样。如果在第 1 个机器周期中采样值为 1，而在下一个机器周期中采样值为 0，则在紧跟着的再下一个机器周期 S3P1 期间，计数器加 1。由于确认一次负跳变要花 2 个机器周期，即 24 个振荡周期，因此外部输入的计数脉冲的最高频率为系统振荡器频率的 1/24。

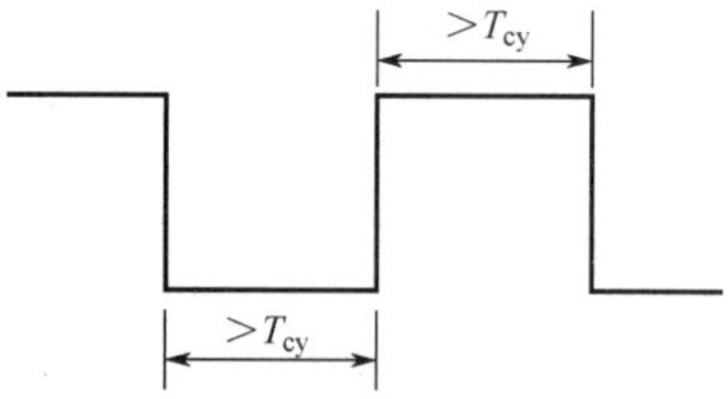

图 7-12　对外部输入信号的要求

如果选用 6MHz 频率的晶振，则允许输入的脉冲频率最高为 250kHz。如果选用 12MHz 频率的晶振，则可输入最高频率为 500kHz 的外部脉冲。对于外部输入信号的占空比并没有什么限制，但为了确保某个给定电平在变化之前能被采样 1 次，则这一电平至少要保持 1 个机器周期。故对外部输入信号的要求如图 7-12 所示，图中，T_{cy} 为机器周期。

7.4 定时/计数器的编程和应用

在定时/计数器的 4 种工作方式中，方式 0 与方式 1 的差别仅在于计数器的计数位数不同，分别为 13、16 位计数器。由于方式 0 是为兼容 MCS-48 而设计的，其计数初值计算复杂，所以在实际应用中一般不用方式 0，常采用方式 1。

7.4.1 用 P1 口控制 8 个 LED 每 0.5s 闪亮一次

【例 7-1】 在 AT89S51 单片机的 P1 口上接有 8 个 LED，采用 T0 的方式 1 的定时中断方式，使 P1 口外接的 8 个 LED 每 0.5s 闪亮一次。仿真原理图如图 7-13 所示。

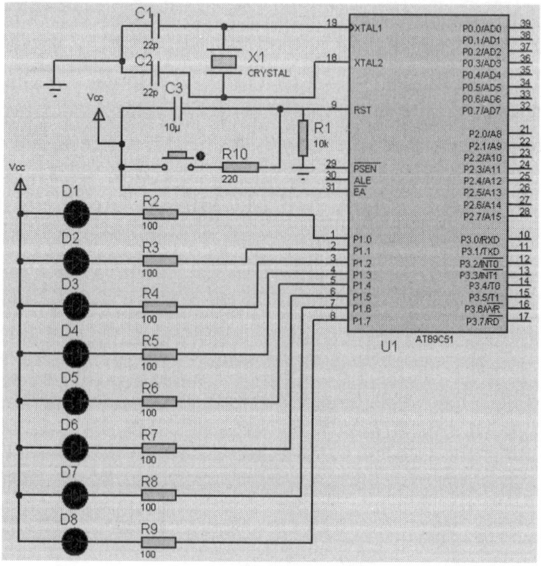

图 7-13　由 T0 的方式 1 定时中断控制 8 个 LED 闪亮的仿真原理图

（1）设置 TMOD 寄存器。T0 工作于方式 1，应使 TMOD 寄存器的 M1,M0=01；应设置 $C/\overline{T}=0$，为定时器模式；对 T0 的运行控制仅由 TR0 来控制，应使相应的 GATE 为 0。T1 不使用，各相关位均设为 0。所以 TMOD 寄存器应初始化为 0x01。

（2）计算 T0 的计数初值。设置定时时间为 5ms（即 5000μs），设置 T0 的计数初值为 X，假设晶振频率为 11.0592MHz。由

$$\text{定时时间}=(2^{16}-X)\times 12/\text{晶振频率}$$

可得

$$5000=(2^{16}-X)\times 12/11.0592$$

得

$$X=60928$$

转换成十六进制数后为 0xee00，其中 0xee 装入 TH0，0x00 装入 TL0。

（3）设置 IE 寄存器。本例采用 T0 中断，因此需将 IE 寄存器中的 EA、ET0 置 1。

（4）启动和停止 T0。使 TCON 寄存器中的 TR0=1，启动 T0；TR0=0，停止 T0。

参考程序如下：

```
#include<reg51.h>
char i=100;
void main ()
{
    TMOD=0x01;                  // T0 为方式 1
    TH0=0xee;                   //设置计数初值
    TL0=0x00;
    P1=0x00;                    //P1 口 8 个 LED 点亮
    EA=1;                       //总中断允许
    ET0=1;                      //允许 T0 中断
    TR0=1;                      //启动 T0
    while(1);                   //循环等待
    {
        ;
    }
}
void timer0() interrupt 1       //T0 中断服务程序
{
    TH0=0xee;                   //重新赋初值
    TL0=0x00;
    i--;                        //循环次数减 1
    if(i<=0)
    {
        P1=~P1;                 //P1 口按位取反
        i=100;                  //重置循环次数
    }
}
```

7.4.2 计数器的应用

【例 7-2】 仿真原理图如图 7-14 所示，T1 采用计数模式，方式 1 中断，输入信号引脚 T1（P3.5）上外接按键开关，作为计数信号输入。按 4 次按键开关后，P1 口的 8 个 LED 闪烁不停。

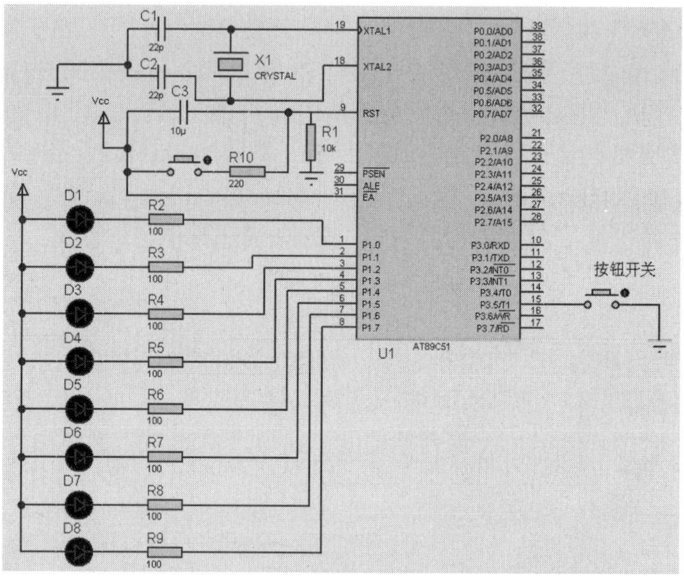

图 7-14　由外部输入信号控制 LED 闪烁的仿真原理图

（1）设置 TMOD 寄存器。T1 工作于方式 1，应使 TMOD 寄存器的 M1,M0=01；设置 $C/\overline{T}$=1，为计数器模式；对 T0 的运行控制仅由 TR0 来控制，应使 GATE0=0。T0 不使用，各相关位均设为 0。所以 TMOD 寄存器应初始化为 0x50。

（2）计算 T1 的计数初值。每按 1 次按键开关，计数器计数 1 次。按 4 次后，P1 口 8 个 LED 闪烁不停。因此计数器的初值为 65536−4=65532，将其转换成十六进制数后为 0xfffc，所以 TH0=0xff，TL0=0xfc。

（3）设置 IE 寄存器。本例采用 T1 中断，因此需将 IE 寄存器中的 EA、ET1 置 1。

（4）启动和停止 T1。使 TCON 寄存器中的 TR1=1，则启动 T1；TR1=0，则停止 T1。

参考程序如下：

```
#include <reg51.h>
void Delay(unsigned int i)                 //定义延时函数，i 是形式参数，不能赋初值
{
      unsigned int j;
      for(;i>0;i--)                        //变量 i 由实际参数传入一个值，因此 i 不能赋初值
      for(j=0;j<125;j++)
      {;}                                  //空函数
}
 void    main()                            //主函数
 {
      TMOD=0x50;                           //设置 T1 为方式 1
      TH1=0xff;                            //向 TH1 写入初值的高 8 位
      TL1=0xfc;                            //向 TL1 写入初值的低 8 位
      EA=1;                                //总中断允许
      ET1=1;                               //T1 中断允许
      TR1=1;                               //启动 T1
      while(1) ;                           //无穷循环，等待计数中断
 }
```

```
void T1_int(void)  interrupt 3          //T1 中断服务程序
{
    for(;;)                             //无限循环
    {
        P1=0xff;                        //8 个 LED 全灭
        Delay(500) ;                    //延时 500ms
        P1=0;                           //8 个 LED 全亮
        Delay(500);                     //延时 500ms
    }
}
```

7.4.3 控制 P1.0 引脚产生周期为 2ms 的方波

【例 7-3】 假设系统时钟为 12MHz，设计电路并编写程序实现从 P1.0 引脚上输出一个周期为 2ms 的方波，如图 7-15 所示。

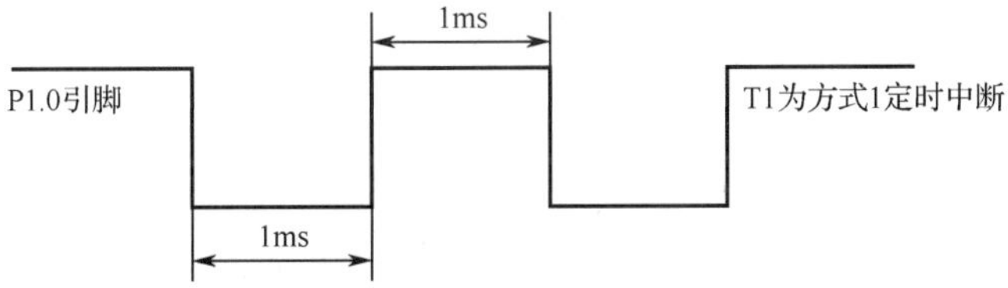

图 7-15 周期为 2ms 的方波

要在 P1.0 引脚上产生周期为 2ms 的方波，定时/计数器应产生 1ms 的定时中断，定时时间到时，在中断服务程序中对 P1.0 引脚的状态求反。T0 为方式 1，定时中断，GATE 不起作用。仿真原理图如图 7-16 所示，在 P1.0 引脚上接有虚拟示波器，用来观察产生的周期为 2ms 的方波。

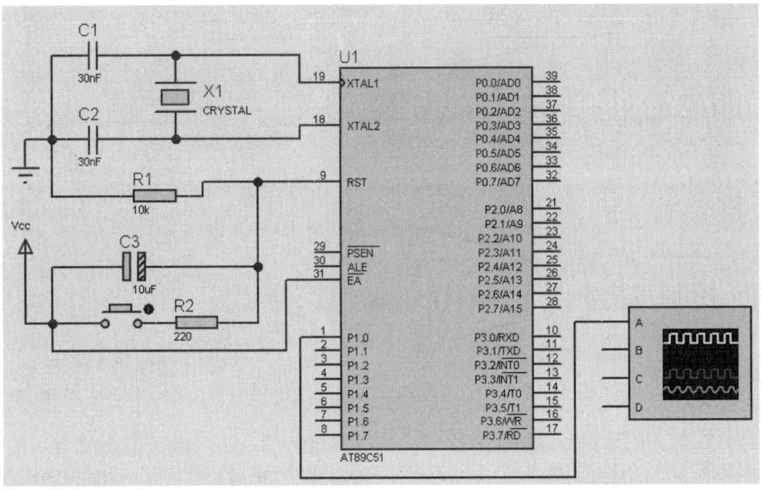

图 7-16 控制 P1.0 引脚输出周期为 2ms 的方波的仿真原理图

下面来计算 T0 的初值。设 T0 的初值为 X，有

$$(2^{16}-X)\times1\times10^{-6}=1\times10^{-3}$$

即

$$65536-X=1000$$

得 X=64536，转化为十六进制数就是 0xfc18。将高 8 位 0xfc 装入 TH0，低 8 位 0x18 装入 TL0。

参考程序如下：

```
#include <reg51.h>                    //头文件 reg51.h
sbit P1_0=P1^0;                       //定义特殊功能寄存器 P1 的位变量 P1_0
void main(void)                       //主程序
{
    TMOD=0x01;                        //设置 T0 为方式 1
    TR0=1;                            //接通 T0
    while(1)                          //无限循环
    {
        TH0=0xfc;                     //设置 T0 高 8 位的初值
        TL0=0x18;                     //设置 T0 低 8 位的初值
        do{}while(!TF0);              //判 TF0 是否为 1，若为 1 则 T0 溢出，往下执行，否则原地循环
        P1_0=!P1_0;                   //P1.0 状态求反
        TF0=0;                        //TF0 标志清零
    }
}
```

仿真时，右击原理图中的虚拟示波器，在快捷菜单中选择“Digital Oscilloscope”命令，就会在虚拟数字示波器上显示 P1.0 引脚输出的周期为 2ms 的方波。如图 7-17 所示。

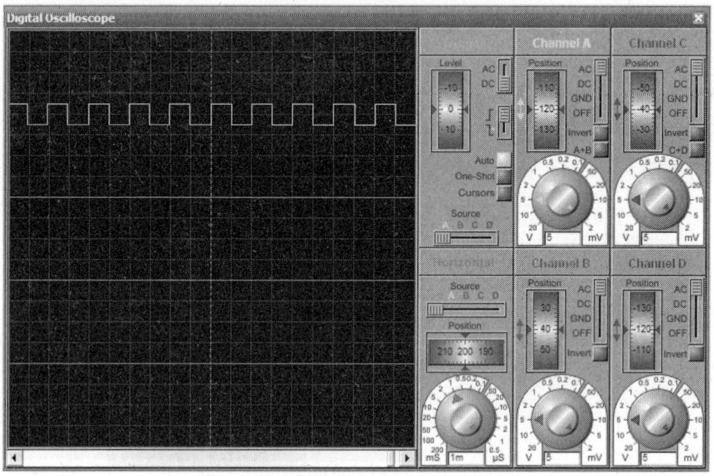

图 7-17　虚拟示波器显示周期为 2ms 的方波

7.4.4　利用 T1 控制发出频率为 1kHz 的音频信号

【例 7-4】　利用 T1 的中断控制 P1.7 引脚输出频率为 1kHz 的方波音频信号，驱动蜂鸣器发声。系统时钟为 12MHz，方波音频信号的周期为 1ms，因此 T1 的定时中断时间为 0.5ms，进入中断服务程序后，对 P1.7 引脚的状态求反。仿真原理图如图 7-18 所示。

先计算 T1 的初值，系统时钟为 12MHz，则机器周期为 1μs。1kHz 的方波音频信号的周期为 1ms，要定时/计数的脉冲数为 a，则 T1 的初值为：

$$TH1=(65536-a)/256，TL1=(65536-a)\%256$$

参考程序如下：

```
#include<reg51.h>                     //包含头文件
sbit sound=P1^7;                      //将 sound 位定义为 P1.7 引脚
#define f1(a) (65536-a)/256           //定义装入 T1 高 8 位的时间常数
```

```
#define f2(a) (65536-a)%256                //定义装入 T1 低 8 位的时间常数
unsigned int i = 460;
unsigned int j = 0;
void main(void)
{
    EA=1;                                  //开总中断
    ET1=1;                                 //允许 T1 中断
    TMOD=0x10;                             //TMOD=0001 0000B，使用 T1 的方式 1 定时
    TH1=f1(i);                             //给 T1 的高 8 位赋初值
    TL1=f2(i);                             //给 T1 的低 8 位赋初值
    TR1=1;                                 //启动 T1
    while(1)
    {                                      //循环等待
        i=460;
        while(j<2000);
        j=0;
        i=360;
        while(j<2000);
        j=0;
    }
}
void T1(void) interrupt 3 using 0          //T1 中断服务程序
{
    TR1= 0;                                //关闭 T1
    sound=~sound;                          //P1.7 输出状态求反
    TH1=f1(i);                             //T1 的高 8 位重新赋初值
    TL1=f2(i);                             //T1 的低 8 位重新赋初值
    j++;
    TR1=1;                                 //启动 T1
}
```

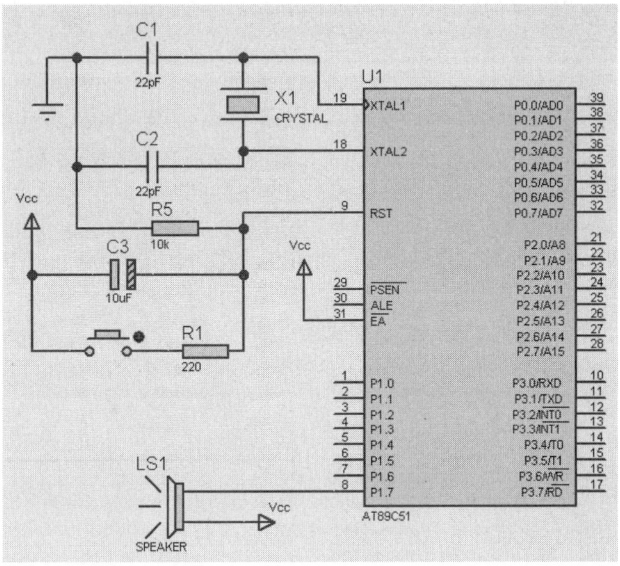

图 7-18　控制蜂鸣器发出 1kHz 的方波音频信号的仿真原理图

7.4.5 制作 LED 数码管秒表

【例 7-5】 制作一个秒表，用两个 LED 数码管显示计时时间，最小计时单位为 100 ms，计时范围为 0.1s～9.9 s。当第 1 次按下计时功能键时，秒表开始计时并显示时间；当第 2 次按下计时功能键时，停止计时，将计时的时间值送数码管显示；如果计时到 9.9s，将重新从 0 开始计时；当第 3 次按下计时功能键时，秒表清 0。再次按下计时功能键，则重复上述计时过程。

本秒表应用 AT89C51 单片机的定时器模式，还涉及如何编写控制数码管的显示程序。

LED 数码管秒表的仿真原理图如图 7-19 所示。

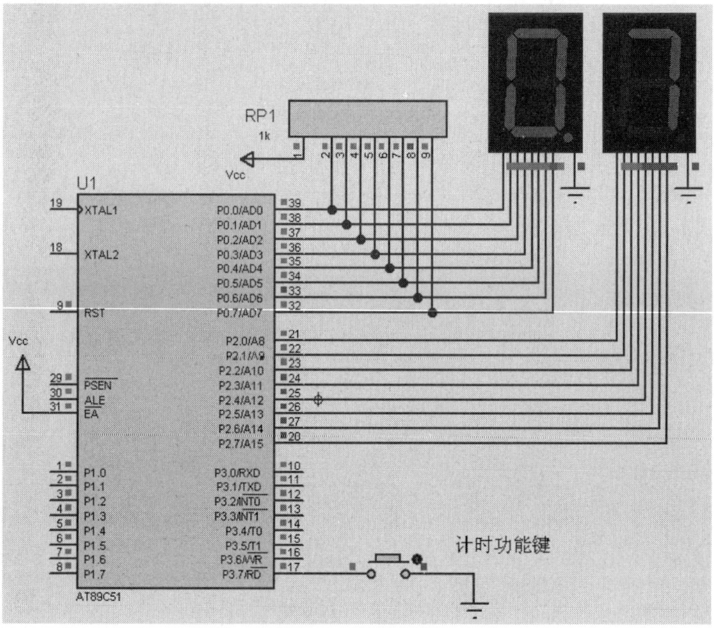

图 7-19 LED 数码管秒表的仿真原理图

参考程序如下：

```
#include<reg51.h>                                       //包含头文件
unsigned char code discode1[]={0xbf,0x86,0xdb,0xcf,0xe6,0xed,0xfd,0x87,0xff,0xef};
                                                        //数码管显示 0～9 的段码表，带小数点
unsigned char code discode2[]={0x3f,0x06,0x5b,0x4f,0x66,0x6d,0x7d,0x07,0x7f,0x6f};
                                                        //数码管显示 0～9 的段码表，不带小数点
unsigned char timer=0;                                  //记录中断次数
unsigned char second;                                   //存储秒
unsigned char key=0;                                    //记录按键次数
main()                                                  //主函数
{
     TMOD=0x01;                                         //T0 方式 1 定时中断
     ET0=1;                                             //允许 T0 中断
     EA=1;                                              //总中断允许
     second=0;                                          //设初值
     P0=discode1[second/10];                            //显示秒位 0
     P2=discode2[second%10];                            //显示 0.1 秒位 0
     while(1)                                           //循环
     {
```

```
            if((P3&0x80)==0x00)             //当键被按下时
            {
                key++;                      //按键次数加 1
                switch(key)                 //根据按键次数分三种情况
                {
                    case 1:                 //第 1 次按下，启动秒表计时
                        TH0=0xee;           //向 TH0 写入初值的高 8 位
                        TL0=0x00;           //向 TL0 写入初值的低 8 位，定时 5ms
                        TR0=1;              //启动 T0
                        break;
                    case 2:                 //已按下 2 次，暂停秒表
                        TR0=0;              //关闭 T0
                        break;
                    case 3:                 //已按下 3 次，秒表清 0
                        key=0;              //按键次数清 0
                        second=0;           //秒表清 0
                        P0=discode1[second/10];     //显示秒位
                        P2=discode2[second%10];     //显示 0.1 秒位
                        break;
                }
                while((P3&0x80)==0x00);     //如果按键时间过长，则在此循环
            }
        }
}
void int_T0() interrupt 1   using 0               //T0 中断服务程序
{
        TR0=0;                                      //停止计时，执行以下操作（会带来计时误差）
        TH0=0xee;                                   //向 TH0 写入初值的高 8 位
        TL0=0x00;                                   //向 TL0 写入初值的低 8 位，定时 5ms
        timer++;                                    //记录中断次数
        if (timer==20)                              //中断 20 次，共计时 20*5ms=100ms=0.1s
        {
            timer=0;                                //中断次数清 0
            second++;                               //加 0.1s
            P0=discode1[second/10];                 //根据计时时间，即时显示秒位
            P2=discode2[second%10];                 //根据计时时间，即时显示 0.1 秒位
        }
            if(second==99)                          //当计时到 9.9s 时
            {
                TR0=0;                              //停止计时
                second=0;                           //秒数清 0
                key=2;      //按键次数置 2，再次按键，key++，即 key=3，秒表清 0，复原
            }
            else                                    //计时不到 9.9s 时
            {
                TR0=1;                              //启动 T0 继续计时
            }
}
```

7.4.6 测量脉冲宽度——门控位的应用

下面介绍定时/计数器中 TMOD 寄存器的门控位 GATE 的应用。以 T1 为例，利用门控位 GATE 测量加在 $\overline{\text{INT1}}$ 引脚上正脉冲的宽度。

【例 7-6】 门控位 GATE 可使 T1 的启动计数受 $\overline{\text{INT1}}$ 引脚的控制，当 GATE=1，TR1=1，且只有 $\overline{\text{INT1}}$ 引脚输入高电平时，T1 才被允许计数。利用 GATE 的这一功能，可测量 $\overline{\text{INT1}}$（P3.3）引脚上正脉冲的宽度，其方法示意图如图 7-20 所示。

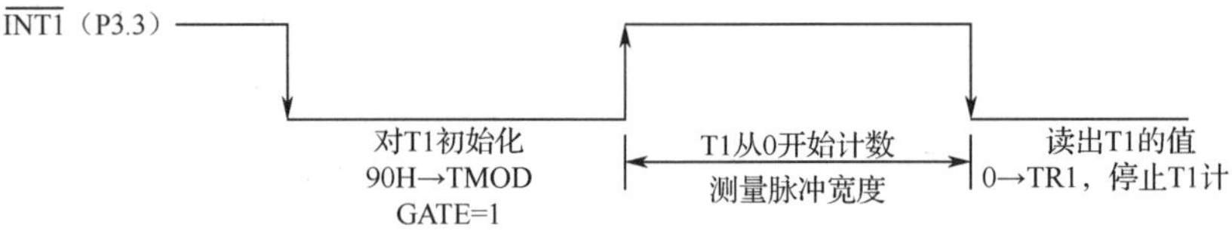

图 7-20 利用 GATE 测量正脉冲的宽度方法

测量正脉冲宽度的仿真原理图如图 7-21 所示，图中省略了复位电路和时钟电路。利用门控位 GATE 来测量 $\overline{\text{INT1}}$ 引脚上正脉冲的宽度（该脉冲宽度应该可调），并在 6 位 LED 数码管上以机器周期数显示出来。对于被测量的脉冲信号的宽度，要求可以通过信号源的旋钮进行调整。

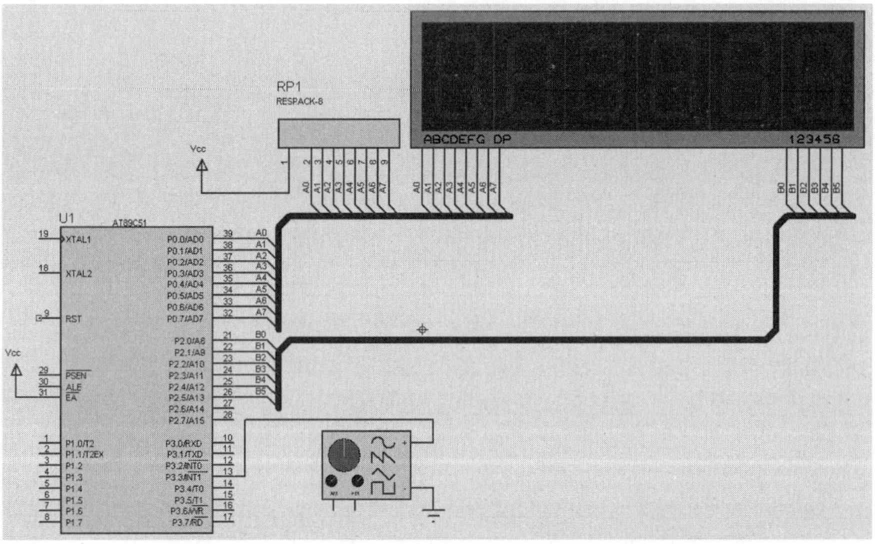

图 7-21 利用 GATE 测量 $\overline{\text{INT1}}$ 引脚上正脉冲宽度的仿真原理图

参考程序如下：

```
#include<reg51.h>
#define uint unsigned int
#define uchar unsigned char
sbit P3_3=P3^3;                              //位变量定义
uchar count_high;                            //定义计数变量，用来读取 TH0
uchar count_low;                             //定义计数变量，用来读取 TL0
uint num;
uchar shiwan, wan, qian, bai, shi, ge;
uchar flag;
uchar code table[]={0x3f,0x06,0x5b,0x4f,0x66,0x6d,0x7d,0x07,0x7f,0x6f}; //共阴极数码管的段码表
```

```
void delay(uint z)                                      //延时函数
{
        uint x,y;
        for(x=z;x>0;x--)
        for(y=110;y>0;y--);
}

void display(uint a,uint b,uint c,uint d,uint e,uint f)  //数码管显示函数
{
        P2=0xfe;
        P0=table[f];
        delay(2);
        P2=0xfd;
        P0=table[e];
        delay(2);
        P2=0xfb;
        P0=table[d];
        delay(2);
        P2=0xf7;
        P0=table[c];
        delay(2);
        P2=0xef;
        P0=table[b];
        delay(2);
        P2=0xdf;
        P0=table[a];
        delay(2);
}
void read_count()                                       //读取计数寄存器的内容
{
        do
        {
                count_high=TH1;                         //读高字节
                count_low=TL1;                          //读低字节
        }while(count_high!=TH1);
        num=count_high*256+count_low;                   //可处理两字节的机器周期数
}
void main()
{
        while(1)
        {
                flag=0;
                TMOD=0x90;                              //设置 T1 为方式 1 定时中断
                TH1=0;                                  //向 T1 写入计数初值
                TL1=0;
                while(P3_3==1);                         //等待 INT1 变低
                TR1=1;                                  //如果 INT1 为低，则启动 T1（未真正开始计数）
                while(P3_3==0);                         //等待 INT1 变高，变高后 T1 真正开始计数
                while(P3_3==1);                         //等待 INT1 变低，变低后 T1 停止计数
```

```
            TR1=0;
            read_count();                               //读计数寄存器内容的函数

            shiwan=num/100000;
            wan=num%100000/10000;
            qian=num%10000/1000;
            bai=num%1000/100;
            shi=num%100/10;
            ge=num%10;
            while(flag!=100)                            //刷新显示 100 次
            {
                flag++;
                display(ge,shi,bai,qian,wan,shiwan);
            }
        }
    }
```

执行上述程序进行仿真，把 $\overline{\text{INT1}}$ 引脚上出现的正脉冲宽度显示在 LED 数码管上。晶振频率为 12MHz，如果默认信号源输出频率为 1kHz 的方波，则 LED 数码管应显示为 500。

注意，在仿真时，偶尔会显示“501”，这是信号源的问题。若将信号源换成频率固定的激励源，则不会出现此问题。

7.4.7 LCD 时钟的设计

【例7-7】 使用定时/计数器来实现一个用 LCD 显示的时钟。LCD 采用 LCD 1602，具体见第 5 章的介绍。LCD 时钟的仿真原理图如图 7-22 所示。

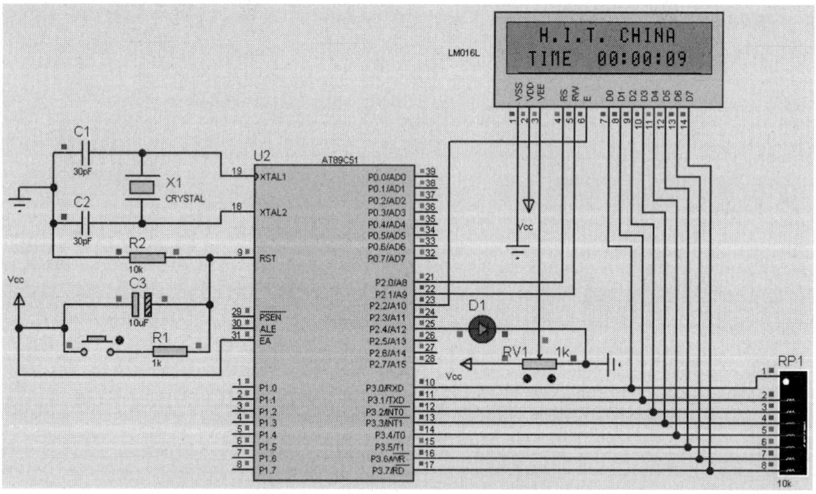

图 7-22 LCD 时钟的仿真原理图

时钟的最小计时单位是 1s。如何获得 1s 的定时？可将 T0 的定时时间定为 50ms，采用中断方式进行溢出次数的累计，计满 20 次，则秒计数变量 second 加 1；若 second 计满 60，则分计数变量 minute 加 1，同时将 second 清 0；若 minute 计满 60，则时计数变量 hour 加 1；若 hour 满 24，则将 hour 清 0。

先设定好定时/计数器及各计数变量，然后调用时间显示的子程序。秒计数功能由 T0 的中断服务子程序来实现。

参考程序如下：

```
#include<reg51.h>
#include<lcd1602.h>
#define uchar unsigned char
#define uint unsigned int
uchar int_time;                                    //中断次数变量
uchar second;                                      //秒计数变量
uchar minute;                                      //分计数变量
uchar hour;                                        //时计数变量
uchar code date[]="    H.I.T. CHINA    ";          //LCD 第 1 行显示的内容
uchar code time[]=" TIME    23:59:55 ";            //LCD 第 2 行显示的内容
uchar second=55,minute=59,hour=23;
void clock_init()
{
        uchar i,j;
        for(i=0;i<16;i++)
        {
                write_data(date[i]);
        }
        write_com(0x80+0x40);
        for(j=0;j<16;j++)
        {
                write_data(time[j]);
        }
}
void clock_write( uint s, uint m, uint h)
{
        write_sfm(0x47,h);
        write_sfm(0x4a,m);
        write_sfm(0x4d,s);
}
void main()
{
        init1602();                                //LCD 初始化
        clock_init();                              //时钟初始化
        TMOD=0x01;                                 //设置 T0 为方式 1 定时中断
        EA=1;                                      //总中断开
        ET0=1;                                     //允许 T0 中断
        TH0=(65536-46483)/256;                     //给 T0 装入初值
        TL0=(65536-46483)%256;
        TR0=1;
        int_time=0;                                //中断次数变量清 0
        second=55;                                 //秒、分、时计数变量清 0
        minute=59;
        hour=23;
        while(1)
        {
```

```
            clock_write(second ,minute, hour);
        }
}
void   T0_interserve(void)   interrupt 1   using 1        //T0 中断服务程序
{     int_time++;                                         //中断次数变量加 1
            if(int_time==20)                              //若中断次数计满 20 次
            {
                int_time=0;                               //中断次数变量清 0
                second++;                                 //秒计数变量加 1
            }
            if(second==60)                                //若秒计数变量计满 60
            {
                second=0;                                 //秒计数变量清 0
                minute ++;                                //分计数变量加 1
            }
            if(minute==60)                                //若分计数变量计满 60
            {
                minute=0;                                 //分计数变量清 0
                hour ++;                                  //时计数变量加 1
            }
            if(hour==24)
            {
                hour=0;                                   //若时计数变量计满 24，则将其清 0
            }
            TH0=(65536-46083)/256;                        //T0 重新赋值
            TL0=(65536-46083)%256;
}
```

仿真运行上述程序，就会在 LCD 上显示实时时间。

思考题及习题 7

1．如果采用的晶振频率为 24MHz，定时/计数器工作于方式 0、方式 1、方式 2，其最大定时时间各为多少？

2．定时/计数器用于计数器模式时，对外界计数频率有何限制？

3．定时/计数器的方式 2 有什么特点？适用于哪些应用场合？

4．THx 与 TLx（x=0,1）是普通寄存器还是计数器？其内容可以随时用指令更改吗？更改后的新值是立即刷新还是等当前计数器计满后才能刷新？

5．Proteus 虚拟仿真。使用 T0，采用方式 2 定时中断，在 P1.0 引脚上输出周期为 400μs，占空比为 4∶1 的矩形脉冲，要求在 P1.0 引脚上接有虚拟示波器，观察 P1.0 引脚输出的矩形脉冲波形。

6．Proteus 虚拟仿真。利用 T1 的中断来使 P1.7 引脚控制蜂鸣器发出 1kHz 的音频信号，假设系统时钟的频率为 12MHz。

7．Proteus 虚拟仿真。制作一个秒表，用两位 LED 数码管显示计时时间，最小计时单位为 100ms，计时范围为 0.1s～9.9s。当第 1 次按下并松开计时功能键时，秒表开始计时并显示时间；当第 2 次按下并松开计时功能键时，停止计时，计算两次按下计时功能键的时间间隔，并在数码管上显示；当第 3 次按下计时功能键时，秒表清 0。再次按下计时功能键，重新开始计时。如果计时到 9.9s 时，将停止计时，按下计时功能键，秒表清 0，再次按下重新开始计时。

8．Proteus 虚拟仿真。制作一个采用 LCD1602 显示的电子钟，在 LCD 上显示当前的时间。显示格式为“时时:分分:秒秒”。设有 4 个功能键 k1～k4，功能如下：

（1）k1——进入时间修改。

（2）k2——修改时数，按一下 k2，当前时数增 1。

（3）k3——修改分数，按一下 k3，当前分数增 1。

（4）k4——确认修改完成，电子钟按修改后的时间运行显示。

第 8 章　串行口的工作原理及应用

导读：本章首先介绍有关串行通信的基础，然后对 AT89S51 单片机串行通信口（串行口）的基本结构与工作原理、相关的特殊功能寄存器，以及串行口的 4 种工作方式进行介绍。此外还介绍如何利用串行口实现多机串行通信，与 PC 机的串行通信，以及串行通信的各种应用编程。最后，从实用角度对目前单片机串行通信广泛应用的各种常见的串行通信标准接口 RS-232、RS-422 及 RS-485 给予简要介绍。

8.1　串行通信基础

随着单片机的广泛应用与计算机网络技术的普及，单片机与 PC 机或单片机与单片机之间的通信使用增多。

8.1.1　并行通信与串行通信

单片机通信有并行通信与串行通信两种方式。

1．并行通信

单片机的并行通信通常使用多根数据线将数据字节的各位同时传送，每 1 位数据都需要一根传输线，此外还需要一根或几根控制信号线。单片机并行通信的示意图如图 8-1 所示。

并行通信相对传输速度较快，但由于传输线较多，长距离传送时成本较高，因此这种方式适合短距离的数据传输。

2．串行通信

单片机的串行通信是将数据字节分成 1 位 1 位的形式，在一根传输线上逐个传送。由于一次只能传送 1 位，所以对于 1 字节的数据，至少要分 8 位才能传送完毕，如图 8-2 所示。

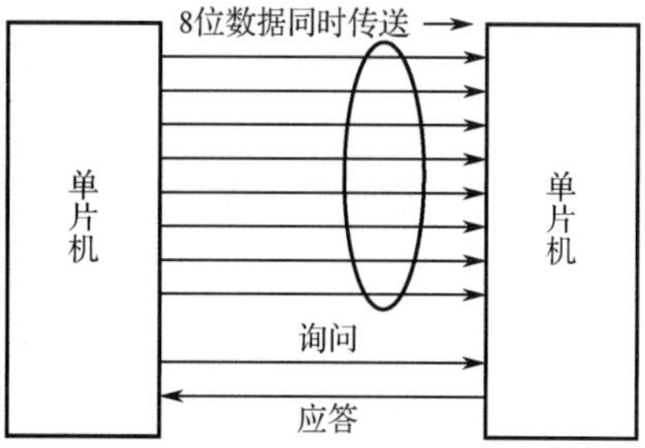

图 8-1　单片机并行通信

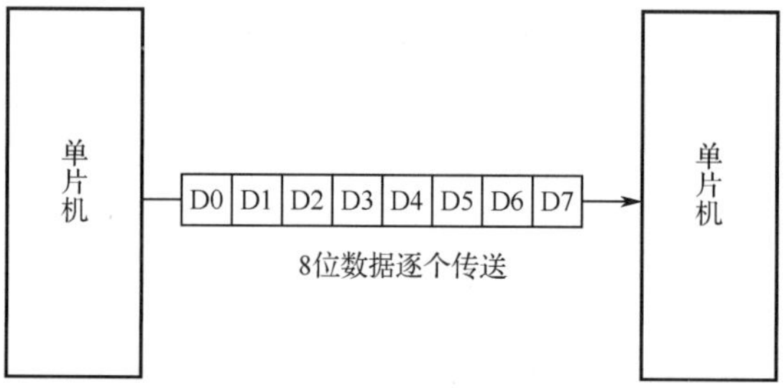

图 8-2　单片机串行通信

串行通信在发送时，要把并行数据变成串行数据发送到线路上去，接收时要把串行数据再变成并行数据。

串行通信传输线少，长距离传送时成本低，且可以利用电话网等现成设备，因此在单片机系统中，串行通信的使用非常普遍。

8.1.2 同步通信与异步通信

串行通信又有两种方式：同步（串行）通信与异步（串行）通信。

同步通信是指采用一个同步时钟，通过一根同步时钟信号线，加到收、发双方，使双方达到完全同步，此时，传输数据的位之间的距离均为“位间隔”的整数倍，同时传送的字符间不留间隙，即保持位同步关系。同步通信及数据格式如图 8-3 所示。

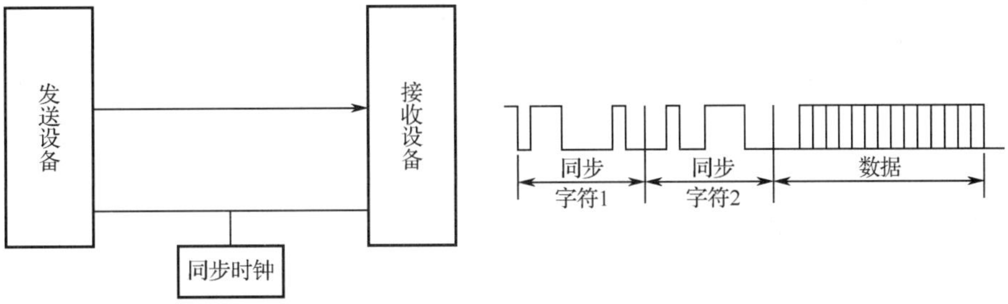

图 8-3 同步通信及数据格式

异步通信是指收、发双方使用各自的时钟控制数据的发送和接收。这样可省去连接收、发双方的一根同步时钟信号线，使得异步通信连接更加简单且容易实现。为使收、发双方协调，要求它们的时钟尽可能一致。

如图 8-4 所示为异步通信及数据帧格式。异步通信以数据帧为单位进行数据传输，各数据帧之间的间隔是任意的，但每个数据帧中的各位是以固定的时间传送的。

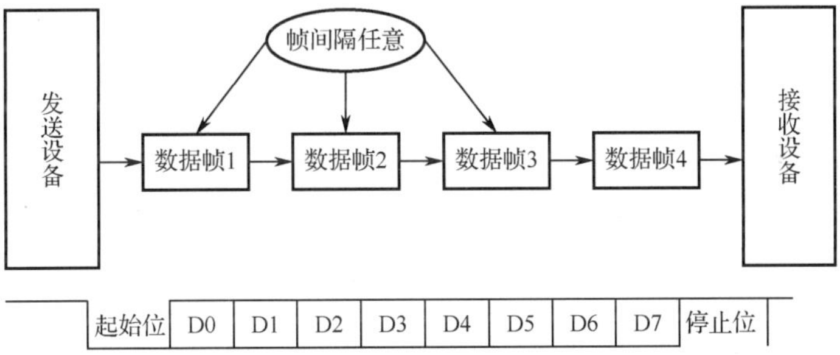

典型的数据帧格式

图 8-4 异步通信及数据帧格式

异步通信不要求收、发双方时钟严格一致，使得其实现容易，成本低，但是每个数据帧要附加起始位、停止位，有时还要再加上校验位。

同步通信比异步通信的数据传输效率高，但是额外增加了一根同步时钟信号线。

8.1.3 串行通信的传输模式

串行通信的传输模式按照数据传输的方向及时间关系可分为单工、半双工和全双工三种。

1．单工

单工是指数据传输仅能按一个固定方向传输，不能反向传输，如图 8-5（a）所示。

2．半双工

半双工是指数据传输可以双向传输，但不能同时进行，不能同时传输，如图 8-5（b）所示。

3. 全双工

全双工是指数据传输可以同时进行双向传输，如图 8-5（c）所示。

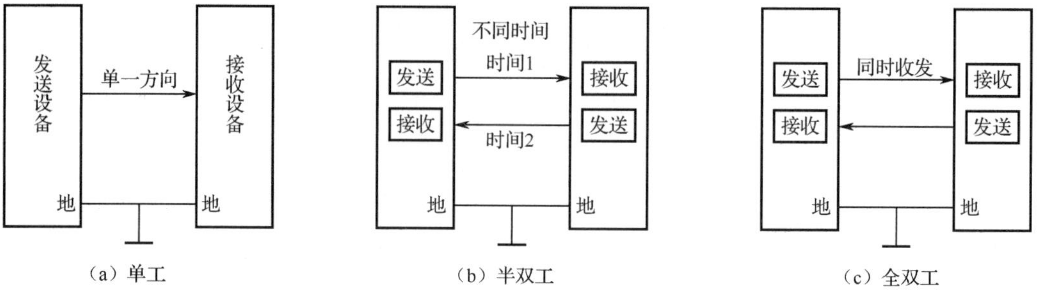

图 8-5 单工、半双工和全双工数据传输模式

8.1.4 串行通信的错误校验

在串行通信过程中，往往要对数据传送的正确与否进行校验。校验是保证传输数据准确无误的关键。常用的校验方法有奇偶校验与循环冗余码校验等方法。

1. 奇偶校验

串行发送数据时，数据位尾随 1 个奇偶校验位（1 或 0）。当约定为奇校验时，数据中 1 的个数与校验位 1 的个数之和应为奇数；当约定为偶校验时，数据中 1 的个数与校验位 1 的个数之和应为偶数。数据发送方与接收方应一致。在接收数据时，对 1 的个数进行校验，若发现不一致，则说明数据传输过程中出现了差错，通知发送方重发。

2. 代码和校验

代码和校验是指发送方将所发数据块求和或对各字节求异或，然后将产生 1 字节的校验字符（校验和）附加到数据块末尾。接收方在接收数据的同时对数据块（除校验字符外）求和或对各字节求异或，将所得结果与发送方的“校验和”进行比较，如果相符，则无差错，否则即认为在传输过程中出现了差错。

3. 循环冗余码校验

循环冗余码校验纠错能力强，容易实现。该校验通过某种数学运算来实现有效信息与校验位之间的循环校验，常用于对磁盘信息的传输、存储区的完整性校验等。它是目前应用最广的检错码编码方式之一，广泛用于同步通信中。

8.2 串行口的结构

AT89S51 单片机内部集成了一个全双工 UART（通用异步接收发送器）串行口。全双工就是两个单片机之间串行数据可同时双向传输。它还支持异步通信，是指收、发双方使用各自的时钟控制发送和接收过程，可省去一根同步时钟信号线，使得异步通信连接更加简单且容易实现。

AT89S51 单片机串行口的内部结构如图 8-6 所示。它有两个物理上独立的接收、发送 SBUF（属于特殊功能寄存器），可同时发送、接收数据。发送 SBUF 只能写入不能读出，接收 SBUF 只能读出不能写入，两个数据缓冲器公用一个特殊功能寄存器字节地址（99H）。

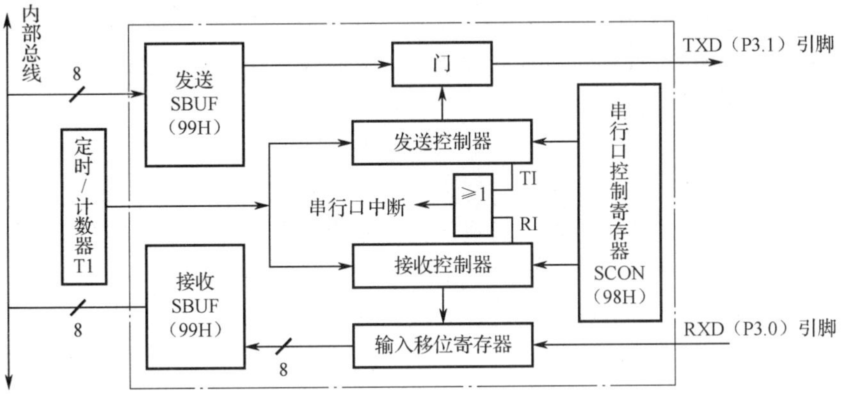

图 8-6 串行口的内部结构

串行口的控制寄存器共有两个：特殊功能寄存器 SCON 和 PCON。下面详细介绍这两个特殊功能寄存器各位的功能。

8.2.1 串行口控制寄存器 SCON

SCON 寄存器的字节地址为 98H，可位寻址，位地址范围为 98H～9FH，即 SCON 寄存器的所有位都可用软件来进行位操作清 0 或置 1。SCON 寄存器的格式如图 8-7 所示。

		D7	D6	D5	D4	D3	D2	D1	D0	
SCON		SM0	SM1	SM2	REN	TB8	RB8	TI	R9	98H
	位地址	9FH	9EH	9DH	9CH	9BH	9AH	99H	98H	

图 8-7 SCON 寄存器的格式

下面介绍 SCON 寄存器中各位的功能。

（1）SM0、SM1：串行口 4 种工作方式选择位。SM0、SM1 两位编码所对应的 4 种工作方式见表 8-1。

表 8-1 串行口的 4 种工作方式

SM0 SM1	方 式	功 能 说 明
0 0	方式 0	同步移位寄存器输入/输出方式（用于扩展 I/O 口）
0 1	方式 1	8 位异步收发，波特率可变（由定时/计数器控制）
1 0	方式 2	9 位异步收发，波特率为 $f_{osc}/64$ 或 $f_{osc}/32$
1 1	方式 3	9 位异步收发，波特率可变（由定时/计数器控制）

（2）SM2：多机通信控制位。多机通信是在方式 2 和方式 3 下进行的，因此 SM2 位主要用于方式 2 或方式 3。

当串行口以方式 2 或方式 3 接收时，如果 SM2=1，则只有当接收到的第 9 位数据（RB8）为 1 时，才使 RI 置 1，产生中断请求，并将接收到的前 8 位数据送入接收 SBUF 中；当接收到的第 9 位数据（RB8）为 0 时，则将接收到的前 8 位数据丢弃。

而当 SM2=0 时，不论第 9 位数据是 1 还是 0，都将接收的前 8 位数据送入接收 SBUF 中，并使 RI 置 1，产生中断请求。

在方式 1 下，如果 SM2 = 1，则只有收到有效的停止位时才会激活 RI。

在方式 0 下，SM2 必须为 0。

（3）REN：允许串行接收位，由软件置 1 或清 0。REN=1，允许串行口接收数据；REN=0，禁止串行口接收数据。

（4）TB8：发送的第 9 位数据。在方式 2 和方式 3 下，TB8 是要发送的第 9 位数据，其值由软件置 1 或清 0。在双机串行通信时，TB8 一般作为奇偶校验位使用；也可在多机串行通信中用于表示主机发送的是地址帧还是数据帧，TB8=1 为地址帧，TB8=0 为数据帧。

（5）RB8：接收的第 9 位数据。在方式 2 和方式 3 下，RB8 存放接收到的第 9 位数据。在方式 1 下，如果 SM2=0，则 RB8 是接收到的停止位。在方式 0 下，不使用 RB8。

（6）TI：发送中断标志位。在方式 0 下，且串行发送的第 8 位数据结束时，TI 由硬件置 1。在其他工作方式下，当串行口开始发送停止位时，置 TI 为 1。TI=1，表示 1 帧数据发送结束。TI 的状态可供软件查询，也可用于申请中断。CPU 响应中断后，在中断服务程序中向发送 SBUF 中写入要发送的下一帧数据。注意，TI 必须由软件清 0。

（7）RI：接收中断标志位。在方式 0 下，串行口接收完第 8 位数据，RI 由硬件置 1。在其他工作方式下，串行口接收到停止位时，该位置 1。RI=1，表示 1 帧数据接收完毕，并申请中断，要求 CPU 从接收 SBUF 中取走数据。该位的状态也可供软件查询。注意，RI 必须由软件清 0。

8.2.2 电源控制寄存器 PCON

PCON 寄存器的字节地址为 87H，不能位寻址。其格式如图 8-8 所示。

	D7	D6	D5	D4	D3	D2	D1	D0	
PCON	SMOD	—	—	—	GF1	GF0	PD	IDL	87H

图 8-8　PCON 寄存器的格式

其中，仅最高位 SMOD 与串行口有关，低 4 位的功能已在 2.10 节中介绍过。

SMOD：波特率选择位。

例如，方式 1 的波特率计算公式为：

$$\text{方式 1 的波特率}=\frac{2^{\text{SMOD}}}{32}\times \text{T1 的溢出率}$$

当 SMOD=1 时，波特率要比 SMOD=0 时的加倍，所以也称 SMOD 为波特率倍增位。

8.3 串行口的 4 种工作方式

串行口的 4 种工作方式由 SCON 寄存器中的 SM0、SM1 位定义，编码见表 8-1。

8.3.1 方式 0

串行口的方式 0 为同步移位寄存器输入/输出方式。这种方式并不是用于两个 AT89S51 单片机之间的异步通信，而是用于外接移位寄存器，用来扩展并行 I/O 口。

在方式 0 下，以 8 位数据为 1 帧，没有起始位和停止位，先发送或接收最低位。波特率是固定的，为 $f_{osc}/12$。方式 0 的数据帧格式如图 8-9 所示。

…	D0	D1	D2	D3	D4	D5	D6	D7	…

图 8-9　方式 0 的数据帧格式

1. 方式 0 输出

（1）方式 0 输出的工作原理

当单片机执行将数据写入发送 SBUF 中的指令时，产生一个正脉冲，串行口开始把发送 SBUF 中的 8 位数据以 $f_{osc}/12$ 的固定波特率从 RXD 引脚串行输出，低位在前。TXD 输出同步移位脉冲。当 8 位数据发送完毕后，TI 置 1。

方式 0 的发送时序如图 8-10 所示。

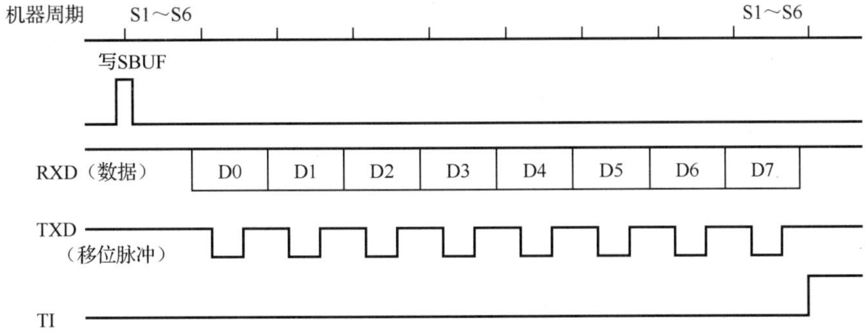

图 8-10　方式 0 的发送时序

（2）方式 0 输出的应用案例

方式 0 输出的典型应用是串行口外接串行输入/并行输出的同步移位寄存器 74LS164，实现并行输出口的扩展。

如图 8-11 所示为串行口工作在方式 0 下，通过 74LS164 的输出来控制 8 个发光二极管亮/灭的仿真原理图。当串行口被设置为方式 0 输出时，串行数据由 RXD（P3.0）送出，移位脉冲由 TXD（P3.1）送出。在移位脉冲的作用下，发送 SBUF 中的数据逐位地从 RXD 串行地移入 74LS164 中。

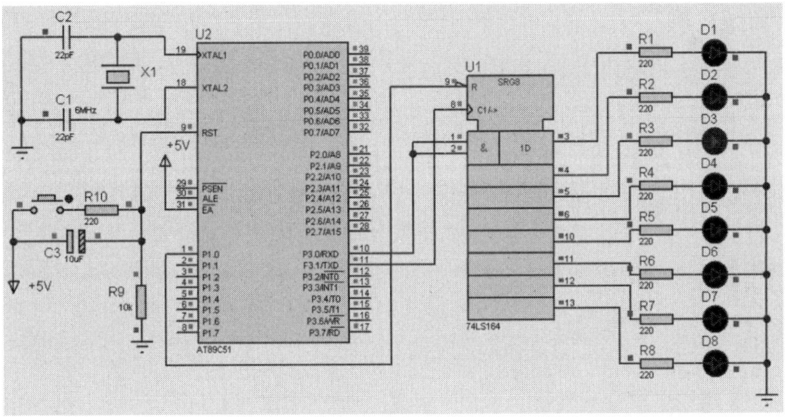

图 8-11　串行口方式 0 输出外接 8 个发光二极管的仿真原理图

【例 8-1】　如图 8-11 所示，编写程序控制 8 个发光二极管流水点亮。图中 74LS164 的第 8 引脚（CLK）为同步脉冲输入端，第 9 引脚为控制端。第 9 引脚的电平由单片机的 P1.0 引脚控制：当第 9 引脚为 0 时，允许串行数据由 RXD（P3.0）向 74LS164 的串行数据输入端 A 和 B（第 1 引脚和第 2 引脚）输入，但是 74LS164 的 8 位并行输出端关闭；当第 9 引脚为 1 时，A 和 B 端关闭，但是允许 74LS164 中的 8 位数据并行输出。当串行口将 8 位串行数据发送完毕后，申请中断，在中断服务程序中，单片机向串行口输出下一个 8 位数据。

采用中断方式的参考程序如下：

```
#include <reg51.h>
#include <stdio.h>
sbit P1_0=0x90;
unsigned char nSendByte;
void delay(unsigned int i)                    //延时子程序
{
        unsigned char j;
        for(;i>0;i--)                         //变量 i 由实际参数传入一个值，因此 i 不能赋初值
        for(j=0;j<125;j++)
        ;
}
main()                                        //主程序
{
        SCON = 0x00;                          //设置串行口为方式 0
        EA=1;                                 //全局中断允许
        ES=1;                                 //允许串行口中断
        nSendByte=1;                          //点亮数据初始为 0000 0001，送入 nSendByte
        SBUF=nSendByte;                       //向 SBUF 中写入点亮数据，启动串行发送
        P1_0=0;                               //允许串行口向 74LS164 中串行发送数据
        while(1)
        {;}
}
void   Serial_Port() interrupt 4   using 0    //串行口中断服务程序
{
if(TI)                                        //如果 TI=1，则表示 1 字节串行发送完毕
{
        P1_0=1;                               //P1_0=1，允许 74LS164 并行输出，流水点亮发光二极管
        SBUF=nSendByte;                       //向 SBUF 中写入数据，启动串行发送
        delay(500);                           //延时，点亮发光二极管持续一段时间
        P1_0=0;                               //P1_0=0，允许向 74LS164 串行写入
        nSendByte=nSendByte<<1;               //点亮数据左移 1 位
        if(nSendByte==0) nSendByte=1;         //点亮数据是否左移 8 次？是，重新送点亮数据
        SBUF=nSendByte;                       //向 74LS164 中串行发送点亮数据
}
TI=0;
RI=0;
}
```

程序说明如下。

① 程序中定义了全局变量 nSendByte，以便在中断服务程序中访问该变量。它用于存放从串行口中发出的点亮数据，在程序中使用左移 1 位操作符“<<”对 nSendByte 进行移位，使得从串行口发出的数据为 0x01、0x02、0x04、0x08、0x10、0x20、0x40、0x80，从而流水点亮各个发光二极管。

② 程序中 if 语句的作用是当 nSendByte 左移 1 位由 0x80 变为 0x00 后，需要将变量 nSendByte 重新赋值为 1。

③ 主程序中的“SBUF=nSendByte;”语句必不可少。如果没有该语句，主程序并不从串行口发送数据，也就不会产生随后的发送完成中断。

④ 两条语句 “while(1){;}”实现反复循环的功能。

2．方式 0 输入

（1）方式 0 输入的工作原理

方式 0 输入时，REN 为串行口允许接收控制位。REN = 0，禁止接收；REN=1，允许接收。当 CPU 向串行口的 SCON 寄存器中写入控制字（设置为方式 0，并使 REN 置 1，同时 RI = 0）时，产生一个正脉冲，串行口开始接收数据。RXD 引脚为数据输入端，TXD 引脚为移位脉冲信号输出端，接收器以 $f_{osc}/12$ 的固定波特率采样 RXD 引脚的数据信息。当接收器接收完 8 位数据时，使 RI 置 1，表示 1 帧数据接收完毕，可进行下 1 帧数据的接收。方式 0 接收时序如图 8-12 所示。

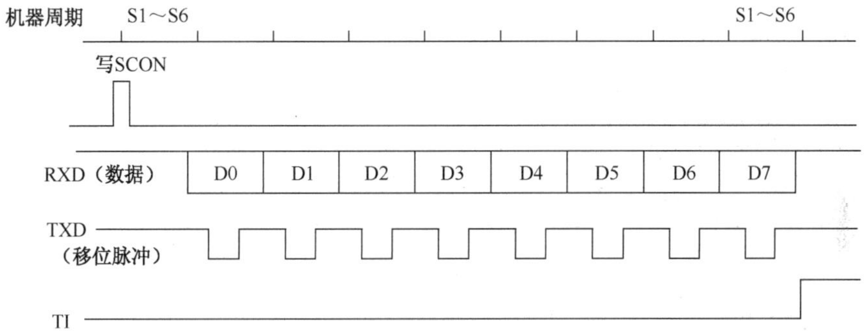

图 8-12　方式 0 接收时序

（2）方式 0 输入的应用举例

【例 8-2】 如图 8-13 所示为串行口外接一个 8 位并行输入、串行输出的同步移位寄存器 74LS165，扩展一个 8 位并行输入口的仿真原理图，可将接在 74LS165 的 8 个开关 S0～S7 的状态通过串行口的方式 0 读入单片机内。74LS165 的 SH / $\overline{LD}$ 引脚（第 1 引脚）为控制端，由

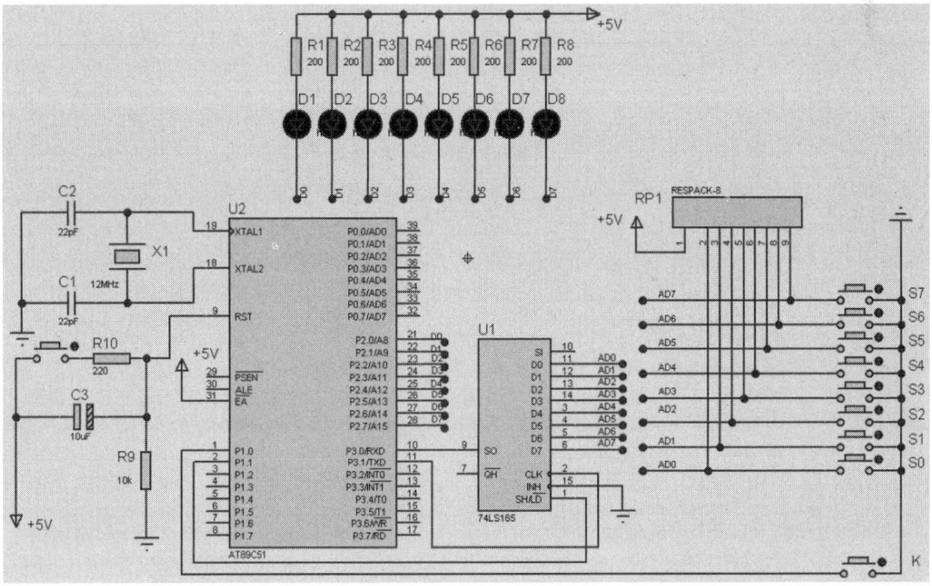

图 8-13　串行口方式 0 输入外接同步移位寄存器的仿真原理图

单片机的 P1.1 引脚控制。若 $SH/\overline{LD}$=0，则 74LS165 可以并行输入数据，且串行输出端关闭；若 $SH/\overline{LD}$=1，则并行输入关断，可以向单片机串行传送。当 P1.0 引脚连接的开关 K 合上时，可进行 S0～S7 的状态数字量的并行读入。采用中断方式来对 S0～S7 的状态进行读取，并由单片机的 P2 口驱动对应的发光二极管点亮（S0～S7 中的任何一个被按下，则对应的发光二极管点亮）。

参考程序如下：

```
#include <reg51.h>
#include "intrins.h"
#include<stdio.h>
sbit P1_0=0x90;
sbit P1_1=0x91;
unsigned char nRxByte;

void delay(unsigned int i)                //延时子程序
{
        unsigned char j;
        for(;i>0;i--)                     //变量 i 由实际参数传入一个值，因此 i 不能赋初值
        for(j=0;j<125;j++);
}

main()
{
        SCON=0x10;                        //串行口初始化为方式 0
        ES=1;                             //允许串行口中断
        EA=1;                             //允许全局中断
        for(;;);
}

void Serial_Port() interrupt 4 using 0    //串行口中断服务子程序
{
        if(P1_0==0)                       //P1_0=0 表示开关 K 被按下，可以读 S0～S7 的状态
        {
                P1_1=0;                   //P1_1=0 并行读入开关的状态
                delay(1);
                P1_1=1;                   //P1_1=1 将开关的状态串行读入串行口中
                RI=0;                     //接收中断标志位清 0
                nRxByte=SBUF;             //接收的开关状态数据从 SBUF 中读入 nRxByte 中
                P2=nRxByte;               //开关状态数据送 P2 口，驱动发光二极管点亮
        }
}
```

程序说明：当 P1.0 为 0，即按下开关 K 时，表示允许并行读入 S0～S7 的状态数字量，通过 P1.1 把 $SH/\overline{LD}$ 置 0，则并行读入 S0～S7 的状态。再让 P1.1=1，即 $SH/\overline{LD}$ 置 1，74LS165 将刚才读入的 S0～S7 状态通过 QH（RXD）串行发送到单片机的接收 SBUF 中，在中断服务程序中把接收 SBUF 中的数据读入 nRxByte 单元中，并送到 P2 口驱动 8 个发光二极管。

8.3.2　方式 1

当 SM0,SM1=01 时，串行口设置为方式 1 双机串行通信。如图 8-14 所示，TXD 引脚和 RXD 引脚分别用于发送和接收数据。

方式 1 收发 1 帧的数据为 10 位，包括 1 个起始位（0）、8 个数据位和 1 个停止位（1），先发送或接收最低位。方式 1 的数据帧格式如图 8-15 所示。

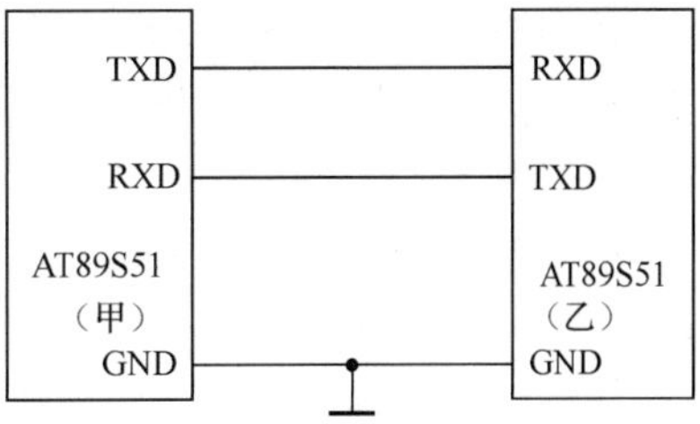

图 8-14　方式 1 双机串行通信的连接

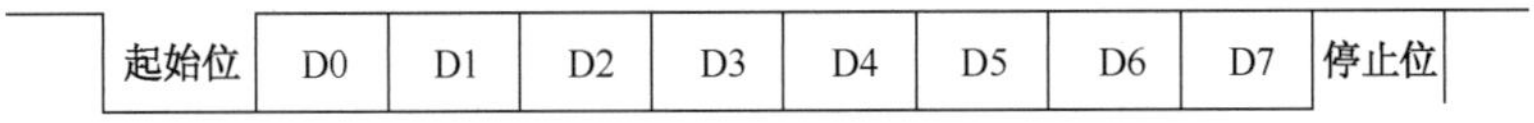

图 8-15　方式 1 的数据帧格式

在方式 1 下，串行口为波特率可变的 8 位异步通信口。方式 1 的波特率由下式确定：

$$方式1的波特率 = \frac{2^{SMOD}}{32} \times T1的溢出率$$

式中，SMOD 为 PCON 寄存器的最高位的值（0 或 1）。

1．方式 1 发送

串行口以方式 1 输出时，数据位由 TXD 引脚输出，发送 1 帧的数据为 10 位：1 个起始位 0、8 个数据位（先低位）和 1 个停止位 1。当 CPU 执行写数据到发送 SBUF 中的命令后，启动发送。方式 1 的发送时序如图 8-16 所示。

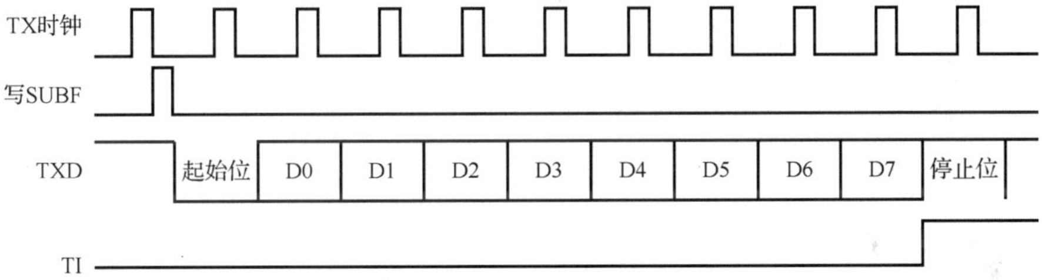

图 8-16　方式 1 的发送时序

在图 8-16 中，发送时钟为 TX，TX 时钟的频率就是发送的波特率。发送开始时，内部逻辑将起始位向 TXD（P3.1）引脚输出，此后每经过 1 个 TX 时钟周期，便产生 1 个移位脉冲，并由 TXD 引脚输出 1 个数据位。8 位数据位全部发送完毕后，TI 置 1。

2．方式 1 接收

串行口以方式 1（SM0,SM1 = 01）接收时，REN = 1，数据从 RXD（P3.0）引脚输入。当检测到起始位的负跳变时，开始接收。方式 1 的接收时序如图 8-17 所示。

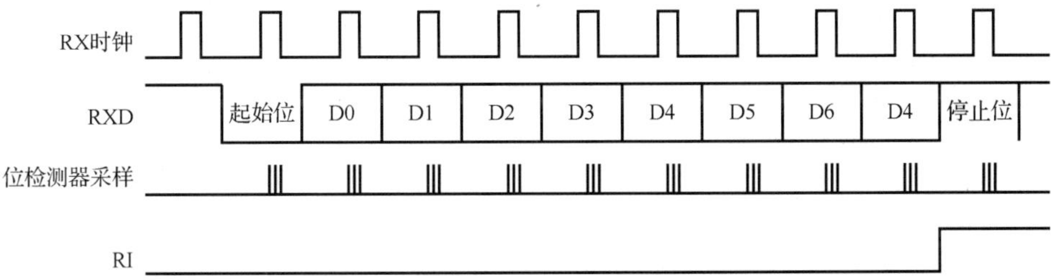

图 8-17　方式 1 的接收时序

接收时，定时控制信号有两种：一种是接收移位时钟（RX 时钟），它的频率和发送的波特率相同；另一种是位检测器采样脉冲，它的频率是 RX 时钟的 16 倍。也就是说，在 1 位数据期间，有 16 个采样脉冲，以波特率的 16 倍速率采样 RXD 引脚状态。当采样到 RXD 引脚从 1 到 0 的负跳变（有可能是起始位）时，就启动接收检测器。接收的值是 3 次连续采样（第 7、8、9 个脉冲时的采样），取其中两次相同的值，以确认是否是真正起始位（负跳变）的开始，这样能较好地消除干扰引起的影响，以保证可靠无误地开始接收数据。

当确认起始位有效时，开始接收 1 帧数据。接收每 1 位数据时，都要进行 3 次连续采样（第 7、8、9 个脉冲时的采样），接收的值是 3 次采样中至少两次相同的值，以保证接收到的数据位的准确性。当 1 帧数据接收完毕后，必须同时满足以下两个条件，这次接收才真正有效。

① RI = 0，即上 1 帧数据接收完毕时，RI=1 发出的中断请求已被响应，接收 SBUF 中的数据已被取走，说明“接收 SBUF”已空。

② SM2 = 0 或收到的停止位为 1（方式 1 时，停止位已进入 RB8 中），则将接收到的数据装入接收 SBUF 和 RB8（装入的是停止位）中，且 RI 置 1。

若不同时满足这两个条件，则收到的数据不能装入接收 SBUF 中，这意味着该帧数据将丢失。

8.3.3 方式 2

串行口工作于方式 2 和方式 3 时，被定义为 9 位异步通信口。每帧数据均为 11 位，包括 1 个起始位 0、8 个数据位（先低位）、1 个可程控为 1 或 0 的第 9 位数据位和 1 个停止位。方式 2 和方式 3 的数据帧格式如图 8-18 所示。

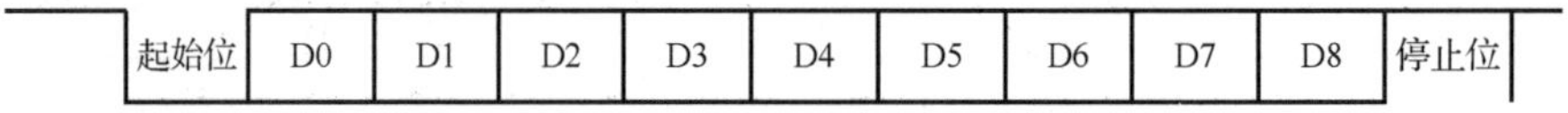

图 8-18　方式 2 和方式 3 的数据帧格式

方式 2 的波特率由下式确定：

$$\text{方式 2 的波特率} = \frac{2^{\mathrm{SMOD}}}{64} \times f_{\mathrm{osc}}$$

1. 方式 2 发送

方式 2 在发送前，先根据通信协议由软件设置 TB8（如双机通信时的奇偶校验位或多机通信时的地址/数据的标志位），然后将要发送的数据写入发送 SBUF 中，即可启动发送过程。串行口能自动把 TB8 取出，并装入第 9 位数据，再逐一发送出去。发送完毕，则使 TI 置 1。

方式 2 和方式 3 的发送时序如图 8-19 所示。

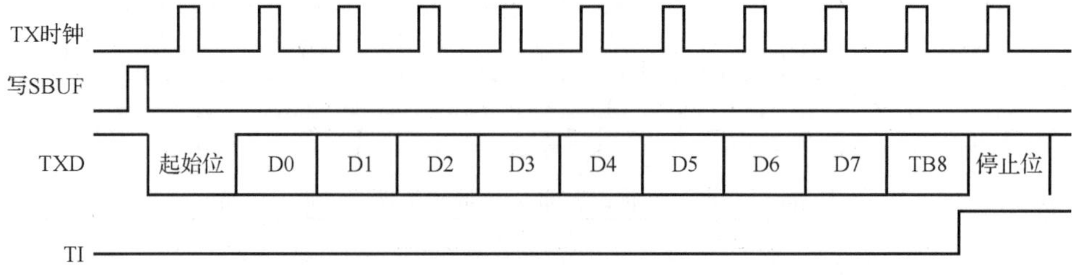

图 8-19　方式 2 和方式 3 的发送时序

2. 方式 2 接收

当串行口的 SCON 寄存器中的 SM0,SM1=10，且 REN = 1 时，允许串行口以方式 2 接收数据。接收时，数据由 RXD 引脚输入，接收 11 位数据。当位检测器采样到 RXD 引脚从 1 到 0 的负跳变，并判断起始位有效后，便开始接收 1 帧数据。在接收完第 9 位数据后，需满足以下两个条件，才能将接收到的数据送入接收 SBUF 中。

① RI=0，意味着接收缓冲器为空。

② SM2=0 或接收到的第 9 位数据 RB8=1。

当满足上述两个条件时，接收到的数据送入接收 SBUF 中，第 9 位数据送入 RB8 中，且 RI 置 1。若不满足这两个条件，接收的数据将被丢弃。

方式 2 和方式 3 的接收时序如图 8-20 所示。

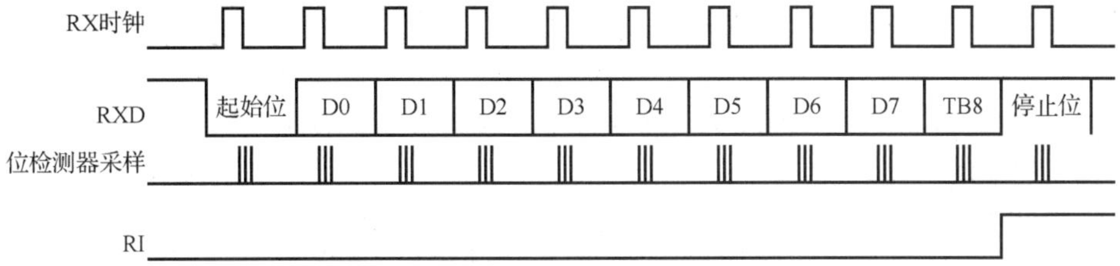

图 8-20　方式 2 和方式 3 的接收时序

8.3.4　方式 3

当 SM0,SM1=11 时，串行口被定义工作于方式 3。方式 3 为波特率可变的 9 位异步通信方式。除波特率外，方式 3 和方式 2 相同。方式 3 的发送和接收时序如图 8-19 和图 8-20 所示。

方式 3 的波特率由下式确定：

$$\text{方式 3 的波特率}=\frac{2^{\text{SMOD}}}{32}\times \text{T1 的溢出率}$$

8.4　多机通信

多个 AT89S51 单片机可利用串行口进行多机通信，经常采用如图 8-21 所示的主从式结构。该多机系统是由一个主机（AT89S51 单片机或其他具有串行口的微型计算机）和三个（也可以为多个）AT89S51 单片机组成的从机系统。主机的 RXD 与所有从机的 TXD 相连，主机的 TXD 与所有从机的 RXD 相连。从机的地址分别为 01H、02H 和 03H。

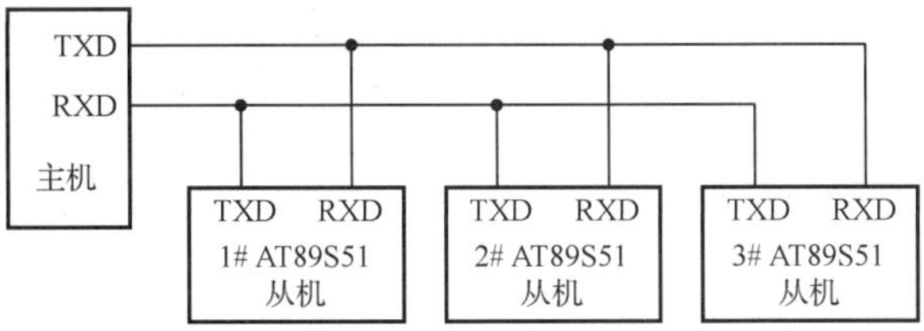

图 8-21　多机通信的主从式结构

主从式结构是指在由多个单片机组成的系统中，只有一个主机，其余的全是从机。主机发送的信息可以被所有从机接收，任何一个从机发送的信息，只能由主机接收。从机和从机之间不能相互直接通信，它们的通信只能经过主机才能实现。

1. 多机通信的工作原理

要保证主机与所选择的从机实现可靠通信，必须保证串行口具有识别功能。串行口控制寄存器 SCON 中的 SM2 就是为满足这一条件而设置的多机通信控制位。

其工作原理是，在串行口以方式 2（或方式 3）接收时，若 SM2=1，则表示进行多机通信，这时可能出现以下两种情况。

① 从机接收到的主机发来的第 9 位数据 RB8=1 时，前 8 位数据才被装入 SBUF 中，并置 RI=1，向 CPU 发出中断请求。在中断服务程序中，从机把接收到的 SBUF 中的数据存入数据缓冲区中。

② 如果从机接收到的第 9 位数据 RB8=0，则不产生 RI=1 中断标志，不引起中断，从机不接收从主机发来的数据。

若 SM2=0，则接收的第 9 位数据不论是 0 还是 1，从机都将产生 RI=1 中断标志，将接收到的数据装入 SBUF 中。

应用串行口的这一特性，可实现 AT89S51 单片机的多机通信。

2. 多机通信的工作过程

① 各从机初始化程序允许从机的串行口中断，将串行口编程为方式 2 或方式 3 接收，即 9 位异步通信方式，且 SM2 和 REN 置 1，使从机只处于多机通信且接收地址帧的状态。

② 在主机和某个从机通信之前，先将准备接收数据的从机地址发送给各个从机，接着才发送数据（或命令），主机发出的地址帧的第 9 位为 1，数据（或命令）帧的第 9 位为 0。当主机向各从机发送地址帧时，各从机的串行口接收到的第 9 位数据 RB8 为 1，且由于各从机的 SM2=1，则 RI 置 1，各从机响应中断。在中断服务程序中，判断主机送来的地址是否和本机地址相符，若为本机地址，则该从机的 SM2 清 0，准备接收主机的数据或命令；若地址不相符，则保持 SM2 = 1 的状态。

③ 接着主机发送数据（或命令）帧，数据帧的第 9 位为 0。此时各从机接收到的 RB8=0，只有与前面地址相符合的从机（即 SM2 已清 0 的从机）才能激活 RI，从而进入中断服务程序，并在中断服务程序中接收主机发来的数据（或命令）；与主机发来的地址不相符的从机，由于 SM2 保持为 1，又 RB8 = 0，因此不能激活 RI，也就不能接收主机发来的数据帧。从而保证了主机与从机间通信的正确性。此时，主机与建立联系的从机已经设置为单机通信模式，即在整个通信中，通信的双方都要保持发送数据帧的第 9 位（即 TB8）为 0，防止其他的从机误接收数据。

④ 结束通信并为下一次的多机通信做好准备。在多机通信系统中，每个从机都被赋予唯一的一个地址。例如，在图 8-21 中，三个从机的地址可设为 01H、02H、03H，最好还要预留 1～2 个“广播地址”，它是所有从机共有的地址，如将“广播地址”设为 00H。当主机与从机的通信结束后，一定要将从机再设置为多机通信模式，以便进行下一次的多机通信。这时，要求与主机正在进行数据传输的从机必须随时注意，一旦接收的第 9 位（RB8）为 1，则说明主机传送的不再是数据，而是地址，这个地址就有可能是“广播地址”。当收到“广播地址”后，便将从机的通信模式再设置成多机通信模式，为下一次的多机通信做好准备。

8.5 波特率的定义方法

在串行通信中，收、发双方发送或接收的波特率必须一致。通过软件可对 AT89S51 单片机的串行口设定 4 种工作方式。其中方式 0 和方式 2 的波特率是固定的；方式 1 和方式 3 的波特率是可变的，由定时/计数器 T1 的溢出率（T1 每秒溢出的次数）来确定。

8.5.1 波特率的定义

串行口每秒发送（或接收）的位数称为波特率。设发送 1 位数据所需要的时间为 T，则波特率为 $1/T$。

由于定时/计数器 T1 在不同工作方式下计数位数不同，所以在不同工作方式下，得到的波特率范围是不一样的。

8.5.2 计算 T1 产生的波特率

波特率和串行口的工作方式有关。

（1）方式 0。波特率固定为时钟频率 f_{osc} 的 1/12，且不受 SMOD 的影响。若 $f_{osc}=12\text{MHz}$，则波特率为 $f_{osc}/12$，即 1Mb/s。

（2）方式 2。波特率仅与 SMOD 的值有关：

$$\text{方式 2 的波特率}=\frac{2^{\text{SMOD}}}{64}\times f_{osc}$$

若 $f_{osc}=12\text{MHz}$，当 SMOD = 0 时，波特率 = 187.5kb/s；当 SMOD = 1 时，波特率= 375kb/s。

（3）方式 1 或方式 3。常用定时/计数器 T1 作为波特率发生器，其关系式为：

$$\text{波特率}=\frac{2^{\text{SMOD}}}{32}\times \text{T1 的溢出率} \tag{8-1}$$

由式（8-1）可见，T1 的溢出率和 SMOD 的值共同决定了波特率。

在实际设定波特率时，用定时/计数器方式 2（自动装初值）确定波特率比较理想，它不需要用软件来设置初值，可避免因软件重装初值带来的定时误差，且计算出的波特率比较准确，即 TL1 作为 8 位计数器，TH1 存放备用初值。

设 T1 的方式 2 的初值为 X，则有

$$\text{T1 的溢出率}=\frac{\text{计数速率}}{256-X}=\frac{f_{osc}/12}{256-X} \tag{8-2}$$

将式（8-2）代入式（8-1），则有

$$\text{波特率}=\frac{2^{\text{SMOD}}}{32}\times\frac{f_{osc}}{12\times(256-X)} \tag{8-3}$$

由式（8-3）可见，波特率随 f_{osc}、SMOD 和初值 X 而变化。

在实际使用时，经常根据已知波特率和 f_{osc} 来计算 T1 的初值 X。为避免繁杂的初值计算，常用的波特率和初值 X 间的关系如表 8-2 所示，以供查用。

表 8-2　用 T1 产生的常用波特率

波特率	时钟频率 f_{osc}	SMOD	工作方式	初值 X
62.5kb/s	12MHz	1	方式 2	FFH
19.2kb/s	11.0592MHz	1	方式 2	FDH
9.6kb/s	11.0592MHz	0	方式 2	FDH
4.8kb/s	11.0592MHz	0	方式 2	FAH
2.4kb/s	11.0592MHz	0	方式 2	F4H
1.2kb/s	11.0592MHz	0	方式 2	E8H

对表 8-2 有以下两点需要注意。

① 在 f_{osc} 为 12MHz 或 6MHz 时，将初值 X 和 f_{osc} 代入式（8-3）中，分子除以分母不能整除，因此计算出的波特率有一定误差。要消除误差可以通过调整 f_{osc} 实现。例如，采用的时钟频率为 11.0592MHz。因此，当使用串行口进行串行通信时，为减小波特率误差，使用的时钟频率必须为 11.0592MHz。

② 如果串行通信选用很低的波特率（如波特率选为 55），可将 T1 设置为方式 1 定时。但在这种情况下，T1 溢出时，需在中断服务程序中重新装入初值。中断响应时间和执行指令时间会使波特率产生一定的误差，可用改变初值的方法加以调整。

【例 8-3】 若 AT89S51 单片机的时钟频率为 11.0592MHz，选用 T1 的方式 2 定时作为波特率发生器，波特率为 2400b/s，求初值。

设 T1 为方式 2 定时，选 SMOD=0。将已知条件代入式（8-3）中：

$$\text{波特率}=\frac{2^{\text{SMOD}}}{32}\times\frac{f_{\text{osc}}}{12\times(256-X)}=2400\text{b/s}$$

解得

$$X=244=\text{F4H}$$

把 F4H 装入 TH1 和 TL1 中，则 T1 发出的波特率为 2400b/s。在实际编程中，该结果也可直接从表 8-2 中查到。

这里，时钟频率选为 11.0592MHz，就可使初值为整数，从而产生精确的波特率。

8.6 串行口的应用

在进行单片机串行口设计时，需要考虑如下三个问题。

① 确定串行通信双方的数据传输速率和通信距离。

② 由串行通信的数据传输速率和通信距离确定采用的串行口标准。

③ 注意串行通信线的选择，一般选用双绞线较好，并根据传输距离选择纤芯的直径。如果空间干扰较多，还要选择带有屏蔽层的双绞线。

下面介绍串行通信中为提高数据传输速率、通信距离及抗干扰性能而采用的各种串行口标准。

8.6.1 RS-232C、RS-422A 与 RS-485 简介

AT89S51 单片机串行口的输入、输出均为 TTL 电平。这种以 TTL 电平来串行传输数据的方式，抗干扰性差，传输距离短，数据传输速率低。为了提高串行通信的可靠性，增大串行通信的距离，提高数据传输速率，在实际的串行通信设计中，根据 AT89S51 单片机的双机通信距离、数据传输速率及抗干扰性的实际要求，可选择 TTL 电平传输，或选择 RS-232C、RS-422A、RS-485 标准接口进行串行数据传输。

1．TTL 电平通信接口电路

如果两个 AT89S51 单片机相距在 1.5m 之内，它们的串行口可直接相连，接口电路如图 8-14 所示。甲机的 RXD 引脚与乙机的 TXD 引脚相连，乙机的 RXD 引脚与甲机的 TXD 引脚相连，从而直接用 TTL 电平传输方式来实现双机通信。

2．RS-232C 双机通信接口电路

如果双机通信距离为 1.5m～30m，可利用 RS-232C 接口实现点对点的双机通信，电路如图 8-22 所示。

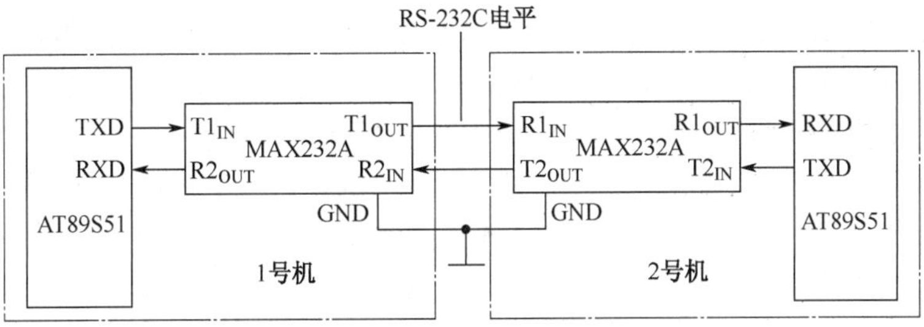

图 8-22　RS-232C 双机通信接口电路

根据 RS-232C 标准的规定，电缆长度限定在小于等于 15m，最高数据传输速率为 20kb/s。这足以覆盖个人计算机使用的 50b/s～9600b/s 范围。传送的数字量采用负逻辑，且与地对称。其中，逻辑 1 为−3V～−15V，逻辑 0 为+3V～+15V。

由于单片机的引脚为 TTL 电平，与 RS-232C 电平互不兼容，所以单片机使用 RS-232C 接口进行串行通信时，必须进行 TTL 电平与 RS-232C 电平之间的转换。采用美国 Maxim 公司的全双工发送/接收器接口芯片 MAX232A 可实现 TTL 电平到 RS-232C 电平、RS-232C 电平到 TTL 电平的转换。MAX232A 的引脚图如图 8-23 所示，其内部结构及外部元件如图 8-24 所示。由于芯片内部有自升压的电平倍增电路，将+5V 转换成−10V～+10V，满足 RS-232C 标准对逻辑“1”和逻辑“0”的电平要求。工作时仅需单一的+5V 电源。其内部有 2 个发送器，2 个接收器，具有 TTL 电平输入/RS-232C 电平输出的功能和 RS-232C 电平输入/TTL 电平输出的功能。

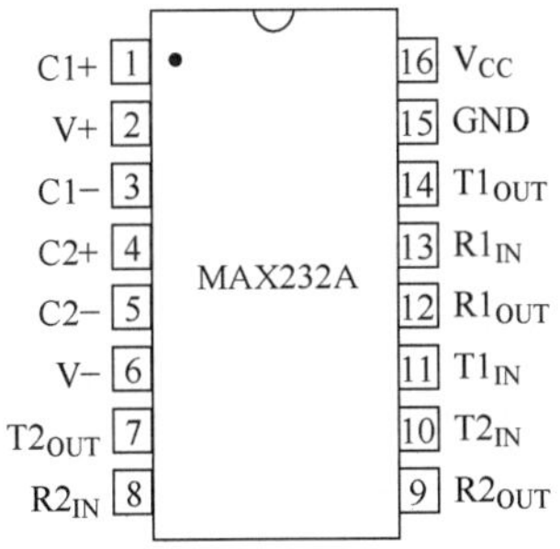

图 8-23　MAX232A 的引脚图

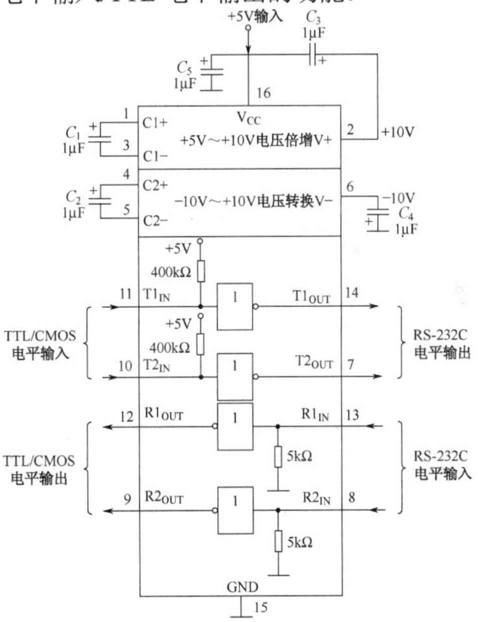

图 8-24　MAX232 的内部结构及外部元件

3．RS-422A 双机通信接口电路

RS-232C 接口虽然应用广泛，但其推出较早，且有如下明显的缺点：数据传输速率低，通信距离短，接口处信号容易产生串扰等。于是，国际上又推出了 RS-422A 标准。

RS-422A 接口与 RS-232C 接口的主要区别是，收、发双方的信号地不再共地。RS-422A 接口采用平衡驱动和差分接收的方法。每个方向用于数据传输的是两根平衡导线，这相当于两个单端驱动器。输入同一个信号时，其中一个驱动器的输出永远是另一个驱动器的反相信号。

于是两根线上传输的信号电平，当一个表示逻辑“1”时，另一个一定为逻辑“0”。在传输过程中，若信号中混入了干扰和噪声（以共模形式出现），由于差分接收器的作用，就能识别有用信号并正确接收传输的信息，并使干扰和噪声相互抵消。

因此，RS-422A 接口能在长距离、高速率下传输数据。它的最高数据传输率为 10Mb/s，在此速率下，电缆允许长度为 12m，如果采用较低数据传输速率，最大传输距离可达 1219m。

为了增加通信距离，可以在通信线路上采用光电隔离方法，利用 RS-422A 接口进行双机通信的接口电路如图 8-25 所示。

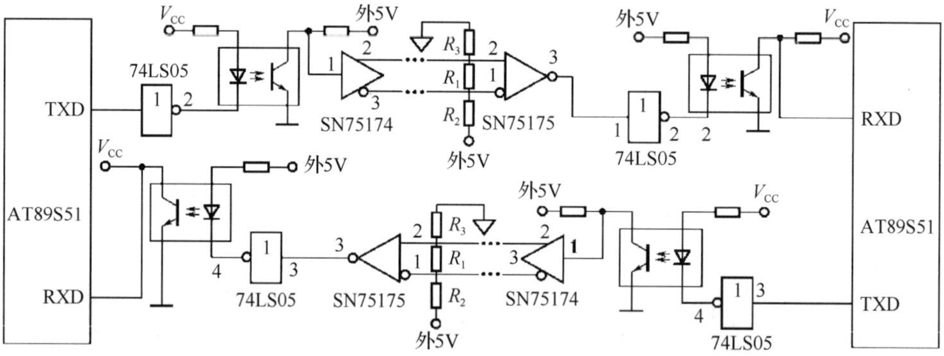

图 8-25　RS-422A 双机通信接口电路

在图 8-25 中，每个通道的接收端都接有三个电阻 R_1、R_2 和 R_3，其中 R_1 为传输线的匹配电阻，其取值范围为 50Ω～1kΩ，其他两个电阻是为了解决第 1 个数据的误码而设置的匹配电阻。为了起到隔离、抗干扰的作用，图 8-25 中必须使用两组独立的电源。

在图 8-25 中，SN75174、SN75175 是 TTL 电平到 RS-422A 电平与 RS-422A 电平到 TTL 电平的电平转换芯片。

4. RS-485 双机通信接口电路

RS-422A 接口实现双机通信需要用四芯传输线，这对长距离通信很不经济，因而在工业现场，通常采用双绞线传输的 RS-485 接口。它很容易实现多机通信。RS-485 接口是 RS-422A 接口的变型，它与 RS-422A 接口的区别是：RS-422A 接口为全双工，采用两对平衡差分信号线；而 RS-485 接口为半双工，采用一对平衡差分信号线。RS-485 接口与多站互连十分方便，很容易实现 1 对 N 的多机通信。RS-485 接口允许最多并联 32 台驱动器和 32 台接收器。如图 8-26 所示为 RS-485 双机通信接口电路。RS-485 接口与 RS-422A 接口一样，最大传输距离约为 1219m，最高数据传输速率为 10Mb/s。通信线路采用平衡双绞线。平衡双绞线的长度与数据传输速率成反比，在 100kb/s 以下，才可能使用规定的最长电缆；只有在很短距离时才能获得最高数据传输速率。一般，100m 双绞线的最高数据传输速率仅为 1Mb/s。

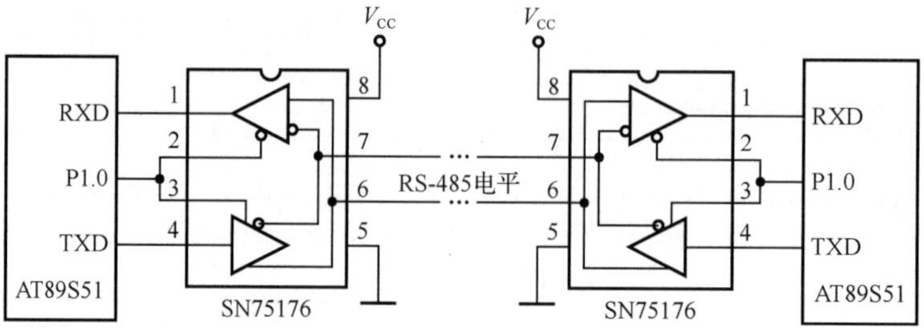

图 8-26　RS-485 双机通信接口电路

在图 8-26 中，RS-485 接口以双向、半双工的方式来实现双机通信。在单片机发送或接收数据前，应先将 SN75176 的发送门或接收门打开，当 P1.0=1 时，发送门打开，接收门关闭；当 P1.0=0 时，接收门打开，发送门关闭。

图 8-26 中的 SN75176 集成了一个差分驱动器和一个差分接收器，且兼有 TTL 电平到 RS-485 电平、RS-485 电平到 TTL 电平的转换功能。此外，常用的 RS-485 接口芯片还带有 MAX485。

8.6.2 方式 1 的应用设计实例

【例 8-4】 仿真原理图如图 8-27 所示，单片机甲、乙双机进行串行通信，双机的 RXD 和 TXD 引脚相互交叉相连，甲机的 P1 口接 8 个开关 K1～K8，乙机的 P1 口接 8 个发光二极管 D1～D8。甲机设置为只能发送不能接收的单工方式。要求甲机读入 P1 口的 8 个开关的状态后，通过串行口发送给乙机，乙机将接收到的甲机的 8 个开关的状态送入 P1 口，由 P1 口的 8 个发光二极管来显示 8 个开关的状态。双方的晶振频率均为 11.0592MHz。

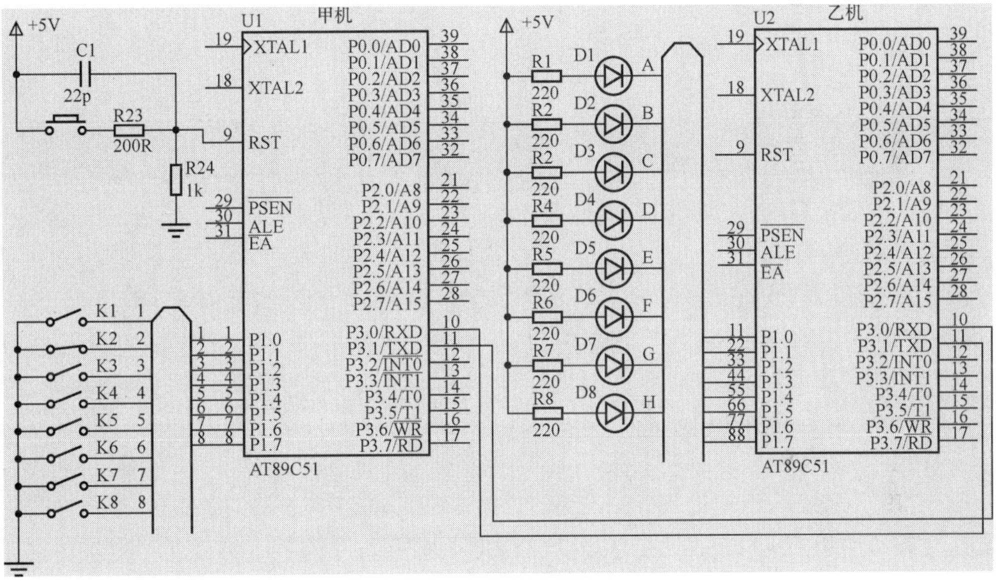

图 8-27 单片机方式 1 双机通信的仿真原理图

参考程序如下：

```
//甲机串行发送
#include <reg51.h>
#define uchar unsigned char
#define uint unsigned int

void main()
{
    uchar temp=0;
    TMOD=0x20;                  //设置 T1 为方式 2
    TH1=0xfd;                   //波特率 9600
    TL1=0xfd;
    SCON=0x40;                  //串行口初始化方式 1 发送，不接收
    PCON=0x00;                  //SMOD=0
```

```
        TR1=1;                          //启动 T1
        P1=0xff;                        //设置 P1 口为输入
        while(1)
        {
            temp=P1;                    //读入 P1 口开关的状态
            SBUF=temp;                  //数据送串行口发送
            while(TI==0);               //TI=0，表示未发送完，循环等待
            TI=0;                       //已发送完，把 TI 清 0
        }
    }

    //乙机串行接收
    #include <reg51.h>
    #define uchar unsigned char
    #define uint unsigned int
    void main()
    {
        uchar temp=0;
        TMOD=0x20;                      //设置 T1 为方式 2
        TH1=0xfd;                       //波特率 9600
        TL1=0xfd;
        SCON=0x50;                      //设置串行口为方式 1 接收，REN=1
        PCON=0x00;                      //SMOD=0
        TR1=1;                          //启动 T1
        while(1)
        {
            while(RI==0);               //RI 为 0，未接收到数据
            RI=0;                       //接收到数据，把 RI 清 0
            temp=SBUF;                  //读取数据存入 temp 中
            P1=temp;                    //接收的数据送 P1 口控制 8 个发光二极管的亮与灭
        }
    }
```

【例 8-5】 仿真原理图如图 8-28 所示，甲、乙两机以方式 1 进行串行通信，双方晶振频率均为 11.0592MHz，波特率为 2400b/s。甲机的 TXD、RXD 引脚分别与乙机的 RXD、TXD 引脚相连。为观察串行口传输的数据，电路中添加了两个虚拟终端来分别显示串行口发出的数据。添加虚拟终端的方法是，单击工具箱中的虚拟仪器按钮，在预览窗口中将显示各种虚拟仪器选项，选择“VIRTUAL TERMINAL”项，并将其放置在原理图编辑窗口中，然后把虚拟终端的 RXD 引脚与单片机的 TXD 引脚相连即可。

当串行通信开始时，甲机首先发送 AAH，乙机收到后应答 BBH，表示同意接收。甲机收到 BBH 后，即可发送数据。如果乙机发现数据出错，就向甲机发送 FFH，甲机收到 FFH 后，重新发送数据给乙机。

串行通信时，若要观察单片机仿真运行时串行口发送出的数据，只需右击虚拟终端，从快捷菜单中选择“Virtual Terminal”命令，此时会弹出窗口，窗口中将显示单片机串行口 TXD 引脚发出的一个个数据字节，如图 8-29 所示。

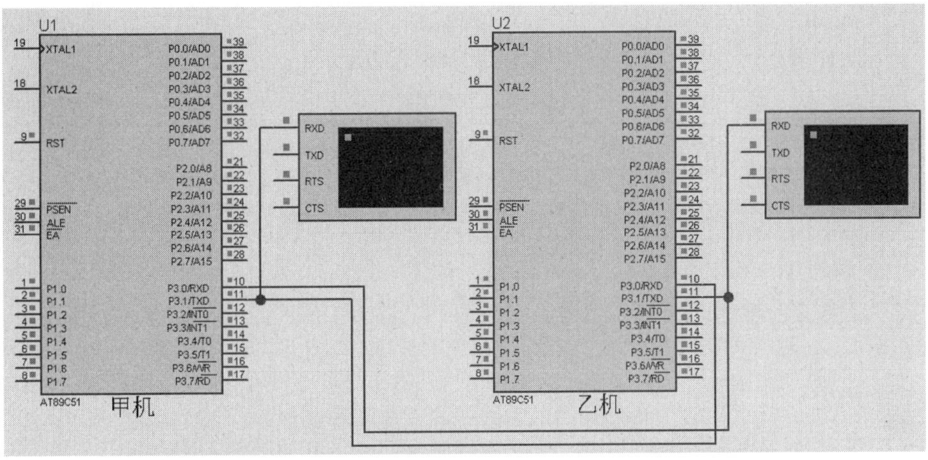

图 8-28　单片机方式 1 双机通信的仿真原理图

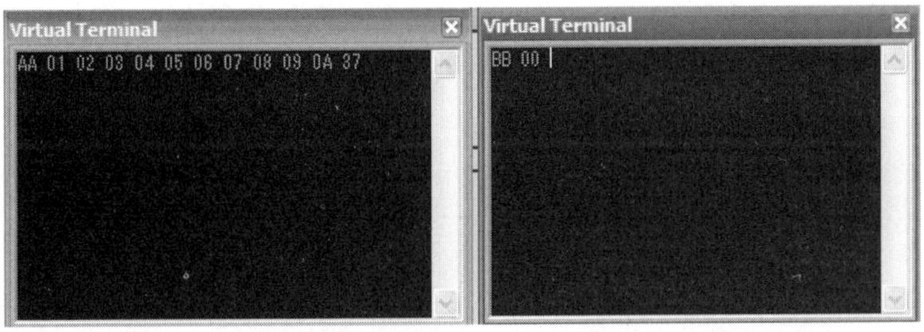

图 8-29　通过虚拟终端观察两个单片机串行口发出的数据

设发送的字节块长度为 10 字节，数据缓冲区为 buf，数据发送完毕要立即发送校验和，进行数据发送准确性验证。乙机接收到的数据存储到数据缓冲区 buf 中，收到一个数据块后，再接收甲机发来的校验和，并将其与乙机求得的校验和进行比较：若相等，则说明接收正确，乙机回答 00H；若不等，则说明接收不正确，乙机回答 FFH；请求甲机重新发送。

选择定时/计数器 T1 为方式 2 定时，波特率不倍增，即 SMOD=0。查表 8-2，可得写入 T1 中的初值应为 F4H。

以下为双机通信程序，该程序可以在甲、乙两机中运行。不同的是，在程序运行之前，要人为地设置 TR 的值。若选择 TR=0，则表示该机为发送方；若 TR=1，则表示该机是接收方。程序根据 TR 的设置，利用发送函数 send()和接收函数 receive()分别实现发送和接收功能。

参考程序如下：

```
//甲机串行口通信程序
#include <reg51.h>
#define uchar unsigned char
#define TR 0                                   //接收、发送的区别值，TR=0，为发送方
uchar buf[10]={0x01, 0x02, 0x03, 0x04, 0x05, 0x06, 0x07, 0x08, 0x09, 0x0a};    //发送的 10 个数据
uchar sum;
//甲机主程序
void main(void)
{
      init ();
      if(TR==0)                                //TR=0，为发送方
      {send();}                                //调用发送函数
```

```
        if(TR==1)                                   //TR=1，为接收方
        {receive();}                                //调用接收函数
    }

    void delay(unsigned int i)                      //延时程序
    {
        unsigned char j;
        for(;i>0;i--)
        for(j=0;j<125;j++)
        ;
    }

    //甲机串行口初始化函数
    void init(void)
    {
        TMOD=0x20;                                  //T1 方式 2 定时
        TH1=0xf4;                                   //波特率 2400
        TL1=0xf4;
        PCON=0x00;                                  //SMOD=0
        SCON=0x50;                                  //串行口方式 1，REN=1 允许接收
        TR1=1;                                      //启动 T1
    }

    //甲机发送函数
    void send(void )
    {
        uchar i
        do{
            delay(1000);
            SBUF=0xaa;                              //发送联络信号
            while(TI==0);                           //等待数据发送完毕
            TI=0;
            while(RI==0);                           //等待乙机应答
            RI=0;
        }while(SBUF!=0xbb);                         //乙机未准备好，继续联络
        do {
            sum=0;                                  //校验和清 0
            for(i=0; i<10; i++)
            {
                delay(1000);
                SBUF = buf[i];
                sum+= buf[i];                       //求校验和
                while(TI==0);
                TI=0;
            }
            delay(1000);
            SBUF=sum;                               //发送校验和
            while(TI==0); TI=0;
```

```
        while(RI==0); RI=0;
    }while(SBUF!=0x00);                 //出错，重新发送
    while(1);
}

//甲机接收函数
void receive(void )
{
    uchar i;
    RI=0;
    while(RI==0); RI=0;
    while(SBUF!=0xaa);                  //判甲机是否发出请求
    SBUF=0xbb;                          //发送应答信号 BBH
    while (TI==0);                      //等待发送结束
    TI=0;
    sum=0;                              //清校验和
    for(i=0; i<10; i++)
    {
        while(RI==0);    RI=0;          //接收校验和
        buf[i]= SBUF;                   //接收一个数据
        sum+=buf[i];                    //求校验和
    }
    while(RI==0);
    RI=0;                               //接收甲机的校验和
    if(SBUF==sum)                       //比较校验和
    {
        SBUF=0x00;                      //校验和相等，发送 0x00
    }
    else
    {
        SBUF=0xff;                      //出错，发送 0xff，重新接收
        while(TI==0);    TI=0;
    }
}

//乙机串行通信程序
#include <reg51.h>
#define uchar unsigned char
#define TR 1                            //接收、发送的区别值，TR=1，为接收方
uchar idata buf[10];//={0x01, 0x02, 0x03, 0x04, 0x05, 0x06, 0x07, 0x08, 0x09, 0x0a};
uchar sum;                              //校验和
void delay(unsigned int i)
{
    unsigned char j;
    for(;i>0;i--)
    for(j=0;j<125;j++)
    ;
}
```

```
//乙机串行口初始化函数
void init(void)
{
        TMOD=0x20;                          //T1 方式 2 定时
        TH1=0xf4;                           //波特率 2400
        TL1=0xf4;
        PCON=0x00;                          //SMOD=0

        SCON=0x50;                          //串行口方式 1，REN=1 允许接收
        TR1=1;                              //启动 T1
}

//乙机主程序
void main(void)
{
        init ();
        if(TR==0)                           //TR=0，为发送方
        {send();}                           //调用发送函数
        else
        {receive();}                        //调用接收函数
}

//乙机发送函数
void send(void )
{
        uchar i;
        do{
        SBUF=0xaa;                          //发送联络信号
        while(TI==0);                       //等待数据发送完毕
        TI=0;
        while(RI==0);                       //等待乙机应答
        RI=0;
        } while(SBUF!=0xbb);                //乙机未准备好，继续联络(按位取异或)
        do{
                sum=0;                      //校验和清 0
                for(i=0; i<10; i++)
                {
                        SBUF = buf[i];
                        sum += buf[i];      //求校验和
                        while(TI==0);
                        TI=0;
                }
                SBUF=sum;
                while(TI==0); TI=0;
                while(RI==0); RI=0;
        }while (SBUF!=0);                   //出错，重新发送
}
```

```
//乙机接收函数
void receive(void )
{
        uchar i;
        RI=0;
        while(RI==0); RI=0;
        while(SBUF!=0xaa)
        {
                SBUF=0xff;
                while(TI!=1);
                TI=0;
                delay(1000);
        }                                   //判甲机是否发出请求
        SBUF=0xbb;                          //发送应答信号 0xbb
        while (TI==0);                      //等待发送结束
        TI=0;
        sum=0;
        for(i=0; i<10; i++)
        {
                while(RI==0);RI=0;          //接收校验和
                buf[i]= SBUF;               //接收一个数据
                sum+=buf[i];                //求校验和
        }
        while(RI==0);
        RI=0;                               //接收甲机的校验和
        if(SBUF==sum)                       //比较校验和
        {
                SBUF=0x00;                  //校验和相等，发送 0x00
        }
        else
        {
                SBUF=0xff;                  //出错，发送 0xff，重新接收
                while(TI==0);    TI=0;
        }
}
```

8.6.3　方式 2 和方式 3 的应用设计实例

方式 2 与方式 1 相比有如下两点不同。

① 方式 2 接收/发送 11 位数据，第 0 位是起始位，第 1～8 位是数据位，第 9 位是程控位（由用户设置的 TB8 位决定），第 10 位是停止位 1。

② 方式 2 的波特率变化范围比方式 1 的小。方式 2 的波特率= 振荡器频率/n。当 SMOD = 0 时，$n = 64$；当 SMOD = 1 时，$n = 32$。

而方式 2 和方式 3 相比，除波特率的差别外，其他都相同，所以下面介绍的方式 3 应用编程，也适用于方式 2。

【例 8-6】 仿真原理图如图 8-30 所示为甲、乙机进行方式 3（或方式 2）串行通信电

路。甲机把控制 8 个发光二极管点亮的数据发送给乙机并点亮其 P1 口的 8 个发光二极管。方式 3 比方式 1 多了 1 位可编程位 TB8，该位一般作为奇偶校验位。乙机接收到的 8 位二进制数据有可能出错，需要进行奇偶校验。其方法是，将乙机的 RB8 和 PSW 寄存器的奇偶校验位 P 进行比较，如果相同，则接收数据；否则拒绝接收。

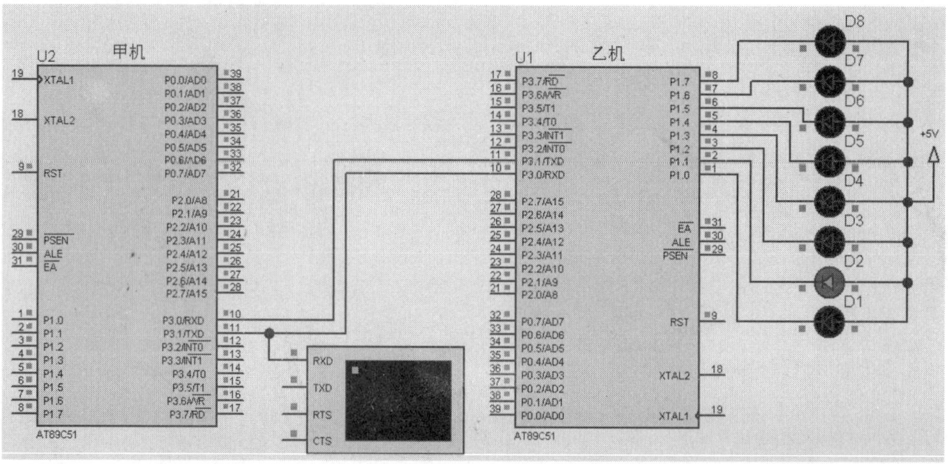

图 8-30　甲、乙机进行方式 3（或方式 2）串行通信仿真原理图

本例使用了一个虚拟终端来观察甲机串行口发出的数据。

参考程序如下。

```
//甲机发送程序
#include <reg51.h>
sbit p=PSW^0;                          //p 位定义为 PSW 寄存器的第 0 位，即奇偶校验位
unsigned char Tab[8]= {0xfe, 0xfd, 0xfb, 0xf7, 0xef, 0xdf, 0xbf, 0x7f};//控制点亮数据数组
                                       //数组为全局变量
void main(void)                        //主函数
{
    unsigned char i;
    TMOD=0x20;                         //设置 T1 为方式 2
    SCON=0xc0;                         //设置串行口为方式 3
    PCON=0x00;                         //SMOD=0
    TH1=0xfd;                          //给 T1 赋初值，波特率 9600
    TL1=0xfd;
    TR1=1;                             //启动 T1
    while(1)
    {
        for(i=0;i<8;i++)
        {
            Send(Tab[i]);
            delay();                   //大约 200ms 发送一次数据
        }
    }
}
void Send(unsigned char dat)           //发送 1 字节数据的函数
{
```

```
    TB8=P;                          //将奇偶校验位作为第 9 位数据发送，采用偶校验
    SBUF=dat;
    while(TI==0);                   //检测发送中断标志位 TI，TI=0，未发送完
    ;                               //空操作
    TI=0;                           //1 字节发送完，TI 清 0
}
void delay (void)                   //延时约 200ms 的函数
{
    unsigned char m,n;
    for(m=0;m<250;m++)
    for(n=0;n<250;n++);
}

//乙机接收程序
#include <reg51.h>
sbit p= PSW^0;                      //p 位为 PSW 寄存器的第 0 位，即奇偶校验位

void main(void)                     //主函数
{
    TMOD=0x20;                      //设置 T1 为方式 2
    SCON=0xd0;                      //设置串行口为方式 3，允许接收 REN=1
    PCON=0x00;                      //SMOD=0
    TH1=0xfd;                       //给 T1 赋初值，波特率 9600
    TL1=0xfd;
    TR1=1;                          //启动 T1
    REN=1;                          //允许接收
    while(1)
    {
        P1= Receive();              //将接收到的数据送 P1 口显示
    }
}
unsigned char Receive(void)         //接收 1 字节数据的函数
{
    unsigned char dat;
    while(RI==0);                   //检测接收中断标志位 RI，RI=0，未接收完
    ;
    RI=0;                           //已接收 1 帧数据，将 RI 清 0
    ACC=SBUF;                       //将接收缓冲器中的数据存于 ACC 中
    if(RB8==P)                      //只有奇偶校验成功后才能往下执行，接收数据
    {
        dat=ACC;                    //将接收缓冲器中的数据存于 dat 中
        return dat;                 //将接收的数据返回
    }
}
```

8.6.4 多机通信的应用设计实例

【例 8-7】 本例实现主机分别与三个从机的串行通信，仿真原理图如图 8-31 所示。用户

通过分别按下开关 k1、k2 或 k3 来选择主机与对应的 1#、2#或 3#从机进行串行通信，当黄色 LED 点亮时，表示主机与相应的从机连接成功；从机的 8 个绿色 LED 闪亮，表示主机与该从机在进行串行通信。如果断开 k1、k2 或 k3，则主机中断与相应从机的串行通信。

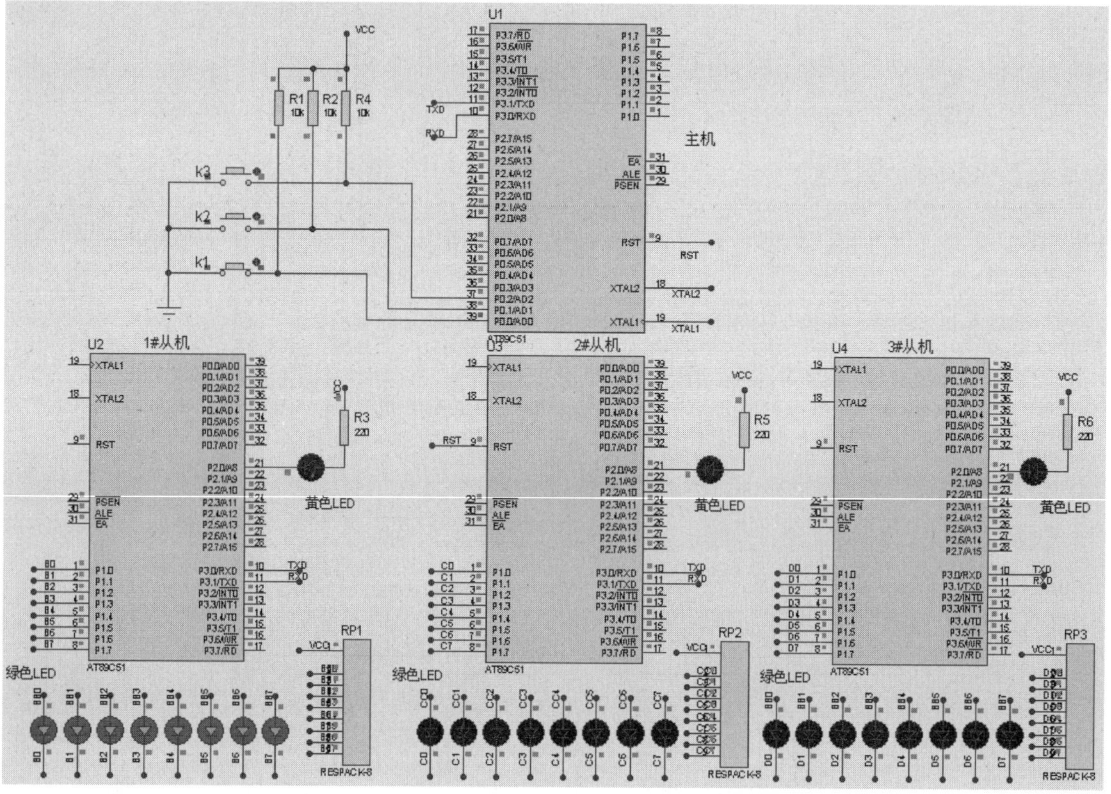

图 8-31　主机与三个从机的多机通信的仿真原理图

本例实现主、从机的串行通信，各从机的程序都是相同的，只是地址不同。串行通信的约定如下。

① 三台从机的地址为 01H～03H。

② 主机发出的 0xff 为控制命令，使所有从机都处于 SM2=1 的状态。

③ 其余的控制命令包括：00H 为接收命令，01H 为发送命令。这两条命令是以数据帧的形式发送的。

④ 从机状态字的格式如图 8-32 所示。

	D7	D6	D5	D4	D3	D2	D1	D0
状态字	ERR	0	0	0	0	0	TRDY	RRDY

图 8-32　从机状态字的格式

其中，ERR（D7）=1，表示收到非法命令；TRDY（D1）=1，表示发送准备完毕；RRDY（D0）=1，表示接收准备完毕。

串行通信时，主机采用查询方式，从机采用中断方式。主机串行口设置为方式 3，允许接收，并置 TB8 为 1。因为只有一个主机，所以主机的 SCON 寄存器中的 SM2 不要置 1，故控制字为 11011000，即 0xd8。

参考程序如下：

```
//主机程序
#include <reg51.h>
#include <math.h>
sbit switch1=P0^0;                  //定义 k1 与 P0.0 连接
sbit switch2=P0^1;                  //定义 k2 与 P0.1 连接
sbit switch3=P0^2;                  //定义 k3 与 P0.2 连接

void main()                         //主函数
{
    EA=1;                           //总中断允许
    TMOD=0x20;                      //T1 方式 2，自动装入初值
    TL1=0xfd;                       //波特率 9600
    TH1=0xfd;
    PCON=0x00;                      //SMOD=0，不倍增
    SCON=0xd0;                      //SM2 设为 0，TB8 设为 0
    TR1=1;                          //启动 T1
    ES=1;                           //允许串行口中断
    SBUF=0xff;                      //串行口发送 0xff
    while(TI==0);                   //判是否发送完毕
    TI=0;                           //发送完毕，TI 清 0
    while(1)
    {
        delay_ms(100);
        if(switch1==0)              //判是否按下 k1，若按下，则往下执行
        {
            TB8=1;                  //发送的第 9 位数据为 1，送 TB8，准备发送地址帧
            SBUF=0x01;              //串行口发送 1#从机的地址 0x01 及 TB8=1
            while(TI==0);           //判是否发送完毕
            TI=0;                   //发送完毕，TI 清 0
            TB8=0;                  //发送的第 9 位数据为 0，送 TB8，准备发送数据帧
            SBUF=0x00;              //串行口发送 0x00 及 TB8=0
            while(TI==0);           //判是否发送完毕
            TI=0;                   //发送完毕，TI 清 0
        }
        if(switch2==0)              //判是否按下 k2，若按下，则往下执行
        {
            TB8=1;                  //发送的第 9 位数据为 1，发送地址帧
            SBUF=0x02;              //串行口发送 2#从机的地址 0x02
            while(TI==0);           //判是否发送完毕
            TI=0;                   //发送完毕，TI 清 0
            TB8=0;                  //准备发送数据帧
            SBUF=0x00;              //发送数据帧 0x00 及 TB8=0
            while(TI==0);           //判是否发送完毕
            TI=0;                   //发送完毕，TI 清 0
        }
        if(switch3==0)              //判是否按下 k3，若按下，则往下执行
        {
```

```
                TB8=1;                    //准备发送地址帧
                SBUF=0x03;                //发送 3#从机地址
                while(TI==0);             //判是否发送完毕
                TI=0;                     //发送完毕，TI 清 0
                TB8=0;                    //准备发送数据帧
                SBUF=0x00;                //发送数据帧 0x00 及 TB8=0
                while(TI==0);             //判是否发送完毕
                TI=0;                     //发送完毕，TI 清 0
            }
        }
    }

    void delay_ms(unsigned int i)         //延时函数
    {
        unsigned char j;
        for(;i>0;i--)
        for(j=0;j<125;j++)
        ;
    }

    //从机 1 串行通信程序
    #include <reg51.h>
    #include <math.h>
    sbit led=P2^0;                        //定义 P2.0 连接的黄色 LED
    bit rrdy=0;                           //接收准备标志位 rrdy=0，表示未做好接收准备
    bit trdy=0;                           //发送准备标志位 trdy=0，表示未做好发送准备
    bit err=0;                            //err=1，表示接收到的命令为非法命令

    void main()                           //从机 1 的主函数
    {
        EA=1;                             //总中断打开
        TMOD=0x20;                        //T1 方式 2，自动装载，用于串行口设置波特率
        TL1=0xfd;
        TH1=0xfd;                         //波特率 9600
        PCON=0x00;                        //SMOD=0
        SCON=0xd0;                        //SM2 设为 0，TB8 设为 0
        TR1=1;                            //启动 T1
        P1=0xff;                          //向 P1 写入全 1，8 个绿色 LED 全灭
        ES=1;                             //允许串行口中断
        while(RI==0);                     //接收控制指令 0xff
        if(SBUF==0xff) err=0;             //接收到的数据为 0xff，err=0，表示正确
        else err=1;                       //err=1，表示接收出错
        RI=0;                             //接收中断标志位清 0
        SM2=1;                            //多机通信控制位置 1
        while(1);
    }

    void int1() interrupt 4，             //T1 中断服务程序
```

```
{
    if(RI)                          //如果 RI=1
    {
        if(RB8)                     //RB8=1，表示接收的为地址帧
        {
            RB8=0;
            if(SBUF==0x01)          //接收的数据为地址帧 0x01，是本从机的地址
            {
                SM2=0;              //SM2 清 0，准备接收数据帧
                led=0;              //点亮本从机黄色 LED
            }
        }
        else                        //接收的不是本从机的地址
        {
            rrdy=1;                 //接收准备标志位置 1
            P1=SBUF;                //串行口接收的数据送 P1
            SM2=1;                  //SM2 仍为 1
            led=1;                  //熄灭本从机黄色 LED
        }
        RI=0;
    }
    delay_ms(50);
    P1=0xff;                        //熄灭本从机 8 个绿色 LED
}

void delay_ms(unsigned int i)       //函数功能：延时
{
    unsigned char j;
    for(;i>0;i--)
    for(j=0;j<125;j++)
    ;
}

//从机 2 串行通信程序
#include <reg51.h>
#include <math.h>
sbit led=P2^0;
bit rrdy=0;
bit trdy=0;
bit err=0;

void delay_ms(unsigned int i)
{
    unsigned char j;
    for(;i>0;i--)
    for(j=0;j<125;j++)
    ;
}
```

```
void main()                         //从机 2 的主函数
{
    EA=1;                           //总中断打开
    TMOD=0x20;                      //T1 方式 2，自动装载，用于串行口设置波特率
    TL1=0xfd;
    TH1=0xfd;                       //波特率 9600
    PCON=0x00;                      //不倍增，0x80 为倍增
    SCON=0xf0;                      //SM2 设为 1，TB8 设为 0
    TR1=1;                          //启动 T1
    P1=0xff;
    ES=1;                           //允许串行口中断
    while(RI==0);                   //接收控制指令 0xff
    if(SBUF==0xff) err=0;
    else err=1;
    RI=0;
    SM2=1;
    while(1);
}

void int1() interrupt 4             //串行口中断服务程序
{
    if(RI)
    {
        if(RB8)
        {
            RB8=0;
            if(SBUF==0x02)
            {
                SM2=0;
                led=0;
            }
        }
        else
        {
            rrdy=1;
            P1=SBUF;
            SM2=1;
            led=1;
        }
        RI=0;
    }
    delay_ms(50);
    P1=0xff;
}
//从机 3 串行通信程序
#include <reg51.h>
#include <math.h>
```

```
sbit led=P2^0;
bit rrdy=0;
bit trdy=0;
bit err=0;
void delay_ms(unsigned int i)                //延时函数
{
        unsigned char j;
        for(;i>0;i--)
        for(j=0;j<125;j++)
        ;
}

void main()                                  //从机 3 的主函数
{
        EA=1;                                //总中断打开
        TMOD=0x20;                           //T1 方式 2，自动装载，用于串行口设置波特率
        TL1=0xfd;
        TH1=0xfd;                            //波特率 9600
        PCON=0x00;                           //波特率不倍增，0x80 为倍增
        SCON=0xf0;                           //SM2 设为 1，TB8 设为 0
        TR1=1;                               //启动 T1
        P1=0xff;
        ES=1;
        while(RI==0);                        //接收控制指令 0xff
        if(SBUF==0xff) err=0;
        else err=1;
        RI=0;
        SM2=1;
        while(1);
}

void int1() interrupt 4                      //串行口中断服务程序
{
        if(RI)
        {
                if(RB8)
                {
                        RB8=0;
                        if(SBUF==0x03)
                        {
                                SM2=0;
                                led=0;
                        }
                }
                else
                {
                        rrdy=1;
                        P1=SBUF;
                        SM2=1;
```

```
                    led=1;
                }
                RI=0;
            }
            delay_ms(50);
            P1=0xff;
        }
```

8.6.5 单片机与 PC 机串行通信的设计实例

在工业现场的测控系统中，常使用单片机进行监测点的数据采集，然后将单片机通过串行口与 PC 机通信，把采集的数据串行传送到 PC 机中，再在 PC 机中进行数据处理。PC 机配置的都是 RS-232 接口，为 D 型 9 针插头，输入/输出电平为 RS-232 电平。D 型 9 针插头引脚见图 8-33。

表 8-3 为 D 型 9 针插头的引脚定义。由于单片机与 PC 机的电平不匹配，因此必须把单片机输出的 TTL 电平转换为 RS-232C 电平。单片机与 PC 机的接口电路如图 8-34 所示。图中的电平转换芯片为 MAX232，接口电路连接只用了 3 根线，即 RS-232 接口中的第 2 引脚、第 3 引脚与第 5 引脚。

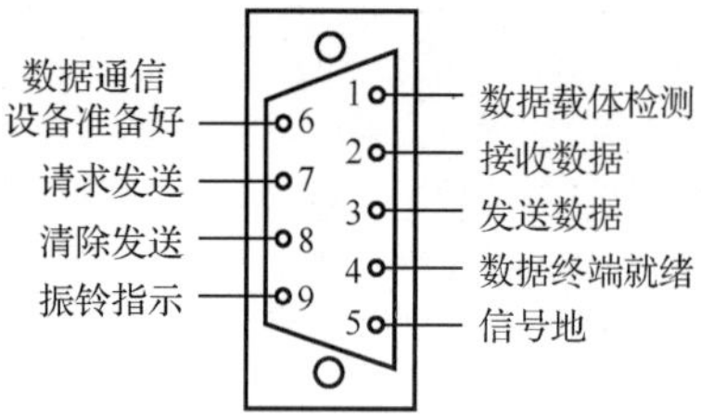

图 8-33　D 型 9 针插头引脚

表 8-3　D 型 9 针插头的引脚定义

引脚号	功能	符号	方向
1	数据载体检测	DCD	输入
2	接收数据	TXD	输出
3	发送数据	RXD	输入
4	数据终端就绪	DTR	输出
5	信号地	GND	
6	数据通信设备准备好	DSR	输入
7	请求发送	RTS	输出
8	清除发送	CTS	输入
9	振铃指示	RI	输入

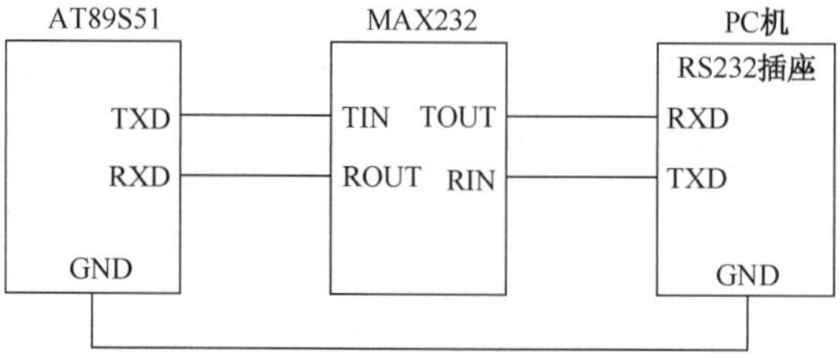

图 8-34　单片机与 PC 机的接口电路

1．单片机向 PC 机发送数据

【例 8-8】 单片机向计算机发送数据的仿真原理图如图 8-35 所示。要求单片机通过串行口的 TXD 引脚向计算机串行发送 8 字节数据。本例中使用了两个串行口虚拟终端，来观察串行口线上出现的串行通信数据。如图 8-36 所示，VT1 窗口显示的数据表示单片机串行口发给 PC 机的数据，VT2 显示的数据表示由 PC 机经 RS-232 串行口模型 COMPIM 接收到的数据。由于使用了串行口模型 COMPIM，从而省去了 PC 机模型，解决了单片机与 PC 机串行通信的虚拟仿真问题。

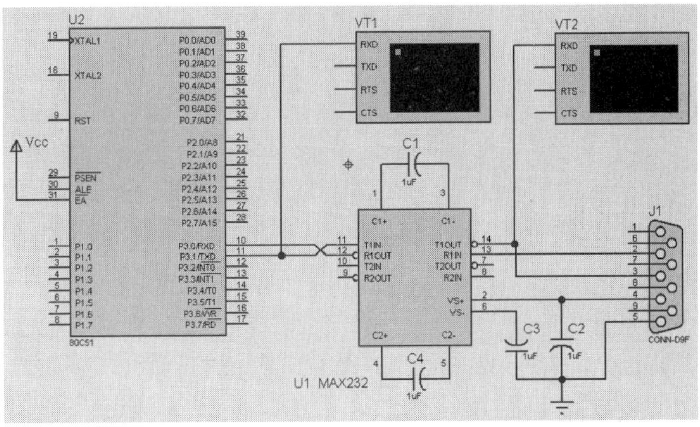

图 8-35　单片机向 PC 机发送数据的仿真原理图

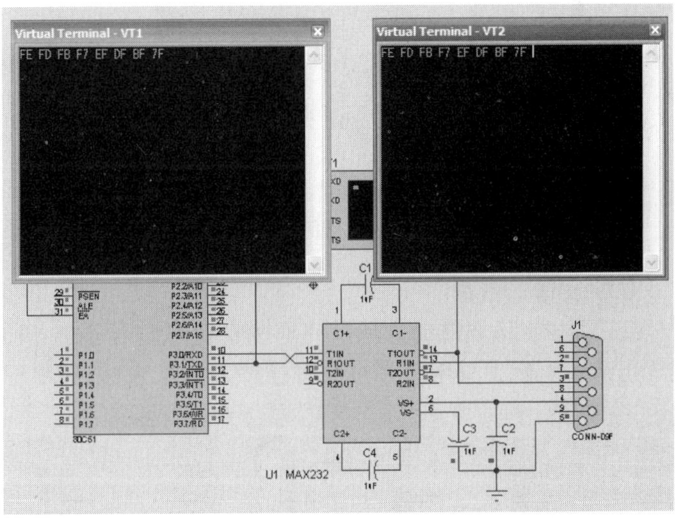

图 8-36　从两个虚拟终端窗口观察到的串行通信数据

实际上，单片机向 PC 机和单片机向单片机发送数据的方法完全一样。

参考程序如下：

```
#include <reg51.h>
code Tab[ ]={ 0xfe, 0xfd, 0xfb, 0xf7, 0xef, 0xdf, 0xbf, 0x7f };
                                        //欲发送的流水灯控制码数组，定义为全局变量
void send(unsigned char dat )
{
    SBUF=dat;                           //待发送数据写入发送 SBUF 中
    while(TI==0);                       //串行口未发送完，等待
    ;                                   //空操作
    TI=0;                               //1 字节发送完毕，软件将 TI 清 0
}

void delay(void )                       //延时约 200ms 函数
{
    unsigned char m,n;
    for(m=0;m<250;m++)
    for(n=0;n<250;n++)
```

```
        ;
}
void main(void)                                  //主函数
{
    unsigned char i;
    TMOD=0x20;                                   //设置 T1 为方式 2
    SCON=0x40;                                   //串行口方式 1，TB8=1
    PCON=0x00;
    TH1=0xfd;                                    //波特率 9600
    TL1=0xfd;
    TR1=1;                                       //启动 T1
    while(1)                                     //循环
    {
        for(i=0;i<8;i++)                         //发送 8 次流水灯控制码
        {
            send(Tab[i]);                        //发送数据
            delay();                             //每隔 200ms 发送一次数据
        }
        while(1);
    }
}
```

2．单片机接收 PC 机发送的数据

【例 8-9】 单片机接收 PC 机发送的数据，并把接收到的数据送 P1 口的 8 个 LED 显示。仿真原理图如图 8-37 所示。本例中采用单片机的串行口来模拟 PC 机的串行口。

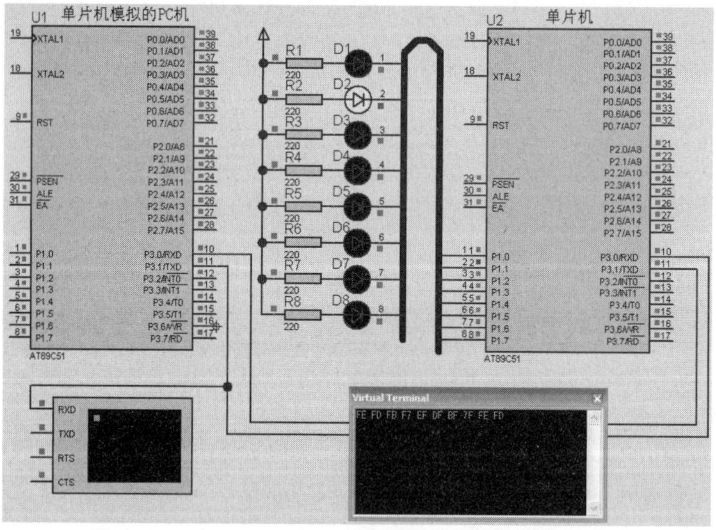

图 8-37 单片机接收 PC 机发送的数据的仿真原理图

参考程序如下：

```
//PC 机发送程序（用单片机串行口模拟 PC 机串行口发送数据）
#include <reg51.h>
#define uchar unsigned char
#define uint unsigned int
uchar tab[]={0xfe, 0xfd, 0xfb, 0xf7, 0xef, 0xdf, 0xbf, 0x7f};//
```

```
void delay(unsigned int i)
{
	unsigned char j;
	for(;i>0;i--)
	for(j=0;j<125;j++)
	;
}

void main()
{
	uchar i;
	TMOD=0x20;                    //设置 T1 为方式 2
	TH1=0xfd;                     //波特率 9600
	TL1=0xfd;
	SCON=0x40;                    //方式 1 只发送，不接收
	PCON=0x00;                    //串行口初始化为方式 0
	TR1=1;                        //启动 T1
	while(1)
	{
		for(i=0;i<8;i++)
		{
			SBUF=tab[i];          //数据送串行口发送
			while(TI==0);         //TI=0，未发送完，循环等待
			TI=0;                 //已发送完，再把 TI 清 0
			delay(1000);
		}
	}
}
//单片机接收程序
#include <reg51.h>
#define uchar unsigned char
#define uint unsigned int
void main()
{
	uchar temp=0;
	TMOD=0x20;                    //设置 T1 为方式 2
	TH1=0xfd;                     //波特率 9600
	TL1=0xfd;
	SCON=0x50;                    //设置串行口为方式 1 接收，REN=1
	PCON=0x00;                    //SMOD=0
	TR1=1;                        //启动 T1
	while(1)
	{
		while(RI==0);             //RI 为 0，未接收到数据
		RI=0;                     //接收到数据，把 RI 清 0
		temp=SBUF;                //读取数据存入 temp 中
		P1=temp;                  //接收的数据送 P1 口控制 8 个 LED 的亮与灭
	}
}
```

8.6.6 PC 机与单片机或与多个单片机的串行通信

PC 机与多个 AT89S51 单片机可构成小型分布式测控系统，如图 8-38 所示。

在许多实时的工业控制和数据采集系统中，使用这种方式，可以充分发挥单片机功能强、抗干扰性好、面向控制等优点，同时又可利用 PC 机弥补单片机在数据处理和人机对话等方面的不足。在应用系统中，一般以 PC 机作为主机，定时扫描以 AT89S51 为核心的前沿单片机，以便采集数据或发送控制信息。在该系统中，以 AT89S51 为核心的智能式测量和控制仪表（从机）既能独立地完成数据处理和控制任务，又可将数据传送给 PC 机。PC 机将这些数据进行处理，或者显示，或者打印，同时将各种控制命令传送给各从机，以实现集中管理和最优控制。显然，要组成一个这样的分布式测控系统，首先要解决的是 PC 机与单片机之间的串行通信问题。

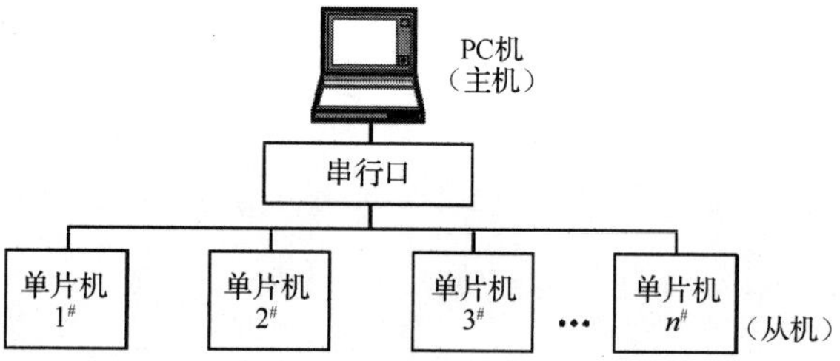

图 8-38 PC 机与多个单片机构成小型分布式测控系统

下面以 RS-485 接口多机通信为例，说明 PC 机与多个 AT89S51 单片机进行串行通信的接口电路设计。PC 机配有 RS-232C 接口，可通过转换电路转换成 RS-485 接口，AT89S51 单片机本身具有一个全双工的串行口，该串行口加上驱动电路后就可实现 RS-485 串行通信。PC 机与多个 AT89S51 单片机串行通信的 RS-485 接口电路如图 8-39 所示。

在图 8-39 中，AT89S51 单片机的串行口通过 SN75176 芯片驱动后就可转换成 RS-485 接口，根据 RS-485 接口的电气特性，从机数量不多于 32 个。PC 机与 AT89S51 单片机之间的通信采用主从方式，PC 机为主机，各 AT89S51 单片机为从机，由 PC 机来确定与哪个单片机进行通信。

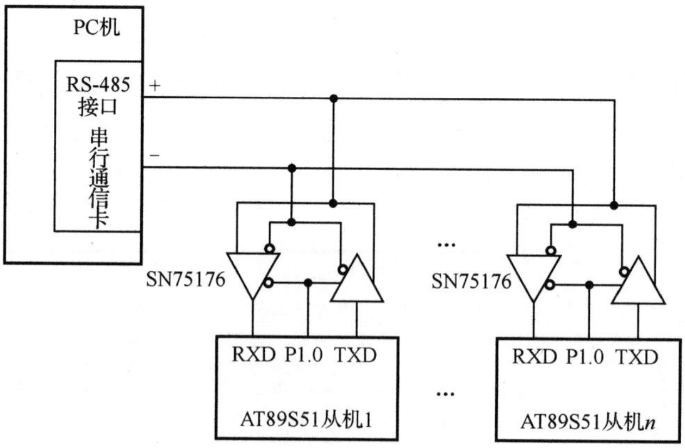

图 8-39 PC 机与多个 AT89S51 单片机串行通信的 RS-485 接口电路

有关 PC 机与多个单片机进行串行通信的软件编程，可供参考的实例较多，读者可查阅相关的参考资料。

思考题及习题 8

1．数据帧格式为 1 个起始位，8 个数据位和 1 个停止位的异步串行通信方式是________。

2．下列选项中，________是正确的。

A）串行口通信的第 9 位数据的功能可由用户定义

B）发送数据的第 9 位数据的内容是在 SCON 寄存器的 TB8 中预先准备好的

C）串行通信帧发送时，指令把 TB8 的状态送入发送 SBUF 中

D）串行通信接收到的第 9 位数据送 SCON 寄存器的 RB8 中保存

E）串行口方式 1 的波特率是可变的，通过定时/计数器 T1 的溢出率设定

3．串行口方式 2 的波特率是________。

A）固定的，为$f_{osc}/32$　　B）固定的，为$f_{osc}/16$

C）可变的，通过定时/计数器 T1 的溢出率设定　　D）固定的，为$f_{osc}/64$

4．在异步串行通信中，接收方是如何知道发送方开始发送数据的？

5．为什么定时/计数器 T1 用作串行口波特率发生器时，常采用方式 2？若已知时钟频率、串行通信的波特率，如何计算装入 T1 的初值？

6．若晶体振荡器频率为 11.0592MHz，串行口工作于方式 1，波特率为 4800b/s，写出用 T1 作为波特率发生器的方式控制字和计数初值。

7．为什么 AT89S51 单片机串行口的方式 0 数据帧格式没有起始位 0 和停止位 1？

8．直接以 TTL 电平串行传输数据的方式有什么缺点？为什么在串行传输距离较远时，常采用 RS-232C、RS-422A 和 RS-485 标准接口，来进行数据的传输。比较 RS-232C、RS-422A 和 RS-485 标准接口各自的优缺点。

9．Proteus 虚拟仿真。利用串行口的方式 0 的输入和输出，外扩一个 74LS165，在 74LS165 的并行输入端接有 8 个开关；同时还外扩两个 74LS164，在它们的并行输出端各接有 1 个 LED 数码管。开关未合上时，74LS165 的输入为高电平；开关合上时，74LS165 的输入为低电平。要求把 8 个开关的状态以 2 位十六进制数的形式显示在 2 个数码管上。例如，8 个开关全合上，此时 2 个数码管应显示“00”；高 4 位开关合上（为 0），低 4 位开关断开（为 1），应显示“0F”。

10．Proteus 虚拟仿真。甲、乙机之间采用方式 1 双向串行通信，具体要求如下：

（1）甲机的 k1 按键可通过串行口控制乙机的 LED1 点亮、LED2 灭，甲机的 k2 按键控制乙机的 LED1 灭、LED2 点亮，甲机的 k3 按键控制乙机的 LED1 和 LED2 全亮。

（2）乙机的 k4 按键可控制串行口向甲机发送 k4 按键按下的次数，并显示在甲机 P0 口的数码管上。

第 9 章　单片机系统的并行扩展

导读：虽然 AT89S51 单片机内部集成了 4KB 的程序存储器、128 个单元的数据存储器及 4 个 8 位并行 I/O 口，但在许多情况下，内部存储器与 I/O 口资源及外围部件还是不能满足需要，为此需要对单片机系统进行存储器、I/O 口及外围部件的扩展。本章介绍单片机系统的并行扩展。

AT89S51 单片机内部集成的存储器与 I/O 口资源，在不满足应用系统设计需求的情况下，需要进行系统扩展。系统扩展包括外扩存储器和 I/O 口。

单片机系统扩展按连接方式分为并行扩展和串行扩展。本章介绍并行扩展，第 10 章介绍串行扩展。

9.1　系统并行扩展技术

9.1.1　系统并行扩展结构

AT89S51 单片机的系统并行扩展结构如图 9-1 所示。

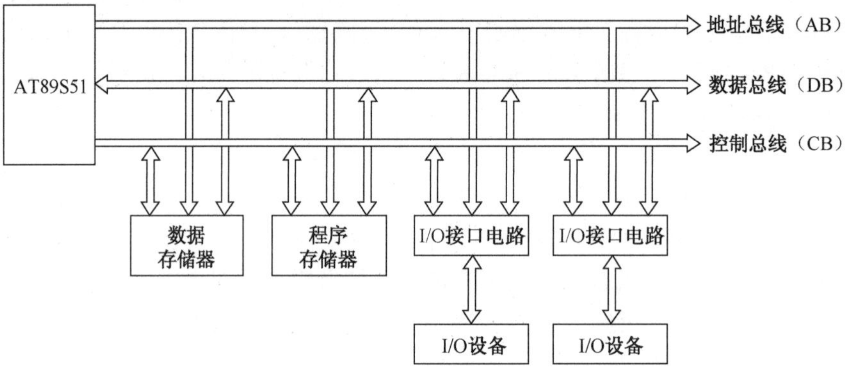

图 9-1　AT89S51 单片机的系统并行扩展结构

由图 9-1 可看出，AT89S51 单片机的系统并行扩展主要包括数据存储器扩展、程序存储器扩展和 I/O 口扩展。目前 AT89S5x 系列单片机内部都集成了不同容量的 Flash 存储器和 RAM，见表 9-1。如果内部存储器资源能够满足系统设计需求，扩展存储器的工作可以省去。

表 9-1　AT89S5x 系列单片机内部的存储器资源

型　号	内部 Flash 存储器容量	内部 RAM 容量
AT89S52	8 KB	256 B
AT89S53	12KB	256 B
AT89S54	16 KB	256 B
AT89S55	20 KB	256 B

AT89S51 单片机采用程序存储器空间和数据存储器空间截然分开的哈佛结构，因此形成

了两个并行的外部 RAM 空间。在 AT89S51 单片机中，I/O 口与数据存储器采用统一编址方式，即 I/O 接口芯片的每个端口寄存器就相当于一个 RAM 存储单元。

由于 AT89S51 单片机采用并行总线结构，扩展的各种外围部件只要符合总线规范，就可方便地接入系统。并行扩展通过系统总线把 AT89S51 单片机与各扩展器件连接起来。因此，要并行扩展首先要构造系统总线。

系统总线按功能通常分为三组，如图 9-1 所示。

（1）地址总线（Address Bus，AB）：用于传送单片机单向发出的地址信号，以便进行存储器单元和 I/O 接口芯片中的寄存器选择。

（2）数据总线（Data Bus，DB）：是双向的，用于单片机与外部 RAM 之间或与 I/O 接口芯片之间传送数据。

（3）控制总线（Control Bus，CB）：单片机单向发出的各种控制信号。

下面介绍如何构造系统的三总线。

1．P0 口的口线作为低 8 位地址/数据总线

AT89S51 单片机的 P0 口的口线既用作低 8 位地址总线，又用作数据总线（分时复用），因此需要增加 1 个 8 位地址锁存器。AT89S51 单片机对外部扩展的存储器或 I/O 口寄存器进行访问时，先发出低 8 位地址送地址锁存器锁存，锁存器输出作为系统的低 8 位地址（A7～A0）。随后，P0 口又作为数据总线（D7～D0）口，如图 9-2 所示。

2．P2 口的口线作为高位地址总线

如图 9-2 所示，P2 口的全部 8 位口线用作系统的高 8 位地址线，再加上地址锁存器输出提供的低 8 位地址，便形成了系统的 16 位地址总线，从而使单片机系统的寻址范围达到 64KB（2^{16}B）。

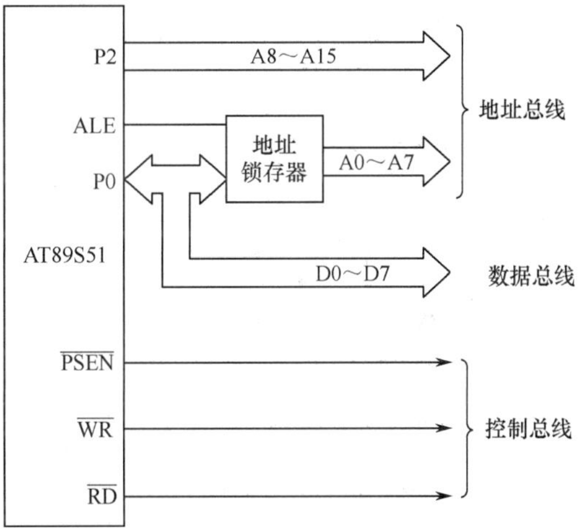

图 9-2　AT89S51 单片机扩展的外部三总线

3．控制总线

除地址总线和数据总线之外，在系统的控制总线上的信号有的是单片机引脚的第一功能信号，有的则是 P3 口的第二功能信号。其中包括：

① $\overline{RD}$ 和 $\overline{WR}$ 信号作为外部扩展的数据存储器和 I/O 口寄存器的读/写选通控制信号；

② $\overline{PSEN}$ 信号作为外部扩展的程序存储器的读选通控制信号；

③ ALE 信号作为 P0 口发出的低 8 位地址的锁存控制信号。

由上可看出，尽管 AT89S51 单片机有 4 个并行 I/O 口，共 32 根口线，但由于系统扩展的需要，真正给用户作为通用 I/O 口使用的，就剩下 P1 口和 P3 口的部分口线了。

9.1.2　地址空间分配

在扩展存储器芯片以及 I/O 接口芯片时，如何把外部的两个 64KB 地址空间分配给各芯片，使每个存储单元只对应一个地址，避免单片机对一个单元地址访问时，发生数据冲突，这就是存储器地址空间的分配问题。

在系统外扩的多个存储器芯片中，AT89S51 发出的地址信号用于选择某个存储器芯片，因此必须进行两种选择：一是必须选中该存储器芯片，即**片选**，只有被选中的存储器芯片才能被读/写，未被选中的芯片不能被读/写；二是在片选的基础上还要进行**单元选择**。每个外扩的芯片都有片选引脚，同时每个芯片也都有多个地址引脚，以便对其进行单元选择。需要注意的是，片选和单元选择都是由单片机一次发出的地址信号来完成的。

常用的存储器地址空间分配方法有两种：线选法和译码法，下面分别介绍。

1. 线选法

线选法就是利用单片机的某一高位地址线作为存储器芯片（或 I/O 接口芯片）的片选控制信号。只需用某一高位地址线与存储器芯片的片选引脚直接连接即可。

线选法的优点是电路简单，省去了硬件地址译码器电路，体积小，成本低。缺点是可寻址的芯片数目受到限制。线选法适用于单片机外扩芯片数目不多的系统扩展。

2. 译码法

译码法就是使用译码器对 AT89S51 单片机的高位地址进行译码，将译码器的译码输出作为存储器芯片的片选信号。这种方法能够有效地利用存储器空间，适用于多芯片的存储器扩展。常用的译码器芯片有 74LS138（3-8 线译码器）、74LS139（双 2-4 线译码器）和 74LS154（4-16 线译码器）。下面介绍典型的译码器芯片 74LS138 和 74LS139。

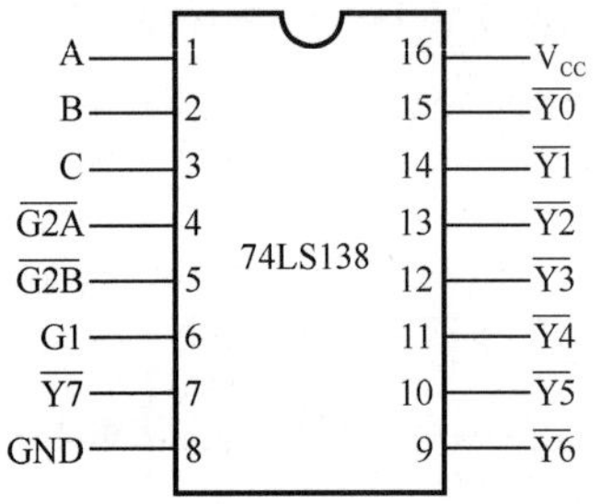

图 9-3　74LS138 的引脚图

（1）74LS138 是 3-8 线译码器，有 3 个数据输入端，经译码后产生 8 种状态，其引脚图如图 9-3 所示，真值表见表 9-2。由表 9-2 可见，当译码器的输入为某个固定编码时，其 8 个输出引脚 $\overline{Y0}$ ～ $\overline{Y7}$ 中仅有 1 个引脚输出为低电平，其余为高电平。而输出低电平的引脚恰好作为某个存储器芯片或 I/O 接口芯片的片选信号。

表 9-2　74LS138 真值表

输入端						输出端							
G1	$\overline{G2A}$	$\overline{G2B}$	C	B	A	$\overline{Y7}$	$\overline{Y6}$	$\overline{Y5}$	$\overline{Y4}$	$\overline{Y3}$	$\overline{Y2}$	$\overline{Y1}$	$\overline{Y0}$
1	0	0	0	0	0	1	1	1	1	1	1	1	0
1	0	0	0	0	1	1	1	1	1	1	1	0	1
1	0	0	0	1	0	1	1	1	1	1	0	1	1
1	0	0	0	1	1	1	1	1	1	0	1	1	1
1	0	0	1	0	0	1	1	1	0	1	1	1	1
1	0	0	1	0	1	1	1	0	1	1	1	1	1
1	0	0	1	1	0	1	0	1	1	1	1	1	1
1	0	0	1	1	1	0	1	1	1	1	1	1	1
其他状态			×	×	×	1	1	1	1	1	1	1	1

注：1 表示高电平，0 表示低电平，×表示任意。

（2）74LS139 是双 2-4 线译码器。这两个译码器完全独立，分别有各自的数据输入端、译码状态输出端及数据输入允许端，其引脚图如图 9-4 所示，其中 1 组引脚的真值表见表 9-3。

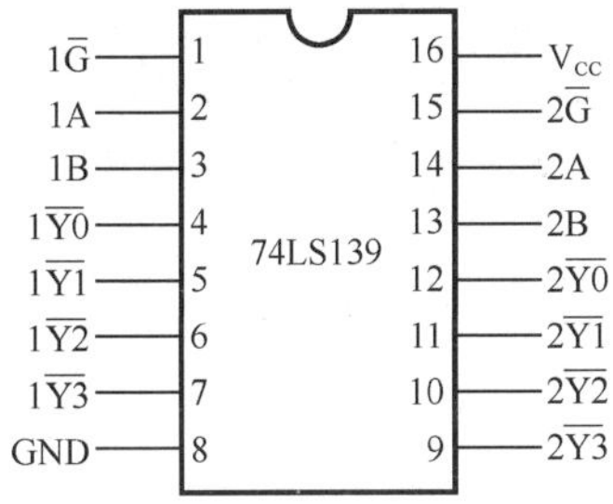

图 9-4　74LS139 的引脚图

表 9-3　74LS139 真值表

输入端			输出端			
允许	选择					
$\overline{G}$	B	A	$\overline{Y3}$	$\overline{Y2}$	$\overline{Y1}$	$\overline{Y0}$
0	0	0	1	1	1	0
0	0	1	1	1	0	1
0	1	0	1	0	1	1
0	1	1	0	1	1	1
1	×	×	1	1	1	1

注：1 表示高电平，0 表示低电平，×表示任意。

下面以 74LS138 为例，介绍如何进行存储器地址空间分配。

例如，要扩展 8 个 8KB 的 RAM 6264，如何通过 74LS138 把 64KB 地址空间分配给各个芯片？由 74LS138 真值表知，可把 G1 接+5V，$\overline{G2A}$、$\overline{G2B}$ 接地，P2.7、P2.6、P2.5（高 3 位地址线 A15～A13）分别接 74LS138 的 C、B、A 端，由于对高 3 位地址译码，因此译码器的 8 个输出 $\overline{Y0}$～$\overline{Y7}$ 可分别接 8 个 RAM 6264 的各个片选端，实现 8 选 1 片选。而低 13 位地址 P2.4～P2.0 与 P0.7～P0.0（即 A12～A0）完成对选中的 RAM 6264 中各个存储单元的“单元选择”。这样就把 64KB 地址空间分成 8 个 8KB 地址空间了。分配 64KB 地址空间后，各外扩的存储器空间的地址如图 9-5 所示。

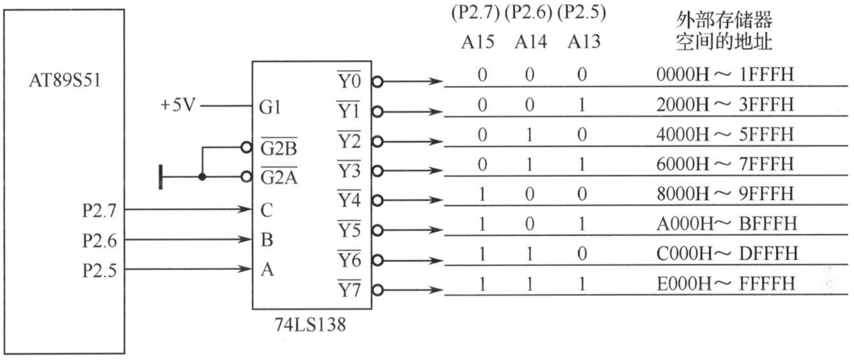

图 9-5　外部 64KB 地址空间划分为 8 个 8KB 地址空间

当 AT89S51 单片机发出 16 位地址码时，每次只能选中一个芯片以及该芯片的唯一存储单元。

采用译码器划分的空间块都是相等的，如果将空间块划分为不等的块，可采用可编程逻辑器件 FPGA 实现非线性译码逻辑来代替译码器。

9.1.3　外部地址锁存器

AT89S51 单片机的 P0 口用于 8 位数据线和低 8 位地址线，要将它们分离开，需要在单片机外部增加地址锁存器。目前，常用的地址锁存器芯片有 74LS373、74LS573 等。

1．锁存器 74LS373

74LS373 是一种带有三态门的 8D 锁存器，其引脚图如图 9-6 所示，其内部结构如图 9-7 所示。

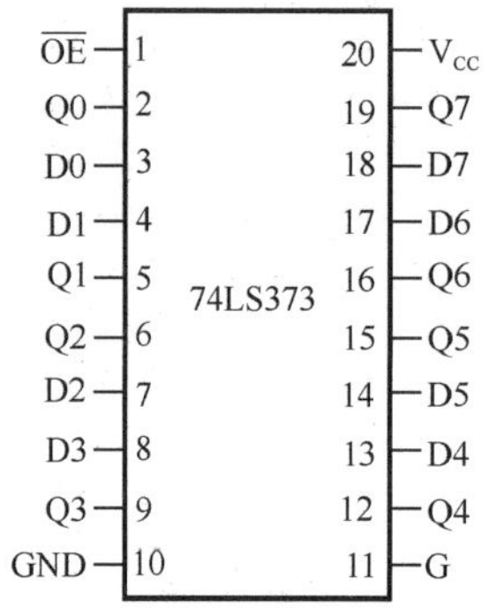

图 9-6　74LS373 的引脚图

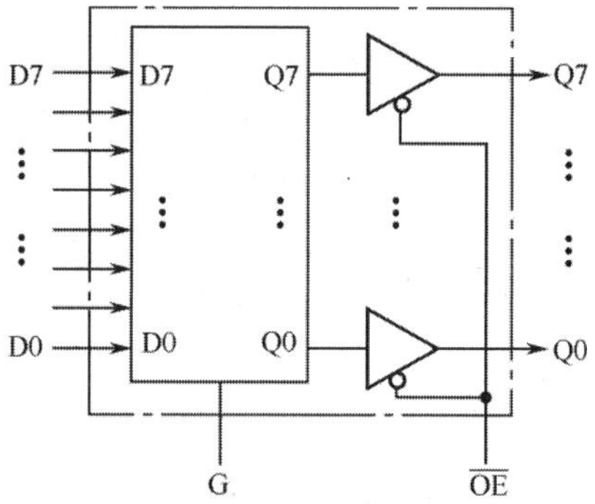

图 9-7　74LS373 的内部结构

74LS373 的引脚说明如下。

① D7～D0：8 位数据输入。

② Q7～Q0：8 位数据输出。

③ G：数据输入锁存选通。当该信号为高电平时，外部数据选通到内部锁存器的输入引脚；当该信号负跳变时，数据锁存到锁存器中。

④ $\overline{\text{OE}}$：数据输出允许。当该信号为低电平时，三态门打开，锁存器中数据输出到数据输出线上；当该信号为高电平时，输出线为高阻态。

表 9-4　74LS373 功能表

$\overline{\text{OE}}$	G	D	Q
0	1	1	1
0	1	0	0
0	0	×	不变
1	×	×	高阻态

74LS373 功能表见表 9-4。

AT89S51 单片机 P0 口与 74LS373 的连接如图 9-8 所示。

2. 锁存器 74LS573

74LS573 也是一种带有三态门的 8D 锁存器，其功能及内部结构与 74LS373 完全一样，只是其引脚的排列与 74LS373 不同。如图 9-9 所示为 74LS573 的引脚图。与 74LS373 相比，其输入 D 和输出 Q 引脚依次排列在芯片两侧，这为绘制印制电路板提供了较大方便，因此常用 74LS573 代替 74LS373。74LS573 与 74LS373 相同符号的引脚功能相同。

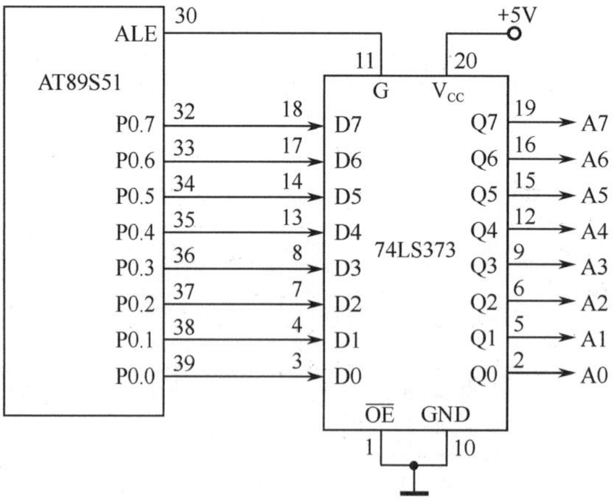

图 9-8　AT89S51 单片机 P0 口与 74LS373 的连接

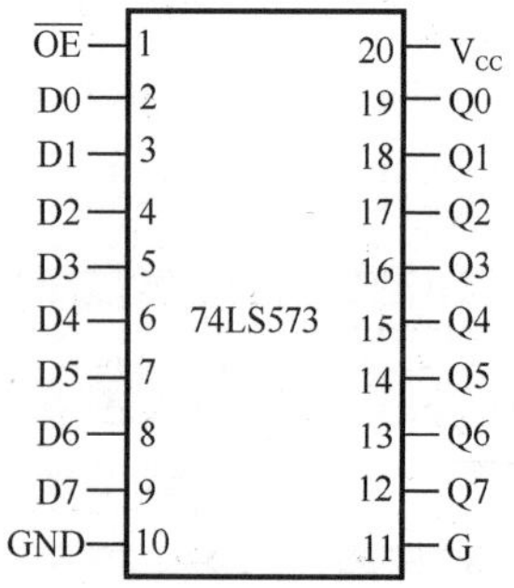

图 9-9　74LS573 的引脚图

9.2 外部 RAM 的并行扩展

AT89S51 单片机内部有 128B RAM（数据存储器），如果不能满足需要，必须扩展外部数据存储器。在单片机系统中，外部扩展的数据存储器都采用静态数据存储器（SRAM）。

9.2.1 常用的静态 RAM 芯片

单片机系统中常用的 RAM 芯片的典型型号有 RAM 6116（2kB）、RAM 6264（8KB）、RAM 62128（16KB）、RAM 62256（32KB）。它们都用单一+5V 电源供电，双列直插式封装，RAM 6116 为 24 个引脚封装，RAM 6264、RAM 62128、RAM 62256 为 28 个引脚封装。这些 RAM 芯片的引脚图见图 9-10。

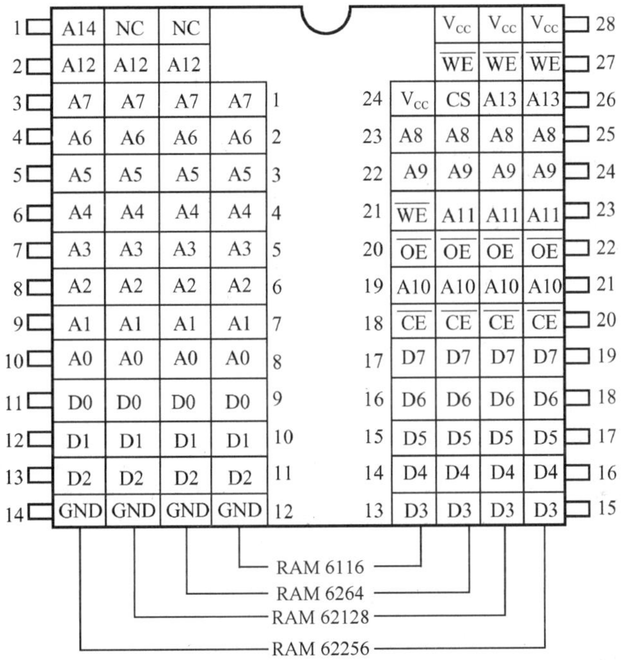

图 9-10　常用的 RAM 芯片引脚图

各引脚功能说明如下。

① A0～A14：地址输入。

② D0～D7：双向三态数据。

③ $\overline{CE}$：片选。但是对于 RAM 6264 芯片，当第 24 引脚（CS 引脚）为高电平且 $\overline{CE}$ 引脚为低电平时才选中该片。

④ $\overline{OE}$：读选通信号输入。

⑤ $\overline{WE}$：写允许信号输入。

⑥ V_{CC}：+5V 电源。

⑦ GND：地。

RAM 有读出、写入、维持三种工作方式，见表 9-5。

表 9-5 RAM 6116、RAM 6264、RAM 62256 芯片三种工作方式的控制

		信号			
		$\overline{CE}$	$\overline{OE}$	$\overline{WE}$	D0～D7
工作方式	读出	0	0	1	数据输出
	写入	0	1	0	数据输入
	维持	1	×	×	高阻态

9.2.2 读/写外部 RAM 的操作时序

AT89S51 单片机对外部 RAM 的读和写两种操作时序的基本过程是相同的。

1. 读外部 RAM 的时序

AT89S51 单片机若外扩一个 RAM，应将其 $\overline{WR}$ 引脚与 RAM 的 $\overline{WE}$ 引脚连接，$\overline{RD}$ 引脚与 RAM 的 $\overline{OE}$ 引脚连接。ALE 信号的作用是锁存低 8 位地址。

AT89S51 单片机读外部 RAM 的操作时序如图 9-11 所示。

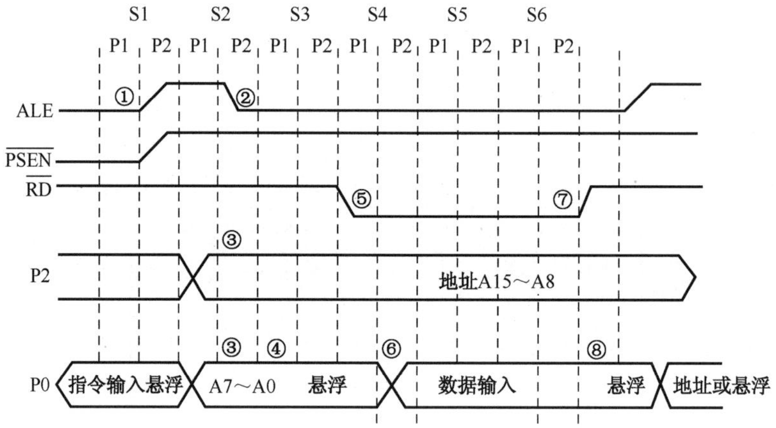

图 9-11 AT89S51 单片机读外部 RAM 的操作时序图

在第一个机器周期的 S1 状态，ALE 信号由低变高（见①处），读 RAM 周期开始。

在 S2 状态，CPU 把低 8 位地址送到 P0 口总线上，把高 8 位地址送到 P2 口总线上。ALE 的下降沿（见②处）把低 8 位地址信息锁存到外部锁存器 74LS373 内，而高 8 位地址信息一直锁存在 P2 口的锁存器中（见③处）。

在 S3 状态，P0 口总线变成高阻悬浮状态④。

在 S4 状态，执行读指令后使 $\overline{RD}$ 信号变为有效（见⑤处），$\overline{RD}$ 信号使被寻址的外部 RAM 过片刻后把数据送到 P0 口总线（见⑥处）上，当 $\overline{RD}$ 回到高电平后（见⑦处），P0 口总线变为悬浮状态（见⑧处）。至此，读外部 RAM 周期结束。

2. 写外部 RAM 操作时序

当 AT89S51 单片机执行向外部 RAM 写指令后，单片机的 $\overline{WR}$ 信号为低电平有效，此信号使 RAM 的 $\overline{WR}$ 引脚被选通。

写外部 RAM 的操作时序如图 9-12 所示。开始的过程与读过程类似，但写的过程是单片机主动把数据送到 P0 口总线上，故在时序上，单片机先向 P0 口总线上送完 8 位地址后，在 S3 状态就将数据送到 P0 口总线（见③处）上。此间，P0 口总线上不会出现高阻悬浮状态。

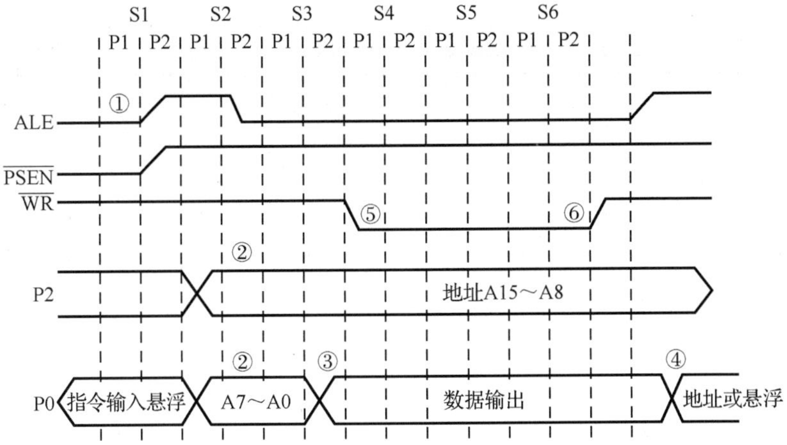

图 9-12　AT89S51 单片机写外部 RAM 的操作时序图

在 S4 状态，写控制信号 $\overline{WR}$ 有效（见⑤处），选通外部 RAM，稍过片刻，P0 口总线上的数据就写到 RAM 内了，然后写控制信号 $\overline{WR}$ 变为无效（见⑥处）。

9.2.3　并行扩展外部 RAM 设计实例

访问扩展的外部 RAM，要由 P2 口提供高 8 位地址，P0 口提供低 8 位地址和 8 位双向数据总线。AT89S51 单片机对外部 RAM 的读和写由 $\overline{RD}$（P3.7）和 $\overline{WR}$（P3.6）信号控制，片选信号 $\overline{CE}$ 由地址译码器的译码输出控制。因此，进行接口电路设计时，主要解决地址分配、数据线和控制信号线的连接问题。如果读/写速度要求较高，还要考虑单片机与 RAM 的读/写速度匹配问题。

如图 9-13 所示为用线选法扩展外部 RAM 的接口电路。RAM 选用 RAM 6264，该芯片地址线为 A0～A12，故 AT89S51 单片机剩余的地址线为 3 根。用线选法可扩展 3 个 RAM 6264。这 3 个 RAM 6264 的地址空间分配见表 9-6。

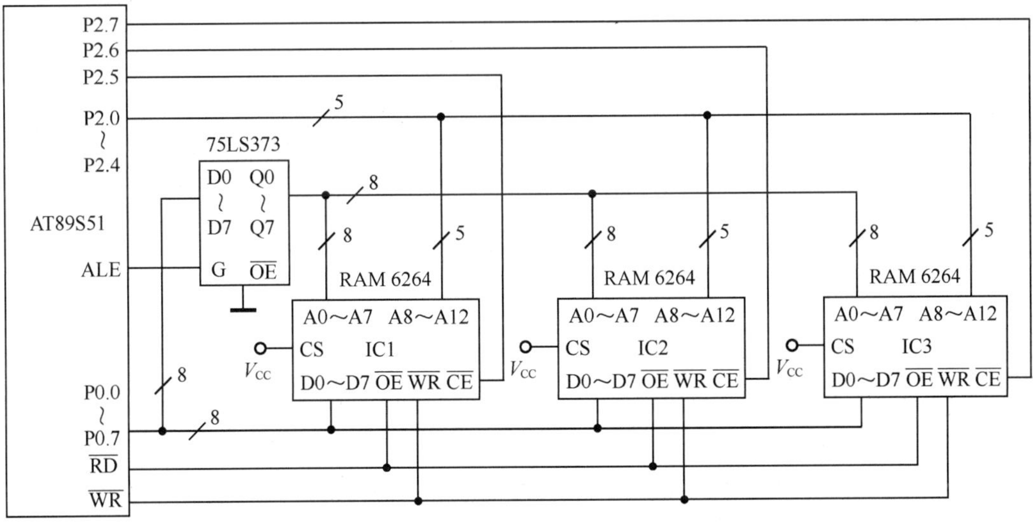

图 9-13　用线选法扩展外部 RAM 的接口电路

表 9-6　3 个 RAM 6264 的地址空间分配

P2.7	P2.6	P2.5	选中芯片	地址范围	存储容量
1	1	0	IC1	C000H～DFFFH	8KB
1	0	1	IC2	A000H～BFFFH	8KB
0	1	1	IC3	6000H～7FFFH	8KB

用译码法扩展外部 RAM 的接口电路如图 9-14 所示。图中 RAM 选用 RAM 62128，该芯片地址线为 A0～A13，这样，AT89S51 单片机剩余的地址线为两根。采用 2-4 线译码器可扩展 4 个 RAM 62128。各 RAM 62128 芯片的地址范围见表 9-7。

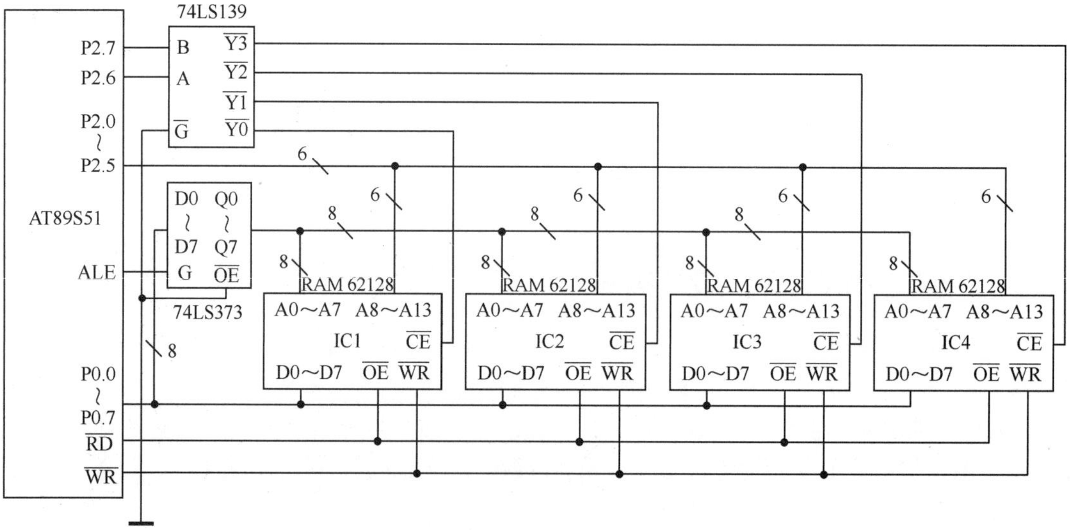

图 9-14　用译码法扩展外部 RAM 的接口电路

表 9-7　4 个 RAM 62128 的地址空间分配

2-4 线译码器输入 P2.7	P2.6	2-4 线译码器有效输出	选中芯片	地址范围	存储容量
0	0	$\overline{Y0}$	IC1	0000H～3FFFH	16KB
0	1	$\overline{Y1}$	IC2	4000H～7FFFH	16KB
1	0	$\overline{Y2}$	IC3	8000H～BFFFH	16KB
1	1	$\overline{Y3}$	IC4	C000H～FFFFH	16KB

【例 9-1】　编写程序将外部 RAM 中的 0x5000～0x50ff 这 256 个单元全部清 0。

参考程序如下：

```
xdata unsigned char databuf[256] _at_   0x5000;
void main(void)
    {
        unsigned char i;
        for(i=0;i<256;i++)
        {
            databuf[i]=0
        }
    }
```

9.2.4 单片机扩展 RAM 6264 设计实例

单片机扩展一个外部 RAM 6264，其仿真原理图如图 9-15 所示。单片机先向 RAM 6264 的 0x0000 地址写入 64 字节的数据 1～64，写入的数据同时送 P1 口，并通过 8 个 LED 显示出来。然后再将这些数据反向复制到 0x0080 地址开始处。复制操作时，数据也通过 P1 口的 8 个 LED 显示出来。上述两个操作执行完成后，发光二极管 D1 被点亮。要查看 RAM 6264 中的内容，可在 D1 点亮后，单击“暂停”按钮[‖]，然后选择菜单命令“Debug”→“Memory Contents”，即可看到如图 9-16 所示的窗口中显示的 RAM 6264 中的数据。可看到单元地址 0x0000～0x003f 中的内容为 0x01～0x40。而从起始地址 0x0080 开始的 64 个单元中的数据为 0x40～0x01，可见，完成了反向复制。

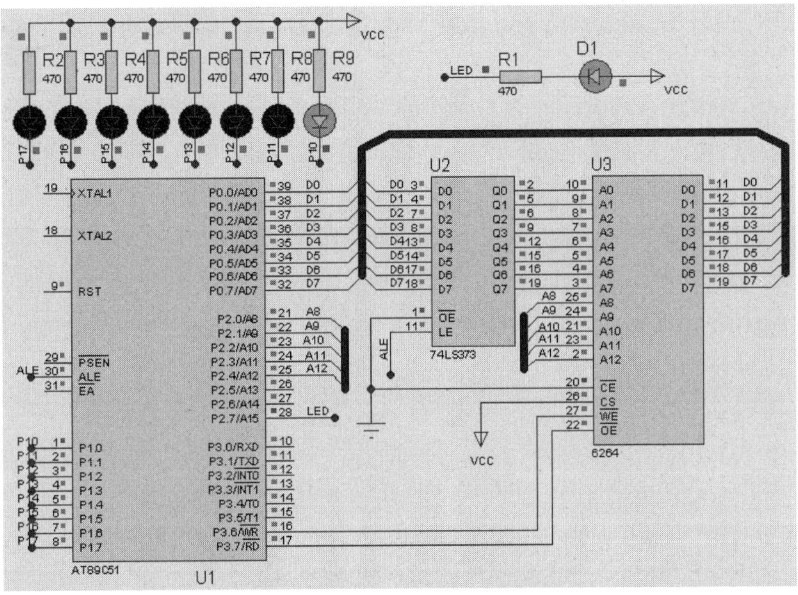

图 9-15 单片机扩展一个外部 RAM 6264 的仿真原理图

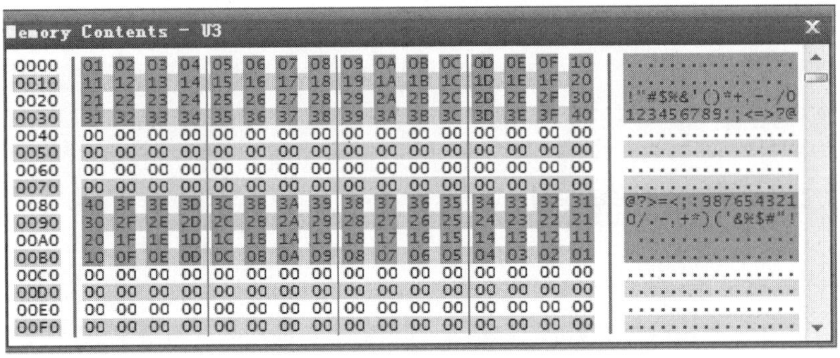

图 9-16 RAM 6264 中第 1 次写入的数据与反向复制的数据

参考程序如下：

```
//先向 RAM 6264 中写入整数 1～64，然后再将其反向复制到起始地址为 0x0080 的 64 个单元中
#include <reg51.h>
#include <absacc.h>                    //定义地址所需的头文件
#define uchar unsigned char
```

```
#define uint unsigned int
sbit LED=P2^7;
void Delay(uint t)                                    //延时函数
{
      uint i,j,k;
      for(i=2;i>0;i--)
      for(j=46;j>0;j--)
      for(k=t;k>0;k--);
}
void main()
{
      uint i;
      uchar temp;
      LED=1;
      for(i=0;i<64;i++)                               //从 RAM 6264 的 0x0000 地址开始写入数据 1～64
      {
            XBYTE[i]=i+1;
            temp=XBYTE[i];
            P1=～temp;                                //向 P1 口送显示数据，控制外部 LED 的亮灭
            Delay(200);
      }
      for(i=0;i<64;i++)                               //将 RAM 6264 中的数据反向复制到地址 0x0080 开始处
      {
            XBYTE[i+0x0080]=XBYTE[63-i];
            temp=XBYTE[i+0x0080];                     //反向读取 RAM 6264 中的数据
            P1=～temp;                                //向 P1 口送显示数据，控制外部 LED 的亮灭
            Delay(200);
      }
      LED=0;                                          //点亮 D1，表示数据反向复制完成
      while(1);
}
```

程序说明：主程序中共有两个 for 循环，第 1 个 for 循环完成将数据 1～64 写入起始地址为 0x0000 的 64 字节；第 2 个 for 循环完成将这 64 字节数据 64～1 反向复制到起始地址为 0x0080 的 64 个单元中。

9.3 内部 Flash 存储器的编程

程序存储器具有非易失性，在电源关断后，程序存储器仍能保存程序，在系统上电后，CPU 可取出这些指令重新执行。程序存储器中的信息一旦写入，就不能随意更改，特别是不能在程序运行过程中写入新的内容，故称为只读存储器（ROM）。

美国 Atmel 公司生产的 AT89S5x 系列单片机，内部分别集成有不同容量的 Flash 存储器，来作为内部程序存储器使用，具体见表 9-1。在内部 Flash 存储器满足要求的情况下，外部程序存储器的扩展工作即可省去。本节只讨论如何把已调试完毕的程序代码写入 AT89S51 单片机的内部 Flash 存储器中，即 Flash 存储器的编程问题。

AT89S51 单片机内部 4KB Flash 存储器的基本特性如下：

① 可循环写入/擦除 1000 次；

② 数据保存时间为 10 年；

③ 具有 3 级加密保护。

单片机芯片出厂时，Flash 存储器处于全部空白状态（各单元均为 FFH），可直接进行编程。若 Flash 存储器不全为空白状态（即单元中有不是 FFH 的），应该首先将芯片内容擦除（即各个单元均为 FFH）后，才可向其写入调试完毕的程序代码。

AT89S51 单片机内部 Flash 存储器有三个可编程加密位，定义了三个加密级别，用户只要对三个加密位 LB1、LB2、LB3 进行编程即可实现三个不同级别的加密。经过上述的加密处理，使解密的难度加大，但还是可以解密。现在还有一种非恢复性加密（OTP 加密）方法，就是将 AT89S51 单片机的第 31 引脚（$\overline{EA}$）烧断或某些数据线烧断，经过上述处理后的芯片仍然能够正常工作，但不再具有读取、擦除、重复烧写等功能。这是一种较强的加密手段。国内某些厂家生产的编程器直接具有此功能（如 RF-1800 编程器）。

目前，对内部 Flash 存储器的编程有两种常用方法：一种是使用通用编程器编程；另一种是使用 PC 机通过下载线进行在系统编程（ISP）。

9.3.1 使用通用编程器

通用编程器一般通过串行口或 USB 口与 PC 机相连，并配有相应的驱动软件。在编程器与 PC 机连接后，在 PC 机上运行驱动软件，首先选择所要编程的单片机型号，再调入调试完毕的程序代码文件，执行写入命令，编程器就将调试完毕的程序代码烧写到单片机内部的 Flash 存储器中。开发者只需在电子市场购买一台通用编程器即可完成上述工作。

编程器通过 USB 口与 PC 机通信，可进行芯片型号自动判别，完成编程过程中的擦除、烧写、校验等各种操作。

编程器供电部分由 USB 口的 5V 电源提供，省去笨重的外接电源并加入 USB 口保护电路，即自恢复保险丝，不怕操作短路。

编程器的驱动软件界面友好，菜单、工具栏、快捷键齐全，具有编程、读取、校验、空检查、擦除、Flash 存储器加密等功能。

9.3.2 使用 ISP 下载线

AT89S5x 系列单片机支持对内部 Flash 存储器的在线编程（ISP），即使用 PC 机直接通过 ISP 下载线向单片机内部 Flash 存储器中写入程序代码。编程完毕的内部 Flash 存储器也可用 ISP 下载线编程方式擦除或再编程。

ISP 下载线按与 PC 机的连接方式不同分为三种类型：串行口型、并行口型及 USB 口型。USB 口 ISP 下载线可自行制作，也可在电子市场购买。由于其使用方便，因此目前应用普遍。购买 USB 口 ISP 下载线时，已经配置了相应的驱动软件。

ISP 下载线与单片机一端的接口通常采用 Atmel 公司提供的标准连接器，即 10 个引脚的 IDC 标准连接器。图 9-17 为 IDC 标准连接器的实物图及引脚的定义。

采用 ISP 下载线时，用户目标板上必须装有上述 IDC 标准连接器，连接器中的信号线必须与目标板上 AT89S51 单片机的对应引脚连接。

注意，图 9-17 中的第 8 引脚 P1.4（$\overline{SS}$）只对 AT89LP 系列单片机有效，对 AT89S5x 系列单片机无效，不用连接即可。

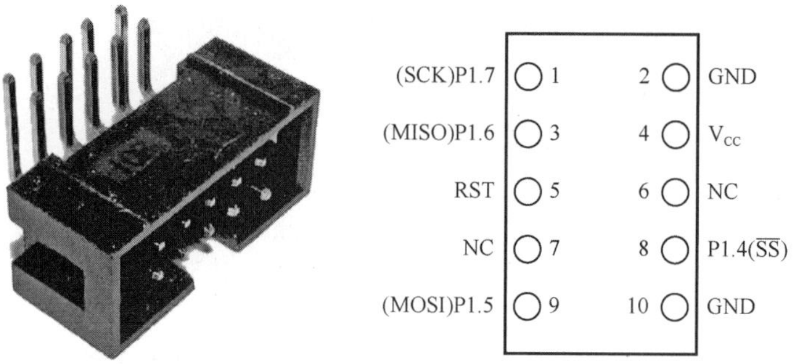

图 9-17　IDC 标准连接器的实物图及引脚的定义

使用 ISP 下载线编程时，只需启动编程软件，按照使用说明书进行操作即可。

就单片机的发展方向而言，目前已经趋向于 ISP 下载线编程方式，一方面由于原有不支持 ISP 下载的芯片逐渐被淘汰（部分已经停产，例如 AT89C51）；另一方面，ISP 使用起来十分方便，不需要编程器就可实现程序的下载，所以 ISP 下载线编程方式已经逐步成为主流。但需要注意的是，虽然 ISP 下载线编程方式简单易行，但对已有的单片机系统来说，可能使用的单片机仍然是较老款式的机型，或在设计单片机系统时由于程序存储器空间不够用等原因扩展了大容量存储器，此时 ISP 下载线编程方式就显得无能为力了。另外，有些厂家的单片机机型不支持 ISP 下载线编程方式，所以有时还要用编程器进行程序下载。目前，电子市场上的编程器型号较多，只要根据自己的需求进行选择即可，这里不再赘述。

9.4　E^{2}PROM 的并行扩展

在以单片机为核心的智能仪器仪表、工业监控等应用系统中，对某些状态参数数据，不仅要求能够在线修改并保存，而且要求断电后能保持。断电数据的保护可采用电可擦除写入的存储器 E^{2}PROM，其突出优点是能够在线擦除和改写。

E^{2}PROM 与 Flash 存储器都可在线擦除与改写，它们之间的区别在于，Flash 存储器结构简单，同样的存储容量占芯片面积较小，成本自然比 E^{2}PROM 低，且大数据量的操作速度更快，但缺点是擦除与改写都是按扇区进行的，操作过程麻烦，特别是在小数据量反复改写时。所以单片机中 Flash 存储器的结构更适合作为不需要频繁改写的程序存储器。而传统结构的 E^{2}PROM，操作简单，可字节写入，非常适合用作运行过程中频繁改写某些非易失的小数据量的存储器。

E^{2}PROM 有并行和串行之分，并行 E^{2}PROM 的速度比串行的快，容量大。例如，并行 E^{2}PROM 2864A 的容量为 8k×8 位。而串行 I^{2}C 接口的 E^{2}PROM 与单片机的接口简单，连线少，比较流行的有 Atmel 公司的串行 E^{2}PROM 芯片 AT24C02/AT24C08/AT24C16。串行 E^{2}PROM 的扩展将在第 10 章中介绍。本节只介绍 AT89S51 单片机扩展并行 E^{2}PROM 芯片 2864 的设计。

9.4.1　并行 E^{2}PROM 芯片简介

常见的并行 E^{2}PROM 芯片有 2816/2816A、2817/2817A、2864A 等。这些芯片的引脚图如图 9-18 所示。

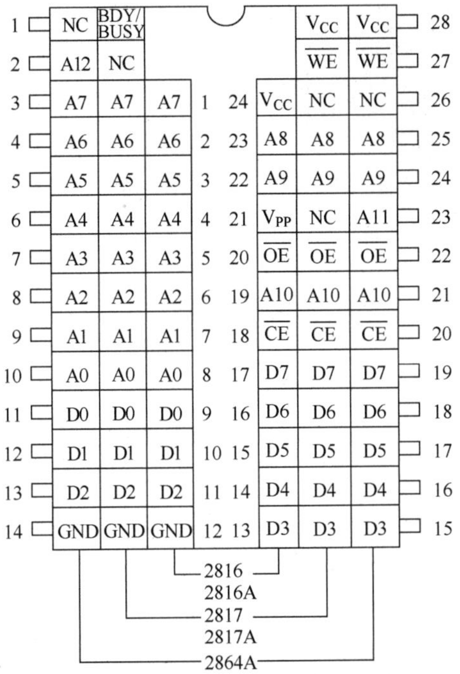

图 9-18　常见的并行 E²PROM 芯片引脚图

9.4.2　单片机扩展 2864A 设计实例

2864A 芯片与 AT89S51 单片机的接口电路如图 9-19 所示。2864A 芯片的存储容量为 8KB，与同容量的静态 RAM 6264 的引脚是兼容的，2864A 的片选引脚 $\overline{CE}$ 由高位地址线 P2.7（A15）来控制。

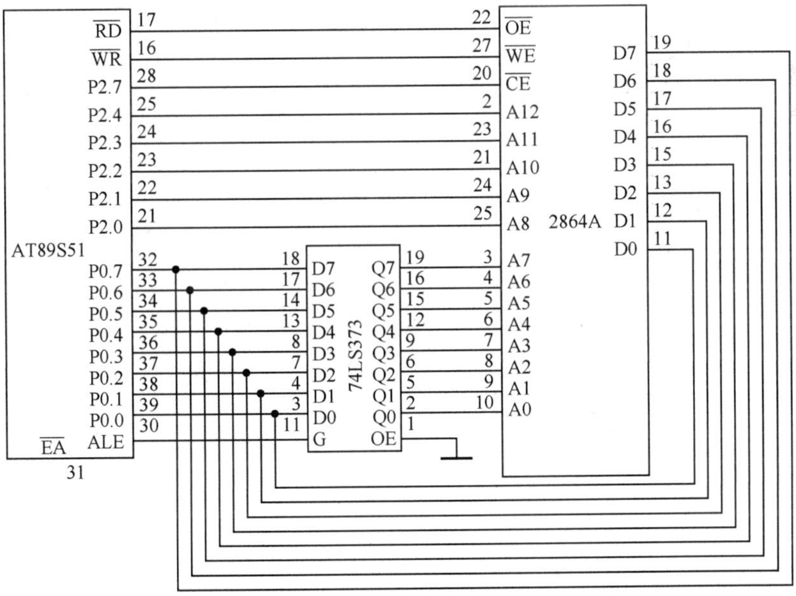

图 9-19　2864A 芯片与 AT89S51 单片机的接口电路

单片机对 2864A 的读/写非常方便，在单一+5V 电压下写入新数据即覆盖旧数据，类似于对 RAM 的读/写操作。2864A 典型的读出数据时间为 200ns～350ns，但是字节编程写入时间为 10ms～15ms，要比对 RAM 写入时间长许多。

9.5 利用 82C55 扩展并行 I/O 口

AT89S51 单片机本身有 4 个通用的并行 I/O 口，即 P0～P3 口，但是真正用作通用 I/O 口线的只有 P1 口和 P3 口的某些位线。当 AT89S51 单片机本身的并行 I/O 口不够用时，需要进行外部并行 I/O 口的扩展。本节介绍 AT89S51 单片机扩展常见的可编程并行 I/O 接口芯片 82C55 的设计。此外还介绍使用廉价的 74LSTTL 芯片扩展并行 I/O 口，以及使用 AT89S51 串行口来扩展并行 I/O 口的设计。

9.5.1 并行 I/O 口扩展概述

由本章前面介绍可知，系统扩展除包括扩展存储器外，还包括扩展并行 I/O 口。

1. I/O 接口电路的基本功能要求

I/O 接口电路作为单片机与外设交换信息的桥梁，应满足如下功能要求。

（1）实现和不同外设的速度匹配。大多数外设的速度很慢，无法和μs 量级的单片机速度相比。单片机只有在确认外设已为数据传送做好准备的前提下才进行数据传送。而要知道外设是否准备好，就需要 I/O 接口电路与外设之间传送状态信息，以实现单片机与外设之间的速度匹配。

（2）输出数据锁存。与外设相比，单片机工作速度快，送出数据在总线上保留的时间十分短暂，无法满足慢速外设的数据接收要求。所以在扩展的 I/O 接口电路中应有输出数据锁存器，以保证单片机输出的数据能为慢速的接收设备所接收。

（3）输入数据三态缓冲。外设向单片机输入数据时，要经过数据总线，但数据总线上可能“挂”有多个数据源。为使传送数据时不发生冲突，只允许当前时刻正在接收数据的 I/O 口使用数据总线，其余的 I/O 口应处于隔离状态，为此要求 I/O 接口电路能为输入数据提供三态输入缓冲功能。

2. I/O 口的编址

在介绍 I/O 口编址之前，首先要弄清楚 **I/O 接口**（Interface）和 **I/O 端口**（Port）的概念。

I/O 接口是单片机与外设间的连接电路的总称，也可称为 I/O 接口电路。

I/O 端口（简称 I/O 口）是指 I/O 接口电路中具有单元地址的寄存器或缓冲器。一个 I/O 接口电路可以有多个 I/O 口，传送数据的端口称为数据口，传送命令的端口称为命令口，传送状态的端口称为状态口。当然，并不是所有的外设都需要三种端口齐全的 I/O 接口电路。

每个 I/O 接口电路中的端口都要有地址，以便单片机对端口进行读/写，与外设交换信息。常用的 I/O 口编址有两种方式，独立编址方式和统一编址方式。

（1）独立编址方式。就是 I/O 口地址空间和存储器地址空间分开编址。其优点是，两个地址空间相互独立，界限分明。但是需要设置一套专门的读/写 I/O 口的指令和控制信号。

（2）统一编址方式。就是把 I/O 口与数据存储器单元同等对待，即每个接口电路中的一个寄存器（端口）就相当于一个 RAM 单元。

AT89S51 单片机使用统一编址方式，因此 AT89S51 单片机外部 RAM 空间也包括 I/O 口在内。统一编址方式的优点是不需要专门的 I/O 指令，直接使用访问 RAM 的指令进行 I/O 操作，简单、方便。但是需要把外部 RAM 空间中的 RAM 的单元地址与 I/O 口所占的地址划分清楚，避免发生数据冲突。

3．I/O 数据的传送方式

为了实现和不同外设的速度匹配，I/O 口必须根据不同的外设选择恰当的 I/O 数据传送方式。I/O 数据传送的方式有三种：同步传送、异步传送和中断传送。

（1）同步传送。又称无条件传送。当外设的速度和单片机的速度可以相比拟时，常采用同步传送方式，最典型的同步传送就是单片机和外部 RAM 之间的数据传送。

（2）异步传送。实质就是查询传送。单片机先查询外设“准备好”后，再进行数据传送。优点是通用性好，硬件连线和查询程序十分简单，但由于程序在运行中经常要查询外设是否“准备好”，因此工作效率不高。

（3）中断传送。可提高单片机对外设的工作效率，即利用单片机本身的中断功能和 I/O 接口芯片的中断功能来实现数据的传送。单片机只有在外设准备好后，才中断主程序的执行，从而执行与外设进行数据传送的中断服务程序。中断服务完成后又返回主程序断点处继续执行。

9.5.2 82C55 简介

常用的可编程通用并行 I/O 接口芯片为 82C55（3 个 8 位 I/O 口）。它可以与 AT89S51 单片机直接连接，接口逻辑十分简单。下面介绍 AT89S51 单片机扩展 82C55 的设计。

首先简要介绍 82C55 的应用特性。

1．82C55 的引脚与内部结构

82C55 是 Intel 公司生产的可编程通用并行 I/O 接口芯片，它具有三个 8 位的并行 I/O 口，三种工作方式，可通过编程改变其功能，因而使用灵活方便，可作为单片机与多种外设连接时的中间接口电路。82C55 的引脚图及内部结构如图 9-20 和图 9-21 所示。

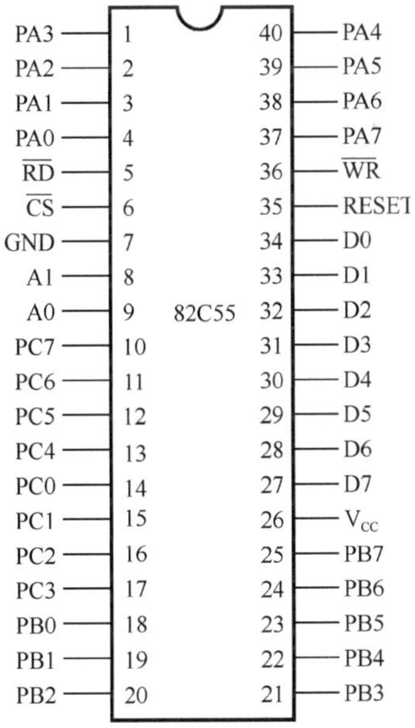

图 9-20　82C55 的引脚图

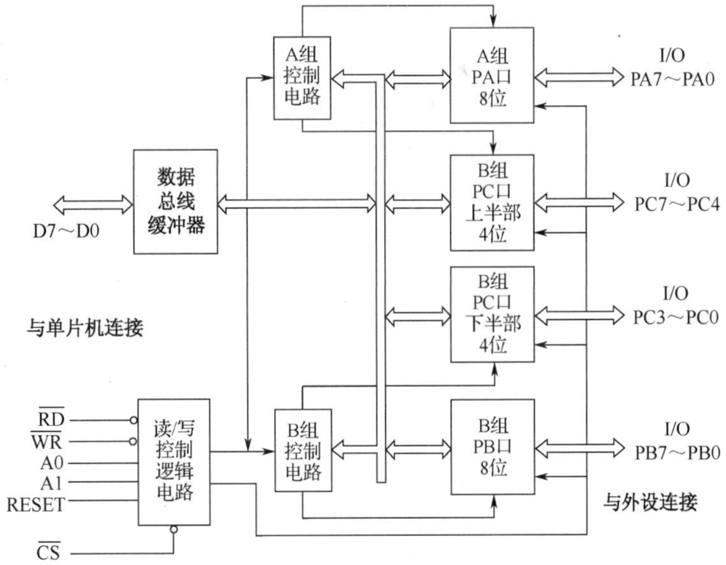

图 9-21　82C55 的内部结构

（1）引脚说明。由图 9-20 可知，82C55 共有 40 个引脚，双列直插封装。各引脚功能说明如下。

① D7～D0：三态双向数据，与单片机的 P0 口连接，用来与单片机之间传送数据信息。

② $\overline{CS}$：片选信号，低电平有效，表示本芯片被选中。

③ $\overline{RD}$：读信号，低电平有效，用来读出 82C55 端口数据的控制信号。

④ $\overline{WR}$：写信号，低电平有效，用来向 82C55 写入端口数据的控制信号。

⑤ V_{CC}：+5V 电源。

⑥ PA7～PA0：端口 A 输入/输出。

⑦ PB7～PB0：端口 B 输入/输出。

⑧ PC7～PC0：端口 C 输入/输出。

⑨ A1、A0：地址输入，用来选择 82C55 内部的 4 个端口。

⑩ RESET：复位，高电平有效。

（2）内部结构。如图 9-21 所示。左侧的引脚与 AT89S51 单片机连接，右侧的引脚与外设连接。各部件的功能说明如下。

① PA、PB、PC 口。三个 8 位并行口 PA 口、PB 口和 PC 口，都可以选为输入/输出工作方式，但它们在功能和结构上存在差异。

- PA 口：一个 8 位数据输出锁存器和缓冲器，一个 8 位数据输入锁存器。
- PB 口：一个 8 位数据输出锁存器和缓冲器，一个 8 位数据输入缓冲器。
- PC 口：一个 8 位数据输出锁存器，一个 8 位数据输入缓冲器。

通常，PA、PB 口作为输入/输出口，PC 口既可作为输入/输出口，也可在软件的控制下，分为两个 4 位的端口，作为端口 PA、PB 选通方式操作时的状态控制信号。

② A 组和 B 组控制电路。这是两组根据 AT89S51 单片机写入的“命令字”控制 82C55 工作方式的控制电路。A 组控制 PA 口和 PC 口的上半部（PC7～PC4）；B 组控制 PB 口和 PC 口的下半部（PC3～PC0），并可使用“命令字”来对 PC 口的每 1 位实现按位置 1 或清 0。

③ 数据总线缓冲器。这是一个三态双向 8 位缓冲器，作为 82C55 与系统总线之间的接口，用来传送数据、指令、控制命令及外部状态信息。

④ 读/写控制逻辑电路。该电路接收 AT89S51 单片机发来的控制信号来控制 $\overline{RD}$、$\overline{WR}$、RESET、地址信号 A1、A0 及 $\overline{CS}$。A1、A0 两位共有 4 种组合 00、01、10、11，分别是 PA 口、PB 口、PC 口及控制寄存器的端口地址。根据控制信号的不同组合，端口数据被 AT89S51 单片机读出，或者将 AT89S51 单片机送来的数据写入端口中。

各端口的工作状态与地址信号 A1、A0 以及控制信号的关系见表 9-8。

表 9-8　82C55 端口的工作状态选择表

A1	A0	$\overline{RD}$	$\overline{WR}$	$\overline{CS}$	工作状态
0	0	0	1	0	PA 口数据→数据总线（读端口 A）
0	1	0	1	0	PB 口数据→数据总线（读端口 B）
1	0	0	1	0	PC 口数据→数据总线（读端口 C）
0	0	1	0	0	总线数据→PA 口（写端口 A）
0	1	1	0	0	总线数据→PB 口（写端口 B）
1	0	1	0	0	总线数据→PC 口（写端口 C）
1	1	1	0	0	总线数据→控制寄存器（写控制字）
×	×	×	×	1	数据总线为三态
1	1	0	1	0	非法状态
×	×	1	1	0	数据总线为三态

2. 工作方式选择控制字及 PC 口按位置位/复位控制字

AT89S51 单片机可以向 82C55 的控制寄存器写入两种不同的控制字：① 工作方式控制字；② PC 口按位置位/复位控制字。

（1）工作方式控制字

82C55 有三种工作方式：① 方式 0，基本输入/输出；② 方式 1，应答输入/输出；③ 方式 2，双向传送（仅 PA 口有此工作方式）。

这三种工作方式由写入控制寄存器的工作方式控制字来决定。工作方式控制字的格式如图 9-22 所示。最高位 D7 = 1，为本工作方式控制字的标志位，以便与下面介绍的 PC 口按位置位/复位控制字相区别（PC 口按位置位/复位控制字的最高位 D7 = 0）。

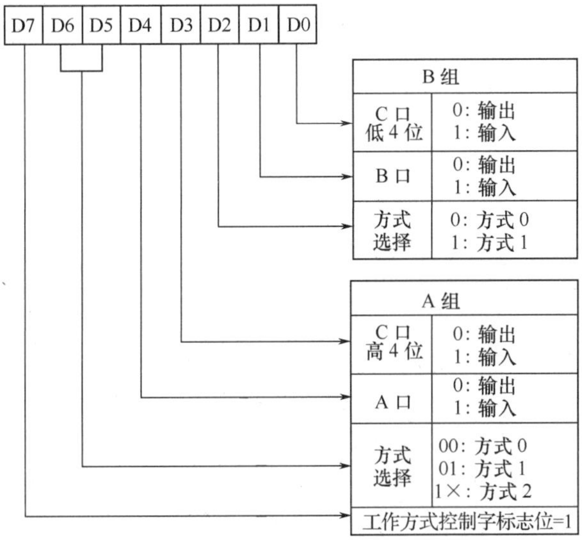

图 9-22 工作方式控制字的格式

三个端口中，PC 口被分为两个部分，上半部分随 PA 口称为 A 组，下半部分随 PB 口称为 B 组。其中 PA 口可工作于方式 0、1 和 2，而 PB 口只能工作于方式 0 和 1。

【例 9-2】 AT89S51 单片机向 82C55 的控制寄存器（端口地址为 0xff7f）写入工作方式控制字 0x95，根据图 9-22，可将 82C55 编程设置为：PA 口方式 0 输入，PB 口方式 1 输出，PC 口的上半部分（PC7～PC4）输出，PC 口的下半部分（PC3～PC0）输入。

参考程序如下：

```
#include  <absacc.h>
#define COM8255 XBYTE[0xff7f]            //0xff7f 为 82C55 的控制寄存器地址
#define uchar unsigned char
…
void init8255(void)
{
    COM8255=0x95;                        //工作方式控制字写入 82C55 的控制寄存器中
    …
}
```

（2）PC 口按位置位/复位控制字

写入 82C55 的另一个控制字为 PC 口按位置位/复位控制字，即 PC 口 8 位中的任何一位，可用一个写入 82C55 控制口的置位/复位控制字来对 PC 口按位置 1 或清 0。这一功能主要用于位控。PC 口按位置位/复位控制字的格式如图 9-23 所示。

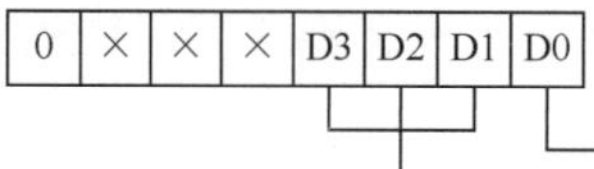

D0	置位/复位控制
0	复位
1	置位

D3 D2 D1	PC口位选择
0 0 0	PC0
0 0 1	PC1
0 1 0	PC2
0 1 1	PC3
1 0 0	PC4
1 0 1	PC5
1 1 0	PC6
1 1 1	PC7

图 9-23　PC 口按位置位/复位控制字的格式

【例 9-3】　AT89S51 单片机向 82C55 的控制寄存器写入工作方式控制字 07H，则 PC3 置 1；08H 写入控制口，则 PC4 清 0。假设 82C55 的端口寄存器的地址为 0xff7f。

参考程序如下：

```
#include <absacc.h>
#define COM8255 XBYTE[0xff7f]              //0xff7f 为 82C55 的控制寄存器地址
……
void init8255(void)
{
    COM8255=0x07;                          //PC 口按住置位/复位控制字写入控制寄存器中，PC3=1
    COM8255=0x08;                          //PC 口按住置位/复位控制字写入控制寄存器中，PC4=0
    ……
}
```

9.5.3　82C55 的三种工作方式

1．方式 0

方式 0 为基本输入/输出方式。在方式 0 下，AT89S51 单片机可对 82C55 进行 I/O 数据的无条件传送。例如，AT89S51 单片机从 82C55 的某个输入口读入一组开关状态，从 82C55 输出来控制一组指示灯的亮、灭。实现这些操作，并不需要任何条件，外设的 I/O 数据可在 82C55 的各端口得到锁存和缓冲。因此，82C55 的方式 0 称为基本输入/输出方式。

在方式 0 下，三个端口都可以由软件设置为输入或输出，不需要应答联络信号。方式 0 的基本功能如下：

① 具有两个 8 位端口（PA 口、PB 口）和两个 4 位端口（PC 口的上半部分和下半部分）；

② 任何端口都可以设定为输入或输出，各端口的输入、输出共有 16 种组合。

82C55 的 PA 口、PB 口和 PC 口均可设定为方式 0，并可根据需要，向控制寄存器写入工作方式控制字（见图 9-22），来规定各端口为输入或输出方式。

【例 9-4】　假设 82C55 的控制字寄存器端口地址为 0xff7f，则令 PA 口和 PC 口的高 4 位工作于方式 0 输出，PB 口和 PC 口的低 4 位工作于方式 0 输入，初始化程序如下：

```
uchar xdata COM8255 _at_ 0xff7f                //0xff7f 为 82C55 的控制寄存器地址
…
void init8255(void)
{
    COM8255=0x83;                              //工作方式控制字写入控制寄存器中
    …
}
```

2. 方式 1

方式 1 是一种应答联络的输入/输出工作方式。PA 口和 PB 口皆可独立地设置成这种工作方式。在方式 1 下，82C55 的 PA 口和 PB 口通常用于 I/O 数据的传送，PC 口用作 PA 口和 PB 口的应答联络信号线，以实现采用中断方式来传送 I/O 数据。PC 口中的某些线作为应答联络线是规定好的，其各位分配如图 9-24 所示，图中，标有 I/O 的各位仍可用作基本输入/输出，不用作应答联络。

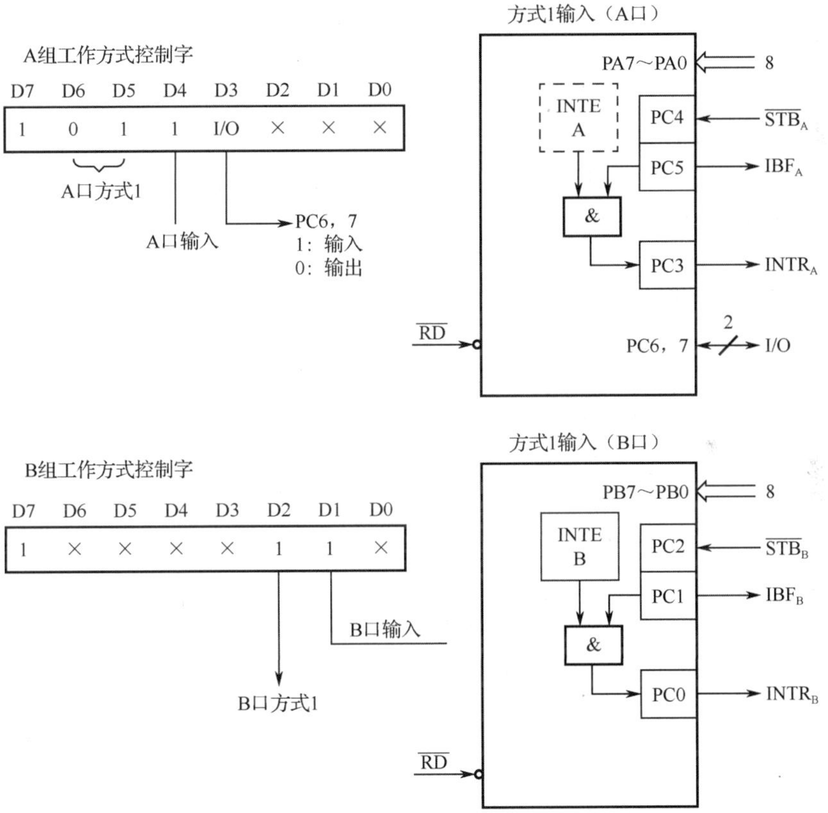

图 9-24　方式 1 输入应答联络信号

下面简单介绍方式 1 输入/输出时的应答联络信号与工作原理。

（1）方式 1 输入

方式 1 输入时，各应答联络信号如图 9-24 所示。其中 $\overline{STB}$ 与 IBF 为一对应答联络信号。图 9-24 中各应答联络信号的功能如下。

① $\overline{STB}$：输入外设发给 82C55 的选通输入信号。

② IBF：输入数据缓冲器满，82C55 对外设的应答信号。通知外设已收到发来的数据。

③ INTR：82C55 向 AT89S51 单片机发出的中断请求信号。

④ INTEA：PA 口中断允许的控制信号，由 PC4 的置位/复位来控制。

⑤ INTEB：PB 口中断允许的控制信号，由 PC2 的按位置位/复位控制字来控制。

下面以 PA 口的方式 1 输入为例，介绍方式 1 输入的工作过程。PA 口方式 1 输入工作示意图如图 9-25 所示。

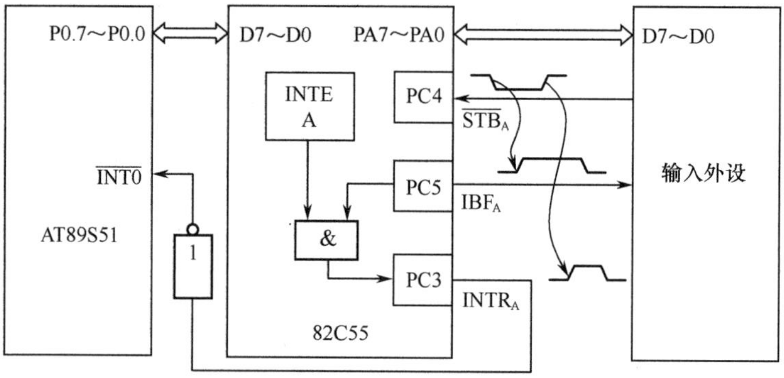

图 9-25　PA 口方式 1 输入工作过程示意图

① 当外设向 82C55 输入一个数据并送到 PA7～PA0 上时，外设自动在选通输入线 $\overline{STB_A}$ 上向 82C55 发送一个低电平选通信号。

② 82C55 收到选通信号 $\overline{STB_A}$ 后，首先把 PA7～PA0 上输入的数据存入 PA 口的数据输入/锁存器中，然后使输出应答线 IBF_A 变为高电平，以通知输入外设，82C55 的 PA 口已收到它送来的输入数据。

③ 82C55 检测到 $\overline{STB_A}$ 由低电平变为高电平，IBF_A（PC5）为 1 状态和中断允许 INTE A（PC4）为 1 时，使 $INTR_A$（PC3）变为高电平，向 AT89S51 单片机发出中断请求 $INTR_A$。$INTE_A$ 的状态可由 PC4 的按位置位/复位控制字来控制。

④ AT89S51 单片机响应中断后，进入中断服务程序来读取存入 PA 口的数据输入锁存器中由外设发来的输入数据。当输入数据被单片机读取后，82C55 撤销 $INTR_A$ 上的中断请求，并使 IBF_A 变为低电平，以通知输入外设可以传送下一个输入数据。

（2）方式 1 输出

方式 1 输出时的应答联络信号如图 9-26 所示。

$\overline{OBF}$ 与 $\overline{ACK}$ 构成了一对应答联络信号，应答联络信号的功能如下：

① $\overline{OBF}$：端口数据输出缓冲器满信号，它是 82C55 发给外设的联络信号，表示 AT89S51 单片机已经把数据输出到 82C55 的指定端口，外设可以将数据取走。

② $\overline{ACK}$：外设的应答信号。表示外设已把 82C55 端口的数据取走。

③ INTR：中断请求信号。表示该数据已被外设取走，向单片机发出中断请求，如果 AT89S51 响应该中断，则在中断服务程序中向 82C55 端口输出下一个数据。

④ INTEA：是否允许 PA 口中断的控制信号，由 PC6 的置位/复位来控制。

⑤ INTEB：是否允许 PB 口中断的控制信号，由 PC2 的置位/复位来控制。

下面以 PB 口的方式 1 输出为例，介绍方式 1 输出的工作过程。PB 口方式 1 输出工作示意图如图 9-27 所示。

① AT89S51 单片机可以通过传送指令把输出数据送到 PB 口的数据输出锁存器中，82C55 收到数据后便令 PB 口数据输出缓冲器满引脚 $\overline{OBF_B}$（PC1）变为低电平，以通知输出外设单

片机输出的数据已在 PB 口的 PB7～PB0 上。

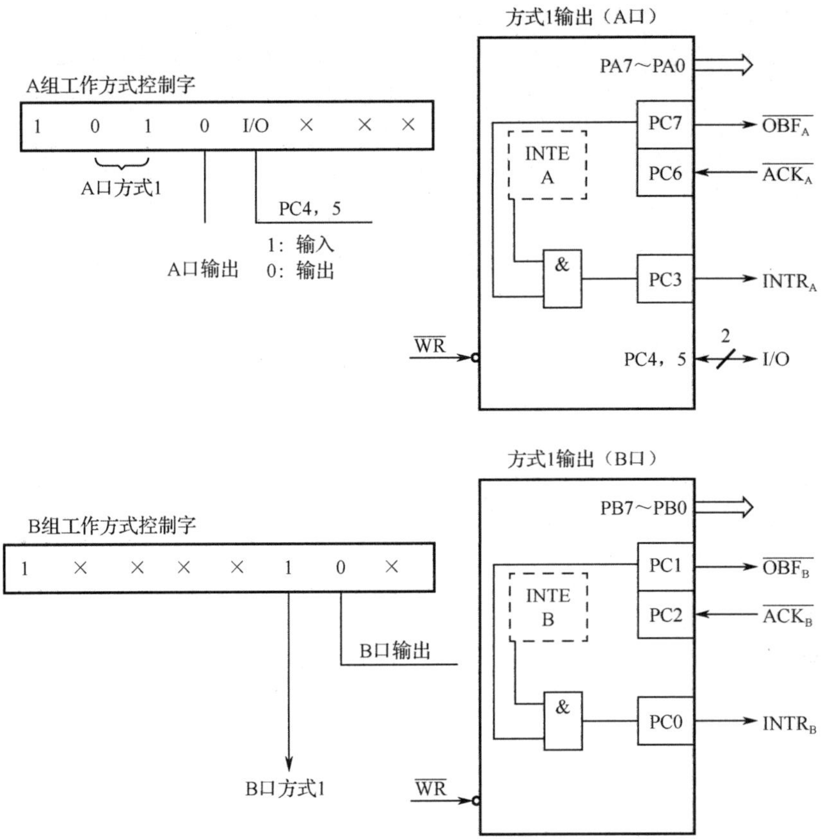

图 9-26　方式 1 输出时的应答联络信号

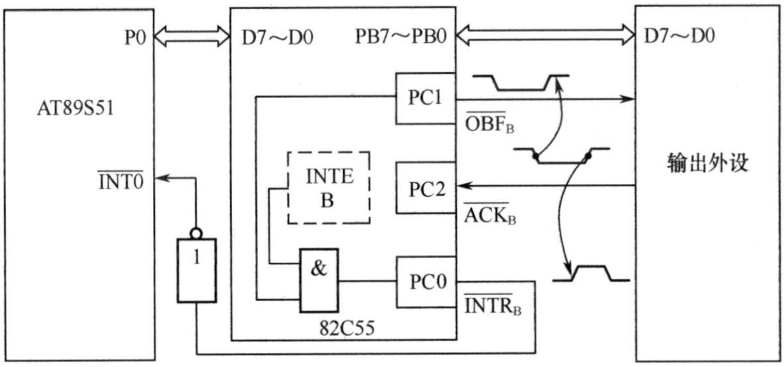

图 9-27　PB 口方式 1 输出工作过程示意图

② 输出外设收到$\overline{OBF_B}$上低电平后，先从 PB7～PB0 上取走输出数据，然后使$\overline{ACK_B}$变为低电平，以通知 82C55，输出外设已收到 82C55 输出给外设的数据。

③ 82C55 从应答输入线$\overline{ACK_B}$收到低电平后就对$\overline{OBF_B}$和 $INTE_B$ 状态进行检测，若它们皆为高电平，则 INTRB 变为高电平而向 AT89S51 单片机请求中断。

④ AT89S51 单片机响应 $INTR_B$ 的中断请求后，在中断服务程序中把下一个输出数据送到 PB 口的输出数据锁存器中。重复上述过程，完成数据的输出。

【例 9-5】　设置 PA 口为应答方式输入，PB 口为应答方式输出。假设 82C55 的控制寄存器的地址为 0xff7f。

参考程序如下：

```
uchar xdata COM8255 _at_ 0xff7f                    //0xff7f为82C55的控制寄存器地址
…
void init8255(void)
{
      COM8255=0xb4;                                //工作方式控制字写入控制寄存器中
      …
}
```

3．方式 2

只有 PA 口才能设定为方式 2，方式 2 实质上是方式 1 输入和方式 1 输出的组合。方式 2 特别适用于像键盘、显示器一类的外设，因为有时需要把键盘上输入的编码信号通过 PA 口送给单片机，有时又需要把单片机发出的数据通过 PA 口送给显示器。

如图 9-28 所示为 PA 口方式 2 的工作过程示意图。在方式 2 下，PA7～PA0 为双向 I/O 总线。当作为输入口使用时，PA7～PA0 受 $\overline{STB_A}$ 和 $\overline{IBF_A}$ 控制，其工作过程和方式 1 输入时相同；当作为输出口使用时，PA7～PA0 受 $\overline{OBF_A}$、$\overline{ACK_A}$ 控制，其工作过程和方式 1 输出时相同。

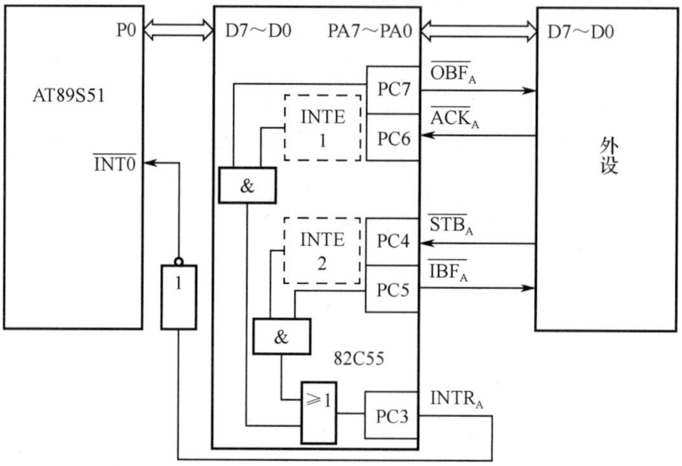

图 9-28　PA 口方式 2 的工作过程示意图

9.5.4　单片机与 82C55 的接口电路设计实例

1．硬件接口电路

如图 9-29 所示为 AT89S51 单片机扩展一个 82C55 的接口电路。74LS373 是地址锁存器，P0.1、P0.0 经 74LS373 与 82C55 的地址线 A1、A0 相连；P0.7 经 74LS373 与片选端 $\overline{CS}$ 相连，其他地址线悬空；82C55 的控制线 $\overline{RD}$、$\overline{WR}$ 直接与 AT89S51 单片机的 $\overline{RD}$ 和 $\overline{WR}$ 端相连；AT89S51 单片机的数据总线 P0.0～P0.7 与 82C55 的数据线 D0～D7 连接。

2．确定 82C55 端口地址

在图 9-29 中，82C55 只有三根线与 AT89S51 单片机的地址线相连，片选端 $\overline{CS}$ 与 P0.7 相连，地址线 A1、A0 分别与 P0.1 和 P0.0 相连，其他地址线未用。显然，当保证 P0.7 为低电平时，即可选中 82C55；若 P0.1、P0.0 两位再为 00，则选中 82C55 的 PA 口；同理，若 P0.1、P0.0 两位为 01、10、11，则分别选中 PB 口、PC 口、控制寄存器。

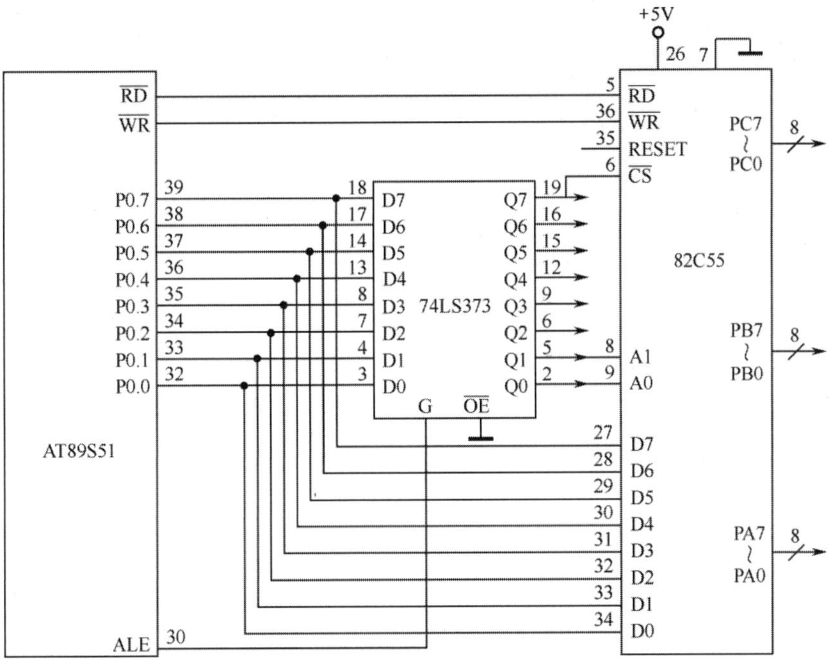

图 9-29　AT89S51 单片机扩展一个 82C55 的接口电路

若端口地址用 16 位表示，其他未用端全为 1，则 82C55 的 PA 口、PB 口、PC 口及控制寄存器的地址分别为 0xff7ch、0x ff7dh、0xff7eh 和 0xff7fh。

3．软件编程

在实际应用设计中，必须根据外设的类型选择 82C55 的工作方式，并在初始化程序中把相应的控制字写入控制寄存器中。下面介绍对 82C55 的编程实例。

【例 9-6】　根据图 9-29，要求 82C55 的 PC 口工作于方式 0，并从 PC5 引脚输出连续的方波信号，频率为 500Hz。

参考程序如下：

```
#include    <reg51.h>
#include    <absacc.h>
#define PA8255    XBYTE[0xff7c]              //0xff7c 为 82C55PA 端口地址
#define PB8255    XBYTE[0xff7d]              //0xff7d 为 82C55PB 端口地址
#define PC8255    XBYTE[0xff7e]              //0xff7e 为 82C55PC 端口地址
#define COM8255   XBYTE[0xff7f]              //0xff7f 为 82C55 控制寄存器的地址
#define uchar unsigned char
extern void delay_1000us ();
void init8255(void)
{
    COM8255=0x85;                            //工作方式控制字写入控制寄存器中
}
void main(void)
{
    init8255(void)
    for(;;)
    {
        COM8255=0x0b;                        //PC5 引脚为高电平
```

```
        delay_1000us ();                    //高电平持续 1000μs
        COM8255=0x0a;                       //PC5 引脚为低电平
        delay_1000us ();                    //低电平持续 1000μs
    }
}
```

9.6 利用 74LSTTL 电路扩展并行 I/O 口

在 AT89S51 单片机系统中，有些场合可采用 TTL 电路、CMOS 电路锁存器或三态门电路构成各种类型的简单 I/O 接口电路。通常，这种 I/O 接口电路都是通过 P0 口扩展。由于 P0 口只能分时复用，故构成输出口时，接口芯片应具有锁存功能；构成输入口时，要求接口芯片应能三态缓冲或锁存选通。

如图 9-30 所示为一个利用 74LS244 和 74LS373 芯片扩展并行 I/O 口的简单接口电路。74LS244 和 74LS373 的工作受单片机 P2.7、$\overline{RD}$、$\overline{WR}$ 三根控制线控制。74LS244 是缓冲驱动器，作为扩展的输入口，它的 8 个输入端分别接 8 个开关 S7～S0。74LS373 是 8D 锁存器，作为扩展的输出口，接 8 个发光二极管 LED7～LED0。当某输入口线上的开关按下时，该输入口线为低电平，读入单片机后，其相应位为 0，然后再将口线的状态经 74LS373 输出，某位低电平时点亮发光二极管，从而显示出按下的开关的位置。

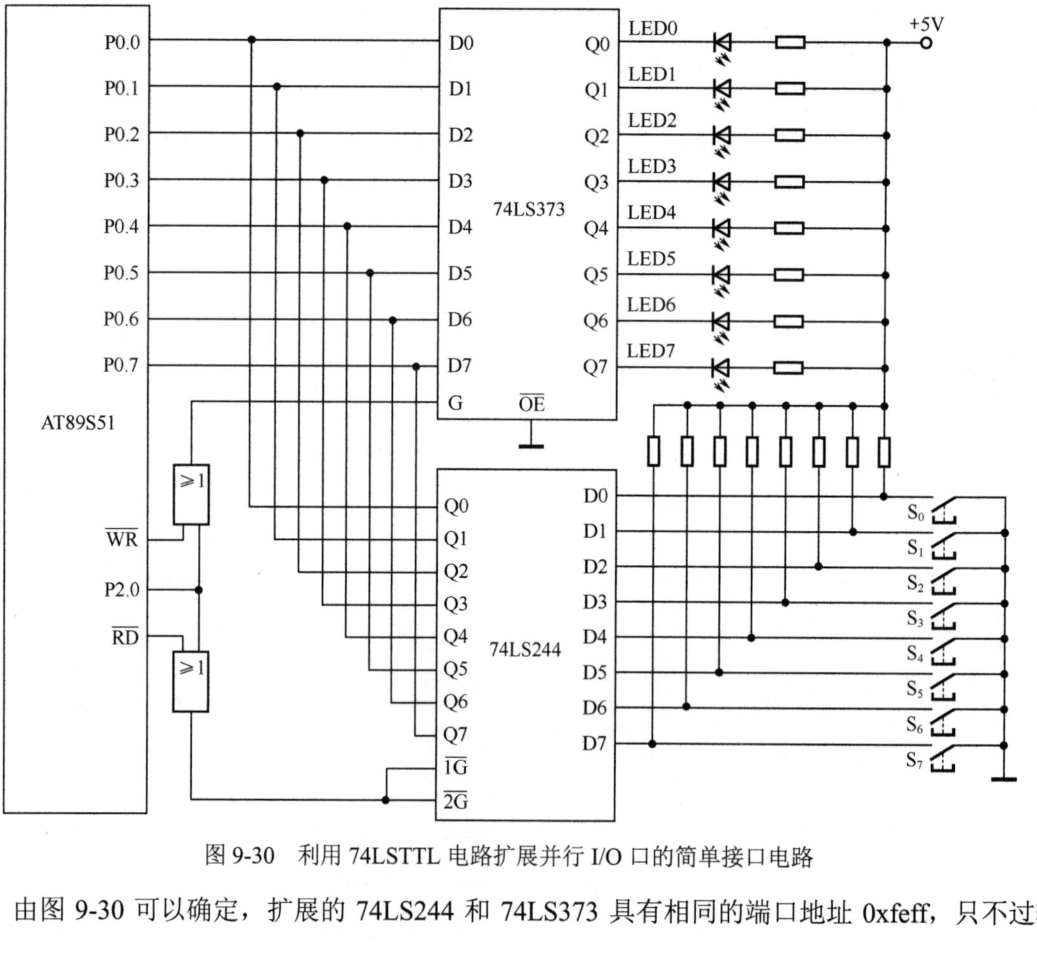

图 9-30 利用 74LSTTL 电路扩展并行 I/O 口的简单接口电路

由图 9-30 可以确定，扩展的 74LS244 和 74LS373 具有相同的端口地址 0xfeff，只不过输入时，P2.0 和 $\overline{RD}$ 有效，选中 74LS244；输出时，P2.0 和 $\overline{WR}$ 有效，选中 74LS373。

【例 9-7】 电路如图 9-30 所示，编写程序把开关 S7～S0 的状态通过 74LS373 输出端的 8 个发光二极管显示出来。

参考程序如下：

```
#include  <absacc.h>
#define uchar unsigned char
…
uchar i
i=XBYTE[0xfeff]
XBYTE[0xfeff]=i
…
```

由以上程序可以看出，对于所扩展接口的输入/输出如同对外部 RAM 读/写数据一样方便。图 9-30 仅扩展了一个输出芯片和一个输入芯片，如果仍不够用，还可仿照上述思路，根据需要来扩展多个 74LS244、74LS373 芯片，但需要在端口地址上对各芯片加以区分。

9.7 利用单片机的串行口扩展并行 I/O 口

AT89S51 单片机串行口的方式 0 用于并行 I/O 口扩展。在方式 0 时，串行口为同步移位寄存器工作方式，其波特率是固定的，为 $f_{osc}/12$（f_{osc} 为系统的振荡器频率）。数据由 RXD（P3.0）引脚输入，同步移位时钟由 TXD（P3.1）引脚输出。发送、接收的数据为 8 位，低位在先。

9.7.1 利用 74LS165 扩展并行输入口设计实例

例 8-2 为串行口方式 0 外接一个 74LS165 扩展一个 8 位并行输入口的 Proteus 虚拟仿真实例。下面介绍串行口外接两个 74LS165 扩展两个 8 位并行输入口的设计，接口电路如图 9-31 所示。

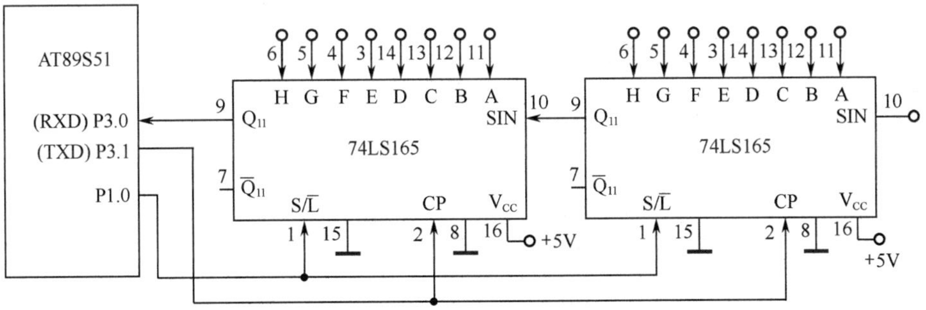

图 9-31 利用两个 74LS165 扩展两个 8 位并行输入口的接口电路

74LS165 是 8 位并行输入串行输出的寄存器。当 74LS165 的 S/$\overline{L}$ 引脚由高到低跳变时，并行输入端的数据被置入寄存器；当 S/$\overline{L}$=1，且时钟禁止端（第 15 引脚）为低电平时，允许 TXD（P3.1）移位时钟输入，这时在时钟脉冲作用下，数据由右向左方向移动。

在图 9-31 中，TXD（P3.1）作为移位时钟输出端与所有 74LS165 的移位时钟输入端 CP 相连；RXD（P3.0）作为串行数据输入端与 74LS165 的串行输出端 QH 相连；P1.0 与 S/$\overline{L}$ 相连，用来控制 74LS165 的串行移位或并行输入；74LS165 的时钟禁止端（第 15 引脚）接地，表示允许时钟输入。当扩展多个 8 位输入口时，相邻两个芯片的首尾（QH 与 SIN）相连。

【例 9-8】 下面程序实现从 16 位扩展口读入 4 组数据（每组 2B），并存入内部 RAM 缓冲区中。

参考程序如下：

```
#include <reg51.h>
typedef unsigned char BYTE;
BYTE rx_data[8];
sbit test_flag;                              //定义读入字节的奇偶标志位
sbit P1_0=P1^0;                              //定义工作状态控制端

BYTE receive(void)                           //读入数据函数
{
    BYTE temp;
    while(RI==0); RI=0; temp=SBUF;
    return temp;
}
void main(void)                              //主程序
{
    BYTE i;
    test_flag=1;                             //奇偶标志位初始值为 1，表示读的是奇数字节
    for(i=0; i<4; i++)                       //循环读入 10 字节数据
    {
        if(test_flag==1)
        {
            P1_0=0;                          //并行置入 2 字节数据
            P1_0=1;
        }                                    //允许串行移位读入
        SCON=0x10;                           //设置串行口方式 0
        rx_data[i]= receive();               //接收 1 字节数据
        test_flag=~test_flag;                //改写读入字节的奇偶性，以决定是否重新并行置入
    }
}
```

上面程序中串行接收过程采用的是查询等待的控制方式，如果有必要，也可改用中断方式。从理论上讲，按图 9-29 方法扩展的输入口几乎是无限的，但扩展的口越多，其操作速度也就越慢。

9.7.2 利用 74LS164 扩展并行输出口设计实例

例 8-1 为串行口方式 0 外接一个 74LS164 扩展一个 8 位并行输出口的 Proteus 虚拟仿真实例。下面介绍串行口外接两个 74LS164 扩展两个 8 位并行输出口的设计，接口电路如图 9-32 所示。

当 AT89S51 单片机串行口工作于方式 0 的发送状态时，串行数据由 P3.0（RXD）送出，移位时钟由 P3.1（TXD）送出。在移位时钟的作用下，串行口发送缓冲器的数据一位一位地从 P3.0 移入 74LS164 中。需要指出的是，由于 74LS164 无并行输出控制端，因而在串行输入过程中，其输出端的状态会不断变化，故在某些应用场合，在 74LS164 的输出端应加接输出三态门进行控制，以便保证串行输入结束后再输出数据。

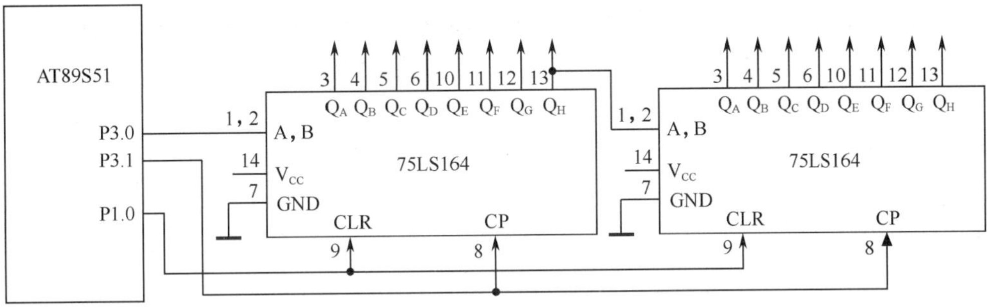

图 9-32　利用 74LS164 扩展并行输出口的接口电路

【例 9-9】　将内部 RAM 缓冲区的 8 字节内容经串行口由 74LS164 并行输出。

参考程序如下：

```
#include <reg51.h>
typedef unsigned char BYTE;
BYTE i;                                    //i 为右边的 74LS164 的输出
BYTE j;                                    //j 为左边的 74LS164 的输出
BYTE data[8]={0x01, 0x02, 0x03, 0x04, 0x05, 0x06, 0x07, 0x08 }

void main(void)                            //主程序
{
    SCON=0x00;                             //设置串行口方式 0
    {
        for(i=0; i<=8; i++)                //输出 8 字节数据
        {
            for(j=0; j<=8; j++);
            SBUF= data[j]
            while(TI==0);TI=0;
            SBUF= data[i]
            while(TI==0);TI=0;
        }
    }
    while(1);
}

test_flag=1;                               //奇偶标志位初始值为 1，表示读的是奇数字节
    {   if(test_flag==1)
        {       P1_0=0;                    //并行置入 2 字节数据
                P1_0=1; }                  //允许串行移位读入
                rx_data[i]= receive();     //接收 1 字节数据
                test_flag=~test_flag;      //改写读入字节的奇偶性，以决定是否重新并行置入
        }
    }
```

思考题及习题 9

1．地址起止范围为 0000H～3FFFH 的存储器的容量是（　　　　）KB。

2. 11 根地址线可选（　　）个存储单元，16KB 存储单元需要（　　）根地址线。

3. 在存储器扩展中，无论是线选法还是译码法，最终都是为扩展芯片的（　　　）端提供（　　　）控制信号。

4. 4KB RAM 的首地址若为 1000H，则末地址为（　　）H。

5. 试编写 C51 程序（如将 05H 和 06H 拼为 56H），设原始数据放在外部数据存储器 2001H 单元和 2002H 单元中，按顺序拼装后的单字节数放入 2002H 单元中。

6. 编写 C51 程序，将外部数据存储器中的 4000H～40FFH 单元全部清 0。

7. 判断下列说法是否正确，为什么？

（1）由于 82C55 不具有地址锁存功能，因此在与 AT89S51 的接口电路中必须加地址锁存器。

（2）在 82C55 中，决定各端口编址的引脚是 PA1 和 PA0。

（3）82C55 具有三态缓冲器，因此可以直接挂在系统的数据总线上。

（4）82C55 的 PB 口可以设置为方式 2。

8. I/O 接口和 I/O 端口有什么区别？I/O 接口的功能是什么？

9. I/O 数据传送有哪几种传送方式？分别在哪些场合下使用？

10. I/O 口编址有哪两种方式？它们各有什么特点？AT89S51 单片机的 I/O 口编址采用哪种方式？

11. “工作方式控制字”和“PC 口按位置位/复位控制字”都可以写入 82C55 的同一个控制寄存器中，82C55 是如何来区分这两个控制字的？

12. Proteus 虚拟仿真。单片机扩展 1 个静态 RAM 6264，在 Proteus ISIS 下画出电路原理图。编写程序，单片机向 RAM 6264 的前 256 个单元中写入数据 00H～FFH，单击仿真运行按钮，然后选择菜单命令“Debug”→“Memory Contents”→“U1”打开存储器窗口；选择菜单命令“Debug”→“Debug Watch Window”，在弹出的观察窗口中右击，从快捷菜单中选择“以观察项的名称添加观察项”命令，在弹出的对话框中添加 ACC 和数据指针 DPTR。单击按钮，暂停仿真，观察 6264 存储器前 256 个单元中的内容以及 ACC 和 DPTR 中的内容。

13. Proteus 虚拟仿真。单片机扩展一个可编程并行接口芯片 82C55，利用 82C55 的 PA 口方式 0 输出，控制 8 个 LED 的亮灭，PB 口用作方式 0 输入，接 8 个按键开关。8 个按键开关分别对应 8 个 LED，按下按键开关 1，LED1 亮；按下按键开关 2，LED2 亮；……；按下按键开关 8，LED8 亮。

14. Proteus 虚拟仿真。单片机扩展的一个 82C55 的 PA 口接有一个 4×4 矩阵键盘，PB 口接有一个 7 段 LED 数码管，要求能对矩阵键盘进行扫描，识别出键盘按下键的键号，并在 LED 数码管上以十六进制数的形式显示出来。

第 10 章　单片机系统的串行扩展

导读： 单片机系统除并行扩展外，串行扩展技术也已得到广泛应用。与并行扩展相比，串行口器件与单片机相连需要的 I/O 口线很少（仅需 1～4 根），极大地简化了器件间的连接，进而提高了可靠性；串行口器件体积小，占用电路板的空间小，减少了电路板成本。常见的串行口扩展总线有单总线、SPI 总线及 I^2C（Inter Interface Circuit）总线，本章将介绍这几种串行口扩展总线的工作原理、特点，重点介绍 I^2C 串行总线接口及设计案例。

10.1　单总线串行扩展

单总线（1-Wire bus），是由美国 DALLAS 公司推出的外围串行口扩展总线。它只有一根数据输入/输出线 DQ，总线上的所有器件都挂在 DQ 上，电源也通过这根信号线供给，这种只使用一根信号线的串行扩展技术，称为单总线技术。

单总线系统中配置的各种器件，由 DALLAS 公司提供的专用芯片实现。厂家对每个芯片都用激光烧写编码，每个芯片都有 64 位 ROM。其中存有 64 位十进制编码序列号。它是器件的地址编号，确保它挂在总线上后，可唯一地被确定。除器件的地址编号外，芯片内还包含收发控制和电源存储电路。其内部结构示意图如图 10-1 所示。这些芯片的耗电量都很小（空闲时几μW，工作时几 mW），需要时从总线上馈送电能到大电容中就可以工作，故一般不需另加电源。

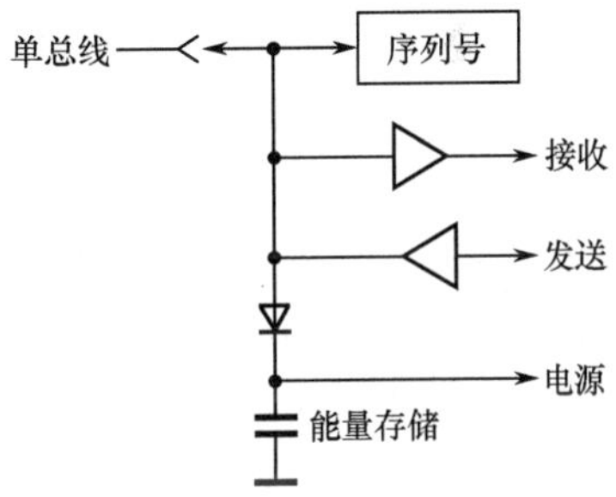

图 10-1　单总线芯片的内部结构示意图

10.1.1　数字温度传感器 DS18B20 简介

单总线扩展的典型应用实例是采用数字温度传感器 DS18B20 的温度测量系统。

1．DS18B20 简介

DS18B20 是美国 DALLAS 公司生产的数字温度传感器，温度测量范围为-55℃～+128℃。在-10℃～+ 85℃范围内，测量精度可达±0.5℃。其体积小，功耗低，现场温度的测量直接通过单总线以数字方式传输，大大提高了系统的抗干扰性。它非常适合恶劣环境的现场温度测量，也可用于各种狭小空间内设备的测温，如环境控制、过程监测、测温类消费电子产品以及多点温度测控系统等。由于 DS18B20 可直接将温度转化成数字信号传送给单片机处理，因而可省去传统的信号放大、A/D 转换等外围电路。

如图 10-2（a）所示为单片机与多个带有单总线接口的 DS18B20 组成的分布式温度测量系统，图中多个 DS18B20 都挂接在单片机的 1 根 I/O 口线（即 DQ 线）上。单片机对每个 DS18B20 都通过总线 DQ 寻址。DQ 为漏极开路，须加上拉电阻。DS18B20 的一种封装形式如图 10-2（b）所示。

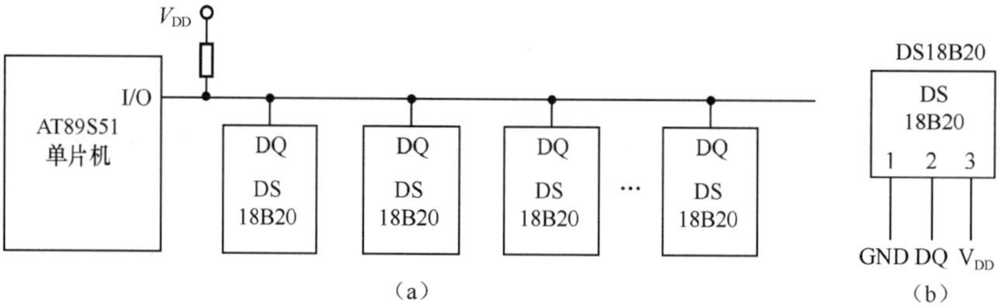

图 10-2 分布式温度测量系统

除 DS18B20 外，该数字温度传感器系列中还有 DS1820、DS18S20、DS1822 等其他型号产品，它们的工作原理与特性基本相同。

DS18B20 内部有 9 字节的高速暂存器 RAM 单元，9 字节具体分布如下：

温度低位	温度高位	TH	TL	配置	—	—	—	8位CRC码
第1字节	第2字节		…					第9字节

第 1、2 字节是在单片机发给 DS18B20 温度转换命令后，经转换所得的温度值，以两字节补码形式存放其中。用户一般使用第 1、2 字节。单片机通过单总线可读得该数据，读取时，低位在前，高位在后。第 3、4 字节分别为由软件写入的报警的上下限值 TH 和 TL。第 5 字节为配置寄存器，可用其更改 DS18B20 的测温分辨率。第 6、7、8 字节未用，为全 1。第 9 字节是前面所有 8 字节的 CRC 码，用来保证正确通信。内部还有 1 个 E^2PROM 为 TH、TL 及配置寄存器的映像。

配置寄存器各位的定义如下：

TM	R1	R0	1	1	1	1	1

其中，TM 在出厂时已被写入 0，用户不能改变；低 5 位都为 1；R1 和 R0 用来设置分辨率。表 10-1 列出了 R1、R0 与分辨率和最大转换时间的关系。用户可通过修改 R1、R0 两位的编码，获得合适的分辨率。

表 10-1 R1、R0 与分辨率和最大转换时间的关系

R1	R0	分辨率	最大转换时间
0	0	9 位	93.75 ms
0	1	10 位	187.5 ms
1	0	11 位	375 ms
1	1	12 位	750 ms

由表 10-1 可看出，DS18B20 的最大转换时间与分辨率有关。当设定分辨率为 9 位时，最大转换时间为 93.75ms；……；当设定分辨率为 12 位时，最大转换时间为 750ms。

表 10-2 列出了 DS18B20 温度数据典型值。

表 10-2 DS18B20 温度数据典型值

温度/℃	16 位二进制温度值																十六进制温度值
	符号位（5 位）					数据位（11 位）											
+125	0	0	0	0	0	1	1	1	1	1	0	1	0	0	0	0	0x07d0
+25.0625	0	0	0	0	0	0	0	1	1	0	0	1	0	0	0	1	0x0191
−25.0625	1	1	1	1	1	1	1	0	0	1	1	0	1	1	1	1	0xfe6f
−55	1	1	1	1	1	1	0	0	1	0	0	1	0	0	0	0	0xfc90

下面介绍温度转换的计算方法。

当 DS18B20 采集的温度为+125℃时，输出为 0x07d0，则

$$实际温度=(0x07d0)/16=(0\times16^3+7\times16^2+13\times16^1+0\times16^0)/16=125℃$$

当 DS18B20 采集的温度为−55℃时，输出为 0xfc90，由于是补码，故先将 11 位数据取反加 1 得 0x0370，注意符号位不变，也不参加运算，则

$$实际温度=(0x0370)/16=(0\times16^3+3\times16^2+7\times16^1+0\times16^0)/16=55℃$$

注意，需要对采集的温度的结果数据进行判断后，再显示负号。

2．DS18B20 的工作时序

DS18B20 对工作时序要求严格，延时时间需要准确，否则容易出错。DS18B20 的工作时序包括初始化时序、写时序和读时序。

（1）初始化时序。单片机将数据线 DQ 电平拉低 480μs～960μs 后释放，等待 15μs～60μs，单总线器件即可输出一个持续 60μs～240μs 的低电平，单片机收到此应答后即可进行操作。

（2）写时序。当单片机将数据线 DQ 电平从高拉到低时，产生写时序，有写 0 和写 1 两种时序。写时序开始后，DS18B20 在 15μs～60μs 期间从数据线 DQ 上采样。如果采样到低电平，则向 DS18B20 写 0；如果采样到高电平，则向 DS18B20 写 1。这两个独立的时序之间至少需要拉高数据线 DQ 电平 1μs 的时间。

（3）读时序。当单片机从 DS18B20 读取数据时，产生读时序。此时单片机将数据线 DQ 的电平从高拉到低，使读时序被初始化。如果在此后的 15μs 内，单片机在数据线 DQ 上采样到低电平，则从 DS18B20 读 0；如果在此后的 15μs 内，单片机在数据线 DQ 上采样到高电平，则从 DS18B20 读 1。

3．DS18B20 的命令

DS18B20 内部都有唯一的 64 位 ROM 编码，出厂时已刻好。它是 DS18B20 的地址序列号，目的是使每个 DS18B20 的地址都不相同，这样就可实现在一根总线上挂接多个 DS18B20。64 位 ROM 编码的各位定义如下：

8 位产品类型标号	DS18B20 的 48 位自身序列号	8 位 CRC 码

单片机写入 DS18B20 的所有命令均为 8 位长，对 ROM 操作的命令见表 10-3。

表 10-3　DS18B20 的 ROM 操作命令

命令代码	命令功能
33H	读 ROM 命令，读 ROM 中的序列号，即 64 位编码
55H	匹配 ROM 命令，发出此命令之后，接着发出 64 位序列号，访问与该序列号对应的 DS18B20 并使其做出响应，为下一步对其进行读/写做准备（总线上有多个 DS18B20 时使用）
F0H	搜索 ROM 命令，单片机识别所有 DS18B20 的 64 位序列号
CCH	跳过 ROM 命令，跳过读序列号的操作（总线上仅有 1 个 DS18B20 时使用）

下面介绍表 10-3 中命令的用法。当主器件需要对多个单总线上的某个 DS18B20 进行操作时，首先应将主器件逐个与 DS18B20 挂接，读出其 64 位序列号（33H）；然后再将所有的 DS18B20 挂接到总线上，单片机发出匹配 ROM 命令（55H），紧接着主器件提供的 64 位序列号之后的操作就是针对该 DS18B20 的。

如果主器件只对一个 DS18B20 进行操作，就不需要读取序列号以及匹配序列号，只要用跳过 ROM 命令（CCH）。可按表 10-4 执行如下温度转换和读取命令。

表 10-4 DS18B20 的温度转换和读取命令

命令代码	命令功能
44H	启动温度转换
BEH	读取暂存器中的温度数据
4EH	将温度上、下限数据写入内部 RAM 的第 3、4 字节（TH、TL）中
48H	把内部 RAM 的第 3、4 字节的数据复制到暂存器 TH 与 TL 中
B8H	将 E^2PROM 第 3、4 字节的数据恢复到内部 RAM 的第 3、4 字节中
B4H	读供电方式，寄生供电时，DS18B20 发送 0；外部电源供电时，DS18B20 发送 1
ECH	报警搜索，只有温度超过设定的上、下限时才做响应

10.1.2 单总线串行扩展 DS18B20 实现温度测量系统

【例 10-1】 利用 DS18B20 和 LED 数码管实现单总线温度测量系统，其仿真原理图如图 10-3 所示。DS18B20 的测量范围是-55℃～128℃。本例由于只接有两个 LED 数码管，所以显示的数值只能在 00～99 之间。读者通过本例应掌握 DS18B20 的特性及单片机 I/O 口实现单总线协议的方法。

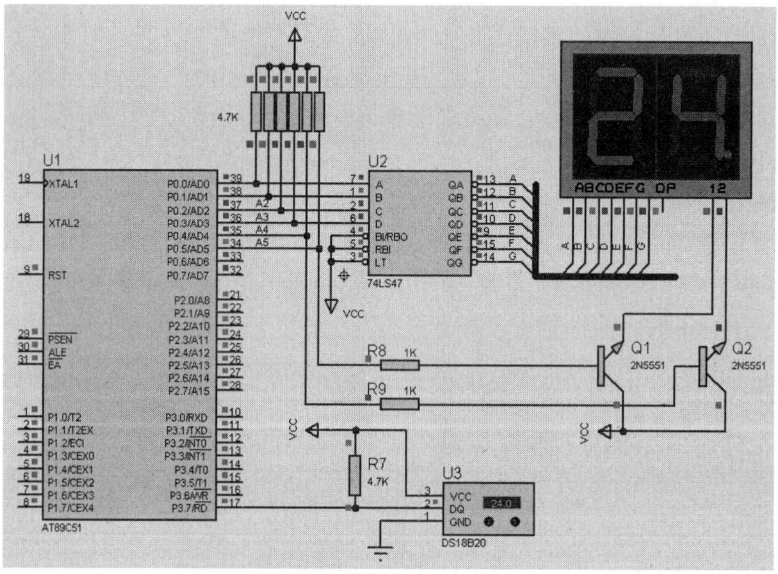

图 10-3 单总线温度测量系统仿真原理图

在 Proteus 环境下进行仿真时，可以手动调整 DS18B20 的温度值，即单击 DS18B20 符号上的“↑”或“↓”按钮来改变温度。注意手动调节温度时，LED 数码管上会显示出与 DS18B20 符号中相同的两位温度数值，表示测量结果正确。电路中 74LS47 是 BCD-7 段译码器/驱动器，用于将单片机 P0 口输出欲显示的 BCD 码转化成相应的数字显示的段码，并直接驱动 LED 数码管显示。

参考程序如下：

```
#include "reg51.h"
#include "intrins.h"
```

```
#define uchar unsigned char
#define uint unsigned int
#define out P0
sbit smg1=out^4;
sbit smg2=out^5;
sbit DQ=P3^7;
void delay5(uchar);
void init_ds18b20(void);
uchar readbyte(void);
void writebyte(uchar);
uchar retemp(void);

void main(void)                         //主函数
{
    uchar i,temp;
    delay5(1000);
    while(1)
    {
        temp=retemp();
        for(i=0;i<10;i++)               //连续扫描 LED 数码管 10 次
        {
            out=(temp/10)&0x0f;
            smg1=0;
            smg2=1;
            delay5(1000);               //延时 5ms
            out=(temp%10)&0x0f;
            smg1=1;
            smg2=0;
            delay5(1000);               //延时 5ms
        }
    }
}

void delay5(uchar n)                    //延时 5μs 函数
{
    do
    {
        _nop_();
        _nop_();
        _nop_();
        n--;
    }
    while(n);
}

void init_ds18b20(void)                 //DS18B20 初始化函数
{
    uchar x=0;
```

```
     DQ =0;
     delay5(120);
     DQ =1;
     delay5(16);
     delay5(80);
}

uchar readbyte(void)                          //函数功能：读取 1 字节数据
{
    uchar i=0;
    uchar date=0;
    for (i=8;i>0;i--)
    {
         DQ =0;
         delay5(1);
         DQ =1;                               //15μs 内释放总线
         date>>=1;
         if(DQ)
         date|=0x80;
         delay5(11);
     }
    return(date);
}

void writebyte(uchar dat)                     //写 1 字节函数
{
 uchar i=0;
 for(i=8;i>0;i--)
 {
      DQ =0;
      DQ =dat&0x01;
      delay5(12);
      DQ = 1;
      dat>>=1;
      delay5(5);
      }
}

uchar retemp(void)                            //读取温度函数
{
    uchar a,b,tt;
    uint t;
    init_ds18b20();
    writebyte(0xcc);
    writebyte(0x44);
    init_ds18b20();
    writebyte(0xcc);
    writebyte(0xbe);
```

```
        a=readbyte();
        b=readbyte();
        t=b;
        t<<=8;
        t=t|a;
        tt=t*0.0625;
        return(tt);
    }
```

10.2 SPI 总线串行扩展

SPI（Serial Peripheral Interface）是 Motorola 公司推出的一种同步串行外设接口，允许单片机与多厂家带有标准 SPI 串行口的外围器件直接连接。单片机串行口的方式 0，就是一个同步串行口。所谓同步，就是串行口每发送、接收 1 位数据都由一个同步时钟脉冲来控制。

SPI 总线串行扩展结构如图 10-4 所示。SPI 使用 4 根线：串行时钟 SCK、主器件输入/从器件输出数据线 MISO、主器件输出/从器件输入数据线 MOSI 和从器件选择线 $\overline{CS}$。

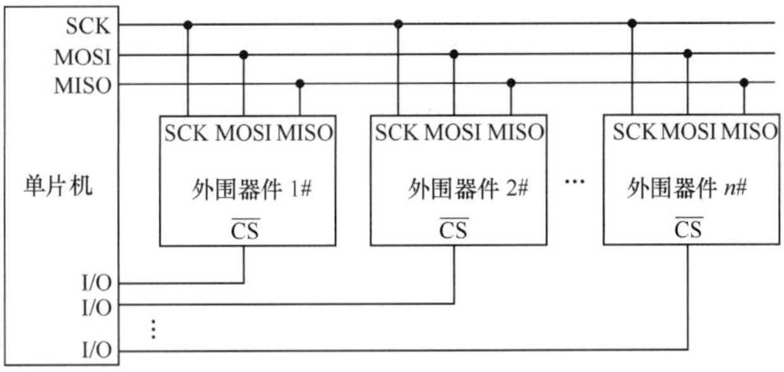

图 10-4　SPI 总线串行扩展结构

典型的 SPI 扩展系统是单主器件系统，从器件通常是外围器件，如存储器、I/O 接口芯片、ADC、DAC、键盘、日历/时钟和显示器等。单片机扩展多个外围器件时，SPI 无法通过数据线译码选择，故外围器件都有片选端 $\overline{CS}$。在扩展单个 SPI 外围器件时，外围器件的 $\overline{CS}$ 端可以接地或通过 I/O 口控制；在扩展多个 SPI 外围器件时，单片机应分别通过 I/O 口线来分时选通外围器件。在 SPI 扩展系统中，如果某个从器件只用作输入（如键盘）或只用作输出（如显示器）时，可省去一根 MISO 线或一根 MOSI 线，从而构成双线系统（$\overline{CS}$ 接地）。

在 SPI 扩展系统中，单片机对从器件的选通需控制其 $\overline{CS}$ 端，由于省去了地址字节，因此数据传送软件十分简单。但在扩展器件较多时，需要控制较多的从器件 $\overline{CS}$ 端，连线较多。

在 SPI 扩展系统中，作为主器件的单片机在启动一次传送时，便产生 8 个时钟，传送给接口芯片作为同步时钟，控制数据的输入和输出。SPI 数据的传送格式是高位（MSB）在前，低位（LSB）在后，如图 10-5 所示。数据线上输出数据的变化以及输入数据时的采样，都取决于 SCK。但对于不同的外围器件，有的可能是 SCK 的上升沿起作用，有的可能是 SCK 的下降沿起作用。SPI 有较高的数据传输速率，最高可达 1.05Mb/s。

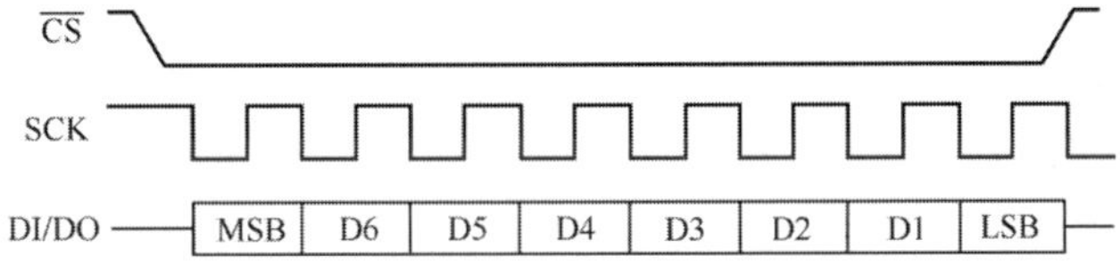

图 10-5　SPI 数据的传送格式

目前，世界各大公司为用户提供一系列具有 SPI 接口的单片机和外围接口芯片，例如，Motorola 公司的存储器 MC2814、显示驱动器 MC14499 和 MC14489 等各种芯片，美国 TI 公司的 8 位串行 A/D 转换器 TLC549、12 位串行 A/D 转换器 TLC2543 等。

SPI 扩展系统的从器件要具有 SPI 接口，主器件是单片机。由于 AT89S51 单片机不带有 SPI 接口，可采用软件与 I/O 口结合来模拟 SPI 总线上的时序。在有关 SPI 总线的应用设计中，扩展串行 A/D 转换器和串行 A/D 转换器应用较多，典型设计案例将在第 11 章中介绍。

10.3 I^2C 总线串行扩展

I^2C（Inter Interface Circuit）全称为芯片间总线，是应用广泛的芯片间串行扩展总线。业界采用的 I^2C 总线有两个规范，分别由荷兰飞利浦公司和日本索尼公司提出。现在多采用飞利浦公司的 I^2C 总线技术规范，它已成为电子行业认可的总线标准。采用 I^2C 技术的单片机以及外围器件种类很多，目前已广泛用于各类电子产品、家用电器及通信设备中。

10.3.1 I^2C 总线系统的基本结构

I^2C 总线只有两根信号线，一根是数据线 SDA，另一根是时钟线 SCL。SDA 和 SCL 是双向的，I^2C 总线上各器件的数据线都接到 SDA 线上，各器件的时钟线均接到 SCL 线上。I^2C 总线系统的基本结构如图 10-6 所示。带有 I^2C 总线接口的单片机可直接与具有 I^2C 总线接口的各种扩展器件连接。由于 I^2C 总线采用纯软件寻址方法，无须片选线连接，大大减少了总线数量。I^2C 串行总线的运行由主器件控制。主器件是指启动数据的发送（发出起始信号）、发出时钟信号、传送结束时发出终止信号的器件，通常由单片机来担当。从器件可以是存储器、键盘、LED 或 LCD 驱动器、ADC 或 DAC、时钟/日历器件等，从器件必须带有 I^2C 总线接口。

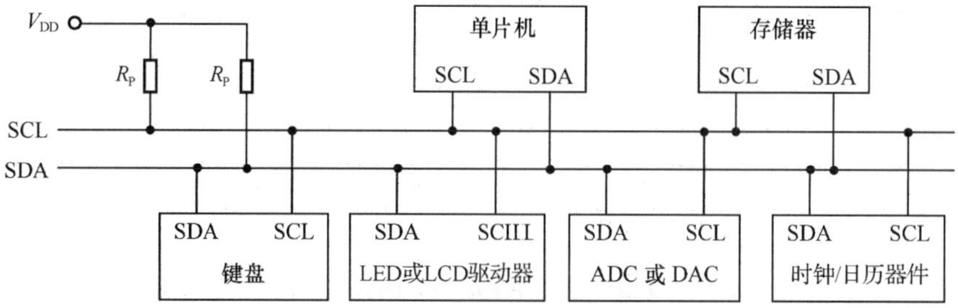

图 10-6 I^2C 总线系统的基本结构

当 I^2C 总线空闲时，SDA 和 SCL 两根线均为高电平。由于连接到总线上各器件的输出端必须是漏极或集电极开路的，因此，只要有一个器件在任意时刻输出低电平，都将使总线上的信号变低，即各器件的 SDA 及 SCL 都是“线与”关系。由于各器件输出端为漏极开路，故必须通过上拉电阻接正电源（图 10-6 中的两个电阻），以保证 SDA 和 SCL 在空闲时被上拉为高电平。SCL 线上的时钟信号对 SDA 线上的各器件间的数据传送起同步控制作用。SDA 线上的数据起始、终止及数据的有效性均要根据 SCL 线上的时钟信号来判断。

在标准的 I^2C 普通模式下，数据传输速率为 100kb/s，在高速模式下可达 400kb/s。总线上扩展的器件数量不是由电流负载决定的，而是由电容负载确定的。I^2C 总线上的每个器件的接口都有一定的等效电容。器件越多，电容值就越大，这会造成信号传输的延迟。总线上允许的器件数量以器件的电容量不超过 400pF（通过驱动扩展可达 4000pF）为宜，据此可计算出总线长度及连接器件的数量。每个连到 I²C 总线上的器件都有一个唯一的地址，扩展器件时也要受器件地址数量的限制。

I²C 总线系统允许多主器件，但是在实际应用中，经常遇到的是以单个单片机为主器件，其他外围器件为从器件的情况。

10.3.2 I²C 总线数据传送的规定

1．数据位的有效性规定

I²C 总线在进行数据传送时，每个数据位的传送都与时钟信号相对应。时钟信号为高电平期间，SDA 线上的数据必须保持稳定。在 I²C 总线上，只有在 SCL 线为低电平期间，SDA 线上的电平状态才允许变化，如图 10-7 所示。

2．起始信号和终止信号

根据 I²C 总线协议，总线上数据信号的传送由起始信号开始、终止信号结束。起始信号和终止信号都由主器件发出，在起始信号产生后，总线就处于占用状态；在终止信号产生后，总线就处于空闲状态。下面结合图 10-8 介绍有关起始信号和终止信号的规定。

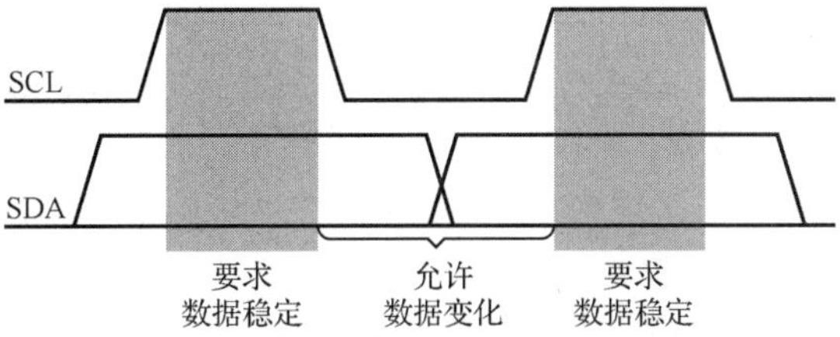

图 10-7 I²C 总线上数据的有效性规定

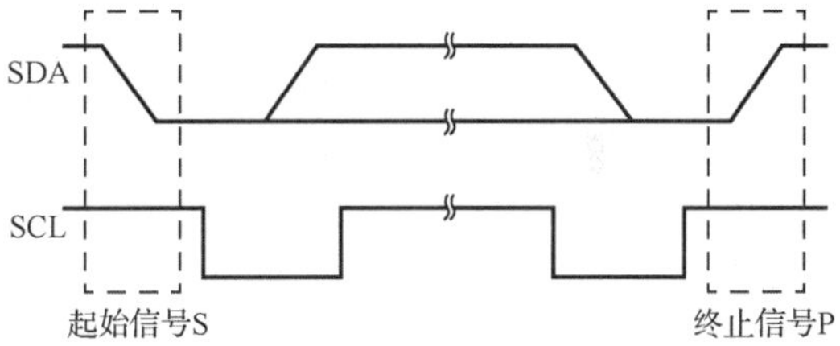

图 10-8 起始信号和终止信号

（1）起始信号（S）。在 SCL 线为高电平期间，SDA 线由高电平向低电平的变化表示起始信号，只有在起始信号以后，其他命令才有效。

（2）终止信号（P）。在 SCL 线为高电平期间，SDA 线由低电平向高电平的变化表示终止信号。随着终止信号的出现，所有外部操作都结束。

3．I²C 总线上数据传送的应答信号

I²C 总线进行数据传送时，传送的字节数没有限制，但是每字节必须为 8 位。数据传送时，先传送最高位（MSB），每个被传送的字节后面都必须跟随 1 个应答位（即 1 帧共有 9 位），如图 10-9 所示。I²C 总线在传送字节数据后都必须有应答信号 A，应答信号在第 9 个时钟位上出现，与应答信号对应的时钟信号由主器件产生。这时发送方必须在这一时钟位上使 SDA 线处于高电平状态，以便接收方在这一位上送出低电平的应答信号 A。

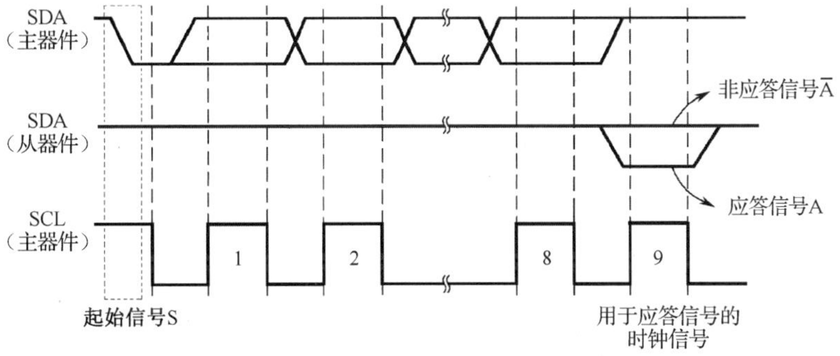

图 10-9 I²C 总线上的应答信号

由于某种原因，接收方不对主器件寻址信号应答时，例如，接收方正在进行其他处理而无法接收总线上的数据时，必须释放总线，将 SDA 线置为高电平，而由主器件产生一个终止信号以结束总线的数据传送。当主器件接收来自从器件的数据时，接收到最后一个数据字节后，必须给从器件发送一个非应答信号（$\overline{A}$），使从器件释放总线，以便主器件发送一个终止信号，从而结束数据的传送。

4. I²C 总线上的数据帧格式

I²C 总线上传送的数据信号既包括真正的数据信号，也包括地址信号。

I²C 总线规定，在起始信号后必须传送一个从器件的地址（7 位），第 8 位是读/写方向位（R/$\overline{W}$），用 0 表示主器件发送数据（$\overline{W}$），用 1 表示主器件接收数据（R）。每次数据传送总是由主器件产生的终止信号结束。但是，若主器件希望继续占用总线进行新的数据传送，则可以不产生终止信号，马上再次发出起始信号对另一个从器件进行寻址。因此，在总线一次数据传送过程中，可以有以下三种组合方式。

（1）主器件向从器件发送 *n* 字节的数据，数据传送方向在整个传送过程中不变。数据传送的格式如下：

S	从器件地址	0	A	字节 1	A	……	字节 (*n*−1)	A	字节 *n*	A/$\overline{A}$	P

其中，字节 1～*n* 为主器件写入从器件的 *n* 字节数据；阴影部分表示主器件向从器件发送数据，无阴影部分表示从器件向主器件发送，以下同。上述格式中的“从器件地址”为 7 位，紧接其后的 1 或 0 表示主器件的读/写方向，1 为读，0 为写。

（2）主器件读出来自从器件的 *n* 字节数据。除第 1 个寻址字节由主器件发出外，*n* 字节数据都由从器件发送，由主器件接收。数据传送的格式如下：

S	从器件地址	1	A	字节 1	A	……	字节(*n*−1)	A	字节 *n*	$\overline{A}$	P

其中，字节 1～*n* 为从器件被读出的 *n* 字节数据。主器件发送终止信号前应发送非应答信号 $\overline{A}$，向从器件表明读操作要结束。

（3）主器件的读/写操作。在一次数据传送过程中，主器件先发送 1 字节数据，然后再接收 1 字节数据，此时起始信号和从器件地址都被重新产生一次，但两次读/写的方向位正好相反。数据传送的格式如下：

S	从器件地址	0	A	数据	A/$\overline{A}$	Sr	从器件地址 r	1	A	数据	$\overline{A}$	P

其中，Sr 表示重新产生的起始信号，“从器件地址 r”表示重新产生的从器件地址。

由此可见，无论哪种方式，起始信号、终止信号和从器件地址均由主器件发送，数据字节的传送方向则由主器件发出的读/写方向位规定，每字节的传送都必须有应答位（A 或 $\overline{A}$）相随。

5. 寻址字节

在上述数据帧格式中，均有 7 位从器件地址和紧跟其后的 1 个读/写方向位，即寻址字节。I²C 总线的寻址采用软件寻址，主器件在发送完起始信号后，立即发送寻址字节来寻址被控的从器件，寻址字节格式如下：

寻址字节	器件地址				引脚地址			读/写方向位
	DA3	DA2	DA1	DA0	A2	A1	A0	R/$\overline{W}$

7 位从器件地址为“DA3 DA2 DA1 DA0”和“A2 A1 A0”，其中“DA3 DA2 DA1 DA0”为器件地址，即器件固有的地址编码，器件出厂时就已经给定；“A2 A1 A0”为引脚地址，由器件引脚 A2、A1、A0 在电路中接高电平或接地决定（见图 10-11）。

读/写方向位（$R/\overline{W}$）规定了总线上的单片机（主器件）与从器件的数据传送方向。$R/\overline{W}=1$，表示主器件接收（读）；$R/\overline{W}=0$，表示主器件发送（写）。

6. 数据传送格式

I^2C 总线上每传送 1 位数据都与一个时钟信号相对应，传送的每 1 帧数据均为 1 字节。但启动 I^2C 总线后传送的字节数没有限制，只要求每传送 1 字节后，对方回答一个应答信号。在 SCL 线为高电平期间，SDA 线的状态就是要传送的数据。SDA 线上数据的改变必须在 SCL 线为低电平期间完成。在数据传输期间，只要时钟线为高电平，SDA 线都必须稳定，否则 SDA 线上的任何变化都当作起始或终止信号。

I^2C 总线数据传送必须遵循规定的数据传送格式。如图 10-10 所示为一次完整的数据传送应答时序。根据总线规范，起始信号表明一次数据传送的开始，其后为寻址字节。

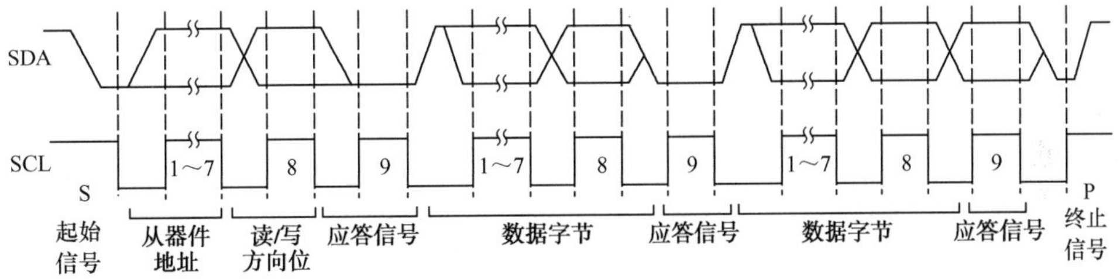

图 10-10 I^2C 总线一次完整的数据传送应答时序

在寻址字节后是按指定读/写方向传送的数据字节与应答信号。在数据传送完成后，主器件必须发送终止信号。在起始信号与终止信号之间传输的数据字节数由主器件（单片机）决定，理论上讲没有字节限制。

由上述数据传送格式可以看出：

（1）无论何种数据传送格式，寻址字节都是由主器件发出的，数据字节的传送方向则由寻址字节中的读/写方向位来规定。

（2）寻址字节只表明从器件的地址及数据传送方向。从器件内部的 n 个数据地址，由器件设计者在该器件的 I^2C 总线数据传送格式中，指定第 1 数据字节作为器件内的单元地址指针，并且设置地址自动加减功能，以减少从器件地址的寻址操作。

（3）每字节传送都必须有应答信号（$A/\overline{A}$）相随。

（4）从器件在接收到起始信号后都必须释放数据总线，使其处于高电平，以便主器件发送从器件地址。

10.3.3 单片机的 I^2C 总线扩展系统

目前，许多公司都推出带有 I^2C 总线接口的单片机及各种外围器件，常见的有 Atmel 公司的 AT24C××系列存储器、飞利浦公司的 PCF8553（时钟/日历且带有 256×8 位 RAM）和 PCF8570（256×8 位 RAM）、Maxim 公司的 MAX117/118（A/D 转换器）和 MAX517/518/519（D/A 转换器）等。I^2C 总线系统中的主器件通常由带有 I^2C 总线接口的单片机来担当。从器件必须带有 I^2C 总线接口。AT89S51 单片机没有 I^2C 总线接口，可利用 I/O 口结合软件来模拟 I^2C 总线上的时序。因此，在许多应用中，都将 I^2C 总线的模拟传送作为常规的设计方法。

如图 10-11 所示为 AT89S51 单片机扩展 I²C 总线接口器件的电路。图中，AT24C02 为 E²PROM 芯片，PCF8570 为静态 256×8 位 RAM，PCF8574 为 8 位 I/O 接口芯片，SAA1064 为 4 位 LED 驱动器。虽然各器件的原理和功能有很大的差异，但它们与 AT89S51 单片机的连接方式是相同的。

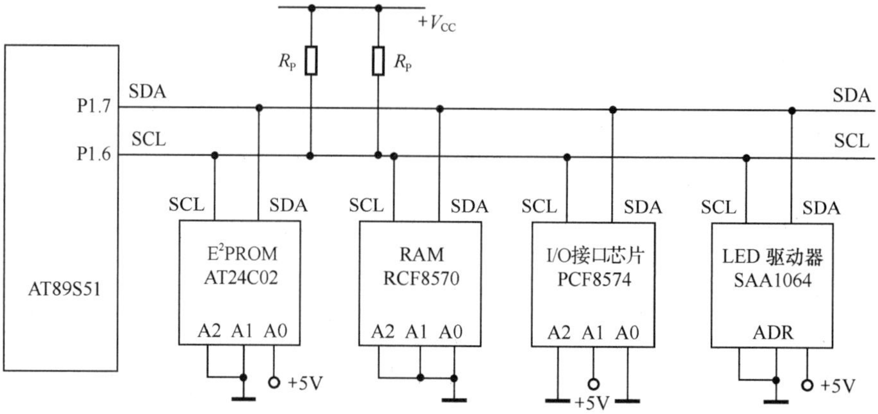

图 10-11　AT89S51 单片机扩展 I²C 总线接口器件的电路

10.3.4　I²C 总线数据传送的模拟

由于 AT89S51 单片机没有 I²C 总线接口，通常用 I/O 口线结合软件来实现 I²C 总线上的信号模拟。

1．典型信号模拟

为了保证数据传送的可靠性，标准 I²C 总线的数据传送有严格的时序要求。I²C 总线的起始信号、终止信号、应答位/数据 0 及非应答位/数据 1 的时序波形如图 10-12 至图 10-15 所示。

对于终止信号，要保证有超过 4.7μs 的信号建立时间。终止信号结束时，要释放总线，使 SDA、SCL 维持在高电平上，在超过 4.7μs 后才可以进行第 1 次起始操作。在单主器件系统中，为防止非正常传送，终止信号后 SCL 可以设置为低电平。

对于发送应答位、非应答位来说，与发送数据 0 和 1 的信号定时要求完全相同，只要满足在时钟维持高电平期间（超过 4.0μs），SDA 线上有确定的电平状态即可。

2．典型信号的模拟子程序

AT89S51 单片机在模拟 I²C 总线通信时，需要编写以下 5 个函数：总线初始化、起始信号、终止信号、应答位/数据 0 以及非应答位/数据 1。

（1）总线初始化函数。其功能是将 SCL 和 SDA 线上的电平拉高以释放总线。

参考程序如下：

```
#include <reg51.h>
#include <intrins.h>                //包含函数_nop_ ()的头文件
sbit   sda=P1^0;                    //定义模拟数据传送位
sbit   scl=P1^1;                    //定义模拟时钟控制位
void init()                         //总线初始化函数
{
       scl=1;                       //scl 为高电平
       _nop_ ();                    //延时约 1μs
```

```
        sda=1;                              //sda 为高电平
        delay5us();                         //延时约 5μs
    }
```

（2）起始信号 S 函数。如图 10-12 所示为起始信号 S 的时序波形。要求一个新的起始信号前，总线的空闲时间超过 4.7μs，而对于一个重复的起始信号，要求建立时间也须超过 4.7μs。在 SCL 高电平期间，SDA 发生负跳变。起始信号到第 1 个时钟脉冲负跳沿的时间间隔应超过 4μs。

参考程序如下：

```
    void start(void)                        //起始信号函数
    {
        scl=1;
        sda=1;
        delay5us();
        sda=0;
        delay4us();
        scl=0;
    }
```

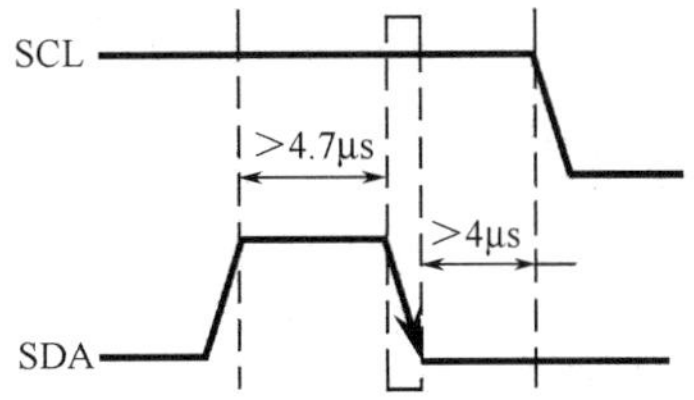

图 10-12　起始信号 S 的时序波形

（3）终止信号 P 函数。如图 10-13 所示为终止信号 P 的时序波形。在 SCL 高电平期间，SDA 的一个上升沿产生终止信号。

参考程序如下：

```
    void stop(void)                         //终止信号函数
    {
        scl=0;
        sda=0;
        delay4us();
        scl=1;
        delay4us();
        sda=1;
        delay5us();
        sda=0;
    }
```

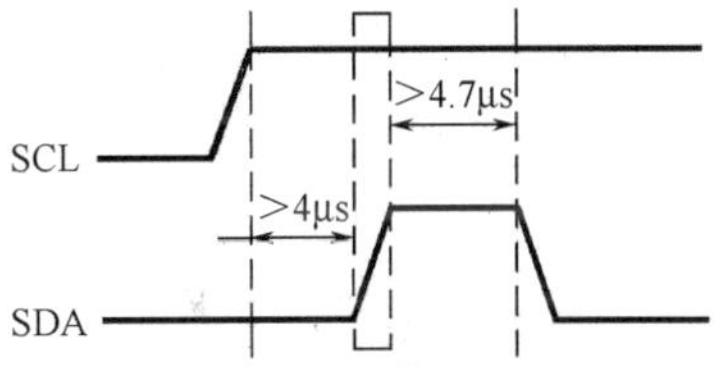

图 10-13　终止信号 P 的时序波形

（4）发送应答位/数据 0 函数。发送应答位与发送数据 0 相同，即在 SDA 低电平期间 SCL 发生一个正脉冲，产生如图 10-14 所示的时序波形。

参考程序如下：

```
    void Ack(void )
    {
        uchar i;
        sda=0;
        scl=1;
        delay4us();
        while((sda==1)&&(i<255))i++;
        scl=0;
        delay4us();
    }
```

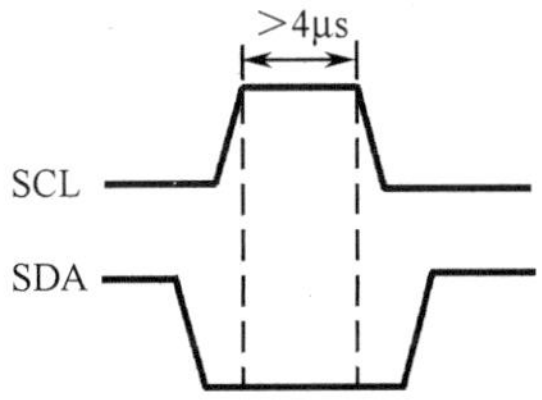

图 10-14　发送应答位/数据 0 的时序波形

SCL 在高电平期间，SDA 被从器件拉为低电平，表示应答。命令行中的（sda==1）和（i<255）相与，表示若在这一段时间内没有收到从器件的应答，则主器件默认从器件已经收到

数据而不再等待应答信号。如果不加这个延时退出，一旦从器件没有发送应答信号，程序将永远停在这里，而实际上是不允许这种情况发生的。

（5）发送非应答位/数据 1 函数。发送非应答位与发送数据 1 相同，即在 SDA 高电平期间，SCL 发生一个正脉冲，产生如图 10-15 所示的时序波形。

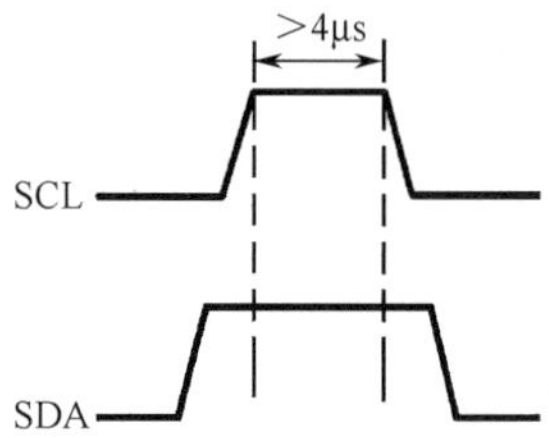

图 10-15 发送非应答位/数据 1 的时序波形

参考程序如下：

```
void NoAck(void )
{
        sda=1;
        scl=1;
        delay4us();
        scl=0;
        sda=0;
}
```

3．字节收发的子程序

除上述典型信号的模拟外，在 I²C 总线的数据传送中，经常进行单字节数据的发送与接收。

（1）发送 1 字节数据子程序

下面由 SDA 发送 1 字节数据（可以是地址或数据），发送完后等待应答，并对状态位 ack 进行操作，即应答或非应答都使 ack = 0。发送数据正常，ack = 1；从器件无应答或损坏，则 ack = 0。

参考程序如下：

```
void SendByte(uchar data)
{
        uchar i,temp;
        temp=data;
        for(i=0; i <8; i++)
        {
                temp= temp<<1;          //左移一位
                scl=0;
                delay4us();
                sda=Cy;
                delay4us();
                scl=1;
                delay4us();
        }
        scl=0;
        delay4us();
        sda=1;
        delay4us();
```

串行发送 1 字节数据时，需要把该字节数据中的 8 位数据一位一位地发出去。“temp=temp<<1;”语句将 temp 中的内容左移 1 位，将最高位移入 Cy 位中，然后将 Cy 赋给 SDA，进而在 SCL 的控制下发送出去。

（2）接收 1 字节数据子程序

参考程序如下：

```
void rcvbyte()
{
        uchar i,temp;
        scl=0;
        delay4us();
        sda=1;
        for(i=0; i <8; i++)
        {
                scl=1;
                delay4us();
                temp=(temp<<1)| sda;
                scl=0;
        delay4us();
        }
        delay4us();
        return temp;
}
```

同理，串行接收 1 字节数据时，需将 8 位数据一位一位地接收过来，然后再组合成 1 字节数据。“temp = (temp<<1)| SDA;”语句将变量 temp 左移 1 位后与 SDA 进行逻辑或运算，然后依次把 8 位数据组合成 1 字节数据来完成接收。

10.3.5　利用 I²C 总线扩展 AT24C02 的 IC 卡设计实例

IC 卡是由通用存储器芯片封装而成的。由于其结构和功能简单，成本低，使用方便，因此在各个领域都得到广泛的应用。目前，用于 IC 卡的通用存储器芯片多为 E^2PROM，且采用 I^2C 总线接口，典型器件为 Atmel 公司的 AT24Cxx 系列。该系列具有 AT24C01/02/04/08/16 等型号，它们的封装形式、引脚功能及内部结构类似，只是容量不同，分别为 128B/256B/512B/1KB/2KB。

下面以 AT24C02 为例，介绍单片机如何通过 I^2C 总线对 AT24C02 进行读/写。

1．AT24C02 简介

（1）封装与引脚。其封装形式有双列直插封装（DIP）8 脚式和贴片 8 脚式两种。无论何种封装形式，其引脚功能都一样。DIP 形式的 AT24C02 引脚图如图 10-16 所示，引脚功能见表 10-5。

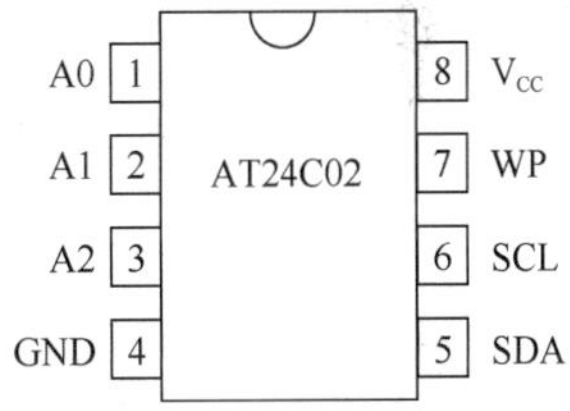

图 10-16　DIP 形式的 AT24C02 引脚图

（2）存储单元的寻址。AT24C02 的存储容量为 256B，分为 32 页，每页 8B。对内部单元进行访问时，先对芯片进行寻址，然后再进行内部子地址寻址。

表 10-5　AT24C02 的引脚功能

引　脚　号	引 脚 名 称	引 脚 功 能
1～3	A0、A1、A2	可编程地址输入
4	GND	电源地
5	SDA	串行数据输入/输出
6	SCL	串行时钟输入
7	WP	硬件写保护控制。TEST=0，正常进行读/写操作；TEST=1，对部分存储区域只能读，不能写（写保护）
8	V_{CC}	+5V 电源

① 芯片寻址。AT24C02 芯片地址固定为 1010，它是 I^2C 总线接口器件的特征编码，其地址控制字节的格式为“1 0 1 0 A2 A1 A0 R/$\overline{W}$”。A2、A1、A0 三个引脚接高、低电平后得到确定的 3 位编码，与 1010 形成 7 位编码，即为该器件的地址码。由于 A2、A1、A0 这 3 位编码共有 8 种组合，故系统最多可外接 8 个 AT24C02。R/$\overline{W}$ 是对芯片的读/写控制位。

② 内部子地址寻址。在确定了 AT24C02 的 7 位地址码后，内部的存储空间可用 1 字节的地址码进行寻址，寻址范围为 00H～FFH，即可对内部的 256 个单元进行读/写操作。

（3）写操作。AT24C02 的写操作有两种方式：字节写入方式和页写入方式。

① 字节写入方式。单片机（主器件）先发送启动信号和 1 字节的控制字，从器件发出应答信号，单片机再发送 1 字节的存储单元子地址（AT24C02 内部单元的地址码），单片机收到 AT24C02 应答后，再发送 8 位数据和 1 位终止信号。

② 页写入方式。单片机先发送启动信号和 1 字节的控制字，再发送 1 字节的存储器起始单元地址，上述几字节都得到 AT24C02 的应答后，就可以发送最多 1 页的数据，并顺序存放在已指定的起始地址开始的相继单元中，最后以终止信号结束。

（4）读操作。AT24C02 的读操作也有两种方式：指定地址读方式和指定地址连续读方式。

① 指定地址读方式。单片机发送启动信号后，先发送含有芯片地址的写操作控制字，收到 AT24C02 应答后，单片机再发送 1 字节的指定单元的地址，收到 AT24C02 应答后，单片机再发送 1 个含有芯片地址的读操作控制字，此时如果收到 AT24C02 应答，被访问单元的数据就会按 SCL 信号同步出现在 SDA 线上，供单片机读取。

② 指定地址连续读方式。单片机收到每字节数据后要做出应答，只要 AT24C02 检测到应答信号后，其内部的地址寄存器就自动加 1 指向下一个单元，并顺序将指向单元的数据送到 SDA 线上。当需要结束读操作时，单片机接收到数据后，在需要应答的时刻发送一个非应答信号，接着再发送一个终止信号即可。

【例 10-2】 单片机通过 I^2C 总线扩展 1 个 AT24C02，实现单片机对 AT24C02 的读/写。由于 Proteus 元件库中没有 AT24C02，可用 FM24C02 芯片代替。

AT89S51 单片机扩展 FM24C02 的仿真原理图如图 10-17 所示。

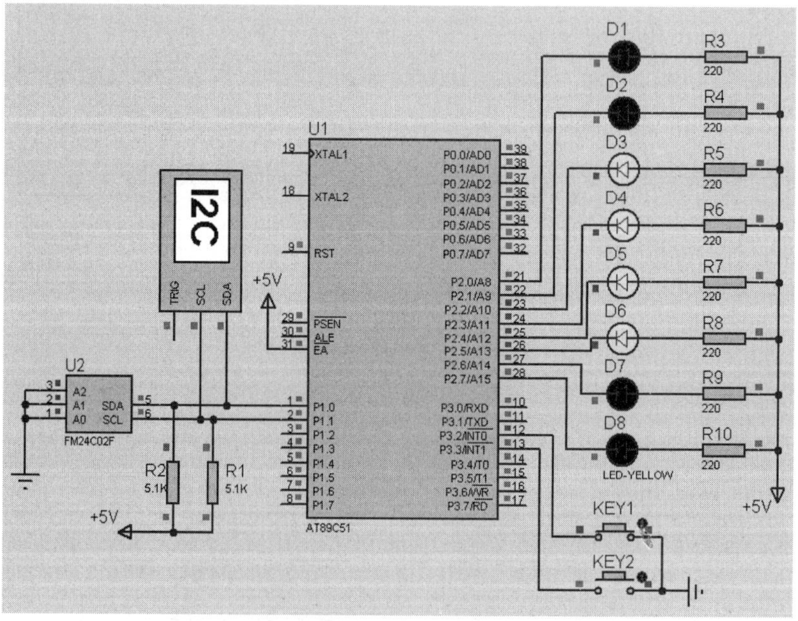

图 10-17　AT89S51 单片机扩展 AT24C02 的仿真原理图

图 10-17 中，KEY1 作为外部中断 0 中断源，当按下 KEY1 时，单片机通过 I^2C 总线发送数据 0xaa 给 AT24C02（采用 FM24C02F 来代替），等发送数据完毕，将数据 0xc3 送 P2 口通过 LED 显示出来。

KEY2 作为外部中断 1 中断源，当按下 KEY2 时，单片机通过 I^2C 总线读 AT24C02，等读数据完毕，将读出的最后一个数据 0xaa 送 P2 口通过 LED 显示出来。

最终显示的仿真效果是：按下 KEY1，标号为 D1～D8 的 8 个 LED 中的 D3、D4、D5、D6 灯亮，其余灭；按下 KEY2，D1、D3、D5、D7 灯亮，其余灭。

Proteus 提供的 I2C 调试器是调试 I^2C 系统的得力工具，使用 I2C 调试器的观测窗口可观察 I^2C 总线上的数据流，查看 I^2C 总线上发送的数据，也可作为从器件向 I^2C 总线上发送数据。

在原理图中添加 I2C 调试器的具体操作是：先单击工具箱中的虚拟仪器图标，在列表区中显示出各种虚拟仪器选项，选择“I2C DEBUGGER”项，并在原理图编辑窗口中单击，就会出现 I2C 调试器的符号。然后把 I2C 调试器的 SDA 和 SCL 分别连接在 I^2C 总线的 SDA 和 SCL 上。

在仿真运行时，右击 I2C 调试器符号，从快捷菜单中选择“Terminal”命令，即可出现 I2C 调试器的观测窗口，如图 10-18 所示。从观测窗口中可看到按一下 KEY1 时，出现在 I^2C 总线上的数据流。

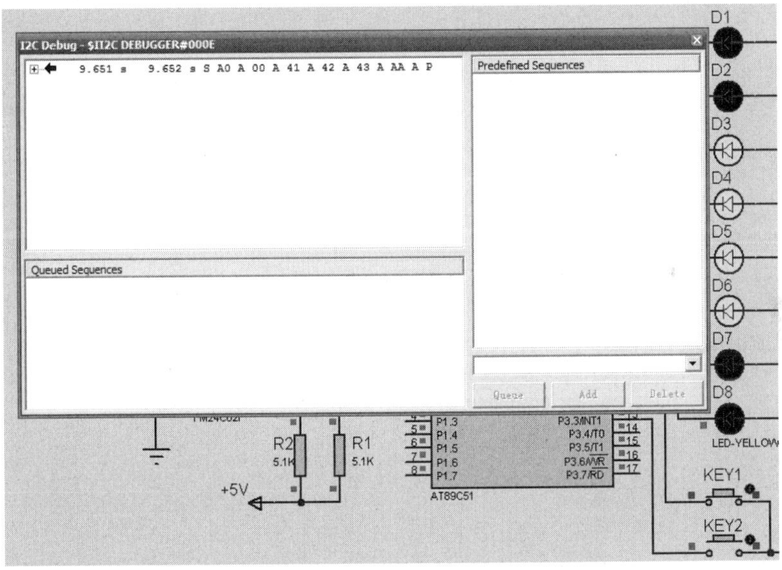

图 10-18　I2C 调试器的观测窗口

参考程序如下：

```
#include "reg51.h"
#include "intrins.h"                    //包含有函数_nop_()的头文件
#define uchar unsigned char
#define uint unsigned int
#define out P2                          //发送缓冲区的首地址
sbit scl=P1^1;
sbit sda=P1^0;
sbit key1=P3^2;
```

```
sbit key2=P3^3;
uchar data mem[4]_at_ 0x55;                //发送缓冲区的首地址
uchar mem[4]={0x41,0x42,0x43,0xaa};        //欲发送的数据数组 0x41,0x42,0x43,0xaa
uchar data rec_mem[4] _at_ 0x60 ;          //接收缓冲区的首地址
void start(void);                          //起始信号函数
void stop(void);                           //终止信号函数
void sack(void);                           //发送应答位函数
bit rack(void);                            //接收应答位函数
void ackn(void);                           //发送非应答位函数
void send_byte(uchar);                     //发送 1 字节函数
uchar rec_byte(void);                      //接收 1 字节函数
void write(void);                          //写数据函数
void read(void);                           //读数据函数
void delay4us(void);                       //延时 4μs 函数

void main(void)                            //主函数
{
    EA=1;EX0=1;EX1=1;                      //总中断开，外中断 0 与外中断 1 允许中断
    while(1);
}

void ext0()interrupt 0                     //外中断 0 函数
{
    write();                               //写数据
}

void ext1()interrupt 2                     //外中断 1 函数
{
    read();                                //读数据
}

void read(void)                            //读数据函数
{
    uchar i;
    bit f;
    start();                               //起始信号函数
    send_byte(0xa0);                       //发从器件的地址
    f=rack();                              //接收应答位
    if(!f)
    {
        start();                           //起始信号
        send_byte(0xa0);
        f=rack();
        send_byte(0x00);                   //设置要读取的从器件的内部地址
        f=rack();
    if(!f)
    {
        start();                           //起始信号
        send_byte(0xa1);
        f=rack();
```

```
        if(!f)
        {
                for(i=0;i<3;i++)
                {
                        rec_mem[i]=rec_byte();
                        sack();
                }
                rec_mem[3]=rec_byte();ackn();
        }
        }
        }
        stop();out=rec_mem[3];while(!key2);
}

void write(void)                                    //写数据函数
{
        uchar i;
        bit f;
        start();
        send_byte(0xa0);
        f=rack();
        if(!f){
                        send_byte(0x00);
                        f=rack();
                        if(!f){
                        for(i=0;i<4;i++)
                        {
                                send_byte(mem[i]);
                                f=rack();
                                if(f)break;
                        }
                }
        }
        stop();out=0xc3;while(!key1);
}

void start(void)                                    //起始信号函数
{
        scl=1;
        sda=1;
        delay4us();
        sda=0;
        delay4us();
        scl=0;
}

void stop(void)                                     //终止信号函数
{
        scl=0;
        sda=0;
```

```
        delay4us();
        scl=1;
        delay4us();
        sda=1;
        delay5us();
        sda=0;
}
bit rack(void)                          //接收应答位函数
{
        bit flag;
        scl=1;
        delay4us();
        flag=sda;
        scl=0;
        return(flag);
}
void sack(void)                         //发送应答位函数
{
        sda=0;
        delay4us();
        scl=1;
        delay4us();
        scl=0;
        delay4us();
        sda=1;
        delay4us();
}

void ackn(void)                         //发送非应答位函数
{
        sda=1;
        delay4us();
        scl=1;
        delay4us();
        scl=0;
        delay4us();
        sda=0;
}

uchar rec_byte(void)                    //接收 1 字节函数
{
        uchar i,temp;
        for(i=0;i<8;i++)
        {
                temp<<=1;
                scl=1;
                delay4us();
```

```
            temp|=sda;
            scl=0;
            delay4us();
        }
        return(temp);
}

void send_byte(uchar temp)                          //发送 1 字节函数
{
        uchar i;
        scl=0;
        for(i=0;i<8;i++)
        {
            sda=(bit)(temp&0x80);
            scl=1;
            delay4us();
            scl=0;
            temp<<=1;
        }
        sda=1;
}

void delay4us(void)                                 //延时 4μs 函数
{
        _nop_();_nop_();_nop_();_nop_();
}
```

思考题及习题 10

1．I^2C 总线的优点是什么？

2．I^2C 总线的起始信号和终止信号是如何定义的？

3．I^2C 总线的数据传输方向如何控制？

4．单片机如何对 I^2C 总线上的器件进行寻址？

5．I^2C 总线在数据传送时，应答是如何进行的？

6．Proteus 虚拟仿真。设计一个由单片机、单总线温度传感器 DS18B20 及液晶显示器 LCD 1602 构成的单总线温度测量系统。系统运行时，LCD 1602 显示两行文字，第 1 行显示“Temperature Now”，第 2 行显示“value：±×××.× Cent”。其中×××.×为温度测量值，是动态变化的，且测量值前带有符号显示；Cent 为温度测量值的单位，表示摄氏温度。本例运行中，如果温度低于-30℃或高于+60℃，系统将发出报警声音。温度值可通过单击 DS18B20 符号上的“↑”或“↓”按钮来改变，从 DS18B20 的窗口上即可观察到温度的变化，应与 LCD 1602 显示的测量值相同，从而表示测量结果正确。

7．Proteus 虚拟仿真。单片机利用 I^2C 总线连接 AT24C02，并在 P1.7 引脚接有一个按键开关 S 以及 P0 口扩展的 LCD 1602。要求设计的单片机系统能记录下按键开关 S 按下的次数并写入 AT24C02 中，然后显示在 LCD 1602 上。当系统断电后，再次上电时，将在断电瞬间记录的按键开关 S 按下的次数的基础上继续记录其按下的次数。

第 11 章　单片机与 D/A 转换器、A/D 转换器的接口

导读：在单片机测控系统中，非电物理量，如温度、压力、流量、速度等，经传感器先转换成连续变化的模拟电信号（电压或电流），然后再转换成数字量后，才能在单片机中进行处理。实现模拟量转换成数字量的器件称为 A/D 转换器（ADC）。单片机处理完毕的数字量，有时根据控制要求需要转换为模拟信号输出。数字量转换成模拟量的器件称为 D/A 转换器（DAC）。本章从应用的角度，介绍典型的 ADC、DAC 芯片与 AT89S51 单片机的硬件接口设计以及接口驱动程序设计。

11.1　单片机扩展 D/A 转换器概述

单片机只能输出数字量，但是对于某些控制场合，常常需要输出模拟量，例如直流电机（电动机）的转速控制。下面介绍单片机如何扩展 D/A 转换器。

目前集成化的 D/A 转换器种类繁多，设计者只需要合理选用芯片，了解它们的性能、引脚外特性以及与单片机的接口设计方法即可。由于部分单片机芯片中集成了 D/A 转换器，位数一般在 10 位左右，且转换速度也很快，所以单片式 D/A 转换器开始向高位数和高转换速度方向转变。但是在实验室或涉及某些工业控制的场合，低端 8 位 D/A 转换器以其优异的性价比仍具有较大的应用空间。

1. D/A 转换器简介

购买和使用 D/A 转换器时，要注意有关 D/A 转换器选择的两个问题。

（1）D/A 转换器的输出形式。通常有两种输出形式：电压输出和电流输出。电流输出的 D/A 转换器在输出端加一个运算放大器构成的 *I-V* 转换电路，即可转换为电压输出。

（2）D/A 转换器与单片机的接口形式。早期多采用 8 位的并行口，现在除并行口外，带有串行口的 D/A 转换器品种也在不断增多，目前多采用 SPI 串行口。在选择单片式 D/A 转换器时，要根据系统结构考虑单片机与 D/A 转换器的接口形式。

2. 主要技术指标

D/A 转换器的指标很多，设计者最关心的三个指标如下。

（1）分辨率。指单片机输入给 D/A 转换器的单位数字量的变化所引起的模拟量输出的变化，通常定义为输出满刻度值与 2^n 之比（n 为 D/A 转换器的二进制位数），习惯上用输入数字量的位数表示。

显然，二进制位数越多，分辨率越高，即 D/A 转换器输出对输入数字量变化的敏感程度越高。例如，8 位的 D/A 转换器，若满量程输出为 10V，根据分辨率定义，则分辨率为 $10V/2^n$，分辨率为 10V/256 = 39.1mV，即输入二进制数最低位数字量的变化可引起输出模拟电压的变化为 39.1mV，该值占满量程的 0.391%，常用符号 1LSB 表示。

同理：

10 位 D/A 转换器，1 LSB = 9.77mV = 0.1%满量程。

12 位 D/A 转换器，1 LSB = 2.44mV = 0.024%满量程。

16 位 D/A 转换器，1 LSB = 0.076mV = 0.00076%满量程。

使用时，应根据对 D/A 转换器分辨率的需要来选定 D/A 转换器的位数。

（2）建立时间。它是描述 D/A 转换器转换速度的参数，用于表明转换时间长短。其值为从输入数字量到输出达到终值误差±(1/2)LSB（最低有效位）时所需的时间。电流输出的转换时间较短，而电压输出的转换器，由于要加上完成 *I-V* 转换的时间，因此建立时间要长一些。快速 D/A 转换器的建立时间可在 1μs 以下。

（3）转换精度。在理想情况下，转换精度与分辨率基本一致，位数越多，精度越高。但由于电源电压、基准电压、电阻、制造工艺等各种因素存在误差，严格地讲，转换精度与分辨率并不完全一致。两个相同位数的不同的 D/A 转换器，只要位数相同，分辨率就相同，但转换精度会有所不同。例如，某种型号的 8 位 D/A 转换器精度为±0.19%，而另一种型号的 8 位 DAC 精度为±0.05%。

11.2 单片机扩展 8 位并行 D/A 转换器

11.2.1 DAC0832 简介

美国国家半导体公司的 DAC0832 芯片是具有两级输入数据寄存器的 8 位 D/A 转换器，它能直接与 AT89S51 单片机连接，其主要特性如下：① 分辨率为 8 位。② 电流输出，建立时间为 1μs。③ 可双缓冲输入、单缓冲输入或直通输入。④ 单一电源供电（+5V～+15V），低功耗，20mW。

DAC0832 的引脚图如图 11-1 所示，DAC0832 的内部结构如图 11-2 所示。

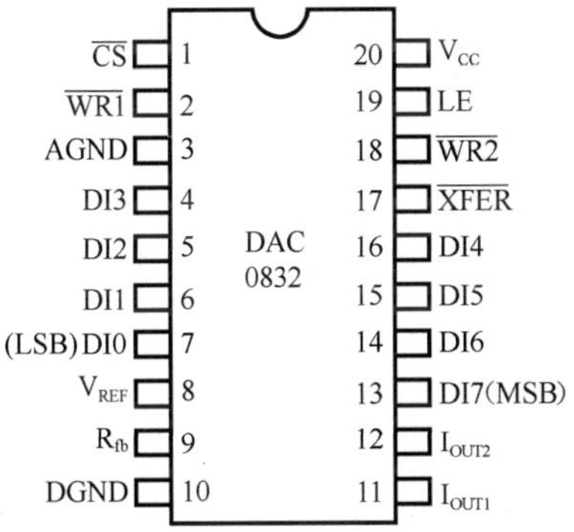

图 11-1　DAC0832 的引脚图

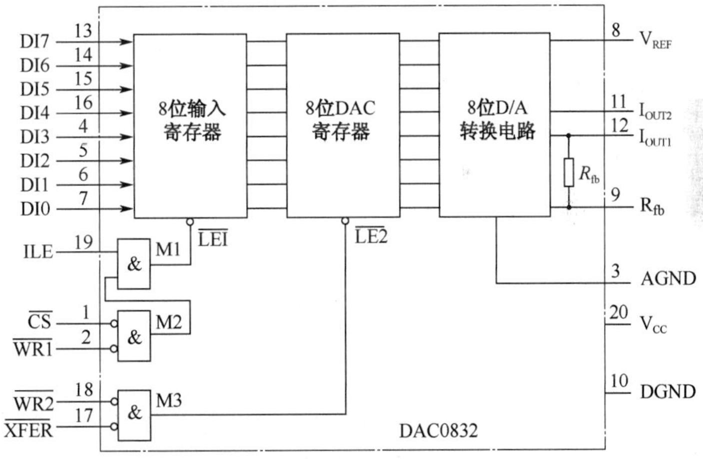

图 11-2　DAC0832 的内部结构

由图 11-2 可见，内部共有两级寄存器：第一级为“8 位输入寄存器”，用于存放单片机送来的数字量，使该数字量得到缓冲和锁存，由 $\overline{\text{LE1}}$（即 M1=1 时）加以控制；“8 位 DAC 寄存器”是第二级 8 位输入寄存器，用于存放待转换的数字量，由 $\overline{\text{LE2}}$ 控制（即 M3=1 时）。这两级 8 位寄存器，构成了两级输入数字量缓存。“8 位 D/A 转换电路”受“8 位 DAC 寄存器”输出的数字量控制，输出与数字量成正比的模拟电流。

DAC0832 各引脚的功能说明如下。

① DI7～DI0：8 位数字量输入，接收单片机发来的数字量。

② ILE、$\overline{\text{CS}}$、$\overline{\text{WR1}}$：当 ILE=1，$\overline{\text{CS}}$=0，$\overline{\text{WR1}}$=0 时，即 M1=1，第一级的 8 位输入寄存

器被选中，待转换的数字量被锁存到第一级 8 位输入寄存器中。

③ $\overline{\text{XFER}}$、$\overline{\text{WR2}}$：当 $\overline{\text{XFER}}$=0，$\overline{\text{WR2}}$=0 时，第一级的 8 位输入寄存器中待转换的数字量进入第二级的 8 位 DAC 寄存器中。

④ I_{OUT1}：D/A 转换器电流输出 1。输入数字量全为 1 时，I_{OUT1} 最大；输入数字量全为 0 时，I_{OUT1} 最小。

⑤ I_{OUT2}：D/A 转换器电流输出 2。$I_{\text{OUT2}}+I_{\text{OUT1}}=$ 常数。

⑥ R_{fb}：I-V 转换时的外部反馈信号输入端。芯片内部已有反馈电阻 R_{fb}，根据需要也可外接反馈电阻。

⑦ V_{REF}：参考电压输入。

⑧ V_{CC}：电源输入，在+5V～+15V 范围内。

⑨ DGND：数字信号地。

⑩ AGND：模拟信号地，最好与基准电压共地。

11.2.2 单片机并行扩展 DAC0832 的程控电压源设计实例

AT89S51 单片机控制 DAC0832 可实现数字调压，单片机只要送给 DAC0832 不同的数字量，即可实现不同的模拟电压输出。

DAC0832 的输出可采用单缓冲或双缓冲方式。单缓冲方式是指，DAC0832 内部的两级寄存器中有一个处于直通方式，另一个处于受 AT89S51 单片机控制的锁存方式。在实际应用中，如果只有一路模拟量输出，或虽有多路模拟量输出，但并不要求多路输出同步时，可采用单缓冲方式。

单片机控制 DAC0832 实现数字调压的单缓冲方式接口仿真原理图如图 11-3 所示。由于 $\overline{\text{XFER}}$=0，$\overline{\text{WR2}}$=0，所以第二级的 8 位 DAC 寄存器处于直通方式。第一级的 8 位输入寄存器为单片机控制的锁存方式，三个锁存控制端的 ILE 直接接到有效的高电平，另两个控制端 $\overline{\text{CS}}$、$\overline{\text{WR1}}$ 分别由单片机的 P2.0 和 P2.1 来控制。

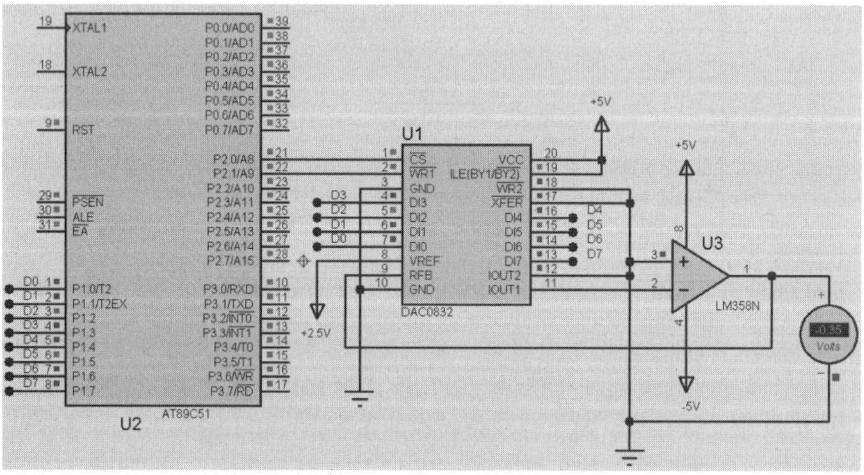

图 11-3 单片机与 DAC0832 的单缓冲方式接口仿真原理图

DAC0832 的输出电压 V_{o} 与输入数字量 B 的关系为

$$V_{\text{o}}=-B\times\frac{V_{\text{REF}}}{256}$$

由上式可见，DAC0832 输出的模拟电压 V_O 和输入的数字量 B 以及基准电压 V_{REF} 成正比。并且，当 B 为 0 时，V_O 也为 0；当 B 为 255 时，V_O 为最大的绝对值输出，且不会大于 V_{REF}。

下面介绍单缓冲方式下单片机扩展 DAC0832 的程控电压源的设计案例。

【例 11-1】 单片机与 DAC0832 的单缓冲方式接口仿真原理图如图 11-3 所示。单片机的 P2.0 引脚控制 DAC0832 的 $\overline{CS}$ 引脚，P2.1 引脚控制 $\overline{WR1}$ 引脚。当 P2.0 引脚为低电平时，如果 $\overline{WR}$ 引脚同时有效，单片机就会把数字量通过 P1 口送入 DAC0832 的 DI7～DI0，并转换输出。用虚拟直流电压表测量经过运放 LM358N 的 *I-V* 转换后的电压值，并观察输出电压的变化。

在仿真运行后可看到，虚拟直流电压表测量的输出电压在−2.5V～0V（参考电压为 2.5V）范围内不断线性变化。如果参考电压为 5V，则输出电压在−5V～0V 范围内变化。如果虚拟直流电压表太小，看不清楚电压的显示值，可用鼠标滚轮放大它。

参考程序如下：

```
#include "reg51.h"
#define uchar unsigned char
#define uint unsigned int
#define out P1
sbit DAC_cs=P2^0;
sbit DAC_wr=P2^1;
void main(void)                    //主函数
{
    uchar temp,i=255;
    while(1)
    {
        {
            out=temp;
            DAC_cs=0;        //单片机控制CS为低电平
            DAC_wr=0;        //单片机控制 WR1 为低电平，向 DAC 写入转换的数字量
            DAC_cs=1;
            DAC_wr=1;
            temp++;
            while(--i);      //i 先减 1，然后再使用 i 的值
            while(--i);
            while(--i);
        }
    }
```

单片机送给 DAC0832 不同的数字量，就可得到不同的输出电压，从而使单片机控制 DAC0832 成为一个程控电压源。

11.2.3 波形发生器设计实例

单片机如果把不同波形的数据发送给 DAC0832，就可产生各种不同的波形信号。下面介绍用单片机控制 DAC0832 产生各种函数波形的设计实例。

【例 11-2】 用单片机控制 DAC0832 产生正弦波、方波、三角波、梯形波和锯齿波。仿真原理图如图 11-4 所示。单片机的 P1.0～P1.4 引脚接有 5 个按键，当键按下时，分别对应产生正弦波、方波、三角波、梯形波和锯齿波。

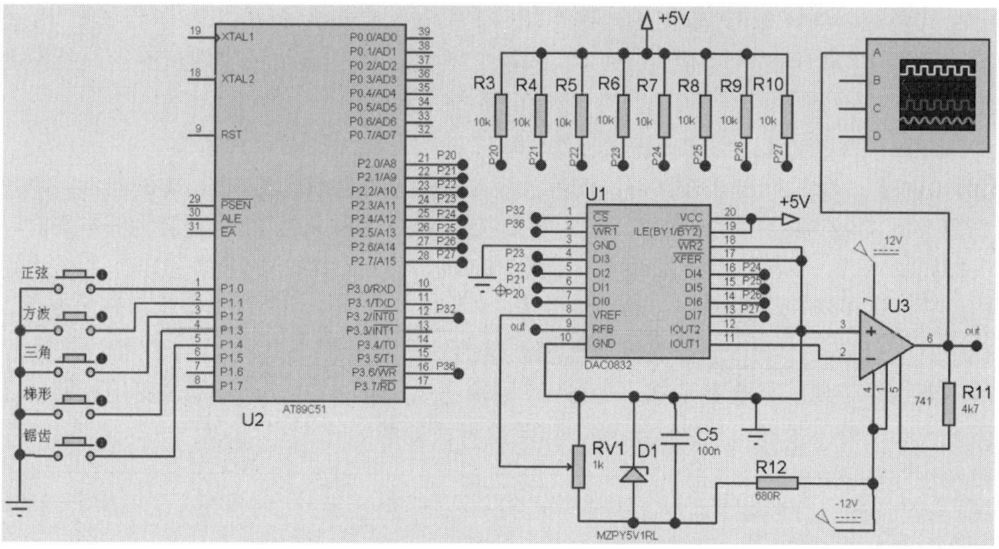

图 11-4 用单片机控制 DAC0832 产生各种波形的仿真原理图

用单片机控制 DAC0832 产生各种波形，实质就是用单片机把波形的采样点数据发送给 DAC0832，经 D/A 转换后输出模拟信号。改变送出的函数波形采样点后的延时时间，就可改变函数波形的频率。产生各种函数波形的原理如下。

① 正弦波产生原理。单片机把正弦波的 256 个采样点的数据发送给 DAC0832。正弦波采样数据可采用软件编程或 MATLAB 等工具计算。

② 方波产生原理。方波只有高、低电平这两个采样点的数据。单片机采用定时/计数器定时中断，由时间常数决定方波高、低电平的持续时间。

③ 三角波产生原理。单片机发送给 DAC0832 的数字量从 0 开始，逐次增 1；当数字量增至 0xff 后，再逐次减 1；减至 0 后，再重复上述过程。

④ 锯齿波产生原理。单片机发送给 DAC0832 的数字量从 0 开始，逐次增 1；当数字量增至 0xff 后，再增 1 则溢出清 0，模拟输出又为 0；然后再重复上述过程，如此循环，则输出锯齿波。

⑤ 梯形波产生原理。单片机发送给 DAC0832 的数字量从 0 开始，逐次增 1；当数字量为 0xff 时，延时一段时间，形成梯形波的平顶；然后数字量再逐次减 1，减至 0 后，再重复上述过程，如此循环，则输出梯形波。

参考程序如下：

```
#include<reg51.h>
sbit wr=P3^6;
sbit rd=P3^2;
sbit key0=P1^0;          //定义 P1.0 的按键为正弦波键 key0
sbit key1=P1^1;          //定义 P1.1 的按键为方波键 key1
sbit key2=P1^2;          //定义 P1.2 的按键为三角波键 key2
sbit key3=P1^3;          //定义 P1.3 的按键为梯形波键 key3
sbit key4=P1^4;          //定义 P1.4 的按键为锯齿波键 key4
unsigned char flag;      //flag 为 1、2、3、4、5 时分别对应正弦波、方波、三角波、梯形波、锯齿波
unsigned char const code
//以下为正弦波采样点数组的 256 个数据
```

```
SIN_code[256]={0x80,0x83,0x86,0x89,0x8c,0x8f,0x92,0x95,0x98,0x9c,0x9f,0xa2,0xa5,0xa8,0xab,
0xae,0xb0,0xb3,0xb6,0xb9,0xbc,0xbf,0xc1,0xc4,0xc7,0xc9,0xcc,0xce,0xd1,0xd3,0xd5,0xd8,0xda,
0xdc,0xde,0xe0,0xe2,0xe4,0xe6,0xe8,0xea,0xec,0xed,0xef,0xf0,0xf2,0xf3,0xf4,0xf6,0xf7,0xf8,0xf9,0xfa,
0xfb,0xfc,0xfc,0xfd,0xfe,0xfe,0xff,0xff,0xff,0xff,0xff,0xff,0xff,0xff,0xff,0xff,0xff,0xfe,0xfe,0xfd,0xfc,0xfc,
0xfb,0xfa,0xf9,0xf8,0xf7,0xf6,0xf5,0xf3,0xf2,0xf0,0xef,0xed,0xec,0xea,0xe8,0xe6,0xe4,0xe3,0xe1,0xde,
0xdc,0xda,0xd8,0xd6,0xd3,0xd1,0xce,0xcc,0xc9,0xc7,0xc4,0xc1,0xbf,0xbc,0xb9,0xb6,0xb4,0xb1,0xae,0xab,
0xa8,0xa5,0xa2,0x9f,0x9c,0x99,0x96,0x92,0x8f,0x8c,0x89,0x86,0x83,0x80,0x7d,0x79,0x76,0x73,0x70,
0x6d,0x6a,0x67,0x64,0x61,0x5e,0x5b,0x58,0x55,0x52,0x4f,0x4c,0x49,0x46,0x43,0x41,0x3e,0x3b,0x39,
0x36,0x33,0x31,0x2e,0x2c,0x2a,0x27,0x25,0x23,0x21,0x1f,0x1d,0x1b,0x19,0x17,0x15,0x14,0x12,0x10,0xf,
0xd,0xc,0xb,0x9,0x8,0x7,0x6,0x5,0x4,0x3,0x3,0x2,0x1,0x1,0x0,0x0,0x0,0x0,0x0,0x0,0x0,0x0,0x0,0x0,
0x0,0x1,0x1,0x2,0x3,0x3,0x4,0x5,0x6,0x7,0x8,0x9,0xa,0xc,0xd,0xe,0x10,0x12,0x13,0x15,0x17,0x18,0x1a,
x1c,0x1e,0x20,0x23,0x25,0x27,0x29,0x2c,0x2e,0x30,0x33,0x35,0x38,0x3b,0x3d,0x40,0x43,0x46,0x48,
0x04b,0x4e,0x51,0x54,0x57,0x5a,0x5d,0x60,0x63,0x66,0x69,0x6c,0x6f,0x73,0x76,0x79,0x7c};

unsigned char keyscan()                    //键盘扫描函数
{
    unsigned char keyscan_num,temp;
    P1=0xff;                               //P1 口输入
    temp=P1;                               //从 P1 口读入键值，存入 temp 中
    if(~(temp&0xff))                       //判是否有键按下，若键值不为 0xff，则有键按下
    {
        if(key0==0)                        //产生正弦波的按键按下，P1.0=0
        {
            keyscan_num=1;                 //得到的键值为 1，表示产生正弦波
        }
        else if(key1==0)                   //产生方波的按键按下，P1.1=0
        {
            keyscan_num=2;                 //得到的键值为 2，表示产生方波
        }
        else if(key2==0)                   //产生三角波的按键按下，P1.2=0
        {
            keyscan_num=3;                 //得到的键值为 3，表示产生三角波
        }
        else if(key3==0)                   //产生梯形波的按键按下，P1.3=0
        {
            keyscan_num=4;                 //得到的键值为 4，表示产生梯形波
        }
        else if(key4==0)                   //产生锯齿波的按键按下，P1.4=0
        {
            keyscan_num=5;                 //得到的键值为 5，表示产生锯齿波
        }
        else
        {
            keyscan_num=0;                 //没有按键按下，键值为 0
        }
        return keyscan_num;                //得到的键值返回
    }
}
```

```
void init_DA0832()                  //初始化函数
{
    rd=0;
    wr=0;
}
void SIN()                          //正弦波函数
{
    unsigned int i;
    do{
        P2=SIN_code[i];             //由 P2 口输出给 DAC 的正弦波数据
        i=i+1;                      //数组数据指针增 1
    }while(i<256);                  //判是否已输出完 256 个波形数据，未完继续输出数据
}
void Square()                       //方波函数
{
    EA=1;                           //总中断允许
    ET0=1;                          //允许 T0 中断
    TMOD=1;                         //T0 工作于方式 1
    TH0=0xff;                       //给 T0 高 8 位装入时间常数
    TL0=0x83;                       //给 T0 低 8 位装入时间常数
    TR0=1;                          //启动 T0
}
void Triangle ()                    //三角波函数
{
    P2=0x00;                        //三角波函数初始值为 0
    do{
        P2=P2+1;                    //三角波上升沿
    }while(P2<0xff);                //判是否已经输出为 0xff
    P2=0xff;
    do{
        P2=P2-1;                    //三角波下降沿
    }while(P2>0x00);                //判是否已经输出为 0
    P2=0x00;
}
void   Sawtooth ()                  //锯齿波函数
{
    P2=0x00;
    do{
        P2=P2+1;                    //产生锯齿波的上升沿
    }while(P2<0xff);                //判上升沿是否已经结束
}
void Trapezoidal ()                 //梯形波函数
{
    unsigned char i;
    P2=0x00;
    do{
        P2=P2+1;                    //产生梯形波的上升沿
```

```
        }while(P2<0xff);
        P2=0xff;                                //产生梯形波的平顶
        for(i=255;i>0;i--)                      //梯形波的平顶延时
        {
            P2=0xff;
        }
        do{
            P2=P2-1;                            //产生梯形波的下降沿
        }while(P2>0x00);                        //判梯形波的下降沿是否结束
        P2=0x00;
}

void main()                                     //主函数
{
        init_DA0832();                          //初始化函数
        do
        {
            flag=keyscan();                     //将键盘扫描函数得到的键值赋给 flag
        }while(!flag);
        while(1)
        {
            switch(flag)
            {
              case 1:
                do{
                        flag=keyscan();
                        SIN();
                }while(flag==1);
                break;
              case 2:
                        Square ();
                do{
                        flag=keyscan();
                }while(flag==2);
                TR0=0;
                break;
              case 3:
                do{
                        flag=keyscan();
                        Triangle ();
                }while(flag==3);
                break;
              case 4:
                do{
                        flag=keyscan();
                        Trapezoidal ();
                }while(flag==4);
                break;
```

```
                case 5:
                  do{
                        flag=keyscan();
                        Sawtooth ();
                   }while(flag==5);
                   break;
                   default:
                   flag=keyscan();
                   break;
              }
          }
}
void timer0(void) interrupt 1                //T0 的中断服务程序
{
     P2=~P2;                                 //方波的输出电平求反
     TH0=0xff;                               //重装定时时间常数
     TL0=0x83;
     TR0=1;                                  //启动 T0
}
```

本案例仿真运行时，可看到弹出的虚拟示波器，从其屏幕上可观察到由按键选择的函数波形输出。

如果仿真时关闭了虚拟示波器，再需要启用虚拟示波器来观察波形，可单击鼠标右键，在快捷菜单中选择“Oscilloscope”命令，又会显示虚拟示波器的屏幕。

11.3 单片机扩展 10 位串行 D/A 转换器

11.3.1 TLC5615 简介

TLC5615 为美国 TI 公司的产品，为 SPI 串行口的 10 位 D/A 转换器，电压输出型，最大输出电压是基准电压值的 2 倍；带有上电复位功能，即上电时把 DAC 寄存器复位至全 0。单片机只需用 3 根串行总线就可以完成 10 位数据的串行输入，适用于电池供电的测试仪表、移动电话，也适用于数字失调与增益调整及工业控制场合。

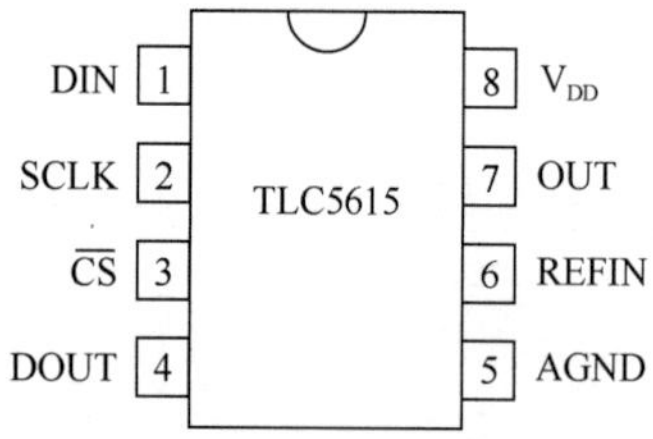

图 11-5 TLC5615 的引脚图

TLC5615 的引脚图如图 11-5 所示。各引脚的功能说明如下。

① DIN：串行数据输入。

② SCLK：串行时钟输入。

③ $\overline{CS}$：片选，低电平有效。

④ DOUT：用于级联时的串行数据输出。

⑤ AGND：模拟地。

⑥ REFIN：基准电压输入，2V～(V_{DD}−2V)。

⑦ OUT：模拟电压输出。

⑧ V_{DD}：正电源，4.5V～5.5V。通常取 5V。

TLC5615 的内部结构如图 11-6 所示。它主要由以下几部分组成。

① 10 位 D/A 转换电路。

② 16 位移位寄存器，接收串行移入的二进制数，并且有一个级联的数据输出端 DOUT。

③ 并行输入/输出的 10 位 DAC 寄存器，为 10 位 D/A 转换电路提供待转换的二进制数据。

④ 电压跟随器为参考电压端 REFIN 提供高输入阻抗，大约 10MΩ。

⑤ ×2 电路提供最大值为 2 倍于 REFIN 的输出。

⑥ 上电复位电路和控制逻辑电路。

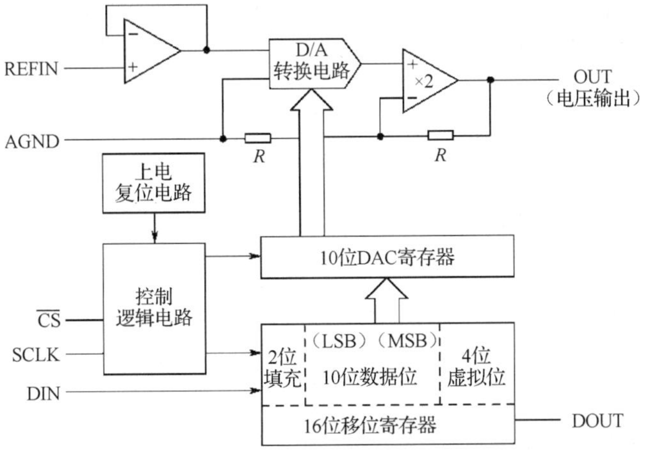

图 11-6　TLC5615 的内部结构

TLC5615 有如下两种工作方式。

① 12 位数据序列。从图 11-6 可以看出，16 位移位寄存器分为高 4 位虚拟位、低 2 位填充位以及 10 位数据位。在 TLC5615 工作时，只需要向 16 位移位寄存器先后输入 10 位数据位和低 2 位填充位。

② 级联方式，即 16 位数据序列。将芯片的 DOUT 端接到下一个芯片的 DIN 端，此时需要向 16 位移位寄存器先后输入高 4 位虚拟位、10 位有效位和低 2 位填充位。由于增加了高 4 位虚拟位，所以需要 16 个时钟脉冲。

只有 TLC5615 的片选引脚 $\overline{CS}$ 为低电平时，串行输入数据才能被移入 16 位移位寄存器中。当 $\overline{CS}$ 引脚为低电平时，在每个 SCLK 时钟的上升沿将 DIN 的 1 位数据移入 16 位移寄存器中。注意，二进制最高有效位被导前移入。接着，$\overline{CS}$ 信号的上升沿将 16 位移位寄存器中的 10 位有效数据位锁存于 10 位 DAC 寄存器中，供 D/A 转换电路进行转换。

11.3.2　单片机扩展 TLC5615 设计实例

【例 11-3】　用单片机控制 TLC5615 进行 D/A 转换，其仿真原理图如图 11-7 所示。调节滑动变阻器 RV1 的值，使 TLC5615 的输出电压可在 0V～5V 内调节，从虚拟直流电压表可观察 D/A 转换输出的电压值。

参考程序如下：

```
#include<reg51.h>
#include<intrins.h>
#define uchar unsigned char
#define uint unsigned int
sbit  SCL=P1^1;
sbit  CS=P1^2;
sbit  DIN=P1^0;
```

```
uchar bdata dat_in_h;
uchar bdata dat_in_l;
sbit h_7 = dat_in_h^7;
sbit l_7 = dat_in_l^7;
void delayms(uint j)
{
        uchar i=250;
        for(;j>0;j--)
        {
                while(--i);
                i=249;
                while(--i);
                i=250;
        }
}

void Write_12Bits(void)                         //一次向 TLC5615 中写入 12 位数据函数
{
        uchar i;
        SCL=0;                                  //SCL 置 0，为写做准备
        CS=0;                                   //片选端 CS =0
        for(i=0;i<2;i++)                        //循环 2 次，发送高 2 位
        {
        if(h_7)                                 //高位先发
        {
                DIN = 1;                        //将数据送出
                SCL = 1;                        //提升时钟，写操作在时钟上升沿触发
                SCL = 0;                        //结束该位传送，为下次写做准备
        }
        else
        {
                DIN= 0;
                SCL = 1;
                SCL = 0;
        }
        dat_in_h <<= 1;
        }
        for(i=0;i<8;i++)                        //循环 8 次，发送低 8 位
        {
                if(l_7)
        {
                DIN = 1;                        //将数据送出
                SCL = 1;                        //提升时钟，写操作在时钟上升沿触发
                SCL = 0;                        //结束该位传送，为下次写做准备
        }
        else
        {
                DIN= 0;
```

```
            SCL = 1;
            SCL = 0;
        }
            dat_in_l <<= 1;
            }
            for(i=0;i<2;i++)                    //循环 2 次，发送 2 位填充位
            {
                DIN= 0;
                SCL = 1;
                SCL = 0;
            }
            CS = 1;
            SCL = 0;
        }
void TLC5615_Start(uint dat_in)             //启动 D/A 转换函数
{
        dat_in %= 1024;
        dat_in_h=dat_in/256;
        dat_in_l=dat_in%256;
        dat_in_h <<= 6;
        Write_12Bits();
}
void main()                                 //主函数
{
        while(1)
        {
         TLC5615_Start(0xffff);
         delayms(1);
        }
}
```

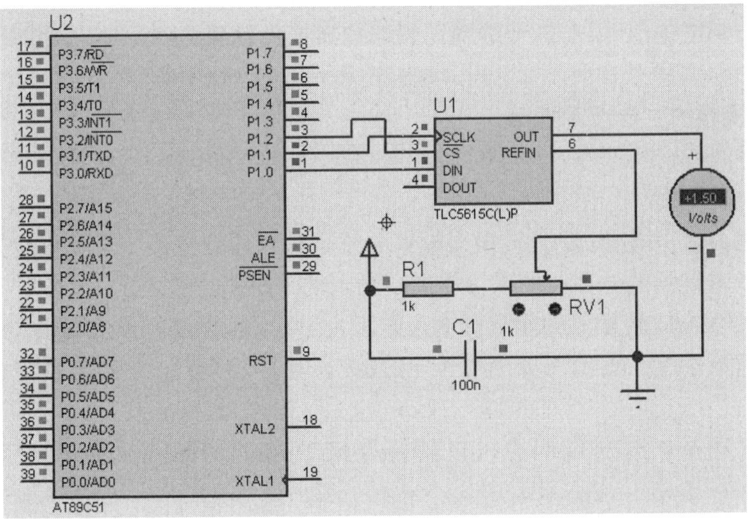

图 11-7　单片机控制 TLC5615 进行 D/A 转换的仿真原理图

11.4 单片机扩展 A/D 转换器概述

单片机只能处理数字量，A/D 转换器（ADC）把模拟量转换成数字量，单片机才能进行数据处理。随着超大规模集成电路技术的飞速发展，大量结构不同、性能各异的 ADC 芯片应运而生。

1. A/D 转换器简介

目前单片式 A/D 转换器较多。对设计者来说，只需合理地选择芯片即可。现在部分的单片机内部也集成了 A/D 转换器，位数为 8 位、10 位或 12 位，且转换速度很快，但在内部 A/D 转换器不能满足需要时，还是需要外扩。因此，作为外部扩展 A/D 转换器的基本方法，读者应当掌握。

尽管 A/D 转换器种类很多，但目前广泛应用在单片机系统中的主要有以下三种：① 逐次比较型 A/D 转换器。它在精度、速度和价格上都适中，是最常用的 A/D 转换器。② 双积分型 A/D 转换器。它具有精度高、抗干扰性好、价格低廉等优点，与逐次比较型 A/D 转换器相比，转换速度较慢，在单片机领域已得到广泛应用。③ Σ-Δ式 A/D 转换器。它具有双积分型与逐次比较型 A/D 转换器的双重优点。它对工业现场的串模干扰具有较强的抑制能力，不亚于双积分型 A/D 转换器，它比双积分型 A/D 转换器有更高的转换速度；它比逐次比较型 A/D 转换器有更高的信噪比，且分辨率高，线性度好。由于上述优点，Σ-Δ式 A/D 转换器得到了重视，已有多种Σ-Δ式 A/D 转换器可供用户选用。

A/D 转换器按照输出数字量的有效位数分为 4 位、8 位、10 位、12 位、14 位、16 位并行输出，以及 BCD 码输出的$3\frac{1}{2}$位、$4\frac{1}{2}$位、$5\frac{1}{2}$位等多种。目前，除并行的 A/D 转换器外，带有同步 SPI 的 A/D 转换器的使用也逐渐增多。串行 A/D 转换器具有占用单片机的口线少、使用方便、接口简单等优点，已经得到广泛的使用。较为典型的串行 A/D 转换器为美国 TI 公司的 TLC549（8 位）、TLC1549（10 位）、TLC1543（10 位）和 TLC2543（12 位）等。

A/D 转换器按照转换速度可分为超高速（转换时间≤1ns）、高速（转换时间≤1μs）、中速（转换时间≤1ms）、低速（转换时间≤1s）等。目前，许多新型的 A/D 转换器已将多路转换开关、时钟电路、基准电压源、二-十进制译码器和转换电路集成在一个芯片内，为用户提供了极大方便。

2. A/D 转换器的主要技术指标

（1）转换时间或转换速率。转换时间是指 A/D 转换器完成一次转换所需要的时间，转换速率为转换时间的倒数。

（2）分辨率。它是衡量 A/D 转换器能够分辨出输入模拟量最小变化程度的技术指标。分辨率取决于 A/D 转换器的位数，所以习惯上用输出的二进制位数表示。

例如，某型号 A/D 转换器的满量程输入电压为 5V，可输出 12 位二进制数，即用 2^{12} 个数进行量化，分辨能力为 1LSB，即 $5V/2^{12}=1.22mV$，其分辨率为 12 位，或能分辨出输入电压 1.22mV 的变化。

又如，双积分型输出 BCD 码的 A/D 转换器 MC14433，其满量程输入电压为 2V，其输出最大的十进制数为 1999，分辨率为$3\frac{1}{2}$位，即三位半。如果换算成二进制位数表示，其分辨率大约为 11 位，因为 1999 最接近于 $2^{11}=2048$。

量化过程引起的误差称为量化误差。量化误差是由于有限位数字量对模拟量进行量化而引起的误差。量化误差理论上规定为$\pm\frac{1}{2}$LSB。提高 A/D 转换器的位数既可提高分辨率，又能够减少量化误差。

（3）转换精度。其定义为一个实际 A/D 转换器与一个理想 A/D 转换器在量化值上的差值，可用绝对误差或相对误差表示。

要注意一个问题，两个具有相同位数的 A/D 转换器，它们的转换精度未必相同。

11.5　单片机扩展 8 位并行 A/D 转换器

1. ADC0809 芯片的功能及引脚

ADC0809 芯片是一种逐次比较型 8 路模拟量输入、8 位数字量输出的 A/D 转换器，其引脚图如图 11-8 所示。

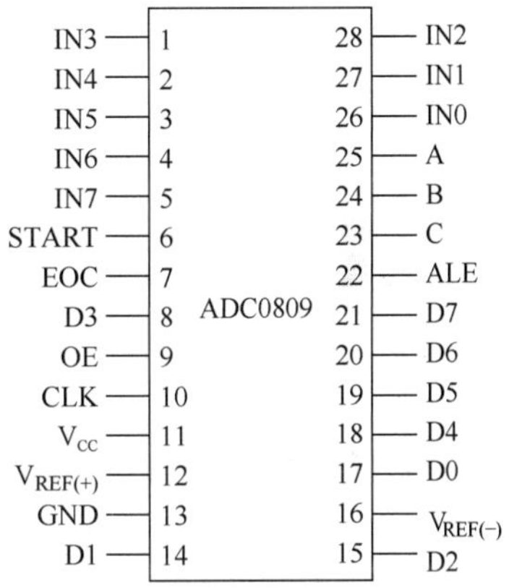

图 11-8　ADC0809 的引脚图

ADC0809 共有 28 个引脚，双列直插封装。各引脚的功能说明如下。

① IN0～IN7：8 路模拟信号输入。

② D0～D7：转换完毕的 8 位数字量输出。

③ C、B、A 与 ALE：C、B、A 引脚控制 8 路模拟输入通道的切换，分别与单片机的 3 根地址线相连。C、B、A 这 3 位为 000～111，分别对应 IN0～IN7 的地址。各路模拟信号输入通道之间的切换由改变加到 C、B、A 上的编码来实现。ALE 为 ADC0809 接收 C、B、A 编码时的锁存控制信号。

④ OE、START、CLK：OE 为转换结果输出允许引脚；START 为启动信号输入引脚；CLK 为时钟信号输入引脚，ADC0809 的 CLK 信号必须外加。

⑤ EOC：转换结束信号。当 A/D 转换开始时，该引脚为低电平；当 A/D 转换结束时，该引脚为高电平。

⑥ $V_{REF}(+)$、$V_{REF}(-)$：基准电压输入。

2. ADC0809 芯片的内部结构

ADC0809 芯片的结构如图 11-9 所示。ADC0809 采用逐次比较的方法完成 A/D 转换，由单一的+5V 电源供电。内部带有锁存功能的 8 路选 1 的模拟量开关，由加到 C、B、A 上的编码来确定所选的通道。ADC0809 完成一次转换需 100μs（此时加在 CLK 引脚上的时钟频率为 640MHz，即转换时间与加在 CLK 引脚上的时钟频率有关），它具有输出 TTL 电平的三态输出缓冲器，可直接连到 AT89S51 单片机的数据总线上。通过适当的外接电路，ADC0809 可对 0V～5V 的模拟信号进行转换。

3. 输入模拟电压与输出数字量的关系

ADC0809 的输入模拟电压与输出数字量的关系如下：

$$V_{IN}=\frac{[V_{REF(+)}-V_{REF(-)}]}{256}\times N+V_{REF(-)}$$

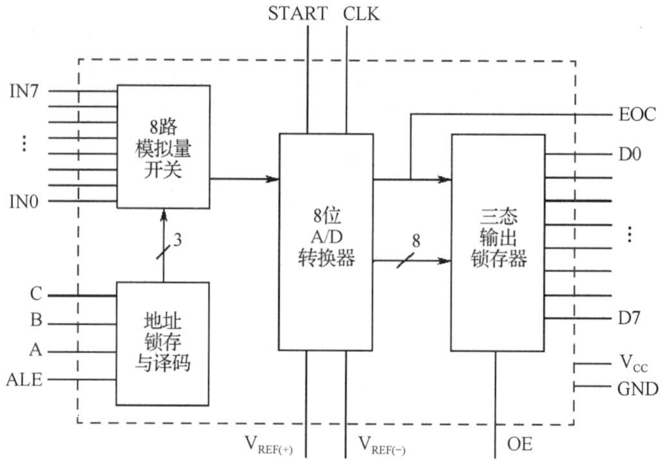

图 11-9　ADC0809 芯片的内部结构

式中，V_{IN} 处于（$V_{REF(+)}-V_{REF(-)}$）之间，N 为十进制数。通常，$V_{REF(+)}$接+5V 电源，$V_{REF(-)}$接地，即模拟输入电压范围为 0V～+5V，对应的数字量输出为 0x00～0xff。

4．ADC0809 的转换工作原理

在讨论接口设计之前，先了解单片机如何控制 ADC 开始转换，如何得知转换结束，以及如何读入转换结果。

单片机控制 ADC0809 进行 A/D 转换的过程如下：首先由加到 C、B、A 上的编码决定选择 ADC0809 的某一路模拟量输入通道，同时产生高电平加到 ADC0809 的 START 引脚上，开始对选中的通道进行转换。当转换结束时，ADC0809 发出转换结束信号 EOC（高电平）。当单片机读取转换结果时，需控制 OE 引脚为高电平，把转换完毕的数字量读入单片机内。

单片机读取 A/D 转换结果可采用查询方式和中断方式。

① 查询方式。检测 EOC 引脚是否变为高电平，如果为高电平则说明转换结束，然后单片机读入转换结果。

② 中断方式。单片机开始启动 A/D 转换之后，单片机执行其他程序。ADC0809 转换结束后，EOC 变为高电平，EOC 通过反相器向单片机发出中断请求信号，单片机响应中断，进入中断服务程序，在中断服务程序中读入转换完毕的数字量。很明显，采用中断方式效率高。

11.5.1　单片机扩展 ADC0809 设计实例

【例 11-4】 采用查询方式控制 ADC0809（由于 Proteus 元件库中没有 ADC0809，可用库中与其兼容的 ADC0808 替代，ADC0808 与 ADC0809 性能完全相同，用法一样，只是在非调整误差方面有所不同，ADC0808 为±1/2LSB，而 ADC0809 为±1LSB）进行 A/D 转换。其仿真原理图如图 11-10 所示。输入给 ADC0809 的模拟电压可通过调节滑动变阻器 RV1 来实现，ADC0808 将输入的模拟电压转换成二进制数字，并通过 P1 口的输出，来控制发光二极管的亮与灭，显示转换结果的二进制数字量。

ADC0808 转换一次约需 100μs。本例使用 P2.3 来查询 EOC 引脚的电平，判断 A/D 转换是否结束。如果 EOC 引脚为高电平，则说明 A/D 转换结束，单片机从 P1 口读入转换二进制的结果，然后把结果从 P0 口输出给 8 个发光二极管。发光二极管被点亮的位，对应的转换结果为 0。

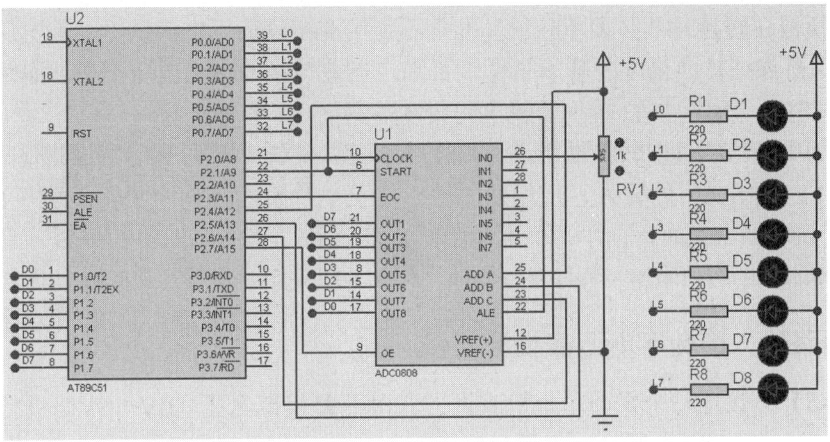

图 11-10　单片机控制 ADC0809 进行 A/D 转换的仿真原理图

参考程序如下：

```
#include "reg51.h"
#define uchar unsigned char
#define uint unsigned int
#define LED   P0
#define out   P1
sbit start=P2^1;
sbit OE=P2^7;
sbit EOC=P2^3;
sbit CLOCK=P2^0;
sbit add_a=P2^4;
sbit add_b=P2^5;
sbit add_c=P2^6;

void main(void)
{
    uchar   temp;
    add_a=0;add_b=0;add_c=0;                    //选择 ADC0809 的通道 0
    while(1)
    {
        start=0;
        start=1;
        start=0;                                //启动转换
        while(1)
        {
            clock=!clock;if(EOC==1)break;}      //等待转换结束
            OE=1;                               //允许输出
            temp=out;                           //暂存转换结果
            OE=0;                               //关闭输出
            LED=temp;                           //采样结果通过 P0 口输出到 LED中
        }
    }
}
```

A/D 转换器在转换时，必须单独加基准电压，用高精度稳压电源供给，其电压的变化要小于 1LSB，这是保证转换精度的基本条件。否则，当被转换的输入电压不变，而基准电压的变化大于 1LSB 时，会引起 A/D 转换器输出的数字量变化。

如果采用中断方式读取转换结果，可将 EOC 引脚与单片机的 P2.3 引脚断开，EOC 引脚接反相器（如 74LS04）的输入，反相器的输出接至单片机的外部中断输入端（$\overline{\text{INT0}}$或$\overline{\text{INT1}}$引脚），从而在转换结束时，向单片机发出中断请求信号。

读者可将本例的接口电路及程序进行修改，使单片机采用中断方式来读取 A/D 转换结果。

11.5.2 两路输入的数字电压表设计实例

【例 11-5】 设计一个采用单片机查询方式对两路模拟电压（0V～5V）进行交替采集的数字电压表。仿真原理图如图 11-11 所示。

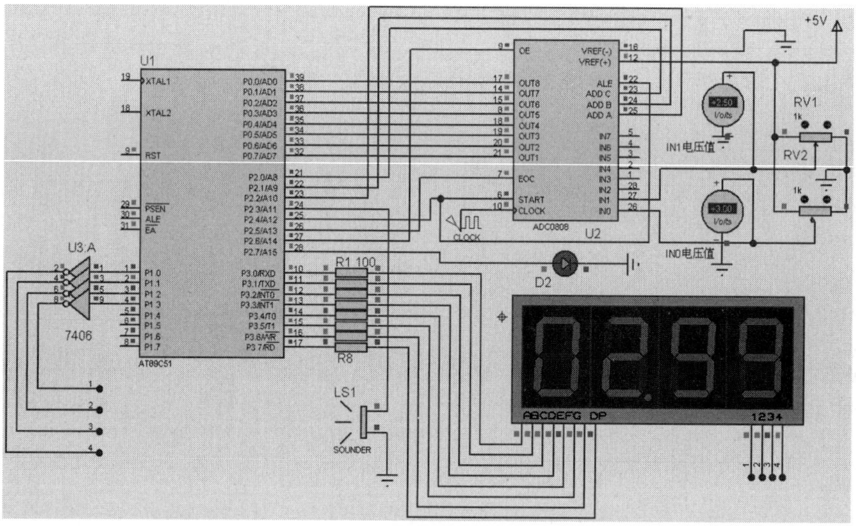

图 11-11　查询方式的数字电压表仿真原理图

两路 0V～5V 的被测电压分别加到 ADC0809 的 IN0 和 IN1 通道上，进行 A/D 转换。两路输入电压的大小可通过手动调节 RV1 和 RV2 来实现。

本例将 1.25V 和 2.50V 作为两路输入的报警值，当 IN0 和 IN1 通道的电压分别超过 1.25V 和 2.50V 时，对应的二进制数值分别为 0x40 和 0x80。当 A/D 转换结果超过这一数值时，将驱动发光二极管 D2 闪烁与蜂鸣器发声，以表示超限。测得的输入电压交替显示在 LED 数码管上，同时也显示在两个虚拟电压表的符号上。通过鼠标滚轮来放大虚拟电压表的符号，可清楚地看到输入电压的测量结果。

ADC0809 采用的基准电压为+5V，转换所得结果的二进制数字 addata 所代表的电压的绝对值为(addata÷256)×5V。而若将其显示到小数点后两位，不考虑小数点的存在（将其乘以 100），则计算的数值为(addata×100÷256)×5V≈addata×1.96 V。控制小数点显示在左边第二个 LED 数码管上，即为实际的测量电压。

参考程序如下：

```
#include<reg51.h>
unsigned char a[16]={0x3f,0x06,0x5b,0x4f,0x66,0x6d,0x7d,0x07,0x7f,0x6f,0x77,0x7c,0x39,0x5e,
0x79,0x71,},b[4],c=0x01;
```

```
sbit START=P2^4;
sbit OE=P2^6;
sbit EOC=P2^5;
sbit add_a=P2^2;
sbit add_b=P2^1;
sbit add_c=P2^0;
sbit led=P2^7;
sbit buzzer=P2^3;
void Delay1ms(unsigned int count)                    //延时函数
{
      unsigned int i,j;
      for(i=0;i<count;i++)
      for(j=0;j<120;j++);
}
void show()                                          //显示函数
{
      unsigned int r;
      for(r=0;r<4;r++)
      {
            P1=(c<<r);
            P3=b[r];
            if(r==2)                                 //显示小数点
            P3=P3|0x80;
            Delay1ms(1);
      }
}
void main(void)
{
      unsigned int addata=0,i;
      while(1)
      {
            add_a=0;                                 //采集第 1 路信号
            add_b=0;
            add_c=0;
            START=1;                                 //根据时序图启动 ADC0808 的 A/D 转换程序
            START=0;
            while(EOC==0)
            {
            OE=1;
            }
            addata=P0;
      if(addata>=0x40)                               //当大于 1.25V 时，则使用发光二极管和蜂鸣器报警
      {
            for(i=0;i<=100;i++)
            {
                  led=~led;
                  buzzer=~buzzer;
            }
```

```
        led=1;                          //控制发光二极管 D2 闪烁，发出光报警信号
        buzzer=1;                       //控制蜂鸣器发声，发出声音报警信号
    }
    else                                //否则取消报警
    {
        led=0;                          //控制发光二极管 D2 灭
        buzzer=0;                       //控制蜂鸣器不发声
    }
        addata=addata*1.96;             //将采得的二进制数转换成可读的电压值
        OE=0;
        b[0]=a[addata%10];              //显示到 LED 数码管上
        b[1]=a[addata/10%10];
        b[2]=a[addata/100%10];
        b[3]=a[addata/1000];
        for(i=0;i<=200;i++)
    {
        show();
    }
```

```
        add_a=1;                        //采集第 2 路信号
        add_b=0;
        add_c=0;
        START=1;                        //启动 ADC0808 开始转换
        START=0;
        while(EOC==0)
        {
          OE=1;
        }
        addata=P0;
        if(addata>=0x80)                //当大于 2.5V 时，则使用发光二极管和蜂鸣器报警
        {
            for(i=0;i<=100;i++)
            {
                led=~led;
                buzzer=~buzzer;
            }
            led=1;
            buzzer=1;
        }
        else                            //否则取消报警
        {
            led=0;
            buzzer=0;
        }
        addata=addata*1.96;             //根据 A/D 转换原理将二进制数转换成可读的电压
        OE=0;
        b[0]=a[addata%10];              //显示到 LED 数码管上
        b[1]=a[addata/10%10];
        b[2]=a[addata/100%10];
```

```
            b[3]=a[addata/1000];
            for(i=0;i<=200;i++)
            {
                show();
            }
        }
}
```

11.6 单片机扩展 8 位串行 A/D 转换器

串行 A/D 转换器与单片机连接具有占用 I/O 口线少的优点，使用较多，大有取代并行 A/D 转换器的趋势。下面介绍单片机扩展串行 8 位 A/D 转换器 TLC549 的应用设计。

11.6.1 TLC549 简介

TLC549 芯片是美国 TI 公司推出的价廉、高性能的带有 SPI 串行口的 8 位 A/D 转换器，其转换速度小于 17μs，最大转换速率为 40kHz，内部系统时钟典型值为 4MHz，电源为 3V～6V。它能方便地与各种单片机通过 SPI 串行口连接。

1. TLC549 芯片的引脚及功能

TLC549 的引脚图如图 11-12 所示。

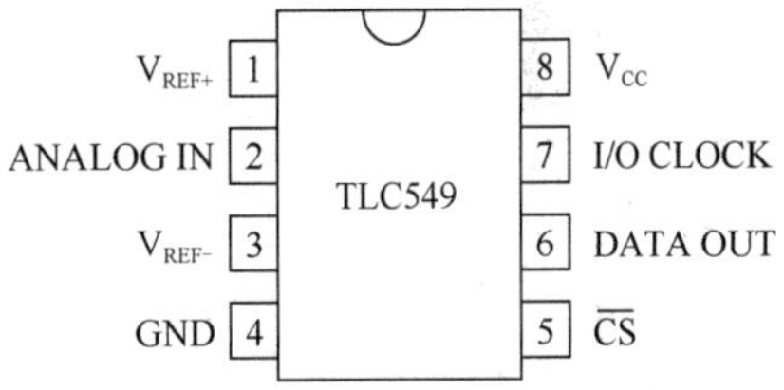

图 11-12 TLC549 的引脚图

各引脚功能说明如下。

① $\overline{CS}$：片选。

② DATA OUT：A/D 转换结果数据串行输出，与 TTL 电平兼容。输出时高位在前，低位在后。

③ ANALOG IN：模拟信号输入，其电压取值范围为 0V～V_{CC}。当其电压值大于等于 V_{REF+}时，转换结果为全 1（0xff）；当其电压值小于等于 V_{REF-}时，转换结果为全 0（0x00）。

④ I/O CLOCK：外接 I/O 时钟信号，用于芯片的 I/O 同步操作，无须与芯片内部系统时钟同步。

⑤ V_{REF+}：正基准电压输入，$2.5V \leqslant V_{REF+} \leqslant V_{CC}+0.1V$。

⑥ V_{REF-}：负基准电压输入，$-0.1V \leqslant V_{REF-} \leqslant 2.5V$，且 $V_{REF+}-V_{REF-} \geqslant 1V$。

⑦ V_{CC}：电源，$3V \leqslant V_{CC} \leqslant 6V$。

⑧ GND：地。

2. TLC549 芯片的工作时序

TLC549 芯片的工作时序如图 11-13 所示。

（1）串行数据中，高位 A7 先输出，最后输出低位 A0。

（2）在每次 I/O CLOCK 引脚高电平期间，DATA OUT 线上的数据产生有效输出。每出现一个 I/O CLOCK 信号，DATA OUT 线就输出 1 位数据。一个周期出现 8 个 I/O CLOCK 信号并对应 8 位数据输出。

（3）在 $\overline{CS}$ 引脚变为低电平后，最高有效位（A7）自动置于 DATA OUT 线上。其余 7 位（A6～A0）在前 7 个 I/O CLOCK 信号下降沿由时钟同步输出。B7～B0 以同样的方式跟在其后。

（4）t_{su} 在 $\overline{CS}$ 引脚变低电平后，I/O CLOCK 信号开始正跳变的最小时间间隔为 1.4μs。

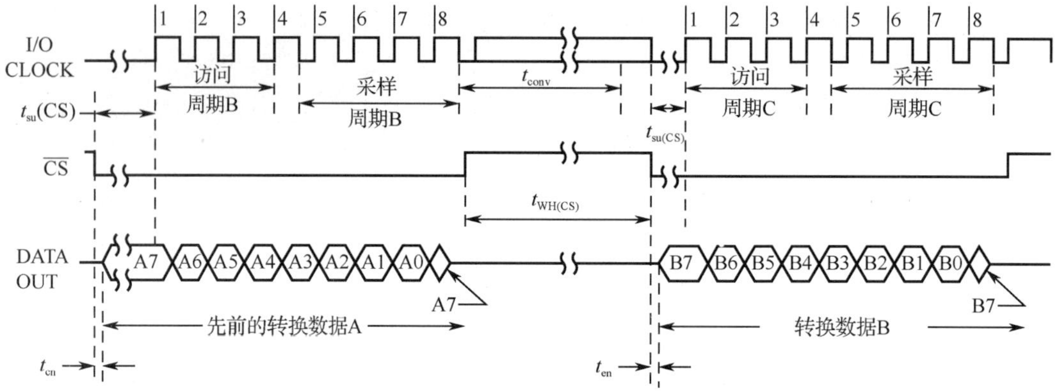

图 11-13　TLC549 芯片的工作时序

（5）t_{en} 是从 $\overline{CS}$ 引脚变低电平到 DATA OUT 线上输出数据的最小时间间隔（1.2μs）。

（6）只要 I/O CLOCK 引脚变高电平就可以读取 DATA OUT 线上的数据。

（7）只有在 $\overline{CS}$ 引脚为低电平时，TLC549 才工作。

（8）TLC549 的 A/D 转换电路没有启动控制端，只要读取前一次数据后马上就可以开始新的 A/D 转换。转换完成后就进入保持状态。每次转换所需时间是 17μs，它开始于 $\overline{CS}$ 引脚变为低电平后第 8 个 I/O CLOCK 信号的下降沿，没有转换完成标志信号。

当 $\overline{CS}$ 引脚变为低电平后，TLC549 被选中，同时前一次转换结果的最高有效位 MSB（A7）自 DATA OUT 输出，接着要求从 I/O CLOCK 输入 8 个外部时钟信号。前 7 个 I/O CLOCK 信号的作用是，配合 TLC549 输出前一次转换结果的 A6～A0 位，并为本次转换做准备。在第 4 个 I/O CLOCK 信号由高至低的跳变之后，内部采样/保持电路对输入模拟信号采样开始，第 8 个 I/O CLOCK 信号的下降沿使内部采样/保持电路进入保持状态并启动 A/D 转换。转换时间为 36 个系统时钟周期，最长为 17μs。直到 A/D 转换完成前的这段时间内，TLC549 的控制逻辑要求：或者 $\overline{CS}$ 引脚保持高电平，或者 I/O CLOCK 引脚保持 36 个系统时钟周期的低电平。由此可见，在 TLC549 的 I/O CLOCK 引脚输入 8 个外部时钟信号期间，需要完成以下工作：读入前一次 A/D 转换结果；对本次转换的输入模拟信号采样并保持；启动本次 A/D 转换。

11.6.2　单片机扩展 TLC549 设计实例

【例 11-6】　用单片机控制串行的 8 位 A/D 转换器 TLC549 进行 A/D 转换，其仿真原理图如图 11-14 所示。由滑动变阻器 RV1 提供给 TLC549 模拟量输入，通过调节 RV1 上的“+”和“−”端，改变输入电压值。编写程序将模拟电压量转换成二进制数字量，用 P0 口输出控制 8 个发光二极管的亮与灭显示转换结果的二进制码，或通过 LED 数码管将转换完毕的数字量以十六进制数形式显示出来。

参考程序如下：

```
#include<reg51.h>
#include<intrins.h>                    //包含_nop_()函数的头文件
#define uchar unsigned char
#define uint unsigned int
#define   led    P0
sbit sdo=P1^0;                         //定义 P1^0 与 TLC549 的 SDO（即 DATA OUT）连接
```

```
sbit cs=P1^1;                    //定义 P1^1 与 TLC549 的 CS 连接
sbit sclk=P1^2;                  //定义 P1^2 与 TLC549 的 SCLK（即 I/O CLOCK）连接
void delayms(uint j)             //延时函数
{
    uchar i=250;
    for(;j>0;j--)
    {
        while(--i);
        i=249;
        while(--i);
        i=250;
    }
}
void delay18us(void)             //延时约 18μs 函数
{
    _nop_();_nop_();_nop_();_nop_();_nop_();_nop_();_nop_();_nop_();_nop_();
    _nop_();_nop_();_nop_();_nop_();_nop_();_nop_();_nop_(); nop_();;_nop_();
}
uchar convert(void)
{
    uchar i,temp;
    cs=0;
    delay18us();
    for(i=0;i<8;i++)
    {
        if(sdo==1)temp=temp|0x01;
        if(i<7)temp=temp<<1;
        sclk=1;
        _nop_(); _nop_(); _nop_();_nop_();
        sclk=0;
        _nop_(); _nop_();
    }
    cs=1;
    return(temp);
}
void main()
{
    uchar result;
    led=0;
    cs=1;
    sclk=0;
    sdo=1;
    while(1)
    {
        result=convert();
        led=result;                  //转换结果从 P0 口输出驱动发光二极管
        delayms(1000);
    }
}
```

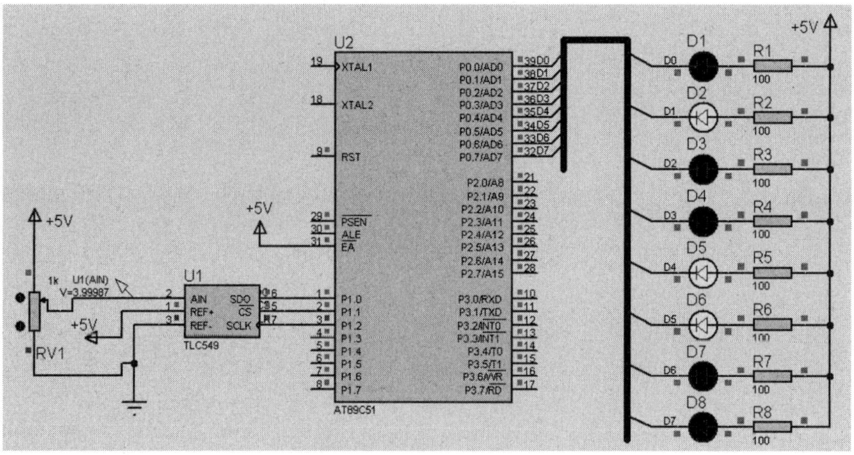

图 11-14　单片机与 TLC549 接口的仿真原理图

由于 TLC549 的转换时间超过了 17μs，本例采用延时操作方案，延时大约 18μs，每次读取转换数据的时间超过 17μs 即可。

11.7　单片机扩展 12 位串行 A/D 转换器

TLC2543 是美国 TI 公司的 12 位 SPI 串行口的 A/D 转换器，转换时间为 10μs。下面首先介绍 TLC2543 的特性及工作原理。

11.7.1　TLC2543 简介

TLC2543 内部有 1 个 14 路模拟开关，用来选择 11 路模拟输入及 3 路内部测试电压中的 1 路进行采样。为了保证测量结果的准确性，该器件具有 3 路内置自测试方式，可分别测试 V_{REF+}高基准电压值，V_{REF-}低基准电压值和“$V_{REF+}/2$”值。该器件的模拟量输入范围为 V_{REF+}～V_{REF-}，一般模拟量的变化范围为 0V～+5V，所以此时 V_{REF+}引脚接+5V，V_{REF-}引脚接地。

由于 TLC2543 与 8051 单片机的接口电路简单，且价格适中，分辨率较高，因此它在智能仪器仪表中有着广泛的应用。

1．TLC2543 芯片的引脚及功能

TLC2543 的引脚图如图 11-15 所示。各引脚功能说明如下。

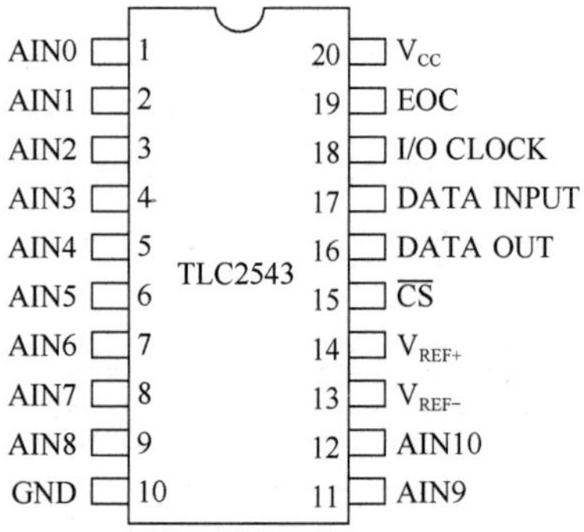

图 11-15　TLC2543 的引脚图

① AIN0～AIN10：11 路模拟量输入。

② $\overline{CS}$：片选。

③ DATA INPUT：串行数据输入。由 4 位的串行地址输入来选择模拟量输入通道。

④ DATA OUT：A/D 转换结果的三态串行输出。$\overline{CS}$为高时，其处于高阻抗状态；$\overline{CS}$为低时，其处于转换结果输出状态。

⑤ EOC：转换结束。

⑥ I/O CLOCK：外接 I/O 时钟信号。

⑦ V_{REF+}：正基准电压输入。基准电压的正端（通常为 V_{CC}）被加到 V_{REF+}引脚上。最大的输入电压范围为加在 V_{REF+}引脚上与 V_{REF-}引脚上的电压差。

⑧ V_{REF-}：负基准电压输入。基准电压的低端（通常为地）被加到从 DATA INPUT 引脚输入 8 位、12 位或 16 位数据。V_{REF-}引脚上。

⑨ V_{CC}：电源。

⑩ GND：地。

2. TLC2543 芯片的工作过程

TLC2543 芯片的工作过程分为两个周期：I/O 周期和实际转换周期。

（1）I/O 周期。由外部提供的 I/O CLOCK 信号定义，延续 8、12 或 16 个时钟周期，取决于选定的输出数据的长度。TLC2543 的工作时序如图 11-16 所示。器件进入 I/O 周期后同时进行如下两种操作。

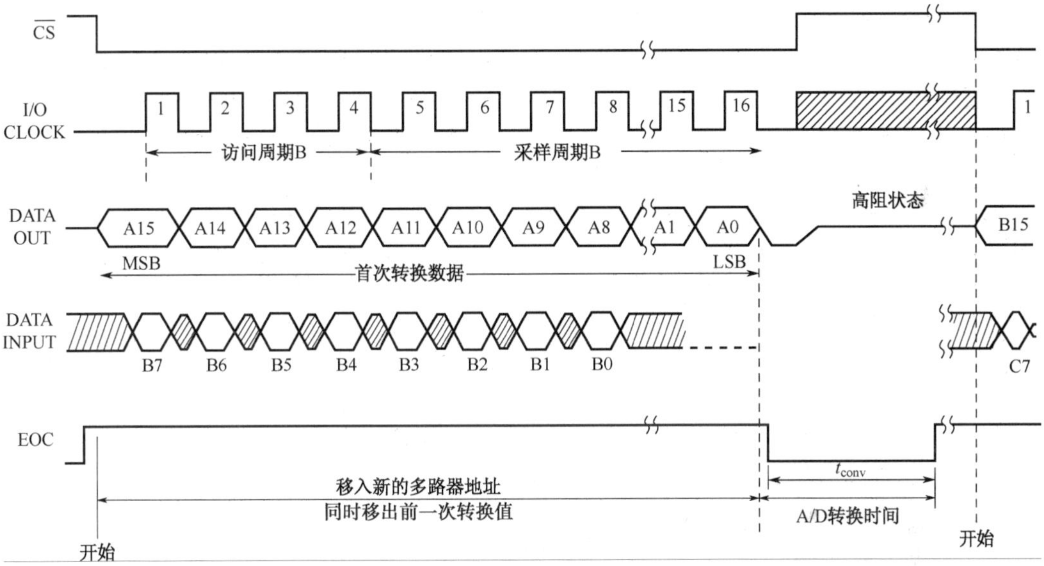

图 11-16　TLC2543 的工作时序

① 从 DATA INPUT 引脚输入 8 位、12 位或 16 位数据。在前 8 个 I/O CLOCK 信号的上升沿，以 MSB 前导方式从 DATA INPUT 引脚输入 8 位数据到输入寄存器中。其中前 4 位为模拟通道地址，控制 14 通道模拟多路器从 11 路模拟输入和 3 个内部自测电压中，选通一路到采样保持器中。该电路从第 4 个 I/O CLOCK 的下降沿开始，对所选的信号进行采样，直到最后一个 I/O CLOCK 信号的下降沿。I/O CLOCK 信号的时钟个数与输出数据长度（位数）有关，输出数据的长度由输入数据的 D3、D2 可选择为 8 位、12 位或 16 位。当工作于 12 位或 16 位时，在前 8 个 I/O CLOCK 信号之后，DATA INPUT 无效。

② 从 DATA OUT 引脚输出 8 位、12 位或 16 位数据。当 $\overline{CS}$ 引脚保持为低电平时，第 1 个数据出现在 EOC 信号的上升沿，若转换由 $\overline{CS}$ 信号控制，则第 1 个输出数据发生在 $\overline{CS}$ 信号的下降沿。这个数据是前一次转换的结果，在第 1 个输出数据之后的每个后续数据均由后续的 I/O CLOCK 信号的下降沿输出。

（2）实际转换周期。在 I/O 周期的最后一个 I/O CLOCK 信号下降沿之后，EOC 引脚变低电平，采样值保持不变，实际转换周期开始，内部转换器对采样值进行逐次逼近型 A/D 转换，其工作由与 I/O CLOCK 信号同步的内部系统时钟控制。转换结束后，EOC 引脚变高电平，转换结果锁存在输出寄存器中，待下一个 I/O 周期输出。I/O 周期和实际转换周期交替进行，从而可减少外部的数字噪声对转换精度的影响。

3．TLC2543 的命令字

每次转换都必须给 TLC2543 写入命令字，以便确定被转换的信号来自哪个通道，转换结果用多少位输出，输出的顺序是高位在前还是低位在前，输出的结果是有符号数还是无符号数。命令字的写入顺序是高位在前。命令字格式如下：

通道地址选择（D7～D4）	数据的长度（D3～D2）	数据的顺序（D1）	数据的极性（D0）

① 通道地址选择位（D7～D4）用来选择输入通道。二进制数 0000～1010 分别是 11 路模拟量 AIN0～AIN10 的地址；地址 1011、1100 和 1101 所选择的自测试电压分别是$(V_{\mathrm{REF}}(V_{\mathrm{REF+}})-(V_{\mathrm{REF-}}))/2$、$V_{\mathrm{REF-}}$、$V_{\mathrm{REF+}}$。1110 是掉电地址，选择掉电后，TLC2543 处于休眠状态，此时电流小于 20μA。

② 数据的长度位（D3～D2）用来选择转换的结果用多少位输出。“D3 D2”为×0 时，12 位输出；“D3 D2”为 01 时，8 位输出；“D3 D2”为 11 时，16 位输出。

③ 数据的顺序位（D1）用来选择数据输出的顺序。D1=0，高位在前；D1=1，低位在前。

④ 数据的极性位（D0）用来选择数据的极性。D0=0，数据是无符号数；D0=1，数据是有符号数。

11.7.2　单片机扩展 TLC2543 设计实例

下面介绍单片机扩展 TLC2543 接口设计及软件编程。

【例 11-7】 单片机扩展 TLC2543 的仿真原理图如图 11-17 所示，编写程序对 AIN2 模拟量输入通道进行数据采集，结果在 LED 数码管上显示。输入电压的调节通过 RV1 来实现。

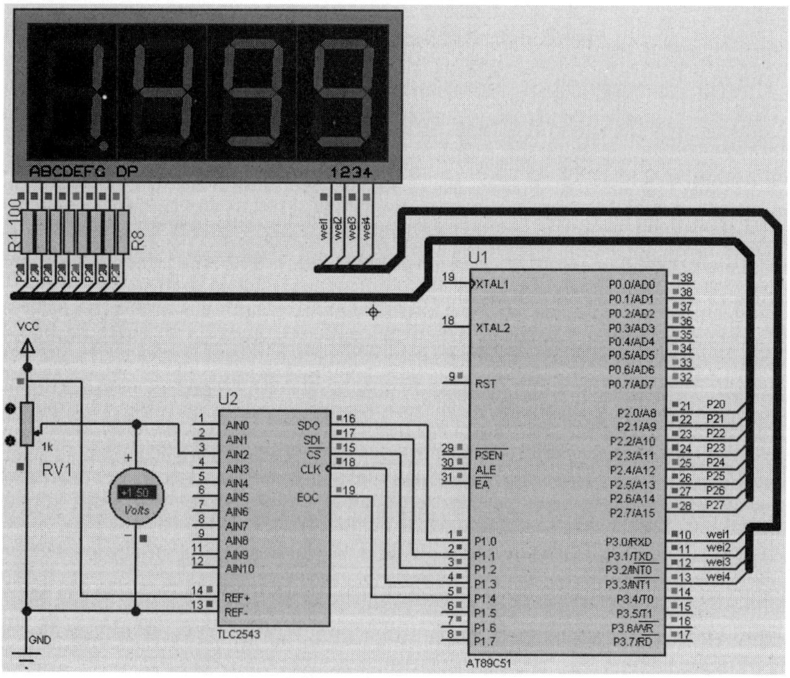

图 11-17　单片机扩展 TLC2543 的仿真原理图

TLC2543 与单片机的接口采用 SPI 串行口。由于 AT89S51 不带 SPI 串行口，须采用软件与单片机 I/O 口线相结合的方式来模拟 SPI 串行口的时序。TLC2543 的三个控制输入引脚分别为 I/O CLOCK（第 18 引脚，输入/输出时钟）、DATA INPUT（第 17 引脚，4 位串行地址输入）及 $\overline{CS}$（第 15 引脚，片选），它们分别由单片机的 P1.3、P1.1 和 P1.2 引脚来控制。转换结果 DATA OUT（第 16 引脚）由单片机的 P1.0 引脚串行接收。AT89S51 将命令字通过 P1.1 引脚串行写入 TLC2543 的输入寄存器中。

内部的 14 通道模拟多路器可选择 11 路模拟输入中的任一路或 3 个内部自测电压中的一个并且自动完成采样保持。转换结束后，EOC 输出变高电平，转换结果由 DATA OUT 输出。

采集的数据为 12 位无符号数，采用高位在前的输出数据。写入 TLC2543 的命令字为 0x20。由 TLC2543 的工作时序可知，命令字的写入和转换结果的输出是同时进行的，即在读出转换结果的同时也写入下一次的命令字，采集 11 个数据要进行 12 次转换。第 1 次写入的命令字是有实际意义的操作，但是第 1 次读出的转换结果是无意义的操作，应丢弃；而第 11 次写入的命令字是无意义的操作，而读出的转换结果是有意义的操作。

参考程序如下：

```
#include <reg51.h>
#include <intrins.h>                      //包含_nop_()函数的头文件
#define uchar unsigned char
#define unit unsigned int
unsigned char code table[]={0xc0,0xf9,0xa4,0xb0,0x99,0x92,0x82,0xf8,0x80,0x90};
unit ADresult[11];                        //11 个通道的转换结果单元
sbit   DATOUT=P1^0;                       //定义 P1.0 与 DATA OUT 相连
sbit   DATIN=P1^1;                        //定义 P1.1 与 DATA INPUT 相连
sbit   CS=P1^2;                           //定义 P1.2 与 CS 相连
sbit   IOCLK=P1^3;                        //定义 P1.3 与 I/O CLOCK 相连
sbit   EOC=P1^4;                          //定义 P1.4 与 EOC 相连
sbit wei1=P3^0;
sbit wei2=P3^1;
sbit wei3=P3^2;
sbit wei4=P3^3;
void delay_ms(unit i)
{
      int j;
      for(; i>0; i--)
            for(j=0; j<123; j++);
}
unit getdata(uchar channel)               //获取转换结果函数，channel 为通道号
{
      uchar i,temp;
      unit read_ad_data=0;                //分别存放采集的数据，先清 0
      channel=channel<<4;                 //结果为 12 位数据，高位导前，单极性××××0000
      IOCLK=0;
      CS=0;                               //CS 下跳沿，并保持低电平
      temp=channel;                       //输入要转换的通道
      for(i=0;i<12;i++)
      {
```

```
            if(DATOUT) read_ad_data=read_ad_data|0x01;        //读入转换结果
            DATIN=(bit)(temp&0x80);  //写入方式/通道命令字
            IOCLK=1;                 //上跳沿
            _nop_();_nop_();_nop_(); //空操作延时
            IOCLK=0;                 //下降沿
            _nop_();_nop_();_nop_();
            temp=temp<<1;            //左移 1 位，准备发送方式通道控制字下一位
            read_ad_data<<=1;        //转换结果左移 1 位
        }
        CS=1;                        //CS 上跳沿
        read_ad_data>>=1;            //抵消第 12 次左移，得到 12 位转换结果
        return(read_ad_data);
}
void dispaly(void)                   //显示函数
{
        uchar qian,bai,shi,ge;       //定义千、百、十、个位
        unit value;
        value=ADresult[2]*1.221;     //1.221=5000/4095
        qian=value%10000/1000;
        bai=value%1000/100;
        shi=value%100/10;
        ge=value%10;

        wei1=1;
        P2=table[qian]-128;
        delay_ms(1);
        wei1=0;

        wei2=1;
        P2=table[bai];
        delay_ms(1);
        wei2=0;

        wei3=1;
        P2=table[shi];
        delay_ms(1);
        wei3=0;

        wei4=1;
        P2=table[ge];
        delay_ms(1);
        wei4=0;
}
main(void)
{
        ADresult[2]=getdata(2);      //启动 2 通道转换，第 1 次转换结果无意义
        while(1)
        {
```

```
            _nop_();_nop_(); _nop_();
            ADresult[2]=getdata(2);        //读取本次转换结果，同时启动下次转换
            while(!EOC);                   //判是否转换完毕，未转换完则循环等待
            dispaly();
        }
    }
```

由本例可见，AT89S51 单片机与 TLC2543 的接口电路十分简单，只需用软件控制 4 个输入/输出引脚，按照规定的时序对 TLC2543 进行访问即可。

思考题及习题 11

1. 对于电流输出的 D/A 转换器，为了得到电压输出，应使用（　　）。

2. 使用双缓冲同步方式的 D/A 转换器，可实现多路模拟信号的（　　）输出。

3. 判断下列说法是否正确。

   A）“转换速度”指标仅适用于 A/D 转换器，D/A 转换器不用考虑“转换速度”问题

   B）ADC0809 可以利用“转换结束”信号 EOC 向 AT89S51 单片机发出中断请求

   C）输出模拟量的最小变化量称为 A/D 转换器的分辨率

   D）对于周期性的干扰电压，可使用双积分型 A/D 转换器，并选择合适的积分元件，可以消除该周期性的干扰电压带来的转换误差

4. D/A 转换器的主要性能指标有哪些？设某 DAC 为 12 位，满量程输出电压为 5V，试问它的分辨率是多少？

5. A/D 转换器两个最重要的技术指标是什么？

6. 分析 A/D 转换器产生量化误差的原因，一个 8 位的 A/D 转换器，当输入电压为 0V～5V 时，其最大的量化误差是多少？

7. 目前应用较广泛的 A/D 转换器主要有哪几种类型？它们各有什么特点？

8. 在 DAC 和 ADC 的主要技术指标中，量化误差、分辨率和精度有何区别？

9. Proteus 虚拟仿真。设计一个单片机与 DAC0832 组成的波形发生器，要求利用内部定时/计数器产生的 2ms 定时中断来输出周期为 1s、输出电平为 0V～5V 的三角波，并通过虚拟示波器观察三角波的周期是否准确。

10. Proteus 虚拟仿真。利用单片机与 ADC0809 制作一个简易的数字电压表，测量 0V～5V 的电压。用 4 位一体的 LED 数码管显示测量值，要求最高位显示模拟通道号，其余 3 位显示测量结果，且始终有小数点显示，小数点后显示 2 位数字。要求测量的最小分辨率为 0.0196V，测量误差为±0.02V。

11. Proteus 虚拟仿真。在例 11-5 的基础上，把查询方式改为中断方式来读取转换结果，要求对两路输入电压进行交替采集并显示，超过报警值时发光二极管 D2 闪烁并驱动蜂鸣器报警。（提示：采用中断方式读取转换结果，需要对图 11-11 的电路进行改动，将 EOC 引脚与 P2.5 引脚断开，然后将 EOC 引脚经过反相器 74LS04 接至单片机的 $\overline{\text{INT0}}$ 引脚。）

第12章　单片机应用系统的设计

导读：本章介绍 AT89S51 单片机应用系统的设计，内容包括：应用系统的设计步骤和方法、应用系统硬件设计应考虑的问题、典型的单片机应用系统组成、总线驱动问题。此外，还介绍单片机应用系统的仿真开发工具以及如何利用仿真开发工具对单片机应用系统进行调试。本章最后给出 6 个单片机系统的设计实例，供读者借鉴和参考。

12.1　单片机应用系统的设计步骤

在单片机应用系统的设计中，首先要经过深入细致的需求分析，周密而科学的方案论证才能使系统设计工作顺利完成。一个单片机应用系统的设计，一般可分为如下 4 个阶段。

1．明确任务和需求分析及确定设计方案阶段

明确系统所要完成的任务十分重要，它是设计工作的基础，也是设计方案正确性的保证。

需求分析的内容主要包括：被测控参数的形式（电量、非电量、模拟量、数字量等），被测控参数的范围，性能指标，系统功能，工作环境，显示、报警、打印要求等。

确定设计方案是根据任务的需求分析，先确定大致方向和准备采用的手段。

注意，在确定设计方案时，简单的方法往往可以解决大问题，切忌"将简单的问题复杂化"。

2．硬件和软件设计阶段

根据确定的设计方案，设计出相应的系统硬件电路。硬件设计的前提是，必须能够完成系统的要求和保证可靠性。在硬件设计时，如果能够将硬件设计与软件设计结合起来考虑，效果会更好。因为当有些问题在硬件电路中无法完成时，可直接由软件来完成（如某些软件滤波、校准功能等）；当编写软件很麻烦时，通过稍稍改动硬件电路可能会使软件变得十分简单。另外，在一些要求系统实时性强、响应速度快的场合，必须用硬件电路代替软件来完成某些功能。所以在硬件设计时，最好能够与软件的设计结合起来，统一考虑，合理地安排软、硬件的比例，使系统具有最佳的性能价格比。当硬件设计完成后，就可进行硬件电路板的绘制和焊接工作了。

接下来的工作就是软件设计。正确的编程方法是根据需求分析，先绘制出程序流程图。这个环节十分重要。流程图的绘制往往不能一次成功，需要进行多次修改，可按照由简到繁的方式再逐步细化：先大体上绘制系统需要执行的模块，然后将这些模块按照要求组合在一起，在大方向没有问题后，再将每个模块进行细化，最后形成程序流程图。这样，程序的编写速度就会很快，同时程序流程图还会为后面的调试带来方便，如程序调试中发现某个模块不正常，就可以通过程序流程图来查找出现问题的原因。软件编写者一定要克服不绘制程序流程图直接在计算机上编写程序的习惯。

设计者也可以在上述软/硬件设计工作完成后，先使用虚拟仿真开发工具 Proteus 来进行单片机系统的仿真设计。使用 Proteus 完成的单片机系统设计与用户样机在硬件上无任何联系，这是一种完全用软件手段来对单片机硬件和软件进行设计、开发与调试的仿真工具。如果一个

单片机的软、硬件系统先在软件环境下进行仿真系统设计并调试通过，虽然还不能完全说明实际系统能够完全通过，但至少在逻辑上是行得通的。在软件环境下仿真通过后，再进行实际的软、硬件设计与实现，可减少设计上所走的弯路。软件编写调试可与硬件设计同步进行，可提高设计效率，这也是目前业界广泛采用的一种开发设计方法。

3．硬件与软件联合调试阶段

上述的软、硬件设计完成后，就是软、硬件的联合调试。可先进行 Proteus 与 Keil 的联合虚拟仿真调试。调试通过后，再使用硬件仿真开发工具与用户样机来进行实际调试，具体的调试方法和过程，将在本章的后面介绍。

所有的软件和硬件电路全部调试通过，并不意味着单片机系统的设计已经成功了，还需要通过实际运行来调整系统的运行状态，例如，系统中的 A/D 转换结果是否正确，如果不正确，是否要调零和调整基准电压等。

4．资料与文件整理编制阶段

当系统全部调试通过后，就进入资料与文件整理编制阶段。

资料与文件包括：任务描述，设计的指导思想及设计方案论证，性能测定及现场试用报告与说明，使用指南，软件资料（流程图、子程序使用说明、地址分配、程序清单），硬件资料（电路原理图、元件布置图及接线图、接插件引脚图、线路板图、注意事项）。文件不仅是设计工作的结果，而且是以后使用、维修以及进一步再设计的依据。因此，一定要精心编写，描述清楚，使数据及资料齐全。

12.2 单片机应用系统设计应当考虑的问题

12.2.1 硬件设计应当考虑的问题

在硬件设计时，首先应当重点考虑以下三个问题。

1．尽可能采用功能强的芯片

（1）单片机的选型。随着集成电路技术的飞速发展，单片机的集成度越来越高，许多外围部件都已集成在芯片内，许多单片机本身就是一个系统，这样可以省去许多外围部件的扩展工作，使设计工作简化。在第 1 章中已经介绍了目前较为流行的各种单片机机型，用户可根据任务需求，选择合适的机型。例如，市场上较为流行的美国 Cygnal 公司的 C8051F020 8 位单片机，内部集成有 8 通道 ADC、两路 DAC、两路电压比较器，内置温度传感器、定时/计数器、可编程数字交叉开关和 64 个通用 I/O 口、电源监测、看门狗定时器、多种类型的串行口（两个 UART、SPI）等。使用一个 C8051F020 8 位单片机，就构成了一个应用系统。再如，如果系统需要较大的 I/O 驱动能力和较强的抗干扰能力，可考虑选用 PIC 单片机或 AVR 单片机。

（2）优先选用内部带有较大容量 Flash 存储器的产品。例如，使用 Atmel 公司的 AT89S52/AT89S53/ AT89S54/ AT89S55 系列产品，飞利浦公司的 89C58（内有 32KB 的 Flash 存储器）等，可省去扩展外部程序存储器的工作，减少芯片数量，缩小系统的体积。

（3）RAM 容量的考虑。大多数单片机内部 RAM 容量有限，当需要增强软件数据处理功能时，往往觉得不足，这时可选用内部具有较大 RAM 容量的单片机，例如 PIC18F452。

（4）对 I/O 口留有余地。在用户样机研制出来进行现场试用时，往往会发现一些被忽视的问题，而这些问题是不能单靠软件措施来解决的。例如，有些新的信号需要采集，就必须增加输入检测端；有些物理量需要控制，就必须增加输出端。如果在硬件设计之初就多设计预留一些 I/O 口，这些问题可能会迎刃而解了。

（5）预留 A/D 和 D/A 通道。出于与上述 I/O 口同样的考虑，留出一些 A/D 和 D/A 通道将来可能会解决大问题。

2．以软代硬

原则上，只要软件能做到且能满足性能要求，就不要用硬件。因为硬件多了不但增加成本，而且系统故障率也会提高。以软件代硬件的实质，就是以时间换空间，软件执行过程需要消耗时间，因此这种替代带来的问题是实时性下降。在实时性满足要求的场合，以软代硬是划算的。

3．工艺设计

工艺设计包括机箱、面板、配线、接插件等。必须考虑安装、调试、维修的方便。另外，硬件抗干扰措施（将在本章的后面介绍）也必须在硬件设计时一并考虑进去。

12.2.2　典型的单片机应用系统组成

典型的单片机应用系统组成框图如图 12-1 所示。

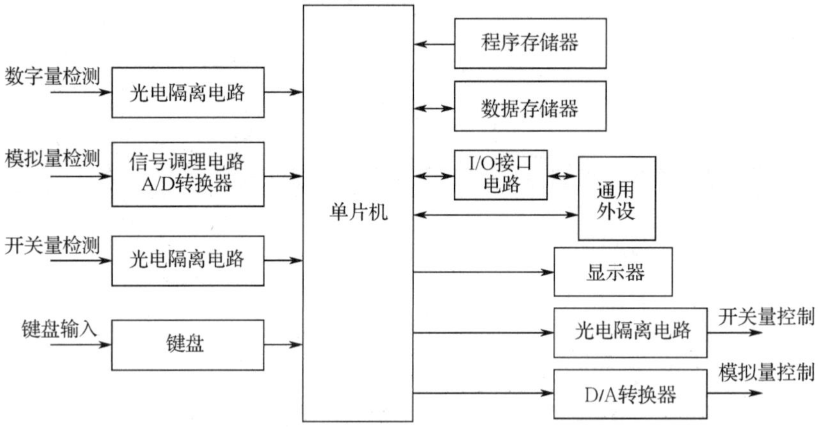

图 12-1　典型的单片机应用系统组成框图

典型的单片机应用系统主要由单片机基本部分、输入部分和输出部分组成。

（1）单片机基本部分。由单片机及其扩展的外设及芯片，如键盘、显示器、打印机、数据存储器、程序存储器及数字 I/O 接口电路等组成。

（2）输入部分。这是“测”的部分，被“测”的信号类型有：数字量、模拟量和开关量。模拟量检测主要包括信号调理电路及 A/D 转换器。A/D 转换器都集成了多路切换、采样保持、A/D 转换等电路，A/D 转换器也可以直接集成在单片机内部。

连接传感器与 A/D 转换器之间的桥梁是信号调理电路。传感器输出的模拟信号要经过信号调理电路对信号进行放大、滤波、隔离、量程调整等，变换成适合 A/D 转换的电压信号。信号放大通常由单片式仪表放大器承担。仪表放大器对信号进行放大比普通运算放大器具有更优异的性能。如何根据不同的传感器，正确地选择仪表放大器来进行信号调理电路的设计，请读者参阅有关资料和文献。

（3）输出部分。这部分是应用系统“控”的部分，包括数字量、开关量控制信号的输出和模拟量控制信号（常用于伺服控制）的输出。

12.2.3 系统设计中的总线驱动

一个单片机应用系统有时往往是多芯片系统，如何实现单片机对多芯片的驱动是我们要解决的问题。

在 AT89S51 单片机扩展多芯片时，要注意 AT89S51 单片机 4 个并行双向口 P0～P3 口的驱动能力。下面首先讨论这个问题。

AT89S51 单片机的 P0、P2 口通常作为总线口，当系统扩展的芯片较多时，可能造成负载过重，致使驱动能力不够，系统不能可靠地工作，所以通常要附加总线驱动器或其他驱动电路。因此在多芯片应用系统设计中，首先要估计总线的负载情况，以确定是否需要对总线的驱动能力进行扩展。

图 12-2 为 AT89S51 单片机总线驱动扩展原理框图。

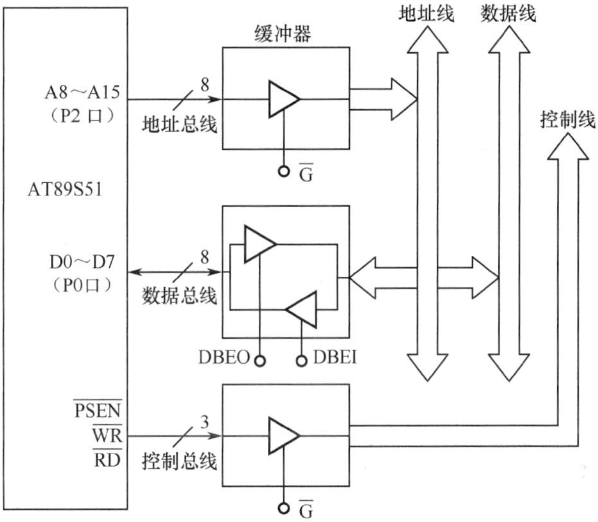

图 12-2 AT89S51 单片机总线驱动扩展原理框图

P2 口需要单向驱动，常见的单向总线驱动器为 74LS244。图 12-3 为 74LS244 的引脚图和逻辑图。8 个三态驱动器分成两组，分别由 $1\overline{G}$ 和 $2\overline{G}$ 控制。

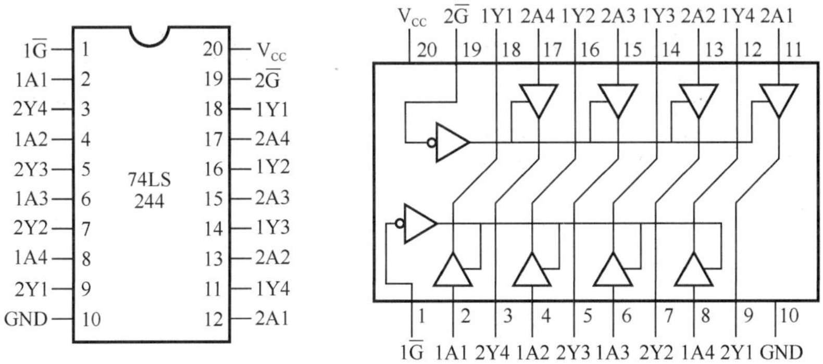

（a）74LS244的引脚图　　（b）74LS244的逻辑图

图 12-3 74LS244 的引脚图和逻辑图

P0 口作为数据总线，由于是双向传输，其驱动器应为双向驱动、三态输出，并由两个控制端来控制数据传送方向。如图 12-2 所示，数据输出允许控制端 DBEO 有效时，数据总线输入为高阻态，输出为开通状态；数据输入允许控制端 DBEI 有效时，状态与前面相反。

常见的双向驱动器为 74LS245，图 12-4 为其引脚图和逻辑图。16 个三态门中每两个三态门组成一路双向驱动。驱动方向由 $\overline{G}$ 、DIR 两个控制引脚控制，$\overline{G}$ 引脚控制驱动器有效或高阻态，在 $\overline{G}$ 引脚有效（$\overline{G}$=0）时，DIR 引脚控制驱动器的驱动方向，当 DIR=0 时，驱动方向为从 B 至 A，当 DIR=1 时则相反。

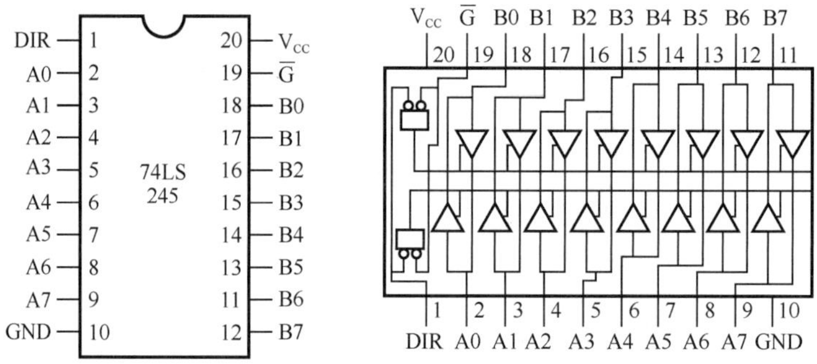

（a）74LS245的引脚图　　（b）74LS245的逻辑图

图 12-4　74LS245 的引脚图和逻辑图

如图 12-5 所示为 AT89S51 单片机应用系统总线驱动扩展电路图。P0 口的双向驱动扩展采用 74LS245，如图 12-5（a）所示；P2 口的单向驱动扩展采用 74LS244，如图 12-5（b）所示。

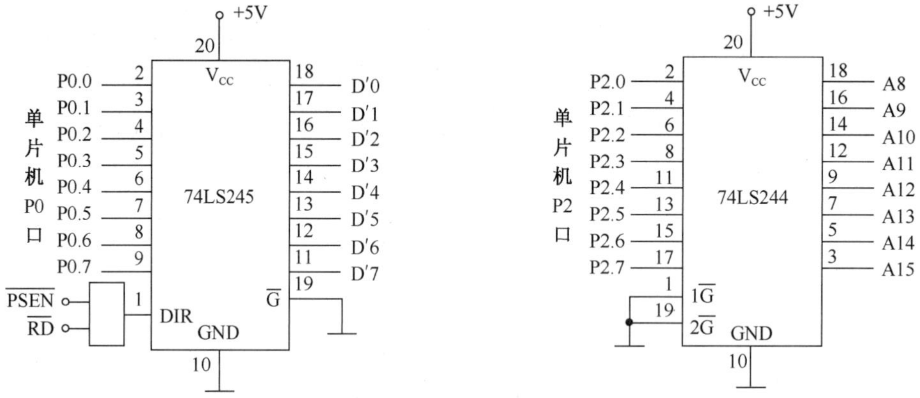

（a）P0口的双向驱动扩展　　（b）P2口的单向驱动扩展

图 12-5　AT89S51 单片机应用系统总线驱动扩展电路图

P0 口的双向驱动器 74LS245 的 $\overline{G}$ 引脚接地，保证芯片一直处于工作状态，而输入/输出的方向控制由单片机的数据存储器的读选通控制引脚（$\overline{RD}$）和程序存储器的取指控制引脚（$\overline{PSEN}$）通过与门控制 DIR 引脚实现。这种连接方法无论是读数据存储器中的数据（$\overline{RD}$ 有效）还是从程序存储器中取指令（$\overline{PSEN}$ 有效），都能保证对 P0 口的输入驱动；除此以外的时间（$\overline{RD}$ 及 $\overline{PSEN}$ 均无效），保证对 P0 口的输出驱动。对于 P2 口，因为只用作单向的地址输出，故 74LS244 的控制引脚 $1\overline{G}$ 、$2\overline{G}$ 接地。

12.3　单片机应用系统的仿真开发与调试

当一个单片机应用系统（用户样机）完成了硬件和软件设计，全部元器件安装完成，在用户样机的程序存储器中放入编写好的应用程序后，系统即可运行。但想要应用程序的运行一次性成功几乎是不可能的，多少会存在一些软件、硬件上的错误，这就需要借助单片机的仿真开发工具进行调试，发现错误并加以改正。AT89S51 单片机只是一个芯片，既没有键盘，又没有 CRT、LED 显示器，也无法进行软件的开发（如编辑、汇编、调试程序等），因此，必须借助仿真开发工具所提供的开发手段来进行。

一般来说，仿真开发工具应具有如下最基本的功能：

① 用户样机程序的输入与修改。

② 程序的运行，调试（单步运行、设置断点运行），排错，状态查询等功能。

③ 用户样机硬件电路的诊断与检查。

④ 有较全功能的开发软件。可用汇编语言或 C 语言编制应用程序；由开发系统编译链接生成目标文件、可执行文件；配有反汇编软件，能将目标程序转换成汇编语言程序；有丰富的子程序可供用户选择调用。

⑤ 将调试正确的程序写入程序存储器中。

下面介绍常用的仿真开发工具。

1．通用仿真开发系统简介

通用机仿真开发系统是目前设计者使用最多的一类开发装置。这是一种通过 PC 机的并行口、串行口或 USB 口，外加在线仿真器的仿真开发系统，如图 12-6 所示。

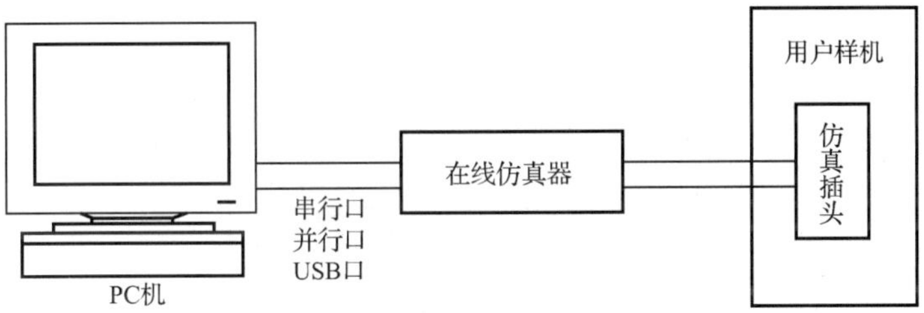

图 12-6　通用机仿真开发系统

在线仿真器的一侧与 PC 机的串行口、并行口或 USB 口相连。在线仿真器的另一侧为仿真插头，插到用户样机的单片机插座中。从仿真插头向在线仿真器看去，看到的是一个“单片机”。这个“单片机”是用来“代替”用户样机上的单片机的。但是这个“单片机”内部程序的运行是由 PC 机的软件控制的。在线仿真器在 PC 机及其仿真开发软件的支持下，可以在 PC 机的屏幕上观察用户程序的运行情况，可以采用单步、设断点等手段逐条跟踪用户程序并进行修改、调试和查找软、硬件故障。

在调试用户程序时，在线仿真器的仿真插头必须插到用户样机空出的单片机插座中。当仿真开发系统与 PC 机联机后，用户可利用 PC 机上的仿真开发软件，在 PC 机上编辑、修改源程序，然后通过汇编软件将其汇编成机器代码，传送到在线仿真器的仿真 RAM 中。这时用户可用单步、断点、跟踪、全速等方式运行用户程序，系统状态将实时显示在 PC 机屏幕上。待程序调试通过后，再使用仿真开发系统提供的编程器或使用专用编程器，把调试完毕的程序写入单片机的 Flash 存储器中或外扩的 EPROM 中。此类仿真开发系统配置不同的在线仿真器，可仿真开发各种单片机。

但是随着 ISP 技术的普及，对于 AT89S5x 单片机，也可不使用在线仿真器及编程器，只需要在 PC 机上修改程序，然后将修改的程序直接写入用户样机的单片机 Flash 存储器中。

2．虚拟仿真平台 Proteus

虚拟仿真平台 Proteus 已在第 4 章中做了详细介绍，使用 Proteus 进行单片机系统的虚拟设计与仿真不需硬件在线仿真器，也不需要用户硬件样机，直接就可以在 PC 机上进行。调试完毕的软件可以将机器代码固化，一般能直接投入运行。

但 Proteus 是软件模拟器，使用纯软件来对单片机应用系统进行仿真，不能进行用户样机硬件部分的诊断与实时在线仿真。因此在系统的开发中，一般先用 Proteus 设计出系统的硬件电路，编写程序，在 Proteus 中仿真调试通过，然后依照仿真的结果，完成实际的硬件设计。再将仿真通过的程序烧写到用户样机的 Flash 存储器中，观察运行结果，如果有问题，再连接硬件在线仿真器去进行分析、调试。

3．用户样机的源程序调试

下面介绍如何使用仿真开发工具进行源程序编写、调试及与用户样机硬件联调工作。

源程序调试过程如图 12-7 所示，可分为以下 4 个步骤。

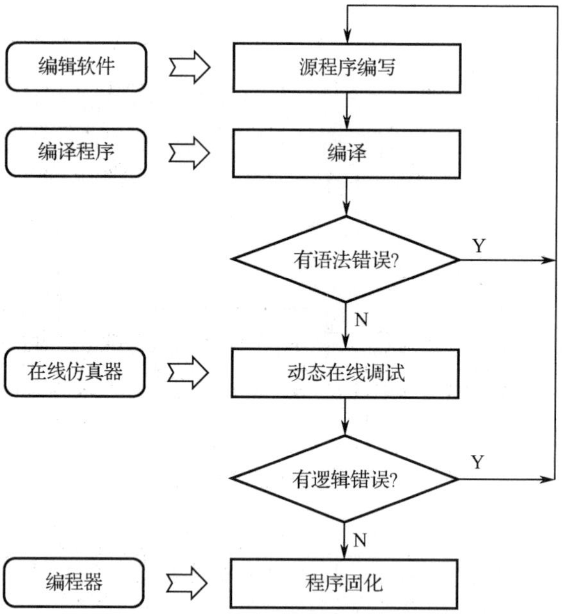

图 12-7　源程序调试过程

① 编写用户源程序。用户使用编辑软件，按照 C 语言（或汇编语言）源程序要求的格式、语法规定，把源程序输入 PC 机中，并保存在磁盘上。

② 在 PC 机中，利用编译程序对源程序进行编译，直至语法错误全部被纠正为止。如无语法错误，则进入下一个步骤。

③ 动态在线调试。对源程序进行调试。上述步骤（1）和（2）是纯粹的软件运行过程，而在这一步，必须要有在线仿真器的配合，才能对源程序进行调试。源程序分为与用户样机硬件无关的程序以及与用户样机紧密相关的程序。

对于与用户样机硬件无关的程序，如计算程序，虽然已经没有语法错误，但可能存在逻辑错误，使计算结果不正确，此时必须借助在线仿真器的动态在线调试手段，如单步运行、设置断点等，发现逻辑错误，然后返回步骤（1）进行修改，直至逻辑错误被纠正为止。

对于与用户样机硬件紧密相关的程序（如接口驱动程序），一定要先把在线仿真器的仿真插头插入用户样机的单片机插座中（见图 12-6），进行在线仿真调试，利用仿真开发系统提供的单步、设置断点等调试手段，进行系统的调试。

部分程序运行不正常，可能是软件逻辑有问题，也可能是硬件有故障，必须先通过在线仿真器提供的调试手段，把硬件故障排除以后，再与硬件配合，对源程序进行动态在线调试。对于软件逻辑错误，则返回到步骤（1）进行修改，直至逻辑错误全部被消除为止。在调试这类程序时，硬件调试与软件调试是不能完全分开的。许多硬件错误都是通过软件的调试而发现和纠正的。

④ 将调试完毕的源程序通过编程器或 ISP 下载线写入、固化在程序存储器中。

4．用户样机的硬件调试

当用户样机全部焊接完毕，就可对用户样机的硬件进行调试了。首先进行静态调试，静态调试的目的是排除明显的硬件故障。

（1）用户样机的静态调试

静态调试工作分为两步。

第一步，在用户样机加电之前，根据硬件逻辑设计原理图，先用万用表等工具，仔细检查样机线路是否连接正确，并核对元器件的型号、规格和安装是否符合要求，应特别注意电源系统的检查，以防止电源的短路和极性错误，并重点检查系统总线（地址总线、数据总线、控制总线）是否存在相互之间短路或与其他信号线的短路。

第二步，加电后，检查各芯片插座上有关引脚的电位，仔细测量各点电平是否正常，尤其应注意 AT89S51 单片机插座上各点的电位。若有高压，与在线仿真器联机调试时，将会损坏在线仿真器。

具体步骤如下：

① 电源检查。当用户样机连接或焊接完成之后，先不插主要元器件，通上电源。通常用+5V 直流电源（这是 TTL 电源），用万用表电压挡测试各元器件插座上相应电源引脚的电压数值是否正确，极性是否符合。如果有错误，要及时检查、排除，以使每个电源引脚的数值都符合要求。

② 各元器件电源检查。断开电源，按正确的元器件方向插上元器件。最好是分别插入，分别通电，并逐一检查每个元器件上的电源是否正确，直到最后全部插上元器件。通电后，每个元器件上电源值应正确无误。

③ 检查相应芯片的逻辑关系。通常采用静态电平检查法，即在一个芯片信号输入端加入一个相应电平，检查输出电平是否正确。单片机系统大都是数字逻辑电路，使用静态电平检查法可首先检查出逻辑设计是否正确，逻辑关系是否匹配，选用的元器件是否符合要求，元器件连接关系是否符合要求等。

（2）用户样机的在线仿真调试

在静态调试中，对用户样机硬件进行初步调试，只能排除一些明显的静态故障。

用户样机中的硬件故障（如各个部件内部存在的故障和部件之间连接的逻辑错误）主要依靠联机在线仿真来排除。

在断电情况下，除 AT89S51 单片机外，插上所有的元器件，并把在线仿真器的仿真插头插入用户样机的单片机插座中（见图 12-6），然后分别打开用户样机和在线仿真器电源，便可开始联机在线仿真调试了。

前面已经介绍，硬件调试和软件调试是不能完全分开的，许多硬件错误是在软件调试中发现和纠正的。所以，在之前介绍的有关用户样机的源程序调试的步骤（3）动态在线调试中，即包含联机仿真、硬件在线动态调试及硬件故障的排除。

12.4　单片机应用系统设计实例

本节介绍几种常用的单片机测控应用系统设计实例，通过这些实例使读者了解单片机应用系统的各种应用设计。

12.4.1　单片机控制步进电机设计实例

步进电机（电动机）是将脉冲信号转变为角位移或线位移的开环控制设备。在非超载的情况下，步进电机的转速、停止的位置只取决于脉冲信号的频率和脉冲数，而不受负载变化的影响。给步进电机加一个脉冲信号，则步进电机转过一个步距角。因而步进电机只有周期性的误差而无累积误差，在速度、位置等控制领域有较为广泛的应用。

1．控制步进电机的工作原理

步进电机的驱动方法是，由单片机通过对每组线圈中的电流的顺序切换来使步进电机做步进式旋转，这种顺序的切换通过单片机输出的脉冲信号来实现。调节脉冲信号频率可改变步进电机的转速；而改变各相脉冲信号的先后顺序，就可以改变步进电机的旋转方向。

步进电机驱动方式可以采用双四拍（AB→BC→CD→DA→AB）方式，或单四拍（A→B→C→D→A）方式。为了使步进电机旋转平稳，还可以采用单、双八拍方式（A→AB→B→BC→C→CD→D→DA→A）。各种工作方式的时序图如图 12-8 所示。

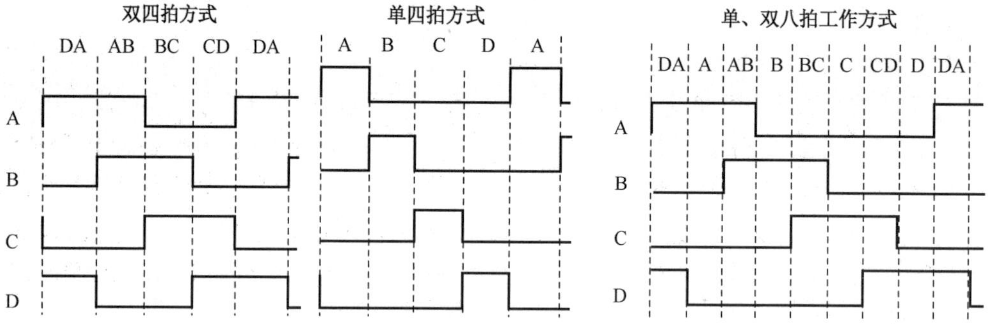

图 12-8　各种工作方式的时序图

图 12-8 中示意的脉冲信号为高电平有效，但实际控制时，公共端是接 V_{CC} 的，所以实际控制脉冲信号为低电平有效。

2．电路设计与编程

【例 12-1】　利用单片机实现对步进电机控制的仿真原理图见图 12-9。编写程序，用 4 个 I/O 口的输出实现环形脉冲的分配，控制步进电机按固定方向连续转动。同时，通过“正转”和“反转”两个按键来控制步进电机的正转与反转。要求按下“正转”键时，控制步进电机正转；按下“反转”键时，控制步进电机反转；松开按键时，步进电机停止转动。

ULN2003 是高耐压、大电流达林顿阵列系列产品，由 7 个 NPN 达林顿管组成，多用于单片机、智能仪表、PLC 等控制电路中。它在 5V 工作电压下能与 TTL 和 CMOS 电路直接相连，可直接驱动继电器等负载。它具有电流增益高、工作电压高、温度范围宽、带负载能力强等特点。其输入 5V 的 TTL 电平，输出可达 500mA/50V，适用于各类高速大功率驱动的系统。

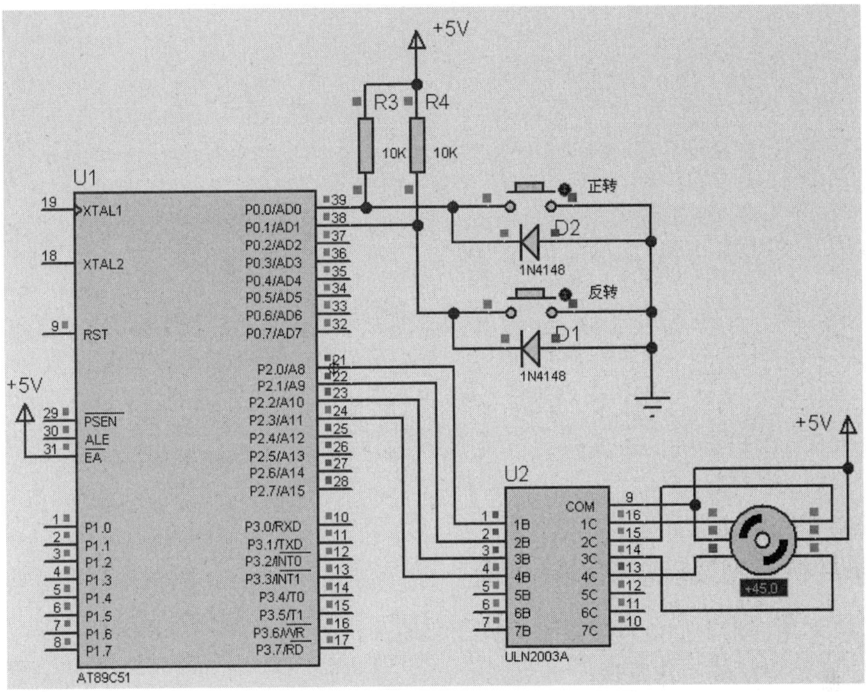

图 12-9　单片机控制步进电机的仿真原理图

参考程序如下：

```
#include "reg51.h"
#define uchar unsigned char
#define uint unsigned int
#define out P2
sbit pos=P0^0;                          //定义检测正转控制位 P0.0
sbit neg=P0^1;                          //定义检测反转控制位 P0.1
void delayms(uint);
uchar code turn[]={0x02,0x06,0x04,0x0c,0x08,0x09,0x01,0x03};     //步进脉冲数组
void main(void)
{
    uchar i;
    out=0x03;
    while(1)
    {
        if(!pos)                        //如果正转按键按下
        {
            i=i< 8? i+1: 0;             //如果 i<8，则 i= i+1；否则，则 i=0
            out=turn[i];
            delayms(50);
        }
        else if(!neg)
        {
            i = i > 0  ?  i-1: 7;
            out=turn[i];
            delayms(50);
```

```
            }
        }
}

void delayms(uint j)                                    //函数功能：延时
{
        uchar i;
        for(;j>0;j--)
        {
                i=250;
                while(--i);
                i=249;
                while(--i);
        }
}
```

12.4.2 单片机控制直流电机设计实例

直流电机多用在没有交流电源、方便移动的场合，具有低速大力矩等特点。

1．控制直流电机的工作原理

对直流电机可精确地控制其旋转速度或转矩。直流电机通过两个磁场的相互作用产生旋转，其结构如图 12-10（a）所示。定子上装设了一对直流励磁的静止的主磁极 N 和 S，在转子上装设电枢铁心。定子与转子之间有一个气隙。在电枢铁心上放置了由两根导体连成的电枢线圈，线圈的首端和末端分别连到两个圆弧形的铜片上，此铜片称为换向片。换向片之间互相绝缘，由换向片构成的整体称为换向器。换向片固定在转轴上，换向片与转轴之间亦互相绝缘。在换向片上放置一对固定不动的电刷 B1 和 B2，当电枢旋转时，电枢线圈通过换向片和电刷与外电路接通。因此也称为有刷直流电机。

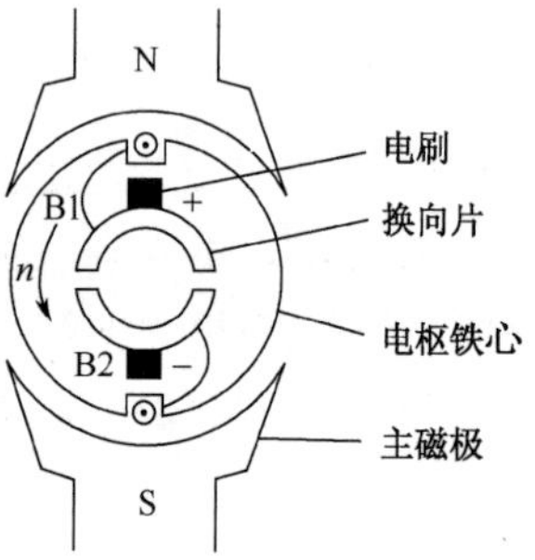

（a）直流电机结构示意图

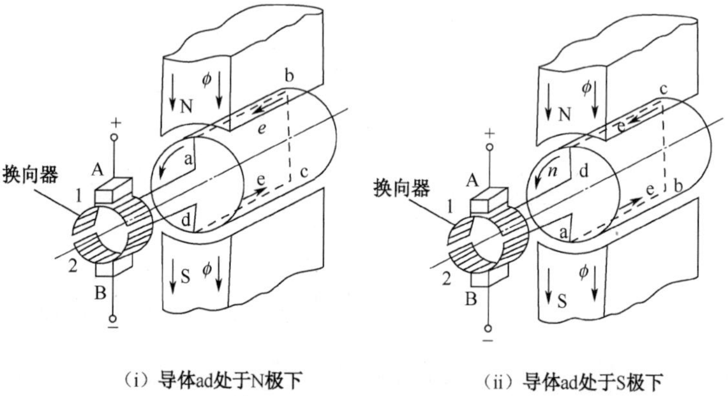

（b）直流电机工作示意图

图 12-10　直流电机

定子通过永磁体或受激励电磁铁产生一个固定磁场，由于转子由一系列电磁体构成，当电流通过其中一个绕组时会产生一个磁场。对有刷直流电机而言，转子上的换向器和电刷在电机旋转时为每个绕组供给电能。通电转子绕组与定子磁体有相反极性，因而相互吸引，使转子转动至与定子磁场对准的位置。当转子到达对准位置时，电刷通过换向器为下一组绕组供电，从而使转子维持旋转运动，如图 12-10（b）所示。直流电机的旋转速度与施加的电压成正比，输出转矩则与电流成正比。由于必须在工作期间改变直流电机的速度，因此其控制是一个较困难的问题。保持直流电机高效运行的最常见方法是施加一个 PWM（脉宽调制）信号，其占空比对应于所需的速度。直流电机起到一个低通滤波器作用，将 PWM 信号转换为有效直流电平。特别是对于单片机驱动的直流电机，由于 PWM 信号相对容易产生，这种驱动方式使用更为广泛。

2. 电路设计与编程

【例 12-2】 其仿真原理图如图 12-11 所示。使用单片机的两个 I/O 引脚来控制直流电机的转速和旋转方向。其中 P3.7 引脚输出 PWM 信号，用来控制直流电机的转速；P3.6 引脚用来控制直流电机的旋转方向。

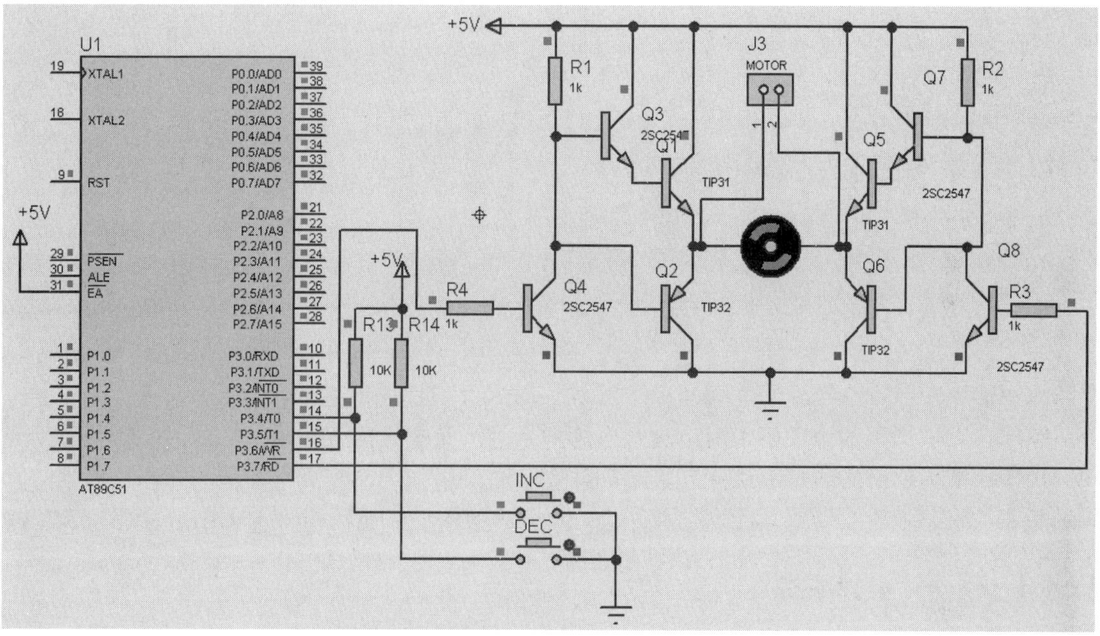

图 12-11　单片机控制直流电机的仿真原理图

当 P3.6=1，P3.7 发送 PWM 信号时，将看到直流电机正转。并且可以通过 INC 和 DEC 两个按键来增大和减小直流电机的转速。反之，P3.6=0，P3.7 发送 PWM 信号时，将看到直流电机反转。因此，增大和减小直流电机的转速，实际上是通过按下 INC 或 DEC 按键改变输出的 PWM 信号的占空比，来达到控制直流电机转速的目的的。图 12-11 中的驱动电路使用了 NPN 低频、低噪声、小功率达林顿管 2SC2547。

参考程序如下：

```
#include "reg51.h"
#include "intrins.h"
#define uchar unsigned char
#define uint unsigned int
sbit INC=P3^4;
sbit DEC=P3^5;
sbit DIR=P3^6;
sbit PWM=P3^7;
```

```
void delay(uint);
int PWM= 900;
void main(void)
{
    DIR=1;
    while(1)
    {
        if(!INC)
        PWM=PWM>0 ? PWM-1 : 0;        //如果 PWM>0，则 PWM=PWM-1；否则 PWM=0
        if(!DEC)
        PWM=PWM<1000 ? PWM+1:1000;//如果 PWM<1000，则 PWM=PWM+1；否则 PWM=1000
        PWM=1;                        //产生 PWM 的信号高电平
        delay(PWM);                   //延时
        PWM=0;                        //产生 PWM 的信号低电平
        delay(1000-PWM);              //延时
    }
}
void delay(uint j)
{
    for(;j>0;j--)
    {
        _nop_();
    }
}
```

12.4.3 频率计设计实例

1．信号频率测量的工作原理

利用单片机内部定时/计数器可以实现对信号频率的测量。对频率的测量有测频法和测周法两种：① 测频法利用外部电平变化引发的外部中断，测算其在 1s 内出现的次数，从而实现对频率的测定；② 测周法通过测算某两次电平变化引发的中断之间的时间，再求倒数，从而实现对频率的测定。总之，测频法直接根据定义来测定频率，测周法通过测定周期间接测定频率。理论上，测频法适用于较高频率的测量，测周法适用于较低频率的测量。本例采用测频法。

2．电路设计与软件编程

【例 12-3】 设计一个以单片机为核心的频率测量装置——频率计，测量加在 P3.4 引脚上的数字时钟信号的频率，并在外部扩展的 6 位 LED 数码管上显示测量的频率值。频率计的仿真原理图如图 12-12 所示。

频率计测量的信号是由数字时钟信号源 DCLOCK 产生的。在电路中添加数字时钟信号源的具体操作与设置见第 4 章。可以手动改变被测数字时钟信号源的频率，观察是否与 LED 数码管上显示的测量结果相同。

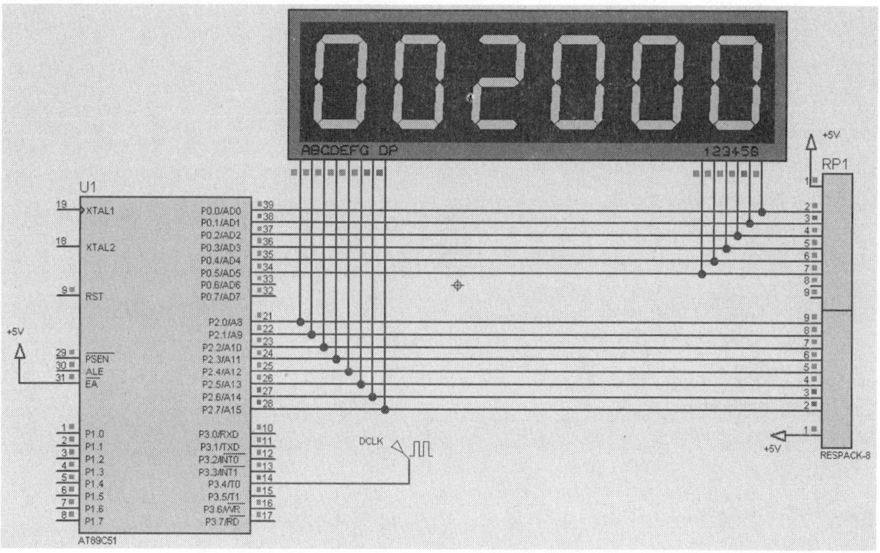

图 12-12　频率计的仿真原理图

参考程序如下：

```
#include<reg51.h>
sfr16 DPTR=0x82;                                    //定义寄存器 DPTR
unsigned char cnt_t0,cnt_t1,qian,bai,shi,ge,bb,wan,shiwan;
unsigned long freq;                                 //定义频率
unsigned char code table[]={0x3f,0x06,0x5b,0x4f, 0x66,0x6d,0x7d,0x07, 0x7f,0x6f,0x77,0x7c,
0x39,0x5e,0x79,0x71};                               //共阴极数码管段码表
void  delay_1ms(unsigned int z)                     //函数功能：延时约 1ms
{
    unsigned char i,j;
    for(i=0;i<z;i++)
    for(j=0;j<110;j++);
}

void  init()                                        //函数功能：定时/计数器及中断系统初始化函数
{
    freq=0;                                         //频率赋初值
    cnt_t1=0;
    cnt_t0=0;
    IE=0x8a;                                        //开中断，T0，T1 中断
    TMOD=0x15;                                      //T0 为方式 1 定时，T1 为方式 1 计数
    TH1=0x3c;                                       //T1 定时 50ms
    TL1=0xb0;
    TR1=1;                                          //开启 T1
    TH0=0;                                          //T0 清 0
    TL0=0;
    TR0=1;                                          //开启 T0
}

void  display(unsigned long freq_num)               //函数功能：驱动数码管显示
```

```
{
        shiwan=freq_num%1000000/100000;
        wan=freq_num%100000/10000;
        qian=freq_num%10000/1000;                      //显示千位
        bai=freq_num%1000/100;                         //显示百位
        shi=freq_num%100/10;                           //显示十位
        ge=freq_num%10;                                //显示个位
        P0=0xdf;                                       //P0 口用于位选
        P2=table[shiwan];                              //显示十万位
        delay_1ms(5);
        P0=0xef;
        P2=table[wan];                                 //显示万位
        delay_1ms(3);
        P0=0xf7;
        P2=table[qian];                                //显示千位
        delay_1ms(3);
        P0=0xfb;
        P2=table[bai];                                 //显示百位
        delay_1ms(3);
        P0=0xfd;
        P2=table[shi];                                 //显示十位
        delay_1ms(3);
        P0=0xfe;
        P2=table[ge];                                  //显示个位
        delay_1ms(3);
}

void  main()                                           //主函数
{
        P0=0xff;                                       //初始化 P0 口
        init();                                        //初始化
        while(1)
        {
                if(cnt_t1==19)                         //定时 1s
                {
                        cnt_t1=0;                      //定时完成后清 0
                        TR1=0;                         //关闭 T1，定时 1s 完成
                        delay_1ms(141);                //延时校正误差，通过实验获得
                        TR0=0;                         //关闭 T0
                        DPL=TH00;                      //利用 DPTR 读入其值
                        DPH=TH0;
                        freq=cnt_t0*65535;
                        freq=freq+DPTR;                //计数值放入变量中
                }
                display(freq);                         //调用显示函数
        }

}
```

```
void   t1_func()   interrupt 3                    //T1 的中断服务程序
{
        TH1=0x3c;
        TL1=0xb0;
        cnt_t1++;
}

void   t0_func()   interrupt 1                    // T0 的中断服务程序
{
        cnt_t0++;
}
```

12.4.4 模拟电话拨号设计实例

1．模拟电话拨号的设计要求

本例的任务是设计模拟电话拨号时的状况，把模拟电话键盘拨出的电话号码，显示在 LCD 显示屏上。电话键盘除 0～9 这 10 个数字键外，还有“*”键用于实现删除功能，即删除输入的最后一个号码；“#”键用于清除显示屏上所有的数字显示。此外，还要求每按下一个键，要发出声响，以表示按下该键，同时在 LCD 显示屏显示出所拨的电话号码。

2．电路设计与编程

【例 12-4】 设计一个模拟电话拨号时的电话键盘及显示装置，即把用电话键盘拨出的电话号码及其他信息，显示在 LCD 显示屏上。电话键盘共有 12 个键，除 0～9 这 10 个数字键外，还有“*”键和“#”键。要求每按下一个键，蜂鸣器要发出声响，表示按下了该键。显示的信息共有 2 行，第 1 行为设计者信息，第 2 行显示所拨的电话号码。

本例的电话键盘采用 4×3 矩阵式键盘，共 12 个键。电话号码的显示采用 LCD 1602 液晶显示模块。因此涉及单片机与 4×3 矩阵式键盘以及与 16 字×2 行液晶显示屏的接口电路设计，还有各种驱动程序的编制。LCD 1602 在 Proteus 中的仿真模型为 LM016L。

本设计的仿真原理图如图 12-13 所示。

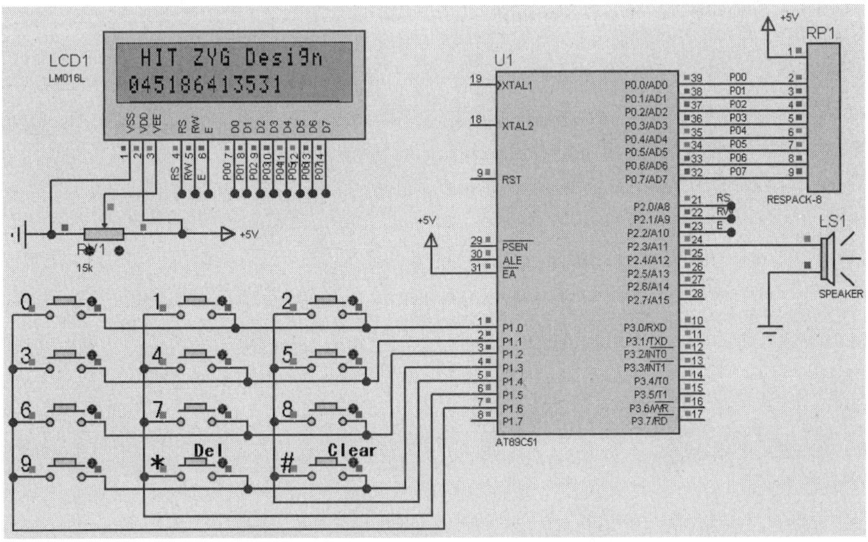

图 12-13　模拟电话拨号的仿真原理图

参考程序如下：

```
#include<reg51.h>
#define uint unsigned int
#define uchar unsigned char
uchar keycode,DDram_value=0xc0;
sbit rs=P2^0;
sbit rw=P2^1;
sbit e =P2^2;
sbit speaker=P2^3;
uchar code table[]={0x30,0x31,0x32,0x33,0x34, 0x35,0x36,0x37,0x38,0x39, 0x20};
uchar code table_designer[]=" HIT ZYG Design ";          //第 1 行显示设计者的信息
void lcd_delay();
void delay(uint n);
void lcd_init(void);
void lcd_busy(void);
void lcd_wr_con(uchar c);
void lcd_wr_data(uchar d);
uchar checkkey(void);
uchar keyscan(void);
void main()
{
    uchar num;
    lcd_init();
    lcd_wr_con(0x80);
    for(num=0;num<=14;num++)
    {
        lcd_wr_data(table_designer[num]);
    }
    while(1)
    {
        keycode=keyscan();
        if((keycode>=0)&&(keycode<=9))
        {
            lcd_wr_con(0x06);
            lcd_wr_con(DDram_value);
            lcd_wr_data(table[keycode]);
            DDram_value++;
        }
        else if(keycode==0x0a)
        {
            lcd_wr_con(0x04);
            DDram_value--;
        if(DDram_value<=0xc0)
        {
            DDram_value=0xc0;
        }
        else if(DDram_value>=0xcf)
        {
```

```
                DDram_value=0xcf;
            }
                lcd_wr_con(DDram_value);
                lcd_wr_data(table[10]);
            }
            else if(keycode==0x0b)
            {
                uchar i,j;
                j=0xc0;
                for(i=0;i<=15;i++)
                {
                    lcd_wr_con(j);
                    lcd_wr_data(table[10]);
                    j++;
                }
                DDram_value=0xc0;
            }
        }
}

void lcd_delay()                                    //函数功能：LCD 显示延时
{
        uchar y;
        for(y=0;y<0xff;y++)
        {
          ;
        }
}

void lcd_init(void)                                 //函数功能：LCD 显示初始化
{
        lcd_wr_con(0x01);
        lcd_wr_con(0x38);
        lcd_wr_con(0x0c);
        lcd_wr_con(0x06);
}

void lcd_busy(void)                                 //函数功能：判断 LCD 是否忙
{
        P0=0xff;
        rs=0;
        rw=1;
        e=1;
        e=0;
        while(P0&0x80)
        {
            e=0;
            e=1;
```

```
        }
        lcd_delay();
}

void lcd_wr_con(uchar c)                        //函数功能：向 LCD 写命令
{
        lcd_busy();
        e=0;
        rs=0;
        rw=0;
        e=1;
        P0=c;
        e=0;
        lcd_delay();
}

void lcd_wr_data(uchar d)                       //函数功能：向 LCD 写数据
{
        lcd_busy();
        e=0;
        rs=1;
        rw=0;
        e=1;
        P0=d;
        e=0;
        lcd_delay();
}
void delay(uint n)                              //函数功能：延时
{
        uchar i;
        uint j;
        for(i=50;i>0;i--)
        for(j=n;j>0;j--);
}

uchar checkkey(void)                            //函数功能：检测有无键按下
{
        uchar temp;
        P1=0xf0;
        temp=P1;
        temp=temp&0xf0;
        if(temp==0xf0)
        {
            return(0);
        }
        else
        {
            return(1);
```

```
        }
}

uchar keyscan(void)                          //函数功能：键盘扫描并返回所按下的键值
{
        uchar hanghao,liehao,keyvalue,buff;
        if(checkkey()==0)
        {
                return(0xff);                //无键按下，返回 0xff
        }
        else                                 //无键按下，返回 0xff
        {
                uchar sound;
                for(sound=50;sound>0;sound--)
                {
                        speaker=0;
                        delay(1);
                        speaker=1;
                        delay(1);
                }
                P1=0x0f;
                buff=P1;
                if(buff==0x0e)
                {
                        hanghao=0;
                }
                else if(buff==0x0d)
                {
                        hanghao=3;
                }
                else if(buff==0x0b)
                {
                        hanghao=6;
                }
                else if(buff==0x07)
                {
                    hanghao=9;
                }
                P1=0xf0;
                buff=P1;
                if(buff==0xe0)
                {
                    liehao=2;
                }
                else if(buff==0xd0)
                {
```

```
                liehao=1;
            }
            else if(buff==0xb0)
            {
                liehao=0;
            }
            keyvalue=hanghao+liehao;
            while(P1!=0xf0);
            return(keyvalue);
        }
    }
```

12.4.5 8 位竞赛抢答器设计实例

目前，各类竞赛中大多会用到竞赛抢答器。以单片机为核心配上抢答按钮开关及数码管并结合编写的软件，很容易制作一个竞赛抢答器，且修改方便。

1. 设计要求

设计一个以单片机为核心的 8 位竞赛抢答器，要求如下：

（1）抢答器同时供 8 名选手使用，分别设 8 个按键 S0～S7。

（2）设置一个系统清除和抢答控制开关 S，该开关由主持人控制。

（3）抢答器具有锁存与显示功能。选手按下按键，锁存相应的编号，且优先抢答选手的编号一直保持到主持人将系统清除为止。

（4）抢答器具有定时抢答功能，且一次抢答的时间由主持人设定（如 30s）。当主持人按下“开始”按键后，定时/计数器开始减计时，同时扬声器发出短暂的声响，声响持续的时间为 0.5s。

（5）选手在设定的时间内抢答，抢答有效，定时/计数器停止工作，显示器上显示选手的编号和抢答剩余的时间，并保持到主持人将系统清除为止。

（6）如果定时时间已到，无人抢答，则本次抢答无效，系统报警并禁止抢答，数码管上显示“00”。

如果想通过键盘改变可抢答的时间，可把定时时间变量设为全局变量，通过键盘扫描程序使每按下一次按键，时间加 1（超过 30 时置 0）。同时单片机不断进行按键扫描，当选手的按键按下时，用于产生时钟信号的定时/计数器停止计数，同时将选手的编号（按键号）和抢答时间分别显示在数码管上。

2. 电路设计与仿真

【例 12-5】 8 位竞赛抢答器的仿真原理图如图 12-14 所示。选择晶振频率为 12MHz。如图 12-14 所示为剩余 18s 时，7 号选手抢答成功。

本例使用的 MAX7219 是一个串行接收数据的动态扫描显示驱动器。当驱动 8 位以下 LED 数码管时，它的 DIN、LOAD、CLK 引脚分别与单片机 P3 口中的三根口线（P3.0～P3.2）连接。

MAX7219 采用 16 位数据串行移位接收方式，即单片机将 16 位二进制数逐位发送到 DIN 引脚，在 CLK 信号的每个上升沿将 1 位数据移入 MAX7219 内的移位寄存器中。当 16 位数据移入完后，在 LOAD 信号上升沿将 16 位数据装入 MAX7219 内的相应位置，并对送入的数据进行 BCD 译码然后显示。本例程序中，对 MAX7219 进行了相应的初始化设置，具体请查阅有关 MAX7219 的技术资料。

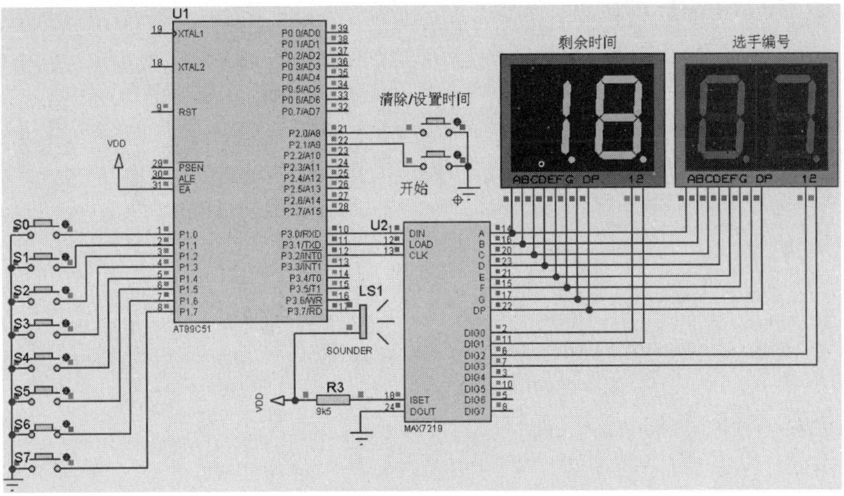

图 12-14　8 位竞赛抢答器的仿真原理图

参考程序如下：

```
#include<reg51.h>
sbit DIN=P3^0;                              //与 MAX7219 接口定义
sbit LOAD=P3^1;
sbit CLK=P3^2;
sbit key0=P1^0;                             //8 个抢答按键
sbit key1=P1^1;
sbit key2=P1^2;
sbit key3=P1^3;
sbit key4=P1^4;
sbit key5=P1^5;
sbit key6=P1^6;
sbit key7=P1^7;

sbit key_clear=P2^0;                        //主持人设置时间、清除系统
sbit begin=P2^1;                            //主持人“开始”按键

sbit sounder=P3^7;                          //蜂鸣器

unsigned char second=30;                    //秒表计数值
unsigned char counter=0;                    //counter 每 100，minute 加 1
unsigned char people=0;                     //抢答结果
unsigned char num_add[]={0x01,0x02,0x03,0x04,0x05,0x06,0x07,0x08};//MAX7219 读/写地址、内容
unsigned char num_dat[]={0x80,0x81,0x82,0x83,0x84,0x85,0x86,0x87,0x88,0x89};
unsigned char keyscan()                     //函数功能：键盘扫描
{
        unsigned char keyvalue,temp;

        keyvalue=0;
```

```
        P1=0xff;
        temp=P1;
        if(~(P1&temp))
        {
                switch(temp)
                {
                        case 0xfe:
                                keyvalue=1;
                                break;
                        case 0xfd:
                                keyvalue=2;
                                break;
                        case 0xfb:
                                keyvalue=3;
                                break;
                        case 0xf7:
                                keyvalue=4;
                                break;
                        case 0xef:
                                keyvalue=5;
                                break;
                        case 0xdf:
                                keyvalue=6;
                                break;
                        case 0xbf:
                                keyvalue=7;
                                break;
                        case 0x7f:
                                keyvalue=8;
                                break;
                        default:
                                keyvalue=0;
                                break;
                }
        }
        return keyvalue;
}
void max7219_send(unsigned char add,unsigned char dat)          //函数功能：向 MAX7219 写命令
{
        unsigned char ADS,i,j;

        LOAD=0;
        i=0;
        while(i<16)
        {
                if(i<8)
                {
                        ADS=add;
```

```
                }
                else
                {
                    ADS=dat;
                }
                for(j=8;j>=1;j--)
                {
                    DIN=ADS&0x80;
                    ADS=ADS<<1;
                    CLK=1;
                    CLK=0;
                }
                i=i+8;
            }
            LOAD=1;
}

void max7219_init()                        //函数功能：MAX7219 初始化
{
    max7219_send(0x0c,0x01);
    max7219_send(0x0b,0x07);
    max7219_send(0x0a,0xf5);
    max7219_send(0x09,0xff);
}

void time_display(unsigned char x)         //函数功能：显示时间
{
    unsigned char i,j;
    i=x/10;
    j=x%10;
    max7219_send(num_add[1],num_dat[j]);
    max7219_send(num_add[0],num_dat[i]);
}

void scare_display(unsigned char x)        //函数功能：显示抢答结果
{
    unsigned char i,j;
    i=x/10;
    j=x%10;
    max7219_send(num_add[3],num_dat[j]);
    max7219_send(num_add[2],num_dat[i]);
}

void holderscan()                          //函数功能：设置抢答时间，0s～60s
{
    time_display(second);
    scare_display(people);
    if(~key_clear)                         //如果有键按下，则改变抢答时间
```

```
		{
			while(~key_clear);
			if(people)                              //如果抢答结果没有清空，则抢答器重置
			{
				second=30;
				people=0;
			}
			if(second<60)
			{
				second++;
			}
			else
			{
				second=0;
			}
		}
	}
	
	void timer_init()                               //函数功能：T0 初始化
	{
		EA=1;
		ET0=1;
		TMOD=0x01;                                  //T0 方式 0 定时中断
		TH0=0xd8;                                   //装入初值，设定每 10ms 中断一次
		TL0=0xef;
	}
	
	void main()
	{
		while(1)
		{
			do
			{
				holderscan();
			}while(begin);                          //开始前进行设置，若未按下"开始"按键
			while(~begin);                          //防抖
			max7219_init();                         //芯片初始化
			timer_init();                           //中断初始化
			TR0=1;                                  //开始中断
			do
			{
				time_display(second);
				scare_display(people);
				people=keyscan();
			}while((!people)&&(second));            //运行直到抢答结束或者时间结束
			TR0=0;
		}
	}
```

```
void timer0() interrupt 1                    //T0 中断服务程序
{
    if(counter<100)
    {
        counter++;
        if(counter==50)
        {
            sounder=0;
        }
    }
    else
    {
        sounder=1;
        counter=0;
        second=second-1;
    }
    TH0=0xd8;                    //重新装入
    TL0=0xef;
    TR0=1;
}
```

12.4.6 基于时钟/日历芯片 DS1302 的电子钟设计实例

在单片机应用系统中，有时往往需要一个实时的时钟/日历作为测控的时间基准。实时时钟/日历的集成电路芯片有多种，设计者只需选择合适的芯片即可。本节介绍常见的时钟/日历芯片 DS1302 的功能、特性，以及与单片机的硬件接口设计和软件编程。

1．工作原理

时钟/日历芯片 DS1302 是美国 DALLAS 公司推出的涓流充电时钟芯片，主要功能特性说明如下。

① 能计算 2100 年前的年、月、日、星期、时、分、秒信息；每月的天数和闰年的天数可以自动调整；时钟可设置为 24 或 12 小时格式。

② 与单片机之间采用同步串行通信方式。

③ 31B 的 8 位静态 RAM。

④ 功耗很低，保持数据和时钟信号时，功率小于 1mW；具有可选的涓流充电能力。

⑤ 读/写时钟或 RAM 的数据有单字节和多字节（时钟突发）两种传送方式。

DS1302 的引脚图如图 12-15 所示。

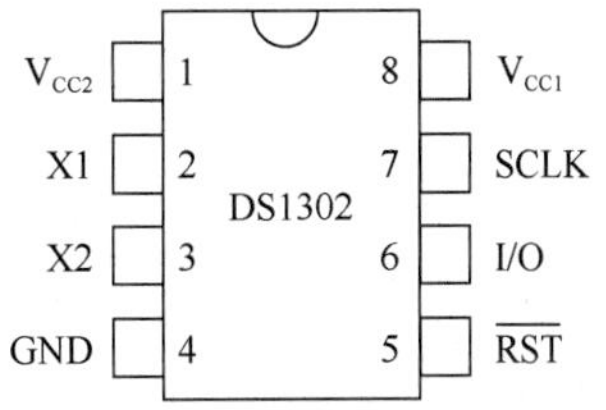

图 12-15　DS1302 的引脚图

各引脚功能说明如下。

① I/O：数据输入/输出。

② SCLK：同步串行时钟输入。

③ $\overline{RST}$：芯片复位。$\overline{RST}=1$，芯片的读/写使能；$\overline{RST}=0$，芯片复位并被禁止读/写。

④ V_{CC2}：主电源输入，接系统电源。

⑤ V_{CC1}：备份电源输入，通常接 2.7V～3.5V 电源。当 $V_{CC2}>V_{CC1}+0.2V$ 时，芯片由 V_{CC2} 供电；当 $V_{CC2}<V_{CC1}$ 时，芯片由 V_{CC1} 供电。

⑥ GND：地。

⑦ X1，X2：接 32.768kHz 晶振。

单片机与 DS1302 之间无数据传输时，SCLK 引脚保持低电平，此时如果 $\overline{RST}$ 引脚从低电平变为高电平，即启动数据传输，此时 SCLK 信号的上升沿将数据写入 DS1302 中，而在 SCLK 信号的下降沿从 DS1302 中读出数据。当 $\overline{RST}$ 引脚为低电平时，则禁止数据传送。其读/写时序如图 12-16 所示。数据传输时，低位在前，高位在后。

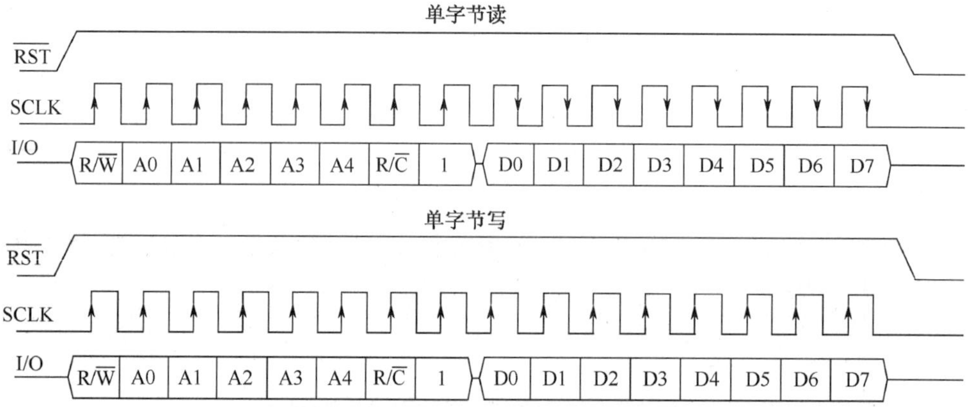

图 12-16　DS1302 的读/写时序

2. DS1302 的命令字格式

单片机对 DS1302 的读/写，都必须由单片机先向 DS1302 写入一个命令字（8 位）发起。命令字的格式见表 12-1。

表 12-1　DS1302 命令字的格式

D7	D6	D5	D4	D3	D2	D1	D0
1	RAM/$\overline{CK}$	A4	A3	A2	A1	A0	RD/$\overline{W}$

命令字中各位功能说明如下：

① D7：必须为逻辑 1。如果为 0，则禁止写入 DS1302。

② D6：为 1，读/写 RAM 数据；为 0，读/写时钟/日历数据。

③ D5～D1：读/写单元的地址。

④ D0：为 1，对 DS1302 进行读操作；为 0，对 DS1302 进行写操作。

注意，命令字（8 位）总是低位在先，命令字的每 1 位都是在 SCLK 信号的上升沿送出的。

3. DS1302 的内部寄存器

DS1302 的内部各功能寄存器见表 12-2。通过向寄存器写入命令字实现对 DS1302 的操作。例如，要设置秒寄存器的初值，需要先写入命令字 80H（见表 12-2），然后再向秒寄存器写入初值；如果要读出某时刻的秒值，需要先写入命令字 81H，然后再从秒寄存器中读取秒值。表 12-2 中各寄存器“取值范围”一列中存放的数据均为 BCD 码。

表 12-2　主要寄存器的命令字与取值范围及各位的内容

寄存器名（地址）	命令字		取值范围	各位的内容							
	写	读		D7	D6	D5	D4	D3～D0			
秒寄存器（00H）	80H	81H	00～59	CH	10SEC			SEC			
分寄存器（01H）	82H	83H	00～59	0	10MIN			MIN			
小时寄存器（02H）	84H	85H	01～12 或 00～23	12/24	0	AP	HR	HR			
日寄存器（03H）	86H	87H	01～28,29, 30,31	0	0	10DATE		DATE			
月寄存器（04H）	88H	89H	01～12	0	0	0	10M	MONTH			
星期寄存器（05H）	8AH	8BH	01～07	0	0	0	0	DAY			
年寄存器（06H）	8CH	8DH	01～99	10YEAR				YEAR			
写保护寄存器（07H）	8EH	8FH		WP	0	0	0	0			
涓流充电寄存器（08H）	90H	91H		TCS	TCS	TCS	TCS	DS	DS	RS	RS
时钟突发寄存器（3EH）	BEH	BFH									

表 12-2 中前 7 个寄存器的各特殊位符号的意义说明如下。

CH：时钟暂停位。CH=1，振荡器停止，DS1302 为低功耗方式；CH=0，时钟开始工作。

10SEC：秒的十位数字。SEC 为秒的个位数字。

10MIN：分的十位数字。MIN 为分的个位数字。

12/24：12 或 24 小时方式选择位。

AP：时格式设置位。AP=0，上午模式（AM）；AP=1，下午模式（PM）。

10DATE：日的十位数字。DATE 为日的个位数字。

10M：月的十位数字，MONTH 为月的个位数字。

DAY：星期的个位数字。

10YEAR：年的十位数字。YEAR 为年的十位数字。

表 12-2 中后 3 个寄存器的功能及特殊位符号的意义说明如下。

写保护寄存器：该寄存器的 D7 位 WP 是写保护位，其余 7 位（D0～D6）置为 0。在对时钟/日历和 RAM 单元进行写操作前，WP 必须为 0，即允许写入。当 WP 为 1 时，用来防止对其他寄存器进行写操作。

涓流充电寄存器：即慢充电寄存器，用于管理对备用电源的充电。其中特殊位符号的意义说明如下。

① TCS：当 4 位 TCS 为 1010 时，才允许使用涓流充电寄存器，其他任何状态都将禁止使用涓流充电寄存器。

② DS：两位 DS 用于选择连接在 V_{CC2} 和 V_{CC1} 引脚之间的二极管数目。这两位为 01，选择 1 个二极管；为 10，选择 2 个二极管；为 11 或 00，涓流充电寄存器被禁止。

③ RS：两位 RS 用于选择涓流充电寄存器内部在 V_{CC2} 和 V_{CC1} 引脚之间的连接电阻。这两位为 01，选择 R1（2kΩ）；为 10，选择 R2（4kΩ）；为 11，选择 R3（8kΩ）；为 00，不选择任何电阻。

时钟突发寄存器：单片机对 DS1302 除单字节数据读/写操作外，还可采用突发方式，即多字节的连续读/写操作。在多字节连续读/写中，只要对地址为 3EH 的时钟突发寄存器进行读/写操作，即可把对时钟/日历或 RAM 单元的读/写操作设定为多字节方式。在多字节方式中，读/写都开始于地址 0 的 D0 位。当以多字节方式写时钟/日历单元时，必须按照数据传送的次序写入最先的 8 个寄存器；但是以多字节方式写 RAM 单元时，没有必要写入所有的 31 字节，每个被写入的字节都被传送到RAM单元中，无论31字节是否都被写入。

2. 电路设计与编程

【例 12-6】 制作一个使用DS1302并采用LCD1602显示的日历/时钟，基本功能如下：

（1）显示6个参数的内容，第一行显示：年、月、日；第二行显示：时、分、秒。

（2）闰年自动判别。

（3）键盘采用动态扫描方式查询。参数应能进行增1修改，由“启动日期与时间修改”功能键k1与6个参数修改键的组合来实现。即先按一下k1键，然后按一下参数修改键，即可使该参数增1，修改完毕，再按一下k1键表示修改结束确认。

本例的仿真原理图如图12-17所示。LCD1602分两行显示日历/时钟。

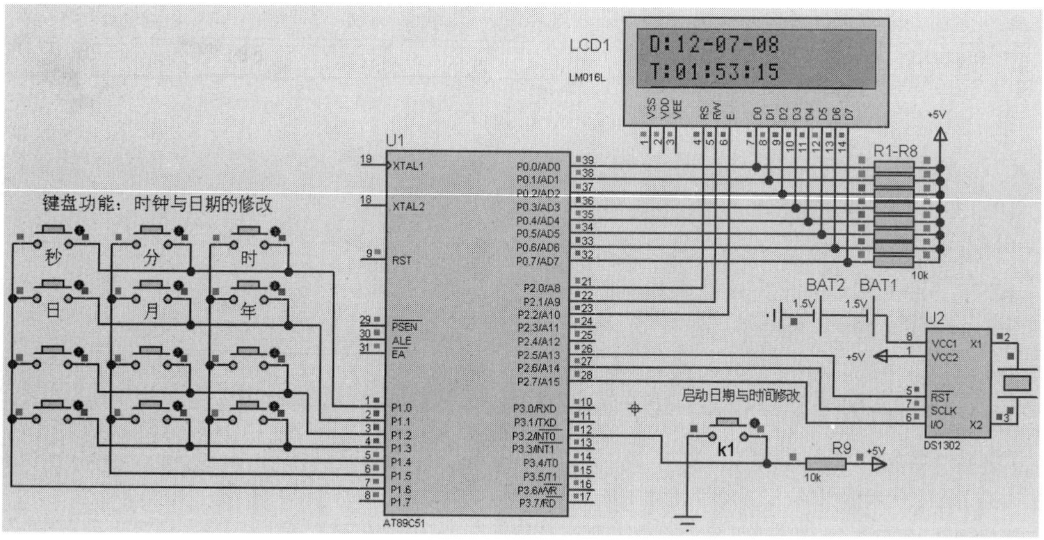

图12-17 LCD显示时钟/日历的仿真原理图

图12-17中的4×3矩阵式键盘，只用到了其中的2行共6个键，余下的其他键，本例没有使用，可用于将来的键盘功能扩展。

参考程序如下：

```
#include<reg51.h>
#include "LCD1602.h"                    //LCD1602 的头文件
#include "DS1302.h"                     //DS1302 的头文件
#define uchar unsigned char
#define uint unsigned int
bit key_flag1=0,key_flag2=0;
SYSTEMTIME adjusted;                    //此处为结构体定义

uchar sec_add=0,min_add=0,hou_add=0,day_add=0,mon_add=0,yea_add=0;
uchar data_alarm[7]={0};

int key_scan()                          //函数功能：键盘扫描，判断是否有键按下
{
    int i=0;
    uint temp;
```

```
        P1=0xf0;
        temp=P1;
        if(temp!=0xf0)
        {
                i=1;
        }
        else
        {
                i=0;
        }

        return i;
}

uchar key_value()                                   //函数功能：获取按下的键值
{
        uint m=0,n=0,temp;
        uchar value;
        uchar v[4][3]={'2','1','0','5','4','3','8','7','6','b','a','9'}       ;
        P1=0xfe;temp=P1; if(temp!=0xfe)m=0;         //采用分行、分列扫描的形式获取键值
        P1=0xfd;temp=P1; if(temp!=0xfd)m=1;
        P1=0xfb;temp=P1; if(temp!=0xfb)m=2;
        P1=0xf7;temp=P1; if(temp!=0xf7)m=3;
        P1=0xef;temp=P1; if(temp!=0xef)n=0;
        P1=0xdf;temp=P1; if(temp!=0xdf)n=1;
        P1=0xbf;temp=P1; if(temp!=0xbf)n=2;
        value=v[m][n];
        return value;
}
void adjust(void)                                   //函数功能：修改各参数
{
        if(key_scan()&&key_flag1)
        switch(key_value())
        {
                case '0':sec_add++;break;
                case '1':min_add++;break;
                case '2':hou_add++;break;
                case '3':day_add++;break;
                case '4':mon_add++;break;
                case '5':yea_add++;break;
                default: break;
        }
        adjusted.Second+=sec_add;
        adjusted.Minute+=min_add;
        adjusted.Hour+=hou_add;
        adjusted.Day+=day_add;
        adjusted.Month+=mon_add;
        adjusted.Year+=yea_add;
        if(adjusted.Second>59)
        {
```

```
            adjusted.Second=adjusted.Second%60;
            adjusted.Minute++;
        }
        if(adjusted.Minute>59)
        {
            adjusted.Minute=adjusted.Minute%60;
            adjusted.Hour++;
        }
        if(adjusted.Hour>23)
        {
            adjusted.Hour=adjusted.Hour%24;
            adjusted.Day++;
        }
        if(adjusted.Day>31)
            adjusted.Day=adjusted.Day%31;
        if(adjusted.Month>12)
            adjusted.Month=adjusted.Month%12;
        if(adjusted.Year>100)
            adjusted.Year=adjusted.Year%100;
}

void changing(void) interrupt 0 using 0                    //中断服务程序，修改参数，或修改确认
{
        if(key_flag1)
            key_flag1=0;
        else
            key_flag1=1;
}

main()                                                     //主函数
{
        uint i;
        uchar p1[]="D:",p2[]="T:";
        SYSTEMTIME T;

        EA=1;
        EX0=1;
        IT0=1;
        EA=1;
        EX1=1;
        IT1=1;
        init1602();
        Initial_DS1302() ;

        while(1)
        {
            write_com(0x80);
            write_string(p1,2);
            write_com(0xc0);
            write_string(p2,2);
```

```
            DS1302_GetTime(&T) ;
            adjusted.Second=T.Second;
            adjusted.Minute=T.Minute;
            adjusted.Hour=T.Hour;
            adjusted.Week=T.Week;
            adjusted.Day=T.Day;
            adjusted.Month=T.Month;
            adjusted.Year=T.Year;
            for(i=0;i<9;i++)
            {
                adjusted.DateString[i]=T.DateString[i];
                adjusted.TimeString[i]=T.TimeString[i];
            }
            adjust();
            DateToStr(&adjusted);
            TimeToStr(&adjusted);
            write_com(0x82);
            write_string(adjusted.DateString,8);
            write_com(0xc2);
            write_string(adjusted.TimeString,8);
            delay(10);
        }
    }
```

程序中，使用了自定义的 LCD1602 的头文件 LCD1602.h。由于 LCD1602 是单片机应用系统经常用到的器件，因此将其常用的驱动函数等写成一个头文件。如果在其他项目中也用到 LCD1602，只需将该头文件包含进来即可，这样就为程序的编写提供了方便。同样，对 DS1302 的控制，也可自定义头文件 DS1302.h，在其他项目中将该头文件包含进来即可。

思考题及习题 12

1．下列________是正确的。

A）AT89S51 单片机 P0～P3 口的驱动能力是相同的

B）AT89S51 单片机 P0～P3 口在口线输出为高电平时的驱动能力和输出为低电平时的驱动能力是相同的

C）当 AT89S51 单片机扩展的外围芯片较多时，需要加总线驱动器，P2 口应加单向驱动器，P0 口应加双向驱动器

D）AT89S51 单片机最小系统可对温度传感器采集来的模拟信号进行温度测量

2．为什么单片机应用系统的开发与调试要借助于仿真开发系统？

3．利用仿真开发系统对用户样机进行软件调试，需经哪几个步骤？各个步骤的作用是什么？

4．用软件仿真开发工具能否对用户样机中硬件部分进行调试与实时在线仿真？

参考文献

[1] Atmel．8-bit Microcontroller With 4K Bytes Flash AT89C51.

[2] Atmel．8-bit Microcontroller With 8K Bytes in-system programmable Flash AT89S52.

[3] Atmel．8-bit Microcontroller With 20K Bytes Flash AT89C55WD.

[4] 张毅刚. 单片机原理与应用设计[M]. 北京：电子工业出版社，2008.

[5] 张毅刚. 单片机原理及接口技术（C51 编程）[M]. 北京：人民邮电出版社，2011.

[6] 朱清慧，等. Proteus 教程[M]. 北京：清华大学出版社，2008.

[7] 林志琦. 基于 Proteus 的单片机可视化软硬件仿真[M]. 北京：北京航空航天大学出版社，2006.

[8] 张毅刚. 单片机原理及应用——基于 C51 编程的 Proteus 仿真案例[M]. 北京：高等教育出版社，2013.

[9] 张毅刚. 单片机原理及应用[M]. 北京：高等教育出版社，2010.

[10] 张毅刚. 新编 MCS-51 单片机应用设计[M]. 哈尔滨：哈尔滨工业大学出版社，2003.

[11] 张毅刚. 基于 Proteus 的单片机课程的基础实验与课程设计[M]. 北京：人民邮电出版社，2012.

[12] 王幸之. AT89 系列单片机原理与接口技术[M]. 北京：北京航空航天大学出版社，2004.

[13] www.windway.cn.